Verbindungen der Metalle mit dem Schwefel.

Grundlehren der Chemie

für

Jedermann,

besonders

für Aerzte, Apotheker, Landwirthe, Fabrikanten und Gewerbtreibende

und

alle Diejenigen, welche in dieser nützlichen Wissenschaft gründliche Kenntnisse sich erwerben wollen,

von

Dr. F. F. Runge,
außerordentlichem Professor der Technologie an der Universität zu Breslau.

Dritte vermehrte Ausgabe.

Mit 82 Tafeln, worauf die chemischen Verbindungen in Natur befindlich sind.

Berlin, 1843.
Verlag von G. Reimer.

Aber Du hast Alles geordnet mit Maaß, Zahl und Gewicht.

Buch der Weisheit 11, 22.

Meinem Freunde

Carl Milde

in dankbarer Erinnerung

an unsere Reisen zu Wasser und zu Lande.

Vorrede zur ersten Auflage.

Nichts ist unpopulärer als das Wort „populär;" dieß zur Rechtfertigung des Titels dieses Werkes.

Nicht Vollständigkeit, sondern Gemeinnützigkeit war es, was ich bei dessen Abfassung erstrebte.

Es sollte eine allgemein verständliche und doch den Forderungen der Wissenschaft streng genügende Chemie, besonders dem Gewerbsmann und Fabrikanten in die Hand gegeben werden, die ihm bei seinen chemischen Arbeiten als treuer Rathgeber zu Diensten stände.

Daher sind die Eigenschaften der Stoffe und Körper stets mit Hinweisung auf ihre Nutzung fürs Leben, ja eigentlich nur um der Anwendung willen angegeben; so daß das Ganze als eine Chemie in Beispielen zu betrachten ist.

Dieß sicherte mich vor dem Fehler, in welchen so viele Herausgeber populärer Chemieen verfallen, daß sie nämlich zu viel geben. Sie führen weitläuftig eine Menge Eigenschaften und Verbindungen auf, die nur zur Vollständigkeit des Systems und für den wissenschaftlichen Forscher wichtig, dem praktischen Manne aber ganz unnütz sind.

Wer je Chemie lehrte, wird mit mir gefunden haben, daß diese Art der Darstellung ein großes Hinderniß für die gründliche Auffassung des Gegebenen ist; das Ganze ist dem Anfänger zu viel, er weiß sich das Bedeutungsvollere nicht heraus zu finden, und so vernachläßigt er nicht selten Alles.

Diese Erfahrungen bestimmten mich, einer Menge chemischer Thatsachen gar nicht zu erwähnen, die in allen Handbüchern stehen. Auch fand ich es für mein Publikum völlig unnöthig, ihnen weitläuftig die physikalischen Eigenschaften der Körper zu beschreiben, weil sich das durch Sehen und Fühlen viel besser und schneller lernt, als durch Schrift und Wort.

Ebenso habe ich mich auf Beschreibung von Apparaten ꝛc. wenig eingelassen, indem man sie sich ohne Abbildungen doch nie klar verständlich machen kann.

Dafür aber glaubte ich nicht weitläuftig genug in der Darstellung der Lehre von den bestimmten Mischungsverhältnissen der Körper sein zu können, und ich hoffe, daß dieser erste Versuch einer populären Darstellung derselben den Beifall meiner Beurtheiler erhalten wird.

Es ist unglaublich, wie sehr die Stöchiometrie den Unterricht in der Chemie erleichtert, und welchen ungeheuren Schritt der Lehrer vorwärts gethan hat, wenn es ihm gelungen ist, seinem Schüler die Paar Zahlen einzuprägen, die in der Chemie eine so große Rolle spielen.

Durch das immerwährende Hinweisen auf ganz bestimmte, unabänderliche Zahlenverhältnisse bei der Erzeugung chemischer Verbindungen erreicht man bei dem Fabrikanten und Handwerker noch einen anderen sehr wichtigen Zweck, nämlich den, daß sie die Nothwendigkeit des Wägens und Rechnens einsehen lernen. Wie vieles mißlingt ihnen, oder wird nicht so, wie es werden könnte, durch Mangel an Genauigkeit, und um wie viel wohlfeiler können sie ihre chemischen Erzeugnisse stellen, wenn sie nicht nach Gutdünken, sondern nach dem richtigen Verhältniß, welches das chemische Mischungsgesetz ihnen vorschreibt, verfahren!

Ein Jeder sieht leicht, daß in dem vorliegenden Werke die Hinweisung auf meine Gewährsmänner nicht zulässig war. Was ich dem vortrefflichen Handbuche Leopold Gmelin's, dem Dingler'schen Journal und mehreren anderen Schriften verdanke, wird der Unterrichtete schon von dem unterscheiden, was mir gehört.

Ein Schriftsteller ist immer besser daran, wenn er sich durch Anführung seiner Gewährsmänner von der Verantwortlichkeit seiner Angaben frei macht. Dieß ist nun hier nicht geschehen. Ich habe gleichsam Alles zu vertreten, und daher hoffe ich denn auch bei der großen Menge der angeführten, besonders sich aufs Praktische beziehenden Thatsachen, die ich nicht alle aus eigener Erfahrung geprüft haben kann, belehrende Nachsicht im Falle des Andersseins.

Breslau im Mai 1830.

Dieser dritten Auflage habe ich außer vielen Zusätzen und Verbesserungen die wichtigsten chemischen Verbindungen in Natur beigefügt. Eine längere Erfahrung hat mich gelehrt, daß dieß das Verständniß umgemein erleichtert und es sich leichter dem Gedächtniß einprägt.

Schloß Oranienburg, den 8. Februar 1843.

Runge.

Inhalts-Verzeichniß.

Von der Luft.

Die Luft ist ein unsichtbarer Körper, der sich dem Gefühl durch den Widerstand bemerkbar macht. Der Wind, eine heftig bewegte Luft, überzeugt uns hinlänglich von dem Dasein derselben.

Es giebt verschiedene Arten von Luft. Man nennt sie Gase oder Gasarten.

Die gemeine Luft, welche unsere Erde umgiebt und uns zum Athmen dient, besteht der Hauptsache nach aus zwei solchen Gasarten. Sie sind sehr verschieden und heißen Sauerstoffgas und Stickgas.

Vom Dasein des Sauerstoffgases in der Luft überzeugt uns ein Vorgang, welcher das Verbrennen heißt. Die Ursache, daß Lichte, Holz, Papier, Kohlen, Metalle xc. zur Entzündung gebracht und unter den Erscheinungen des Feuers verzehrt werden, liegt darin, daß der Sauerstoff sich mit diesen Körpern verbindet.

Vom Dasein des Stickgases kann man sich durch keine so auffallende Erscheinungen überzeugen. Es wird nur dadurch erkannt, daß ihm die Eigenschaften mangeln, welche das Sauerstoffgas besitzt. Es unterhält daher nicht das Feuer, sondern verlöscht es, und die Flammen brennender Körper werden dadurch ebenso erstickt, wie das Athmen lebender Thiere darin unmöglich wird. Daher man diesem Bestandtheil der Luft den Namen Stickgas gegeben hat.

Aus diesen beiden Luftarten ist nun unsere gewöhnliche Luft zusammengesetzt. Da nun die eine derselben, nehmlich das Sauerstoffgas, für sich allein eine sehr heftige Verbrennung bewirkt, die andere dagegen, nehmlich das Stickgas, sie nicht bewirkt, jedoch das Brennen auch nicht geradezu hindert, wenn es mit Sauerstoffgas vermischt ist, so folgt natürlich, daß in einer Luftart, welche aus beiden besteht (und eine solche ist die Luft, welche wir einathmen), eine langsame oder gemäßigte Verbrennung statt finden wird: das Sauerstoffgas, welches, wie gesagt, die Körper sehr rasch verbrennt, wird hieran durch das Stickgas verhindert, weil dieses jenes verdünnet und dadurch seine Wirkung schwächt. Es dient gleichsam als Dämpfer.

Die Menge, in welcher die beiden Gasarten in unserer Luft enthalten sind, ist sich im Allgemeinen immer gleich, daher diese denn auch genau ausgemittelt worden. Wenn man ein Gefäß, das gerade 100 Quart Wasser fassen kann, ausleert (in welchem Fall an die Stelle des Wassers die Luft tritt), so ist in dieser Luft, welche jetzt das Gefäß erfüllt, so viel Sauerstoff enthalten, als 21 Quart Wasser, und so viel Stickgas, als 79 Quart Wasser früher in dem Gefäße einnahmen; oder, mit andern Worten ausgedrückt,

100 Quart Luft bestehen aus:
21 Quart Sauerstoffgas und
79 Quart Stickgas.

Da die Luft, welche 770 mal leichter als das Wasser ist, auch gewogen werden kann, so hat man die Menge ihrer beiden Bestandtheile auch durch das Gewicht bestimmt und gefunden, daß z. B. 100 Pfund Luft aus

$23\frac{1}{10}$ Pfund Sauerstoffgas und
$76\frac{7}{10}$ Pfund Stickgas zusammengesetzt sind.

Die Luft dicht an der Meeresfläche enthält ½ Proc. Sauerstoff weniger.

Man kennt vielerlei Mittel, diese beiden Luftarten von einander zu trennen. Eines der gewöhnlichsten, wodurch das Sauerstoffgas von der Luft abgeschieden wird, und das Stickstoffgas zurückbleibt, ist, wie schon bemerkt, das Entzünden und Verbrennen der Körper, wovon künftig noch geredet werden wird.

Außer diesen zwei erwähnten Gasarten enthält die Luft nun noch eine dritte, aber in sehr geringer Menge. Diese nennt man Kohlensäuregas oder kohlensaures Gas. Wir werden bald Gelegenheit haben, sie näher zu betrachten.

Vom Wasser.

Das Wasser besteht wie die Luft aus zwei Bestandtheilen. Der eine dieser Bestandtheile ist derselbe, der in der Luft als Sauerstoffgas enthalten ist. Man nennt ihn hier schlechtweg Sauerstoff. Der andere aber ist ein neuer Stoff, der sich vorzüglich dadurch auszeichnet, daß er entzündlich oder verbrennlich ist. Er wird aus dem Wasser in Luft- oder Gasform abgeschieden und heißt brennbares Gas. Wenn dieses brennbare Gas angezündet wird und verbrennt, so verbindet es sich mit dem Sauerstoffgas der Luft, und hieraus entsteht wieder Wasser. Aus diesen Gründen hat man diesen Stoff auch Wasserstoff, und wo er als Gas erscheint, Wasserstoffgas genannt.

Das Wasser besteht also aus Sauerstoff und Wasserstoff, und beide sind innig mit einander verbunden.

Um den Wasserstoff aus dem Wasser abzuscheiden, muß

man dieses mit einem solchen Körper in Berührung bringen, der die Kraft hat, dem Wasser den Sauerstoff zu entziehen. Ein solcher Körper ist das glühende Eisen. Läßt man nehmlich Wasserdampf durch einen glühenden Flintenlauf hindurch streichen, worin sich Eisenfeilspäne befinden, so erfolgt eine Trennung der Bestandtheile des Wassers; die frühere Verbindung zwischen Sauerstoff und Wasserstoff wird aufgehoben. Der Sauerstoff des Wassers verbindet sich nehmlich mit dem glühenden Eisen zu einer Art von Rost oder Schlacke, die Aehnlichkeit mit dem Hammerschlag hat. Der Wasserstoff dagegen verbindet sich nicht mit dem Eisen, sondern nimmt einen luft- oder gasförmigen Zustand an, und erscheint als Wasserstoffgas.

Wirkung des Wassers

1 auf Eisen.

Glühendes Eisen zersetzt also das Wasser oder zerlegt es in seine beiden Bestandtheile. Diese beiden Bestandtheile sind im Wasser in einer bestimmten Menge enthalten, die man mit größter Genauigkeit ausgemittelt hat. Es sind nehmlich in 9 Pfund Wasser

8 Pfund Sauerstoff und

1 Pfund Wasserstoff enthalten.

Um sich einen Begriff zu machen, wie es möglich war, dieses durch eine wirkliche Zersetzung des Wassers auszumitteln, stelle man sich folgendes vor. Gesetzt, man läßt durch eine mit Eisenfeilspänen gefüllte eiserne Röhre, deren Gewicht man genau kennt und die sich zur Hälfte in einem glühenden Zustande befindet, die Dämpfe von 9 Pfund Wasser streichen, so werden diese 9 Pfund Wasser gänzlich verschwinden und an deren Statt wird 1 Pfund Wasserstoffgas erscheinen. Die noch fehlenden 8 Pfund (Sauerstoff) wird man dagegen beim Eisen finden, das nach einer genauen Wägung eine Gewichtzunahme von 8 Pfund zeigt.

Diese Zerlegung des Wassers in 8 Sauerstoff und 1 Wasserstoff ist für die ganze Lehre von den chemischen Verbindungen von der größten Wichtigkeit. Man muß sie dem Gedächtniß fest einprägen, weil sie die Hauptgrundlage der ganzen Chemie ausmacht. Denn eine große Menge von Erfahrungen hat bewiesen, daß die Stoffe sich stets in ganz bestimmten Mengen-Verhältnissen verbinden, die Keiner durch Kunst abzuändern im Stande ist. Scheidet man z. B. durch noch so verschiedene Mittel und Verfahrungsarten 8 Pfund Sauerstoff aus irgend einer Menge Wasser ab, so wird man jedesmal finden, daß sich gleichzeitig auch 1 Pfund Wasserstoffgas abgeschieden hat, oder entwickelt man umgekehrt 1 Pfund Wasserstoffgas aus irgend einer Menge Wasser, so ist dieß nur dadurch möglich, daß man einen Körper oder Stoff hiezu anwendet, der im Stande ist, 8 Pfund Sauerstoff aufzunehmen. Wollte man ferner 2 Pfund Wasserstoffgas aus dem Wasser abscheiden, so müßte der Körper schon fähig sein, 16 Pfund Sauerstoffgas aufzunehmen und so fort; das Verhältniß ist unabänderlich und das Gesetz stehet fest, daß das Wasser unter allen Umständen, wo es zersetzt oder in seine Bestandtheile aufgelöst wird, in 8 Sauerstoff und 1 Wasserstoff zerfällt.

Das Wichtige und Wohlzubemerkende hiebei ist nun, daß gerade so wie sich der Sauerstoff zum Wasserstoff verhält, er dasselbe Verhältniß zu allen übrigen Körpern beobachtet. Der Sauerstoff verbindet sich, wie wir gesehen haben, mit dem Wasserstoff in einem Verhältniß von 8 und diese Zahl ist es, die bei allen anderen Sauerstoffverbindungen, z. B. mit den Metallen und anderen Stoffen, wiederkehrt. Sie nehmen ihn nur in dem Verhältniß von 1 mal 8, 2 mal 8 oder 16,

3 mal 8 oder 24 ꝛc. auf. Ein Beispiel wird dies deutlich machen.

16 Pfund Schwefel verbinden sich unter Umständen (die ich künftig beim Schwefel angeben werde) mit 8 Pfund Sauerstoff zu 24 Pfund von einer Säure, die man unterschwefelige Säure nennt. Diese 24 Pfund Säure nehmen unter bestimmten Verhältnissen wieder 8 Pfund Sauerstoff auf und bilden 32 Pfund einer Säure, die man schwefelige Säure nennt. Auch diese 32 Pfund schwefelige Säure können noch Sauerstoff aufnehmen, aber nicht mehr und nicht weniger als wiederum 8 Pfund, in welchem Fall dann 40 Pfund Schwefelsäure entstehen.

Es kehrt also bei diesen 3 verschiedenen Verbindungen des Schwefels mit dem Sauerstoff stets das Verhältniß von 8 wieder, gerade so wie es im Wasser enthalten ist: die unterschwefelige Säure besteht aus:

16 Schwefel und 8 Sauerstoff,

die schwefelige Säure aus:

16 Schwefel und 2 mal 8 Sauerstoff,

die Schwefelsäure aus:

16 Schwefel und 3 mal 8 Sauerstoff.

Aus diesem Beispiel ersieht man nun auch zugleich, daß der Schwefel in seinen Verbindungen stets bei einer bestimmten Zahl stehen bleibt, nehmlich bei der Zahl 16; und dieß ist auch wirklich die Zahl, mit welcher der Schwefel in alle andere Verbindungen eingeht. So giebt es z. B. eine Säure, welche man Schwefelwasserstoffsäure nennt, die aus Schwefel und Wasserstoff zusammengesetzt ist, und 17 Pfund derselben bestehen aus:

16 Pfund Schwefel und
1 Pfund Wasserstoff.

Der Grund, warum in dieser Verbindung auf 16 Pfund Schwefel gerade 1 Pfund Wasserstoff kommt, liegt schon in dem oben beim Wasser Gesagten. Denn da 8 Pfund

Sauerstoff hinlänglich sind, um 1 Pfund Wasserstoff in Wasser zu verwandeln, so reicht auch umgekehrt 1 Pfund Wasserstoff hin, 8 Pfund Sauerstoff zu Wasser zu machen, mit einem Wort, 1 Pfund Wasserstoff vermag auf seine Art eben so viel auszurichten, wie 8 Pfund Sauerstoff; da nun 8 Pfund Sauerstoff im Stande sind, 16 Pfund Schwefel in eine Säure (unterschwefelige Säure) zu verwandeln, so dürfen wir uns nicht wundern, wenn 1 Pfund Wasserstoff dieselbe Menge Schwefel bezwingen und damit eine besondere Säure, die Schwefelwasserstoffsäure, bilden kann. Der Grund also, warum 16 Schwefel nur 1 Wasserstoff aufnehmen, liegt darin, daß 16 Schwefel sich nur mit 8 Sauerstoff verbinden und diese 8 Sauerstoff nur im Stande sind, 1 Wasserstoff und nicht mehr oder weniger zu sättigen.

Auf diese Weise bekommt jeder Stoff in der Chemie eine Zahl, wodurch sein chemischer Werth oder das ausgedrückt wird, was er gegen andere Stoffe, mit denen er sich verbindet, zu leisten vermag. So ist z. B. der Wasserstoff viel kräftiger als der Sauerstoff und der Schwefel, weil 1 Pfund desselben es mit 8 Pfund Sauerstoff und mit 16 Pfund Schwefel aufzunehmen vermag. Die Zahl 1 drückt also den chemischen Werth des Wasserstoffs aus, so wie die Zahl 8 den des Sauerstoffs und die Zahl 16 den des Schwefels. Man nennt eine solche Zahl das Mischungsgewicht (M. G.), d. h. sie bezeichnet die Menge nach dem Gewicht, mit welchem ein Stoff sich mit einem andern Stoff verbindet, oder das Gewicht, nach welchem sich die Stoffe mischen lassen. Demnach ist:

das Mischungsgewicht des Wasserstoffs = 1,
das Mischungsgewicht des Sauerstoffs = 8,
das Mischungsgewicht des Schwefels = 16.

Nachdem wir nun gesehen haben, daß die Luft aus

dem Stickstoff und dem Sauerstoff, und das Wasser aus dem Wasserstoff und dem Sauerstoff zusammen gesetzt ist, so wenden wir uns jetzt zur näheren Betrachtung dieser Stoffe.

Vom Sauerstoff.

Der Sauerstoff ist in der gewöhnlichen Luft in der Art vorhanden, daß er seine Einwirkung auf andere Körper ziemlich frei äußern kann. Geschieht dieses, so erleiden die Körper eine ganz besondere Veränderung; sie werden von ihm verzehrt unter Entwickelung von Licht und Wärme. Man nennt diesen Vorgang das Verbrennen, wie schon S. 1 bemerkt worden. Daran, daß sich Holz in unsern Oefen entzünden und in Asche verwandeln läßt, ist allein der Sauerstoff schuld. Der Stickstoff, welcher gleichzeitig mit ihm in der Luft sich befindet, hat hieran gar keinen Antheil, ja er verhindert es sogar in sofern, daß er macht, daß das Verbrennen ruhiger und langsamer vor sich geht, als es geschehen würde, wenn der Sauerstoff allein vorhanden wäre.

Durch einen schönen Versuch kann man sich von der Wahrheit des Gesagten überzeugen. Eine Kohle oder ein Stück Zunder, die man angezündet hat, sind in unserer gewöhnlichen stickstoffhaltigen Luft nicht dahin zu bringen, daß sie mit Flamme brennen; wie viel man auch blasen mag, das Feuer verzehrt sie schneller, aber zum Ausbruch einer hellen Flamme kommt es nicht. Ganz anders verhalten sie sich dagegen in einer Luft, aus welcher man den Stickstoff entfernt hat, oder was gleichviel heißt, im reinen Sauerstoffgas. So wie man in dieses glimmende Kohlen oder glimmenden Zunder bringt, brechen sie auf der Stelle in helle Flamme aus und werden schnell verzehrt. Dieses merkwürdige Verhalten wird als ein Mittel benutzt, das Sauerstoffgas schnell zu erkennen und von andern Gasarten zu unterscheiden, denn keine andere Gasart zeigt ein solches Verhalten.

Bei diesem Verbrennen verbindet sich nun jedesmal der Sauerstoff mit dem brennenden Körper und bringt je nach der Verschiedenheit dieses Körpers auch verschiedene neue Erzeugnisse hervor. So brennen Papier, Schwefel, Phosphor und Zink alle vier mit Flamme; aber das, was nach dem Verbrennen als ein Erzeugniß des Verbrennens sich entwickelt oder zurückbleibt, ist so sehr verschieden, wie diese Körper es unter einander selbst sind. Das Papier verwandelt sich durchs Verbrennen in ein unsichtbares Gas, welches man kohlensaures Gas nennt, und welches dasselbe ist, was glühende Kohlen aushauchen, wenn sie zu Asche verbrennen. Der Schwefel stößt während seines Verbrennens einen sehr scharfen, erstickenden Dunst aus, den man schwefeligsaures Gas nennt, welches eine Verbindung von Schwefel mit Sauerstoff ist. Der Phosphor wird gleichfalls in einen sauren Körper verwandelt, wenn er sich unter den Erscheinungen von Licht und Wärme mit dem Sauerstoff verbindet, und er heißt Phosphorsäure.

Ebenso erleidet Zink, wenn man es anzündet, eine höchst auffallende Veränderung. Es brennt mit heller Flamme und verwandelt sich in schöne schneeweiße Flocken, die allen Glanz des Zinks und seine Eigenschwere verloren haben, und doch ist nichts weiter damit vorgegangen, als daß sich der Sauerstoff damit verbunden hat.

Aus diesen Beispielen wird es nun klar, von welcher Wichtigkeit die nähere Kenntniß eines Stoffes ist, der so große Veränderungen an andern Körpern hervorzubringen im Stande ist; der sie theils in Säuren verwandelt (z. B. den Schwefel, den Phosphor), daher man ihm auch den Namen Sauerstoff gegeben hat, oder ihnen eine mehl- und erdartige Beschaffenheit ertheilt, wie es z. B. mit dem Zink der Fall ist.

Eine Veränderung, wie sie das Zink erleidet, erleiden auch andere Metalle, wenn man sie verbrennt oder, was gleichviel heißt, wenn man sie mit dem Sauerstoff verbindet. Schmelzt man nämlich Zinn oder Blei und läßt sie längere Zeit der Hitze ausgesetzt, so bildet sich auf ihrer Oberfläche eine schwarzgraue Haut, die man Asche, nehmlich Bleiasche und Zinnasche, nennt.

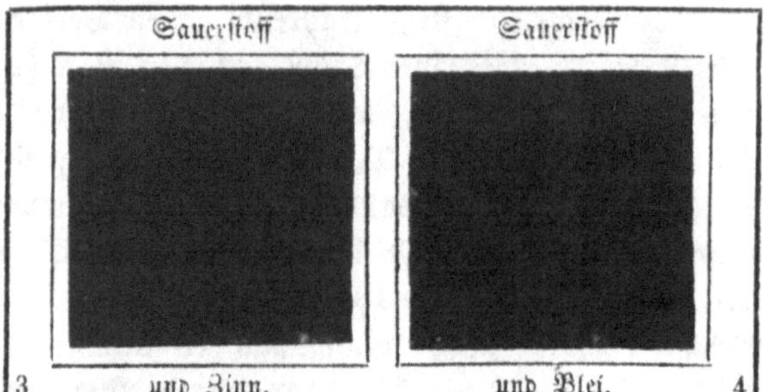

Beide Metalle, sowohl das Blei als das Zinn, haben unter diesen Umständen den Sauerstoff aus der Luft aufgenommen.

Es findet hiebei jedoch keine Lichtentwickelung, also nicht die Erscheinung des Feuers statt, daher man diese Art der Verbindung des Sauerstoffs auch mit dem Namen der dunklen Verbrennung bezeichnet hat. Man sieht, daß hier nur die äußere Erscheinung fehlt, nehmlich das

Licht, nicht aber die Hauptsache, die Vereinigung mit dem Sauerstoff.

Der Schwefel und der Phosphor lösen sich im Wasser nicht auf; sind sie aber verbrannt oder mit Sauerstoff verbunden, so lösen sie sich auf und sind sehr sauer von Geschmack. Metalle, die ebenfalls unauflöslich im Wasser sind, bleiben dieß meistens auch dann, wenn sie mit Sauerstoff verbunden oder verbrannt sind. Dieß Verhalten ist die Veranlassung gewesen, daß man die im Wasser auflöslichen Sauerstoffverbindungen im Allgemeinen unter dem Namen Säuren von denjenigen, die es nicht sind, unterschieden hat. Letztere nennt man dagegen Oxyde. Die Benennung „Säure" wird auch jetzt noch allgemein gebraucht; nur muß man sich hiebei merken, daß es auch Säuren giebt, die keinen Sauerstoff enthalten, aber ihre Entstehung solchen Stoffen zu verdanken haben, die in vielen ihrer Eigenschaften mit dem Sauerstoff übereinkommen, z. B. Chlor. Künftig wird hievon noch gehandelt werden.

Der Name Oxyd dagegen wird nur allein den Sauerstoffverbindungen beigelegt und zwar hauptsächlich solchen, die, wie bereits gesagt, im Wasser unauflöslich sind. Da nun alle Metalle solche unauflösliche Verbindungen mit dem Sauerstoff bilden, so giebt es eine Menge Metalloxyde; so hat man ein Bleioxyd, ein Zinnoxyd, ein Zinkoxyd, ein Eisenoxyd, ein Kupferoxyd, ein Silberoxyd u. s. w. Als Beispiele stelle ich hier vier solche Oxyde neben einander:

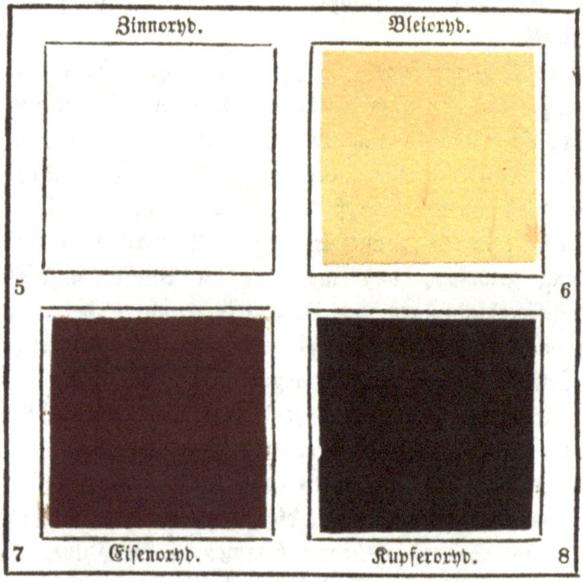

Es sind dieß die bekannten Metalle: Zinn, Blei, Eisen und Kupfer, welche durch die Vereinigung mit dem Sauerstoff die auffallende Veränderung, wie sie die Proben zeigen, erlitten haben.

Wie es mehrere Säuren des Schwefels giebt, je nachdem sich 1 mal 8, oder 2 mal 8, oder 3 mal 8 Sauerstoff mit 16 Schwefel verbunden haben, so giebt es auch mehrere Oxyde von einem und demselben Metall, je nachdem nehmlich 1 mal 8, oder 2 mal 8, oder 3 mal 8 Sauerstoff mit ihnen in Verbindung getreten sind. Zur Bezeichnung dieser Verbindungen bedient man sich gewöhnlich des Namens Ueberoxyd (oder

Hyperoxyd). So giebt es z. B. ein Ueberoxyd des Bleis, Nr. 9, was dann entsteht, wenn 112 Pfund Bleioxyd, Nr. 6, (was aus 104 Pfund Blei und 8 Pfund Sauerstoff besteht) sich noch mit 8 Pfund Sauerstoff vereinigt haben; es enthält dann 2 mal 8 Sauerstoff auf 104 Blei.

In den meisten Fällen bedarf es jedoch solcher künstlichen Benennungen nicht, denn gewöhnlich besitzen die verschiedenen Sauerstoffverbindungen der Metalle auch eine verschiedene Farbe, und man kann sie nach dieser benennen und unterscheiden. So hat das Bleioxyd, Nr. 6, welches aus 104 Blei und 8 Sauerstoff besteht, eine gelbe Farbe und heißt gelbes Bleioxyd, zum Unterschiede von dem, welches noch 8 Sauerstoff mehr enthält, und welches, wie Nr. 9 beweist, braun aussieht, weshalb man es mit dem Namen braunes Bleioxyd belegt.

Wie der Sauerstoff mit seinem doppelten und dreifachen Mischungsgewicht (nehmlich 2 mal 8, 3 mal 8 ꝛc.) eine Verbindung mit den Metallen eingehen kann, wie wir dieß eben beim braunen Bleioxyd gesehen haben, so kann auch umgekehrt das Metall sein eignes Mischungsgewicht verdoppeln, mit welchem es sich mit dem Sauerstoff verbunden hat. In diesem Fall entsteht wiederum eine Art von Oxyd, die man Unteroxyd (Suboxyd, auch Oxydul) nennt. Ein Beispiel giebt das Quecksilber.

Wenn man Quecksilber in einem Glaskolben beim Zutritt der Luft erhitzt, so bildet sich ein rothes Pulver und das Quecksilber verschwindet. Dieses rothe Pulver ist nichts weiter als ein verbranntes oder mit Sauerstoff verbundenes Quecksilber und heißt Quecksilberoxyd. 109 Pfund davon bestehen aus

101 Pfund Quecksilber und
8 Pfund Sauerstoff.

Die Zahl 101 ist das Mischungsgewicht des Quecksilbers, weil (wie oben beim Wasser gesagt worden) 8 Sauerstoff hinreichend sind, das Quecksilber gänzlich zu verändern und in ein rothes Pulver zu verwandeln. Wenn nun hier ein Unteroxyd oder Oxydul sich bilden soll, so muß dieß rothe Pulver (oder Quecksilberoxyd) sich mit noch mehr Quecksilber verbinden. Dieß geschieht nun auch und zwar so, daß mit den 109 Pfund bereits gebildetem Quecksilberoxyd sich noch 101 Pfund Quecksilber vereinigen und nun einen neuen Körper darstellen, der eine schwarze Farbe besitzt und Unteroxyd oder Oxydul des Quecksilbers heißt. Es besteht demnach aus

2 mal 101 Pfund Quecksilber und
8 Pfund Sauerstoff.

Ich stelle hier diese beiden Quecksilberverbindungen mit dem Sauerstoff neben einander.

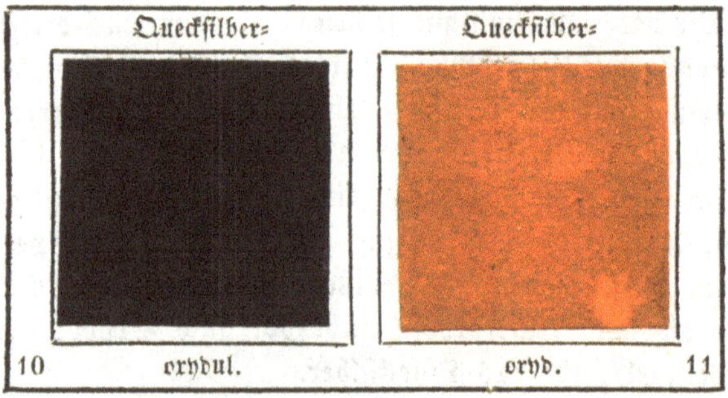

Man könnte auch diese beiden Oxyde nach der Farbe unterscheiden und sie schwarzes und rothes Quecksilberoxyd nennen.

Alle diese Bezeichnungsarten bleiben aber immer unvollkommen, in sofern sie keine chemische sind, wodurch nicht nur das, woraus eine Verbindung besteht, sondern auch das Wieviel der Bestandtheile oder das Mengenverhältniß derselben ausgedrückt wird. Die Oxyde müßten Sauerstoffmetalle genannt werden, entsprechend den Benennungen: Chlormetalle, Jodmetalle, Schwefelmetalle ꝛc. Dann würde man anstatt Zink-, Blei- und Kupferoxyd: Sauerstoffzink, Sauerstoffblei und Sauerstoffkupfer sagen, wie man die entsprechenden Schwefelverbindungen: Schwefelzink, Schwefelblei und Schwefelkupfer nennt. Durch das Vorsetzen von Einfach, Zweifach, Dreifach, Halb, Anderthalb, Drittehalb würde man dann das Verhältniß ausdrücken, in welchem die Metalle mit dem Sauerstoff verbunden sind. Enthält das Metall nur 1 Mg. Sauerstoff (auf 1 Mg. Metall), wie z. B. das gelbe Bleioxyd, so heißt es Einfach-Sauerstoffblei, entsprechend dem Einfach-Schwefelblei. Enthält es 2 Mg. Sauerstoff, wie z. B. das braune Bleioxyd, so heißt es Zweifach-Sauerstoffblei. Enthält es auf 2 Mg. Metall 3 Mg. Sauerstoff, wie z. B. das rothe Eisenoxyd, so macht dieß auf 1 Mg. Metall $1\frac{1}{2}$ Mg. Sauerstoff und es wird dann Anderthalb-Sauerstoffeisen genannt. Das Quecksilberoxydul erhält den Namen Halb-Sauerstoffquecksilber, da das Bestandtheilverhältniß 2 Mg. Metall und 1 Mg. Sauerstoff ist, folglich auf 1 Mg. Metall nur $\frac{1}{2}$ Mg. Sauerstoff kommt. Da, wie gesagt, die Schwefel-, Chlor- u. Jodverbindungen so benannt werden und diese den Sauerstoffverbindungen durchaus entsprechend sind, so werde ich mich dieser Benennungen in der Folge öfter bedienen, weil sie das Verständniß ungemein erleichtern.

Wenn man mit Metallen den Sauerstoff verbinden kann, so muß man ihn auch wieder davon trennen können. Dieß ist auch wirklich der Fall und giebt dem Chemiker Mittel an die Hand, sich reines Sauerstoffgas zu verschaffen.

Schon oben ist erwähnt worden, daß Quecksilber, in einem offenen Glaskolben gelinde erhitzt, sich, unter Verwandlung in ein rothes Pulver, mit dem Sauerstoff der Luft verbinde; erhitzt man nun dieses rothe Pulver noch stärker, so verliert es seinen Sauerstoff wieder, der nun in einer schicklichen Geräthschaft aufgefangen werden kann. Das Quecksilber ist unter diesen Umständen wieder in seinen metallischen Zustand zurückgebracht worden.

Um sich das Sauerstoffgas in größerer Menge zu verschaffen, wäre es freilich gut, wenn man es aus der Luft, die eine so große Menge enthält, darstellen könnte. Allein bis jetzt kennen wir noch kein Mittel, das Stickgas aus der Luft so abzuscheiden, daß bloß das Sauerstoffgas übrig bliebe. Es bleibt also nichts anderes übrig, als daß man Metalle, welche den Sauerstoff in großer Menge enthalten, die also in dem Zustand von Ueberoxyd vorkommen, hiezu anwendet. Ein solches ist nun der sogenannte Braunstein, ein Ueberoxyd des Mangans, wovon 44 Pfund auf 28 Pfund Manganmetall 2 mal 8 oder 16 Sauerstoff enthalten. Glüht man diesen Braunstein in einer eisernen Retorte, so entwickelt sich ein Theil seines Sauerstoffs als Gas, daß freilich nicht ganz so rein ist, aber wohlfeiler zu stehen kommt, als das aus Quecksilberoxyd bereitete; denn der Braunstein ist ein sehr häufig vorkommendes Mineral.

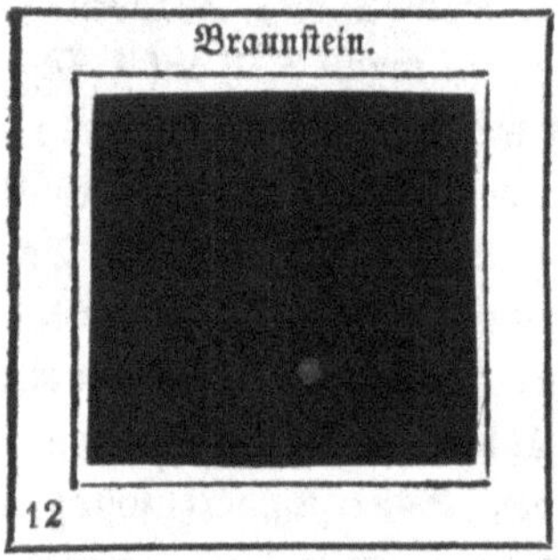
Braunstein.
12

Erhitzt man etwas von einem innigem Gemenge von

5 Pfund Braunstein und

3 Pfund Schwefelsäure

in einer Retorte, so erhält man auch Sauerstoffgas und zwar viel schneller als durchs bloße Glühen des Braunsteins, weil hier die Schwefelsäure, schwefelsaures Manganoxydul bildend, die Abscheidung bewirkt.

Da das chlorsaure Kali (welches zur Darstellung der rothen Zündhölzchen dient und zu sehr wohlfeilen Preisen zu haben ist) beim Erhitzen viel reines Sauerstoffgas liefert, so kann dieß zu seiner Darstellung angewendet werden. Man hat dabei den Vortheil, daß schon eine sehr mäßige Hitze hinreicht, das Gas zu entwickeln, daher es denn auch in einer gewöhnlichen Glasretorte geschehen kann.

Dieses Salz ist daher auch sehr geeignet, schnell im Kleinen die Haugteigenschaften des Sauerstoffs zu zeigen. So braucht man nur sehr wenig in einer Glasröhre zu erhitzen, um beim Hineinstecken eines glimmenden Schwefelhölzchens das Ausbrechen in helle Flamme zu gewahren.

Darauf, daß viele Metalle in Verbindung mit Sauerstoff in der Natur vorkommen, der abgeschieden werden muß, wenn man die Metalle als Metalle benutzen will, gründen sich viele Hüttenprozesse, z. B. das Ausschmelzen des Eisens aus seinen Erzen, das Destilliren des Zinks ꝛc. In diesen Fällen reicht aber das bloße Feuer nicht hin (wie z. B. oben beim Quecksilberoxyd), um den Sauerstoff von dem Metall zu trennen, sondern man muß noch andere Körper hinzusetzen, die den Sauerstoff mit sich hinwegnehmen. Ein solcher Körper ist die Kohle und alles dasjenige, was beim Verbrennen Kohle giebt. Ein Beispiel wird die Wirkung dieses Stoffes in diesem Fall deutlich machen.

Wenn die Zinngießer ein Gemisch von Blei und Zinn schmelzen, so bildet sich auf der Oberfläche des schmelzenden Metallgemisches eine graue Haut, die fortwährend so zunimmt, daß sie endlich alles Zinn und Blei darin verwandeln würde. Es ist aus Obigem klar, daß diese Bildung einer grauen Haut ihren Grund in einer Sauerstoffung oder dunklen Verbrennuug der Melalle hat, und es fragt sich, wie ihr der Zinngießer Grenzen setzt? Er wirft etwas Talg auf das schmelzende Metall; der Talg entzündet sich und die Haut ist verschwunden. Hier verbinden sich die Bestandtheile des Talges, worunter besonders der Kohlenstoff gehört, mit dem Sauerstoff der Oxydhaut, und lassen das Metall im reinen, wiederhergestellten Zustand zurück. Ganz so wirkt nun auch die Kohle, wenn sie mit Metalloxyden oder Erzen der Glühhitze ausgesetzt wird. Hievon wird künftig bei der Kohle noch geredet werden.

Auch ohne Anwendung von Hitze verlieren eine Menge Metalle ihren Metallglanz an der Luft. Es ist dieß ebenfalls die Folge einer Verbindung mit dem Sauerstoff, die man im Allgemeinen mit Anlaufen, Rosten bezeichnet. Es geschieht bei den verschiedenen Metallen mit verschiedener Farbe. Der Zinkrost ist weiß, der Bleirost grau, der Eisenrost gelb, der Kupferrost grün, wie bei diesen Metallen selbst nachzusehen ist, wo Proben davon befindlich sind.

Ganz dem Vorgang des Verbrennens ähnlich ist der des Athmens. Beim Verbrennen geht der Sauerstoff in Verbindung mit Metallen, Mineralien und anderen sogenannten leblosen Dingen; beim Einathmen durch lebende Wesen finden ganz ähnliche Verbindungen statt, die, wenn auch nicht mit Licht-, doch mit Wärmeentwickelung vergesellschaftet sind.

Einen Begriff von der Menge des vorhandenen Sauerstoffs in der Luft giebt die Berechnung, daß 800,000 Jahre dazu gehören würden, bis er von sämmtlichen auf der Erdoberfläche lebenden Thieren und Menschen verbraucht sein würde.

Der Sauerstoff der Luft geht auch eine Verbindung mit dem Wasser ein, und das Wasser löst ihn auf. Dieser Sauerstoff wird von den Fischen u. s. w. durch ihre eigenthümlichen Athemorgane aufgenommen. In einem Wasser, welchem durch die Luftpumpe oder durch Kochen der Sauerstoff entzogen worden, sterben diese Thiere.

Dieß ist es, was sich im Allgemeinen von dem Sauerstoff sagen läßt, da sein besonderes Verhalten gegen die anderen Stoffe und Verbindungen erst bei deren Betrachtung selbst vorkommen kann.

Vom Wasserstoff.

Der Wasserstoff ist, wie bereits angeführt worden, ein Bestandtheil des Wassers, oder vielmehr bildet er in Vereinigung mit dem Sauerstoff das Wasser. Diese Vereinigung beider geschieht oft mit solcher Schnelle und Heftigkeit, daß sie von den Erscheinungen des Feuers begleitet ist.

Man kann sich eine solche Wasserbildung auf eine recht leichte Weise veranschaulichen. Die Flamme des bekannten Platinfeuerzeugs ist brennendes Wasserstoffgas, oder richtiger: der glühende Dampf des eben gebildeten Wassers. Durch Abkühlung wird er zu tropfbarem Wasser. Hält man daher eine Glasröhre so vor diese Flamme, daß sie ins Innere der Röhre hineinspielt, so wird man sogleich das Ansammeln einer Menge Tropfen gewahr werden, die das eben gebildete und durch Abkühlung verdichtete Wasser sind.

Dieser Thatsache, das Wasser durch Verbrennung oder Sauerstoffung des Wasserstoffs zu bilden, steht die gegenüber, wo das Wasser zerlegt wird durch eine Entsauerstoffung und man demnach den Wasserstoff wieder im freien Zustande erhält. Es kann dieß durch die verschiedensten Mittel geschehen.

Schon oben ist von der Wirkung des glühenden Eisens auf das Wasser gesprochen worden, wodurch aus dem Wasser der Wasserstoff entwickelt wird, indem das glühende Eisen den Sauerstoff an sich zieht und sich damit verbindet. Dem glühenden Eisen ähnlich wirken nun viele andere Metalle, indem auch sie, wiewohl unter etwas anderen Umständen, das Wasser zersetzen und den Wasserstoff frei machen.

Mischt man z. B. 1 Pfund Schwefelsäure mit 4 Pfund Wasser und legt in diese Mischung eine Zinkstange, so wird ein Theil von den 4 Pfund Wasser zersetzt und Wasserstoffgas daraus entwickelt. Es sammeln sich nehmlich eine Menge Luftblasen um die Zinkstange, die darauf schnell in die Höhe steigen und mit Hülfe eines Trichters in mit Wasser gefüllten Flaschen aufgefangen werden können.

Die Art der Entstehung dieses Gases ist in diesem Fall so zu denken:

Das Zink verbindet sich, wie alle Metalle, erst dann mit den Säuren, wenn es vorher erst eine bestimmte Menge Sauerstoff aufgenommen und sich also in jene Verbindung verwandelt hat, die aus Zink und Sauerstoff besteht und Zinkoxyd heißt. Kommen nun also Zink, Schwefelsäure und Wasser zusammen, so löset sich das Zink dadurch in der Säure auf, daß es erst eine bestimmte Menge Sauerstoff aus dem Wasser, womit die Schwefelsäure vermischt worden, aufnimmt und sich in Zinkoxyd verwandelt, welches sich nun in der Säure auflöset. Wenn nun aber das Zink dem Wasser den Sauerstoff entzieht, so wird dadurch auch der Wasserstoff, der früher mit diesem Sauerstoff verbunden als Wasser vorhanden war, in Freiheit gesetzt und scheidet sich als Wasserstoffgas aus.

Daß das Zink sich wirklich mit dem Sauerstoff verbindet, wenn es sich in der mit Wasser verdünnten Schwefelsäure auflöset, wird dadurch bewiesen, daß ein Zusatz von Kali oder Natron ein weißes Pulver niederschlägt. Dieses weiße Pulver ist nehmlich Zinkoxyd, Nr. 2, S. 9, und kommt dem weißen Pulver gleich, welches man erhält, wenn man Zink in der Luft oder im Sauerstoffgas verbrennen läßt.

Ist es nun der Fall, daß dieß weiße Pulver ein Sauerstoffzink oder Zinkoxyd ist, so folgt, daß es aus einer wasserhaltigen Schwefelsäure kein Wasserstoffgas zu entwickeln im Stande ist. Denn soll sich dieses entwickeln, so muß das Zink den Wasserstoff erst von dem Sauerstoff befreien, der ihn in der Form von Wasser fest gebunden hält. Zinkoxyd hat aber schon Sauerstoff, kann also aus dem Wasser keinen mehr aufnehmen, folglich wird auch kein Wasserstoff sich entwickeln können. Dieß ist nun der Grund, warum sich Zinkoxyd ganz ruhig und ohne alle Entwickelung von Wasserstoffgas in Schwefelsäure, welche mit Wasser verdünnt worden, auflöset.

Die schon S. 19 erwähnten Platinfeuerzeuge, die jetzt im Besitz so vieler Menschen sind, stellen diese Art von Wasserzerlegung täglich vor Augen. Es gehören dazu freilich nur solche, die ganz von Glas sind, wobei man den Prozeß äußerst deutlich sehen kann.

Auch andere Metalle, namentlich das Eisen, entwickeln gleich dem Zink aus einem Wasser, welches Schwefelsäure enthält, den Wasserstoff als Gas. Die Erklärung ist hier dieselbe. Das Eisen nimmt hier statt des Zinks den Sauerstoff aus dem Wasser auf, um auflöslich in der Schwefelsäure zu werden.

Sehr bemerklich macht sich besonders dieses mittelst Eisen dargestellte Wasserstoffgas durch einen äußerst unangenehmen Geruch, der jedoch dem Wasserstoffgas an und für sich nicht eigenthümlich ist, sondern von andern Stoffen herrührt, die sich gleichzeitig mit entwickeln. Reines Wasserstoffgas ist geruchlos.

Das Wasserstoffgas wird, wie die Luft und andere Gasarten, durch die Hitze bedeutend ausgedehnt und kann daher, wenn es in verschlossenen Gefäßen sehr erhitzt wird, eine gefahrvolle Zersprengung derselben bewirken. Dieß ist z. B. bei Dampfkesseln der Fall, die unvorsichtig geheizt werden und bei denen die sogenannte Speisung, wodurch immer frisches Wasser zugeleitet wird, in Stocken gerathen ist.

Ist nämlich ein Dampfkessel durch Mangel an Wass ersatz wasserleer geworden, so wird er da, wo ihn das Feuer berührt, rothglühend. Rothglühendes Eisen zersetzt aber, wie ich bereits mehrmal angeführt habe, das Wasser und daher auch in diesem Fall den Wasserdampf, der noch im Kessel befindlich ist, bildet Wasserstoffgas, das sich nun bei der großen Hitze so stark ausdehnt, daß der Kessel zerplatzt und großen Schaden anrichtet. Bei einem kupfernen Kessel ist eine solche Wasserzersetzung nicht zu befürchten.

Das Wasserstoffgas ist sehr leicht und verglichen mit der Schwere der gewöhnlichen Luft, 14½ mal leichter als diese. Man würde also, wenn das Wasserstoffgas nicht wie die Luft unsichtbar und farblos wäre, dasselbe auf und in der Luft schwimmen sehen. Schließt man das Wasserstoffgas in nicht zu schwere Hüllen ein, so geschieht dieß auch wirklich wie die bekannten Luftballons beweisen; die nichts weiter als mit Wasserstoffgas gefüllte seidene Behälter sind, welche auf und in der Luft schwimmen und in ihr so in die Höhe steigen, wie es Luftblasen im Wasser thun.

Um von dieser Leichtigkeit des Wasserstoffgases einen recht deutlichen Beweis zu haben, führe ich als Beispiel den Luftballon von dem Engländer Green an, welcher die Fahrt von London nach Nassau machte. Derselbe hat 157 Fuß im Umfange, 80 Fuß Durchmesser und wiegt

5316 Pfund, wenn mit Luft, und nur

364 Pfund, wenn mit Wasserstoffgas

gefüllt. Wäre dieses nicht, so wäre es auch nicht denkbar, wie dieses Gas, in Ballons eingeschlossen, so große Lasten heben könnte.

Das Wägen der Gasarten, um ihre Schweren zu vergleichen, geschieht in einer hohlen Kugel von Metall. Erst wägt man sie so (mit gewöhnlicher Luft erfüllt), dann bringt man die andere zu wägende Gasart hinein, indem man die Kugel mit Wasser füllt und dieses durch die Gasart austreibt, und wägt sie wieder. Man kann so den Gewichtunterschied aller Gasarten ermitteln und unter einander vergleichen.

Das Wasserstoffgas wird, wie schon oben angemerkt, auch brennbares Gas genannt und verdient diesen Namen auch mit vollem Rechte. Denn es ist ein äußerst leicht entzündliches Gas, das beim Brennen zwar nicht sehr leuchtet, aber eine desto stärkere Hitze giebt. Folgendes Beispiel wird es deutlich machen, wie groß die Hitze ist. Wenn man nämlich 1 Pfund Wasserstoffgas, das aus einer engen Röhre ausströmt, entzündet, so entwickelt diese Flamme eine solche Hitze, daß dadurch 315 Pfund Eis zum Schmelzen gebracht werden können; indeß dieselbe Menge vom Kohlenwasserstoffgas (ein Gas, welches zur Beleuchtung dient) unter denselben Umständen nur 85 bis 88 Pfund Eis zu schmelzen im Stande ist.

Eine solche Entwickelung von Hitze erfolgt schon, wenn das Wasserstoffgas in der gewöhnlichen Luft verbrennt, wo die Einwirkung des Sauerstoffs durch eine so große Menge Stickstoff, welche sie enthält, geschwächt wird; noch schneller und daher scheinbar stärker erfolgt sie, wenn man Wasserstoffgas in reinem Sauerstoffgas ohne Stickgasbeimengung verbrennt.

Man hat hierüber viele Erfahrungen gemacht, die nicht selten mit Unglück verbunden waren. Denn vermischt man 2 Maaß Wasserstoffgas mit 1 Maaß Sauerstoffgas und entzündet das Gemisch, so verbinden sich beide Gasarten mit einer solchen Schnelligkeit und Heftigkeit, daß das Gefäß, worin sich das Gasgemenge befindet, mit großer Gewalt und heftigem Knall zersprengt wird. Man nennt daher dieß Gasgemenge auch Knallgas oder Knallluft.

Welch eine Kraft es übrigens sein muß, die die Vereinigung dieser beiden Gasarten zu Wasser bedingt, kann man aus der gewaltigen Raumveränderung entnehmen, die sie dabei erleiden und die nicht viel verschieden ist von 2000 zu 1, nämlich:

662 Quart Sauerstoffgas und
1324 Quart Wasserstoffgas,
also 1986 Quart zusammen, geben
1 Quart Wasser.

Ein solches Knallgas sind auch die sogenannten schlagenden Wetter in den Bergwerken. Es entwickelt sich, namentlich in Kohlenbergwerken, ein Gas, welches zum größten Theil aus Wasserstoffgas besteht und daher, mit gewöhnlicher Luft vermischt, eine Art von Knallluft bildet, die sich mit fürchterlichem Knall und heftigem Schlage entzündet, wenn der Bergmann sich einer solchen Luft mit brennender Lampe nähert.

Schon viele Menschen haben hierdurch ihr Leben verloren. Auch kannte man lange kein Schutzmittel gegen diese Unfälle, bis endlich der berühmte englische Chemiker Davy die Entdeckung machte, daß ein Gewebe oder Geflecht von feinem Draht, wenn es das Grubenlicht überall umgiebt, das sicherste Schutzmittel ist, indem das Entzünden der schlagenden Wetter dadurch verhindert wird. Daher bedient man sich jetzt in denjenigen Gruben, wo man das Dasein und Entzünden von schlagenden Wettern fürchtet, einer Art kleiner Laternen, wo statt der Glascylinder feine Drahtcylinder eingesetzt sind. Sie gewähren eine große Sicherheit für den Arbeiter.

Wenn man 1 Maaß Sauerstoffgas und 2 Maaß Wasserstoffgas mit einander vermengt (welche dem Gewichte nach sich wie 8 Pfund zu 1 Pfund verhalten), so bekommt man ein Knallgas, welches, wenn es in einem hinlänglich starken, metallenen Gefäß eingeschlossen und entzündet worden, gänzlich verschwindet und nichts weiter übrig läßt als Wasser, das theils in Tropfen, theils als Dampf in dem Gefäß angetroffen wird. Hiedurch wird also aufs Klarste bewiesen, daß das Wasser aus Sauerstoff und Wasserstoff und nichts Weiterem bestehe und sich bilde, wenn beide sich verbinden.

Man hat von diesem Knallgas eine sehr sinnreiche und nützliche Anwendung gemacht. Nehmlich man hat eine Vorrichtung erfunden, worin es mittelst einer Druckpumpe so stark zusammengepreßt wird, daß es bei der Oeffnung eines Hahns mit großer Gewalt herausströmt. Zündet man nun diesen Luftstrom an, so entsteht zwar nur eine sehr schwach leuchtende Flamme, die aber eine solche Hitze giebt, als man bisher auf anderem Wege noch nicht hervorbringen konnte. Körper, die man früher für unschmelzbar hielt, z. B. Platin, sind vor diesem Gebläse, welches man Knallgasgebläse nennt, geschmolzen worden. Der Umgang mit diesem Instrument erfordert aber viel Vorsicht, denn wenn die Flamme zurücktritt und auch das im Innern befindliche zusammengedrückte Knallgas entzündet, so wird das Instrument zersprengt und der Arbeiter geräth in Lebensgefahr.

Eine Art Knallgas entsteht auch, wenn sehr wasserstoffreiche Körper, z. B. Weingeist, Aether rc., in Dampfgestalt mit der Luft sich vermischen. In einem Raum eingeschlossen, verpuffen solche Gemische aufs heftigste, wenn sie entzündet werden. Einem Arbeitsmann war aufgetragen, leere Weinfässer zu schwefeln. Es befand sich unter diesen auch ein leeres Rumfaß. Als er nun den brennenden Schwefelfaden ins Spundloch brachte, erfolgte unter heftigem Knall eine Zertrümmerung des Fasses. Hier war aus dem Weingeistdunst des Rums und der Luft eine Art Knallgas gebildet worden.

Ein sehr merkwürdiges Verhalten zeigt das Wasserstoffgas in Berührung mit Platin. Es entzündet sich nämlich dieses Gas, ohne daß man dabei Hitze anwendet. Wenn man sonst etwas entzünden und zum Brennen bringen will, so kann dieß nur dadurch geschehen, daß man es mit einem schon brennenden Körper in Berührung bringt. Feuer erzeugt Feuer! Beim Platin ist dieß nicht der Fall. Hier erhitzen sich das kalte Metall und das kalte Wasserstoffgas, wenn sie unter günstigen Umständen zusammen treffen, zu dem Grade, daß das Platin glühend und das Wasserstoffgas flammend wird. Läßt man nämlich aus einer engen Röhre Wasserstoffgas auf sogenannten Platinschwamm oder sehr fein geschlagenes Platin strömen, so wird das Platin in wenigen Sekunden rothglühend und das Wasserstoffgas entzündet sich.

Bei den schon mehreremale erwähnten Platinfeuerzeugen ist dieses interessante Verhalten zur Darstellung eines beinahe schon unentbehrlich gewordenen Hausgeräths benutzt. So wie der Hahn geöffnet wird, berührt das ausströmende Wasserstoffgas das Platin und gleichzeitig erscheint mit einem schwachen Knall die Flamme. Eine genügende Erklärung dieses auffallenden Vorgangs ist nicht leicht zu geben. Recht interessant ist dabei der Umstand, daß hier einer der schwersten Körper, Platin, mit dem leichtesten Körper, Wasserstoffgas, in Wechselwirkung tritt. In Folge dieser Wechselwirkung verbindet sich nun das gleichzeitig vorhandene Sauerstoffgas der Luft mit dem Wasserstoff, wodurch anfänglich ein Erglühen des Platins und darauf ein Entflammen des Wasserstoffgases bedingt wird. Das allerschwerste Metall, Irid genannt, zeigt diese Eigenschaft des Platins in einem noch höheren Grade.

Eine Vorrichtung, wie dieß Platinfeuerzeug, nur viel größer und ohne Platinschwamm, kann man sehr gut als Löthrohr benutzen. Sie ist dem oben S. 25 erwähnten Knallgasgebläse ähnlich; aber völlig gefahrlos, dafern man nur dafür sorgt, daß dem Wasserstoffgas keine Luft beigemengt ist.

Daß die bekannten Stoffe: Talg, Wachs, Oel, Weingeist, Aether ꝛc. mit Flamme brennen, haben sie ihrem Gehalt an Wasserstoff zu verdanken, wie andererseits die leuchtende Eigenschaft dieser Flammen dem Kohlenstoffe zuzuschreiben ist, der gleichfalls einen Bestandtheil derselben ausmacht. — Das zur Gasbeleuchtung dienende Gas, welches bekanntlich sehr stark leuchtet, ist ein in Wasserstoffgas aufgelöster Kohlenstoff und wird daher Kohlenwasserstoffgas genannt (Vergl. unten).

Der Wasserstoff bildet mit dem Sauerstoff und Kohlenstoff die meisten Hauptbestandtheile der Pflanzen und Thiere. So enthalten

100 Pfund reine Holzfaser
6 Pfund Wasserstoff,

und die andern Bestandtheile der Pflanzen, wie Stärke, Zucker, Gummi, sind ebenso reich an Wasserstoff. Auch die fetten Oele sind es. So enthalten

100 Pfund Olivenöl
11 Pfund Wasserstoff.

Nicht minder sind es die ätherischen Oele und die flüchtigen, sehr brennbaren Stoffe: Weingeist und Aether; so sind in

100 Pfund Aether
$13\frac{1}{2}$ Pfund Wasserstoff

enthalten und im Weingeist nur ein Geringes weniger.

Das Wasserstoffgas unterscheidet sich durch seine Leichtigkeit und Leichtentzündlichkeit von allen anderen Gasarten; auch hat man in der Goldauflösung ein Mittel gefunden, sich von dem Dasein sehr kleiner Mengen zu überzeugen. Mischt man nämlich sehr wenig Goldlösung mit viel Wasser (2 Tropfen mit 4 Loth Wasser), so ist die Mischung farbenlos; aber eine Wasserstoffblase reicht schon hin, darin eine Röthung zu bewirken. Läßt man auf dieselbe Weise Sauerstoffgas oder Stickgas in die Goldlösung treten, so erfolgt keine solche Rothfärbung.

Obgleich das Wasserstoffgas brennt, so löscht es doch brennende Körper aus, die man darin eintaucht. Daher ist es auch *für sich* in die Lunge gebracht, tödtlich. Ist nur ein wenig der Luft beigemischt, so hat es beim Einathmen keine nachtheilige Folgen. In diesem Fall bewirkt es eine merkwürdige Erhöhung der Stimme; so wie auch tönende Instrumente im Wasserstoffgas höhere Töne angeben.

Vom Kohlenstoff.

Die beiden Stoffe, welche wir eben kennen gelernt haben: Sauerstoff und Wasserstoff, kommen unendlich oft in Verbindung mit einem anderen Stoffe vor, den man *Kohlenstoff* nennt. Der Name ist von Kohle abgeleitet, und wirklich ist unsere gemeine *Holzkohle*, bis auf einige geringe fremde Beimischungen, nichts anderes als dieser Kohlenstoff.

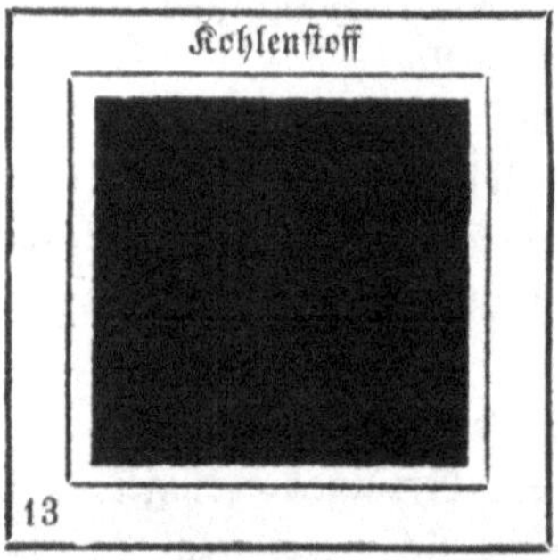

Schon durch einen ganz einfachen Versuch kann man sich von der Wahrheit des Gesagten überzeugen. Man thue in eine unten zugeschmolzene Glasröhre ein Stückchen Leinwand oder *Zucker* und erhitze sie über einer Spirituslampe. Man wird alsbald ein Schwärzung der Masse und die Entwickelung von Dünsten gewahren, die sich im obern Theil der Röhre zu Tropfen verdichten, die nichts weiter als Wasser sind, vermischt mit theerartigen Stoffen. Der *schwarze Rückstand* ist der **Kohlenstoff**.

Holz erleidet unter ähnlichen Umständen dieselbe Veränderung; seine Bestandtheile, Sauerstoff und Wasserstoff, gehen als wässerige Flüssigkeit davon und der zurückbleibende Kohlenstoff ist die bekannte Holzkohle. Wenn gut mit Wasser ausgekocht und scharf getrocknet, so enthalten

16 Pfund Holz

7 Pfund Kohlenstoff,

die übrigen 9 Pfund sind Sauerstoff und Wasserstoff.

Pflanzenstoffe, die beim Brennen sehr blaken, z. B. Terpentin und Harze, geben eine ungemein leichte, feinzertheilte Kohle. Der bekannte Kienruß ist eine solche.

Da thierische Körper auch den Kohlenstoff zu ihrem Bestandtheil haben, so geben sie ebenfalls durch Erhitzen in verschlossenen Gefäßen Kohlen oder Kohlenstoff, aber nicht so rein, wie Pflanzenstoffe; meistens bleibt eine große Menge Stickstoff damit in Verbindung.

Man gebraucht das Wort „Kohlenstoff" gewöhnlich nur dann, wenn vom reinen Kohlenstoff die Rede ist; sonst bedient man sich des Ausdruckes Kohle, die, mehr oder minder rein, immer nur wegen ihres Gehalts an Kohlenstoff in Betracht kommt.

Vermöge ihrer schwarzen Farbe dient die Kohle oder der Kohlenstoff als solche in den Künsten und Handwerken. Die schwärzeste Kohle giebt das Bambusrohr, wenn es vorsichtig in verschlossenen Gefäßen verkohlet wird.

Das am häufigsten gebrauchte Kohlenschwarz geben die Knochen, man nennt es Beinschwarz. Hier steht das aus Elfenbein oben an, nach diesem geben runde feste Ochsenknochen das beste Beinschwarz; Kälberknochen und überhaupt Knochen von einer sehr geringen Dichtigkeit geben beim Brennen ein schlechtes Schwarz. Man hat die Bemerkung gemacht, daß Knochenkohle, welche bereits in den Zuckersiedereien zum Entfärben von Zuckersaft gedient hat, noch einmal geglüht ein besseres Schwarz giebt als frische Knochen.

Diese Kohlen aus Thierstoffen unterscheiden sich noch dadurch wesentlich von Pflanzenkohlen, daß sie der Hauptsache nach aus phosphorsauren Kalk bestehen, der eigentlich nur durch den Kohlenstoff schwarz gefärbt ist.

Kohle, deren man sich zum Schreiben bedient, muß vom feinsten Korn und darum von einem sehr harten Holze gebrannt sein. Um die Schrift mit einer solchen Kohle haltbarer zu machen, so daß sie fest am Papier haftet und sich nicht abreiben läßt, legt man die dünn gespaltenen Kohlen etwa eine halbe Stunde in geschmolzenes Wachs und faßt sie dann wie Bleistifte in Holz.

Eine sehr merkwürdige Kohle, die auch zum Schreiben dient, ist der Graphit oder das Reißblei. Er ist eine

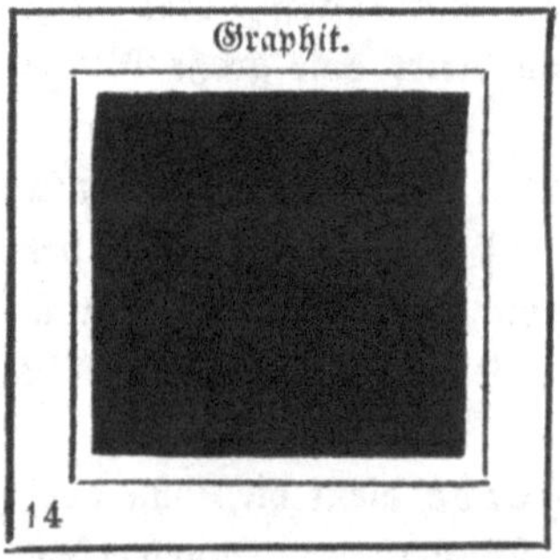

Kohle, die sehr schwierig brennt, einen metallischen Glanz hat und sich weich wie Talk anfühlt. Um ihn zu Bleistiften zu verarbeiten, wird er sehr fein gerieben, mit irgend einem Bindungsmittel zu einer steifen Masse zusammen geknetet, in eine Form gedrückt, getrocknet, zersägt und dann in Holz gefaßt. Nach einer neuern Art schmelzt man ihn in verschiedenen Verhältnissen mit Schellack zusammen, pulvert die Mischung und schmelzt sie noch einmal. Die Masse wird dann geformt, gesägt und in Holz gefaßt. Sie scheint nur zu hart zu sein.

Bei dieser Gelegenheit kann ich nicht umhin, meine Verwunderung darüber auszudrücken, daß noch Niemand auf den Gedanken gekommen ist, die Bleistifte dahin zu verbessern, daß sie einen schwärzern Strich geben. Oft kann man nach einigen Tagen das damit Geschriebene nicht mehr lesen. Ein kleiner Zusatz von einer sehr schwarzen, weichen Kohle, z. B. Kienruß, oder auch vom schwarzen Manganoxyd, würde hier wahrscheinlich sehr gute Dienste leisten.

Der Graphit dient wegen seiner schlüpferigen, talkartigen Beschaffenheit auch als ein Mittel, um die Reibung bei Maschinen zu mäßigen. Bei größeren Maschinen mischt man ihn zu diesem Endzweck mit Fett, bei kleinern, namentlich bei Uhren, gebraucht man ihn ohne alle Beimischung. Soll er aber hier ganz seinem Zweck entsprechen, so muß er sehr lange gerieben und das Feine sehr vorsichtig vom Gröbern abgeschlemmt werden.

Die unter dem Namen Frankfurter Schwarz bekannte Kohle wird aus dem Rückstande der Destillation des Weinhefen-Branntweins gewonnen. Dieser wird gepreßt, getrocknet und in einmal gebrannten unglasurten Töpfen mit anderer Töpferwaare gebrannt. Diese Töpfe müssen aber gut bedeckt sein, denn je weniger Risse ein Topf während des Brennens bekommt, desto schöner fällt die Farbe aus. Am zweckmäßigsten glüht man in gußeisernen Töpfen, deren Deckel gut passen und mit Lehm verschmiert werden.

Da Kohle allen chemischen Einwirkungen, also auch denjenigen widersteht, wobei das Papier nicht leidet, so bereitet man hieraus eine allen Forderungen entsprechende unauslöschliche Dinte. Sie muß zu diesem Behufe aber äußerst fein sein. Eine solche enthält die chinesische Tusche. Man reibt sie anstatt mit Wasser mit etwas Essig ab und die Dinte ist fertig. Da die Essigsäure Stahlfedern auflöst, so muß man zum Schreiben sich der gewöhnlichen bedienen. Sehr verdünnte Salzsäure, anstatt des Essigs, soll noch zweckmäßiger sein. Sie müßte aber sehr verdünnt sein, sonst leidet das Papier.

Da die Kohle eine so große Hitze auszuhalten in Stande ist, wie schon ihre Entstehungsart beweist, so hat man sie auch zur Bereitung von Schmelztiegeln angewandt; namentlich den Graphit. Solche Tiegel kommen unter dem Namen Ypsertiegel im Handel vor. Da sie sehr theuer sind, so kann man sich auch gewöhnliche Tiegel mit Kohle ausfuttern, und in den meisten Fällen thun solche dieselben Dienste. Man mischt zu diesem Endzweck Kohlenpulver mit Tragantschleim, schmiert die Tiegel damit aus, läßt sie trocken werden und glüht sie gelinde.

Vermöge der besonderen Eigenschaft, welche die Kohle besitzt, eine Menge Stoffe aus dem Pflanzen- und Thierreiche, sie mögen nun wohl- oder übelriechend, gefärbt oder ungefärbt sein, anzuziehen und festzuhalten, hat man sie mit vielem Nutzen dazu angewandt, faulen Sachen den üblen Geruch und farbigen die Farbe zu nehmen.

Die Kohle weicher Hölzer, z. B. der Linden, Weiden, Kiefern dient hiezu am zweckmäßigsten, weil sie locker ist und leichter einsaugt. Die Kohlen mehrerer harten Hölzer, namentlich der Eichen und Roßkastanien, sind auch schon darum nicht anwendbar, weil sie Schwefel enthalten, der sich den damit behandelten Flüssigkeiten mittheilt.

Kohlen von einem matten Ansehen sind immer wirksamer zum Entfärben ꝛc. von Flüssigkeiten, als solche, die glänzend, gleichsam verglast aussehen, weil erstere einen lockerern Bau haben. Daher wird auch eine schon gebrauchte Kohle durch nochmaliges Ausglühen nicht wieder brauchbar; es ist, als wenn sich durch die Zersetzung der färbenden Bestandtheile (welche die Kohle schon aufgenommen hat) eine Kruste um dieselbe gebildet hätte, die ihre Wirksamkeit verhindert. Diesem Umstande ist auch wohl mit die größere Wirksamkeit der Knochenkohlen zuzuschreiben, indem diese durch den Gehalt an phosphorsaurem Kalk viel lockerer sind.

Um sich frisch gebrannte Knochenkohle zu einem Versuch zu verschaffen, ist es nöthig, sie in einem wohl verschlossenen Tiegel zu brennen; denn sonst erhält man statt schwarzgebrannter weißgebrannte Knochen. Man verhindert dieß jedoch leicht, wenn man die Knochen im Tiegel ganz mit Sand überschüttet und nun brennt.

Um die Kohle zum Entfärben oder zur Geruchlosmachung von Flüssigkeiten anzuwenden, ist es nicht gleichgültig, in welchem Zustande der Zertheilung man dieselbe gebraucht. Fein gestoßene Kohle hat lange nicht die Wirksamkeit, wie sie Stücke von der Größe einer Linse haben. Ein Umstand, der sehr zu beachten ist.

Flüssigkeiten, die man mit Kohle behandelt hat, werden nicht allein geruch- und farblos, sondern verlieren auch die Neigung zum Schimmeln.

Die Knochenkohle theilt manchen Flüssigkeiten, namentlich dem Branntwein, einen Geruch nach bittern Mandeln mit. Dieser rührt von der Blausäure her, welche thierische Kohlen enthalten. Man kann die schädlichen Wirkungen, welche ein solcher Branntwein haben könnte, dadurch beseitigen, daß man ihn über etwas Pottasche abzieht. Hiedurch wird aber nicht viel gewonnen, weil dann der Branntwein einen schlechten Geschmack bekommt. Es ist daher immer das Zweckmäßigste, Holzkohle und keine Knochenkohle zum Entfuseln anzuwenden, wie denn dieß auch jetzt immer geschieht.

Die Hauptanwendung der Knochenkohle ist zum Entfärben der Zuckersäfte. Da der Verbrauch zu diesem Behufe sehr groß ist, so ist es nöthig, eine einfache Prüfungsweise zu kennen, um die Güte und den Werth einer käuflichen Kohle schnell zu beurtheilen. Man hat hiezu Rothwein vorgeschlagen, weil er rasch von guten Knochenkohlen entfärbt wird. Da man aber nie die Kohle zum Weinentfärben in Anwendung bringt, so liegt es viel näher, den Zucker selbst, zu dessen Entfärbung sie später dienen soll, zur Prüfung zu benutzen. St. Thomas- oder gelber Kochzucker eignet sich dazu am besten. Man löst in einer Porzellanschale

100 Gran gelben Zucker in
200 Gran Wasser

durch Sieden auf und setzt dann granweise die zu prüfende Knochenkohle hinzu, rührt gut um und läßt es sich in Ruhe klären. Meistens erfolgt durch 8—10 Gran Knochenkohle eine vollständige Entfärbung der Zuckerauflösung. Je mehr man braucht, desto schlechter ist die Kohle.

Wenn man Hefe mit so viel ausgeglühtem Holzkohlenpulver zusammenknetet, daß sie einen dicken Teig bildet, läßt sie sich, bei gelinder Wärme getrocknet, sehr lange in verschlossenen Gefäßen unverändert aufbewahren und zeigt sich sehr wirksam zu kleinen Gährungsversuchen. Ob bei einer Anwendung im Großen das Kohlenpulver nicht schädlich wirkt, z. B. bei Darstellung von künstlichen Weinen aus Fruchtsäften, ist die Frage, da es das Aroma binden möchte. Zur Kuchenbäckerei ist eine solche Hefe auch nicht anwendbar.

Die Kohle besitzt auch die Eigenschaft, die gemeine Luft und andere Gasarten einzusaugen. So z. B. nimmt gut ausgeglühte Holzkohle innerhalb 24 Stunden das 35fache ihres Umfangs an kohlensaurem Gas in sich auf. Dieß kann sehr gut dazu dienen, um Brunnenschachte, die mit diesem Gase erfüllt sind, davon zu reinigen. Man läßt nämlich einige Metzen glühender Holzkohlen, in einem aus Draht geflochtenen kesselförmigen Gefäße, bis nahe zur Oberfläche des Wassers hinab. Sogleich erlöschen die Kohlen und beginnen die Einsaugung des kohlensauren Gases, von deren Fortgang man sich durch eine brennende Kerze überzeugen kann. Ist sie nach einigen Stunden noch nicht vollendet (wenn z. B. eine hinunter gelassene Kerze noch erlöscht), so muß man eine neue Portion brennender Kohlen hinablassen. Auf diese Art wurde ein Brunnenschacht von 26 Fuß Tiefe an einem Nachmittage gereinigt.

Auch Feuchtigkeit nimmt die Kohle viel auf. So wird eine feuchte Luft durch Kohlenpulver trocken erhalten. Da nun blanke Stahlwaaren besonders in feuchter Luft rosten, so ist es leicht, sich die Wirkung der Kohle, welche dieses Rosten verhindert, zu erklären. Packt man daher z. B. schneidende Instrumente in Kohlenpulver ein, so erhält dieß Kohlenpulver die Luft um die Instrumente stets trocken und das Rosten derselben wird demnach verhindert.

Durch dicke Schichten Kohlenpulver dringen Wärme und Kälte nur mit Schwierigkeit hindurch. Daher bedient man sich mit großem Nutzen des Kohlenpulvers, um Körper vor dem schnellen Wechsel der Hitze und Kälte zu schützen. Wenn man daher Wasserleitungsröhren mit einem Lager von Kohlenpulver umgiebt, so ist ihr Wasser im Winter dem Gefrieren nicht ausgesetzt. Ebenso Eiskeller, in Bezug auf die Wärme im Sommer. Auch sollen Eier aus einem ähnlichen Grunde länger frisch bleiben, wenn man sie, mit einer Auflösung von Gummi arabicum überstrichen, in Kohlenpulver packt. Die Kohle schützt sie vor den plötzlichen Abwechselungen der Witterung.

Kohlen, wie andere schwarze Körper, nehmen im Sommer leicht eine sehr hohe Temperatur an. Man hat daher nicht mit Unrecht vorgeschlagen, den Erdboden mit einer dünnen Schicht Kohlenpulver zu bestreuen, um ihm mehr Wärme zuzuführen, und so Gewächse zu erzielen, die nur in einem wärmeren Himmelsstriche gedeihen.

Auch will man gefunden haben, daß Kohlenpulver mit dem Erdboden vermischt sehr vortheilhaft aufs Wachsen und Ernähren der Pflanzen wirkt. Die dadurch bedingte Wärmeerhöhung mag hiebei wohl hauptsächlich thätig sein. Daher eignet sich diese Beimischung auch nur für feuchten Lehmboden; ein trockener Sandboden würde nur noch mehr ausgedörrt werden

Von andern Wirkungen, welche die Kohle noch ausübt, ist der Grund so leicht nicht einzusehen. So hat man beobachtet, daß Kohle im Zustande eines groben Pulvers das Ansetzen der Salz- und Erdkrusten in Dampfkesseln verhindert. Statt daß sich ohne Kohle ein sogenannter Kesselstein bildet, bleibt er gegentheils im pulverförmigen Zustande mit der Kohle gemengt.

Kohlenpulver wirkt auch auf Metallauflösungen; so scheidet es z. B. das Gold aus Chlorgold-Auflösung im metallischen Zustande ab. Auch wird behauptet, daß Wasser, welches aus bleiernen Röhren Blei aufgenommen hat, durch Kohlenpulver von seinem schädlichen Bleigehalt befreit werden könne; was jedoch noch der Bestätigung bedarf.

Eine sehr merkwürdige Art von Kohlenstoff ist der Demant. Er ist der allerhärteste Körper, den man kennt, dabei unschmelzbar und unveränderlich im stärksten Feuer, wenn die Luft gehörig abgehalten wird. Man würde ihn daher eher für einen Stein als für eine Kohle hatten, wenn man nicht aus Erfahrung wüßte, daß er, an der Luft erhitzt, brennbar ist und sich, ohne etwas zurück zu lassen, gänzlich in Kohlensäure verwandelt, also sich gerade so verhält, wie die reinste Kohle.

Von der Unzerstörbarkeit des Demants im Feuer, bei abgehaltener Luft, hat man eine gute Anwendung, nämlich das Weißmachen fleckiger Demante, gemacht. Man packt sie nämlich fest in Kohlenpulver ein und bringt sie in Weißglühhitze. Sehr wichtig ist hiebei das feste Einpacken des Demants in Kohlenpulver, denn sonst verbrennt er.

Für Optiker ist der Demant ein sehr wichtiger Körper. Wegen seiner sehr großen Brechungskraft, verbunden mit einer sehr geringen Zerstreuungskraft, eignet er sich ganz besonders zu Microscopenlinsen.

Eine Linse aus Demant, von gleicher Form mit einer Glaslinse, verhält sich in Bezug auf die Vergrößerungskraft zu letzterer wie 8 zu 3, d. h., wenn die Glaslinse 24 mal vergrößert, so vergrößert eine eben so große und eben so geformte Demantlinse 64 mal; und eben so, wenn die Glaslinse $\frac{1}{75}$ Zoll Brennweite hat, so hat die Demantlinse eine Brennweite von $\frac{1}{100}$ Zoll.

Die Kohle macht einen wesentlichen Bestandtheil des Schießpulvers aus und ist hier desto wirksamer, je inniger sie mit den andern Bestandtheilen gemischt ist. Könnte man Salpeter, Kohle und Schwefel (in dem richtigen Verhältniß) zusammen auflösen und dann in inniger Verbindung wieder niederschlagen, so würde man gewiß das wirksamste Schießpulver erhalten.

Außerdem dienen die Kohlen auch noch, wie Jedermann weiß, zum Brennen, namentlich da, wo man ein ruhiges Feuer ohne Flamme und Rauch haben will. Die Hitze, welche sich hiebei entwickelt, ist nach der Kohlenart, welche man anwendet, verschieden. Um jedoch hier ein ungefähres Maaß zu haben, so ist zu bemerken, daß nach genauen Versuchen 1 Pfund reine Holzkohle im Stande ist, eine solche Hitze durchs Verbrennen zu entwickeln, daß dabei 104 Pfund Eis zum Schmelzen gebracht werden können.

Verbindungen des Kohlenstoffs mit dem Sauerstoff.

Wenn man die Kohle in verschlossenen Gefäßen erhitzt, so bleibt sie unverändert; sie behält ihre schwarze Farbe, ihre Undurchsichtigkeit und auch meistens ihre Härte, die sie früher besaß. Auch ist kein Gewichtverlust nach dem Glühen bemerkbar.

Ganz anders ist dieß dagegen beim Erhitzen der Kohle in offenen Gefäßen. Hier zeigt sie sich flüchtig und verfliegt nach und nach gänzlich.

Der Grund hievon ist, daß die Kohle entzündlich und brennbar ist, d. h., daß sie sich mit dem Sauerstoff der Luft verbindet und daß diese Verbindung eine luft- oder gasförmige Beschaffenheit hat und also folglich entweicht.

Die Erscheinungen, unter welchen dies geschieht, gleichen denen, welche schon beim Verbrennen des Wasserstoffgases angeführt sind, nur mit dem Unterschied, daß das Verbrennen des Kohlenstoffs nicht wie beim Wasserstoff mit lodernder Flamme, sondern als ein Glimmen erfolgt. In helle Flamme bricht er nur dann aus, wenn man ihn noch glimmend in reines Sauerstoffgas eintaucht.

In beiden Fällen wird nun der Kohlenstoff gänzlich verändert. Er verliert seine schwarze Farbe und seine Feuerbeständigkeit, wird unsichtbar, durchsichtig und flüchtig, kurz verwandelt sich in ein Gas. Dieses Gas heißt kohlensaures Gas oder Kohlensäure und ist eine Verbindung des Kohlenstoffs mit dem Sauerstoff.

Denn Kohlen verbrennen nur dann, wenn Sauerstoff vorhanden ist, womit sie sich verbinden können. Schließt man glühende Kohlen in eine blecherne Büchse mit gut passendem Deckel ein, so verlöschen sie, weil die Luft keinen Zutritt hat und folglich der Sauerstoff fehlt, der sie verbrennen könnte.

Da nun das Holz, wenn es vom Feuer verzehrt wird, fast gänzlich verschwindet und sich in Kohlensäure und Wasser verwandelt, so kann man sich einen Begriff machen, wie viel Kohlensäure sich stündlich in großen Städten entwickelt, wo brav geheizt und gekocht wird, denn es enthält je nach der Trockenheit 30 — 42 Proc. Kohlenstoff, so daß

100 Pfund Holz

110 — 154 Pfund Kohlensäure

beim Verbrennen entwickeln.

Hiezu kommt nun noch die Kohlensäure, die durchs Athmen der Thiere und durch das Gähren, Faulen und

Verwesen pflanzlicher und thierischer Stoffe erzeugt wird. Da diese Prozesse sich auf der Erde ziemlich gleich bleiben und regelmäßig wieder kehren, so ist der Gehalt der freien atmosphärischen Luft an Kohlensäure im Allgemeinen so ziemlich gleichbleibend. Es sind nämlich dem Raume nach in

10,000 Quart Luft
4 — 6 Quart Kohlensäure

enthalten; dem Gewichte nach kommen daher auf

10,000 Pfund Luft
10 Pfund Kohlensäure.

So wenig dieß auch scheint, so ist es doch hinreichend, die vielfachen chemischen Prozesse möglich zu machen, wozu die Kohlensäure unumgänglich nöthig ist, namentlich die Ernährung der Pflanzen, die dadurch geschieht, daß die Blätter die Kohlensäure wieder in ihre Bestandtheile zerlegen: den Kohlenstoff sich aneignend und den Sauerstoff dagegen in Gasgestalt entlassend.

Nicht so gleichbleibend ist sich das Verhältniß der Kohlensäure zur Luft in eingeschlossenen Räumen. Diese sind oft sehr reich an Kohlensäure, theils deswegen, weil sich in ihnen die Kohlensäure entwickelt, theils aber auch darum, weil das Kohlensäuregas viel schwerer ist als die Luft, also sich nicht leicht mit ihr vermischt. Ein Beispiel giebt die weltbekannte Hundsgrotte bei Neapel, so genannt, weil Hunde sogleich darin sterben, während Menschen sich ohne Beschwerde darin aufhalten. Es befindet sich nämlich in derselben zuweilen nur eine 1 — 2 Fuß hohe Schicht Kohlensäuregas, so daß ein Mensch sich außer dem Bereich desselben befindet, nicht aber ein Hund.

Durch ein sehr hübsches Experiment kann man sich dieß versinnlichen. Auf den Boden eines Bierglases klebt man 2 Kerzen von ungleicher Länge und zündet sie an. Nimmt man nun eine Flasche voll Kohlensäuregas und kehrt sie langsam über dem Glase um, gerade so, als wenn man einschenkt, so wird erst das kleine Licht erlöschen und später das größere, weil das Kohlensäuregas, um die Hälfte schwerer als die Luft, sich zu dieser gerade so wie eine ausgießbare Flüssigkeit verhält und folglich am Boden sammelt.

Da sich in Kellern oft viel Kohlensäure ansammelt und diese Blutegel schnell tödtet, so muß man sie beim Aufbewahren im Winter möglichst hoch im Keller stellen, um sie außer dem Bereich der Kohlensäure zu bringen.

Wenn man über glühenden Kohlen einen Schwamm anbringt, der mit Kalkwasser genäßt ist, so wird man finden, daß er sich nach und nach mit einer weißen Haut überzieht. Diese weiße Haut wird aus der Kohlensäure gebildet, welche die Kohlen aushauchen, indem sie sich mit dem Kalk des Kalkwassers verbindet. Dasselbe findet nun statt, wenn man einen mit Kalkwasser getränkten Schwamm längere Zeit an die freie Luft hängt; er überzieht sich mit derselben weißen Haut und giebt eben den chemischen Beweis, daß die Luft dasselbe Gas enthält, welches die Kohlen beim Glühen aushauchen, nämlich kohlensaures Gas oder Kohlensäure. In beiden Fällen wird hier eine Verbindung gebildet, welche man kohlensauren Kalk nennt.

In größerer Menge kann man sich denselben darstellen, wenn man in sehr flache Gefäße so viel Kalkwasser gießt, daß der Boden etwa 1—2 Zoll hoch bedeckt ist. Das Wasser überzieht sich bald mit einer weißen Haut, nach deren Wegnahme eine frische so oft entsteht, als im Wasser noch Kalk aufgelöst ist.

Eine Menge solchen kohlensauren Kalks wird in unsern

Zimmern sehr rasch gebildet, wenn sie geweißt werden; der reine Kalk geht völlig in kohlensauren über, und diese Verwandlung hat noch das Gute, daß sie die Weiße der Wände vermehrt.

Um sich zu überzeugen, daß das unter diesen Umständen Gebildete wirklich ein kohlensäurehaltiger Kalk ist, braucht man nur etwas davon in Essig oder Scheidewasser zu werfen. Sogleich wird man ein starkes Aufbrausen und während desselben ein Verschwinden des weißen Pulvers bemerken. Es löset sich nämlich der Kalk in der Säure auf und die Kohlensäure, welche früher mit ihm verbunden war, wird dadurch wieder ausgeschieden und veranlaßt jenes Aufbrausen.

Da Kreide und Kalkstein, wenn man sie in Essig oder Scheidewasser wirft, ganz dasselbe Verhalten wie der kohlensaure Kalk zeigen, nämlich heftig aufbrausen, so läßt sich erwarten, daß sie sehr ähnlich in der Zusammensetzung sein müssen. Sie sind es wirklich; denn beide bestehen der Hauptsache nach aus Kohlensäure und Kalk und bieten sonach ein wohlfeiles Mittel dar, sich Kohlensäure in größerer Menge zu verschaffen.

Man füllt zu diesem Ende eine Flasche, die 2 Hälse hat, bis zum vierten Theil mit Kreidestücken an, verbindet den einen Hals mittelst eines Korkstöpsels mit einem Trichter, wodurch man Salzsäure auf die Kreide gießt, indeß der andere Hals mit einer Glasröhre versehen ist, welche die sich entwickelnde Kohlensäure in ein Gefäß mit Wasser leitet, um sie zu waschen und aufzufangen.

Die so erhaltene Kohlensäure erscheint als ein unsichtbares oder farbenloses Gas, ist ohne allen Geruch, aber nicht ohne schädliche Wirkungen. Taucht man nämlich ein brennendes Licht in sie ein, so verlöscht es auf der Stelle, und Thiere sterben, wenn sie genöthigt sind, sich längere

Zeit darin aufzuhalten, wie ich dieß bereits S. 39 durch einige Beispiele erläutert habe.

Dieß Verhalten könnte dem widersprechend vorkommen, der sich erinnert, daß die Kohlensäure erst durch den Sauerstoff gebildet wird, daß dieselbe eine große Menge Sauerstoff enthält, und daß überhaupt der Sauerstoff es ist, der das Brennen bewirkt und die Luft erst fähig macht, das Ve.brennnn und Athmen zu unterhalten.

Dieser Widerspruch wird leicht beseitigt, wenn man sich erinnert, daß die Kohlensäure der schwarze, feuerbeständige Kohlenstoff ist, den das Sauerstoffgas aufgelöst hat. Wenn nun aber der Sauerstoff den Kohlenstoff so ganz in seiner Natur verändert, daß er gasförmig wird, so wird auch andererseits der Kohlenstoff den Sauerstoff so verändern und umwandeln, daß er nicht mehr die freie Wirkung des Sauerstoffs äußern kann. Dieß ist nun auch wirklich der Fall. Der Kohlenstoff ist durch den Sauerstoff und dieser durch jenen gebunden, woraus dann der neue Körper mit neuen Eigenschaften, nämlich die Kohlensäure, entsteht. Sie ist ein durch den Sauerstoff völlig verbrannter Kohlenstoff und daher ferner unverbrennlich und unentzündlich.

Die schädlichen Wirkungen der Kohlensäure, die sich auch beim Menschen als Erstickungszufälle äußern, zeigen sich nicht selten auch in den Kohlenbergwerken. Hier findet sich die Kohlensäure oft in bedeutender Menge, und die Arbeiter, welche nicht selten in Gefahr kommen, davon erstickt zu werden, belegen sie mit dem Namen der bösen Wetter. Jedoch besitzen diese Leute darin ein sicheres Merkzeichen für das Dasein dieser schädlichen Luftart in bedeutender Menge, daß ihnen das Grubenlicht erlöscht; geschieht dieses, so ist es Zeit sich zu entfernen, obgleich eine solche Luft noch nicht immer tödtlich für den Menschen ist. Man hat nämlich bei dem Graben eines Brunnens bei Mailand gefunden, daß in einer Luft, welche $\frac{1}{8}$ Kohlensäure enthielt, ein brennendes Licht erlosch, ungeachtet diese Luft noch fähig war, eingeathmet zu werden und das Leben zu unterhalten. Die Arbeiter hielten abwechselnd 3 Stunden in einer solchen Luft aus und empfanden nichts weiter als einige Schwere im Kopfe.

Wie die Kohlensäure mittelst Kohlen aus solchen Brunnen zu entfernen ist, ist S. 34 angegeben.

Da die Kohlensäure, wenn sie nicht mit der gemeinen Luft vermischt ist, schnell tödtet, so hat man sie auch als ein Mittel empfohlen, Insekten, namentlich Schmetterlinge, welche für Sammlungen bestimmt sind, ohne daß sie beschädigt werden, schnell zu tödten. Auch könnte man die Kohlensäure, statt des üblichen Backens oder Dämpfens der Seiden-Cocons, zum Tödten derselben anwenden.

So schädlich auch die Kohlensäure der Lunge ist, wenn man sie in großer Menge einathmet, so gesund und heilsam ist sie im Gegentheil für den Magen, indem sie im mit Wasser oder Wein verbundenen Zustande ein treffliches Erfrischungsmittel abgiebt. Ich erinnere hier an das Selterswasser und andere sogenannte Säuerlinge, an die verschiedenen Arten schäumender Biere und an den Champagner, die ihren erfrischenden, reizenden Geschmack hauptsächlich der Kohlensäure verdanken, die oft in so großer Menge aus ihnen sich entwickelt, daß sie entweder, um sich einen Ausweg zu verschaffen, die Flaschen zersprengt, oder beim Oeffnen derselben die Flüssigkeit mit Gewalt heraustreibt.

Die Kohlensäure ist schwerer als die Luft, daher fällt sie aus Flaschen, die mit ihr erfüllt sind, heraus, wenn man diese umkehrt (vergl. S. 40). Dieß Verhalten ist wohl zu beachten von denjenigen, welche kohlensaure Wässer oder sogenannte Säuerlinge an der Quelle auf Flaschen füllen. Hier ist es nothwendig, daß die Flaschen so wenig wie möglich gewöhnliche Luft enthalten; man treibt sie daher mit der Kohlensäure des Säuerlings selbst aus. Hiebei ist nun dieses zu merken. Füllt man nämlich eine Flasche etwa zum dritten Theil mit dem kohlensäurehaltigen Wasser und schüttelt es darin, so entwickelt sich die Kohlensäure und füllt den leeren Raum der Flasche aus, indem sie die leichtere Luft herausdrängt. Würde man nun, um die Flasche von diesem Wasser zu entleeren, dieselbe umkehren, so würde mit dem Wasser zugleich auch die Kohlensäure herausfallen. Man muß also in diesem Fall das Wasser mit einem Heber aus der Flasche herausnehmen und nun die Füllung mit dem Säuerling, der verschickt werden soll, vornehmen.

In den Fabriken künstlicher Säuerlinge, wo die Quelle der Kohlensäure nicht so reichlich fließt und es auch noch aus andern Gründen wichtig ist, alle Luft auszuschließen, füllt man die Flaschen vorher mit reinem Kohlensäuregas.

Man sieht aus diesem Wenigen, daß die nähere Kenntniß der Kohlensäure gerade nicht unnütz ist; auch verdient sie wegen ihrer Wohlfeilheit und der Leichtigkeit, mit der man sich dieselbe verschaffen kann, die Aufmerksamkeit des Gewerbmanns. Sie ist schon zu Vielem angewandt und täglich lernt man sie noch mehr anwenden.

So hat man sie z. B. vor nicht gar langer Zeit mit dem besten Erfolg zum Einmachen der Früchte gebraucht, indem man nämlich frische Kirschen, Pflaumen 2c. in Gefäße brachte, die vorher mit kohlensaurem Gas gefüllt worden waren, und sie darauf wohl verschloß; die Früchte hielten sich sehr gut und nahmen einem Geschmack an, als wenn sie mit Weingeist eingemacht worden wären.

Da die Kohlensäure eine Verbindung von Sauerstoff mit dem Kohlenstoff ist, so fragt es sich, in welchem Verhältniß beide mit einander verbunden sind. Nach genauen Versuchen bestehen 22 Pfund Kohlensäure aus

1 M. G. oder 6 Pfund Kohlenstoff und
2 M. G. oder 16 Pfund Sauerstoff.

Man hat verschiedene Mittel, dieß zu beweisen. Unter andern verbrennt man eine bestimmte Menge reiner Kohle in Sauerstoffgas, wodurch ein Gemenge von Kohlensäuregas und Sauerstoffgas entsteht, was, nachdem es unter Quecksilber aufgefangen und in graduirter Glasröhre genau gemessen worden, mit einem Stück feuchten Kali dadurch in Berührung gebracht wird, daß man es, an einen Draht befestigt, hineinschiebt. Dieses Kali nimmt, das Sauerstoffgas zurücklassend, die Kohlensäure auf; was man daran erkennt, daß der Gasraum kleiner wird, indem das Quecksilber in der Röhre aufsteigt. Wenn alles zur Ruhe gekommen, mißt man diesen Raum und berechnet danach die Kohlensäure.

Wenn es im Großen möglich wäre, ohne Verlust zu arbeiten, so ließe sich die Verwandlung von 6 Pfund Kohlenstoff in 22 Pfund Kohlensäure auch dem Gewichte nach nachweisen, durch einen dem folgenden ähnlichen Versuch.

Man erhitzt 6 Gran Kohle in einer Glasröhre zum Glühen, und leitet so lange Sauerstoffgas durch die Röhre, bis die Kohle verschwunden, also sich in Kohlensäuregas verwandelt hat. Taucht nun während dieser Operation das Ende der Glasröhre in einer Auflösung von 28½ Gran reinen Kalk (oder Kalkwasser, welches so viel Kalk enthält), damit das gebildete Gas hineinströmt, so wird das überschüssige Sauerstoffgas hindurch gehen, das Kohlensäuregas dagegen vom Kalk zurück behalten werden, um mit diesem kohlensauren Kalk zu bilden, der dann nach dem Trocknen nun 50½ Gran, also 22 Gran mehr wiegt als der angewendete Kalk.

Daß dieses Uebergewicht von 22 Gran wirklich von der aufgenommenen Kohlensäure herrührt, kann man dadurch erfahren, daß man einige Loth reine Salz- oder Essigsäure in einem Becherglase auf einer genauen Wage tarirt und nun die 50½ Gran des erhaltenen Kalksalzes hineinwirft. Das heftige Aufbrausen, welches entsteht, rührt von der Kohlensäure her, die wieder Gasgestalt annimmt und entweicht, und zwar entweicht sie gänzlich. Dieß zeigt der Gewichtverlust. Denn wenn man nun Gewichte auf die Wage legt, so kommt sie nicht bei $50\frac{1}{2}$ Gran ins Gleichgewicht (wie es im Gegentheil sein müßte, wenn nichts entwichen wäre), sondern bei $28\frac{1}{2}$ Gran; es fehlen also 22 Gran, und diese kommen nun auf Rechnung der abgeschiedenen und davon gegangenen Kohlensäure.

Aus diesen Versuchen ergiebt sich, daß, da

6 Kohlenstoff

2 mal 8 oder 16 Sauerstoff

aufnehmen, um damit Kohlensäure zu bilden, das Mischungsgewicht für den Kohlenstoff die Zahl 6 sein müsse.

Dieß bestätigt sich auch noch auf andere Weise. Da die Kohlensäure 2 mal 8 Sauerstoff auf 6 Kohlenstoff enthält, so läßt es sich vermuthen, daß noch eine andere Verbindung von Kohlenstoff mit Sauerstoff existirt, die weniger Sauerstoff enthält. Eine solche Verbindung ist das Kohlenoxydgas, wovon 14 Pfund aus

6 Pfund Kohlenstoff und

8 Pfund Sauerstoff zusammengesetzt sind.

Das Verhältniß der Bestandtheile dieses Gases bestätigt es also, daß das Mischungsgewicht des Kohlenstoffs durch die Zahl 6 ausgedrückt ist, woraus nun folgt, daß alle anderen Verbindungen des Kohlenstoffs, die sonst noch existiren und die wir künftig noch näher betrachten werden, stets den Kohlenstoff in dem Verhältniß von 6 enthalten und enthalten müssen.

Das Kohlenoxydgas unterscheidet sich demnach von der Kohlensäure dadurch, daß es nur halb so viel Sauerstoff enthält. Es ist gleichsam ein nur halb verbrannter Kohlenstoff und kann daher auch in Kohlensäure verwandelt werden, wenn man ihn vollständig verbrennt, wodurch er alsdann noch einmal so viel Sauerstoff aufnimmt, als er schon hat. Das Kohlenoxydgas läßt sich nämlich entzünden und brennt mit blauer Flamme. Betrachtet man glühende Kohlen, so wird man eine Menge blauer Flämmchen bemerken. Diese sind Kohlenoxydgas, das sich entzündet hat und zur Kohlensäure verbrennt.

Da man nun Kohlenoxydgas in Kohlensäure verwandeln kann, wenn man ihm mehr Sauerstoff giebt (durchs Verbrennen), so muß es auch möglich sein, die Kohlensäure umgekehrt in Kohlenoxydgas zu verwandeln, wenn man sie noch mit Kohle verbindet. Dieß geschieht, wenn man Kohlensäure über Kohlen streichen läßt, die man in einem Flintenlauf im Zustande der Rothglühhitze erhält.

Da das Kohlenoxydgas noch lebensgefährlicher ist, als die Kohlensäure, und es sich bei einem unvollständigen Verbrennen der Kohle in Menge entwickelt, so hat man bei Oefen, welche von innen geheizt werden, die Vorsicht anzuwenden, daß die Klappe nicht eher zugemacht werde, als bis die blauen Flämmchen auf den Kohlen verschwunden sind. Denn die vielen bekannt gewordenen Fälle von Erstickungen von zu frühem Ofenzumachen sind vorzugsweise den Wirkungen dieses Gases zuzuschreiben, und wahrscheinlich noch einem anderen Stoffe, der sich gleichzeitig bildet, aber noch nicht genau hat abgeschieden und erkannt werden können.

Um die größtmöglichste Hitze beim Verbrennen der Kohlen zu erhalten, muß man dafür Sorge tragen, daß dieß Kohlenoxydgas nicht unverbrannt entweicht. Denn sonst erleidet man denselben Verlust, den man beim Holz erleidet, das in einem schlecht ziehenden Ofen mehr Rauch als Flamme giebt. Der Rauch muß mit verbrennen, und eben so muß auch das Kohlenoxydgas mit verbrennen, um die Hitze zu erhalten, welche Holzkohlen zu geben im Stande sind.

Der Kohlenstoff bildet noch eine Menge anderer Verbindungen mit anderen Stoffen, die von Nutzen sind, namentlich die, zu welchen wir uns jetzt wenden werden.

Verbindungen des Kohlenstoffs mit dem Wasserstoff.

Wenn man Wasserdämpfe aus einer engen Röhre in der Entfernung von 4 — 5 Zoll auf glühende Kohlen strömen läßt, so brennen sie mit einem viel lebhafteren Glanze als gewöhnlich. Wenn man ferner Wasserdämpfe über Kohlen streichen läßt, die in einer Porzellanröhre glühend erhalten werden, so verwandelt sich der Wasserdampf in brennbare Gasarten. In beiden Fällen wird der Wasserdampf zersetzt und es entstehen Verbindungen der Wasserbestandtheile mit dem Kohlenstoff.

Es bildet sich nämlich mit dem Sauerstoff der Wassers einerseits eine eigene Gasart, welche man Kohlenoxydgas nennt. Es ist von ihr schon oben die Rede gewesen. Hiedurch wird nun auch der Wasserstoff des Wassers frei und bildet gleichfalls eine Verbindung mit dem Kohlenstoff, die ebenfalls als ein Gas erscheint, welches man Kohlenwasserstoffgas nennt, eben weil es aus Kohle und Wasserstoffgas besteht. Da dieses Gas sehr brennbar ist, so kann man es sich erklären, wie Kohlen durch Wasserdämpfe zum hellern Brennen gebracht werden und warum schwach angefeuchtete Steinkohlen besser brennen als trokkene. Und ferner sieht man ein, daß beim Feuerlöschen, durch ein nachlässiges Spritzen (wenn nur kleine Mengen Wasser in sehr starke Glut kommen), das Feuer, statt es auszulöschen, eher verstärkt werden kann. Hier ist es dann so gut, als käme Oel ins Feuer.

Wenn man Holz, Steinkohlen, Papier, Oel und dergl. in eisernen Retorten einer starken Hitze aussetzt (was man gewöhnlich mit dem Namen einer trocknen Destillation bezeichnet), so erzeugen sich gleichfalls Verbindungen von Kohlenstoff mit dem Wasserstoff, die darum hier ganz besonders betrachtet werden müssen, weil sie das Brennmaterial bei der sogenannten Gasbeleuchtung abgeben.

Man unterscheidet 2 Arten von Kohlenwasserstoffgas, nämlich ein schweres und ein leichtes. Das schwere enthält mehr Kohlenstoff, das leichte dagegen mehr Wasserstoff. Es kommt nämlich bei dem ersteren auf

6 Pfund Kohlenstoff nur
1 Pfund Wasserstoff;

indeß das leichte Kohlenwasserstoffgas auf

6 Pfund Kohlenstoff,
2 Pfund Wasserstoff enthält,

Beide Gasarten besitzen, wie das Wasserstoffgas, die Eigenschaft, entzündlich zu sein, nur mit dem Unterschiede, daß sie beim Brennen ein viel helleres Licht geben als das Wasserstoffgas. Dieß rührt von ihrem Kohlenstoffgehalte her, der der Flamme mehr Licht ertheilt, indem er gleichzeitig mit verbrennt und sich in Kohlensäure verwandelt. Dieser Umstand macht es nun so sehr zur Gasbeleuchtung geschickt.

Das schwere Kohlenwasserstoffgas, welches man auch ölbildendes Gas nennt (weil es mit dem Chlor eine Verbindung von ölartigem Ansehen bildet), wird erhalten, wenn man Fett, Harz, Steinkohlen oder Holz der trocknen Destillation unterwirft. Alle diese Körper enthalten Kohlenstoff, Wasserstoff und Sauerstoff in inniger Vereinigung. Wirkt aber eine Glühhitze auf sie ein, so erfolgt eine Zersetzung. Ein Theil des Kohlenstoffs wird von dem Wasserstoff aufgenommen und bildet damit das oben genannte Gas, welches, durch die Hitze ausgetrieben, entweicht und in großen Behältern mit Wasser aufgefangen wird. Es bilden sich hiebei auch wässerige Flüssigkeiten, und es bleibt eine große Menge Kohle im Destillirgefäß zurück, ein Beweis, daß nicht Wasserstoff und Sauerstoff genug vorhanden war, um auch diesen Kohlenstoff aufzulösen und zu verflüchtigen.

Taucht man in ein Gefäß, welches mit dem schweren Kohlenwasserstoffgas erfüllt ist, ein brennendes Licht, so verlöscht dieses. Dafür ist es aber selbst entzündlich, wenn es mit Feuer und der Luft zugleich in Berührung kommt.

Eben so taugt dieses Gas nicht zum Athmen. Kleine Thiere, z. B. Vögel, Mäuse rc., sterben augenblicklich, wenn man sie unter eine Glasglocke bringt, die mit diesem Gas erfüllt ist. Denjenigen, die sich mit der Gasbeleuchtung beschäftigen oder die Gasröhren in ihren Zimmern haben, ist daher große Vorsicht anzurathen. Denn es sind Fälle vorgekommen, wo das Gas, welches aus Versehen zu stark zusammengedrückt worden war, mit solcher Gewalt beim Oeffnen des Hahns herausströmte, daß der Mensch, welcher dieses Oeffnen vornahm, todt niederfiel.

Zu chemischen Versuchen stellt man dieses Gas am reinsten dar, wenn man

1 Pfund Weingeist mit
4 Pfund Schwefelsäure

vorsichtig mischt (denn es erhitzt sich sehr stark) und nun dieß Gemisch in einem sogenannten Gasentbindungsapparat mit Hülfe der Wärme destillirt. Der Weingeist wird hier durch die heiße Schwefelsäure zersetzt und schweres Kohlenwasserstoffgas gebildet, das sich entwickelt.

Der Beweis, daß dieses Gas wirklich Kohle enthält, wird dadurch geführt, daß man in demselben Schwefel bis zum Verdampfen erhitzt. Es fällt in diesem Fall schwarze Kohle nieder, indeß sich der Schwefel mit dem

Wasserstoff des Gases verbindet und eine eigene Luftart, das Schefelwasserstoffgas bildet.

Das leichte Kohlenwasserstoffgas, welches wegen seines doppelten Gehalts an Wasserstoffgas auch wirklich bedeutend leichter ist, als das oben genannte Gas, findet sich sehr häufig in der Natur gebildet. So kommt es z. B. in den Kohlenbergwerken vor, wo man es mit dem Namen feuriger Schwaden bezeichnet.

Wenn man in Sümpfen oder andern stehenden Wassern mittelst eines Stockes in den schlammigen Grund stößt, so sammeln sich eine Menge Luftblasen auf der Oberfläche des Wassers. Diese Blasen enthalten ebenfalls das oben genannte Gas, das man mittelst eines Trichters in Flaschen auffangen kann. Es ist durch seine Leichtentzündlichkeit vom kohlensauren Gas zu unterscheiden.

Wenn man Gußeisen in Salzsäure auflöset, so erhält man ebenfalls dieses Gas. Das Gußeisen enthält nämlich eine große Menge Kohlenstoff, und da es beim Auflösen in Salzsäure zugleich Wasserstoffgas entwickelt, so verbindet sich letzteres mit dem Kohlenstoff zu diesem Gase.

Am vortheilhaftesten erhält man es jedoch, besonders zur Darstellung von sogenanntem tragbaren Gas (das in luftdichten Säcken aufgefangen und transportirt wird), wenn man gewöhnliches Brennöl tropfenweise auf glühendes Eisen fallen läßt und das sich entwickelnde Gas auffängt. Hiezu dient eine besondere Art von Vorrichtung, die in den sogenannten Oelgas-Bereitungsanstalten gebraucht wird.

Das leichte Kohlenwasserstoffgas ist eben so schädlich beim Einathmen wie das schwere. Auch ist es, mit gewöhnlicher Luft gemischt, der Gesundheit des Menschen nachtheilig, und höchst wahrscheinlich sind die sogenannten Sumpffieber, woran die Menschen in sumpfigen Gegenden leiden, eine Folge von der häufigen Entwickelung dieses Gases.

Auch beim Faulen der Thierkörper und beim Rösten des Flachses entwickelt sich dieses Gas, und hier ist es um so schädlicher, da es mit einer Menge anderer Stoffe verbunden ist, die ihm einen unerträglichen Geruch mittheilen.

Von der Gasbeleuchtung und den hiezu dienlichen Geräthschaften kann hier füglich nicht geredet werden; aber eine Bemerkung, welche das Brennen dieser Gase betrifft, ist hier wohl nicht an der unrechten Stelle.

Man hat genaue Versuche darüber angestellt, wie groß die Oeffnung sein muß, aus der das Leuchtgas ausströmt, um die möglichst helle Flamme zu geben, und hat gefunden, daß die Oeffnung eines gewöhnlichen Kohlengasbrenners nicht über $\frac{1}{26}$ und nicht unter $\frac{1}{32}$ Zoll im Durchmesser haben darf, wenn die Flamme die möglichst größte Menge Licht entwickeln soll.

Die Höhe oder Länge der Flamme hat nämlich einen bedeutenden Einfluß auf die Lichterzeugung, und das Licht wird bei einer 5 Zoll hohen Flamme in einem weit größern Verhältniß verstärkt, als man es nach dem geringen Verbrauch des Gases vermuthen sollte. Ueber 5 Zoll Höhe findet aber keine Erleuchtungsvergrößerung mehr statt. Es entweicht dann das Gas in Form eines undurchsichtigen Rauches. Beim Oelgase (oder dem leichten Kohlenwasserstoffgase) ist die stärkste Erleuchtung bei 4 Zoll Höhe der Flamme.

Wenn man glühendes Platin vor die Oeffnung einer Röhre hält, aus welcher solches Leuchtgas strömt, so bricht es schnell in Flammen aus. Man hat diese Eigenschaft sehr sinnreich dazu benutzt, Gaslampen, die dem Zugwind und dadurch einem öfteren Verlöschen ausgesetzt sind, in den Stand zu setzen, sich selbst wieder anzuzünden. Man bringt nämlich in der Gasflamme selbst einen spiralförmig gewundenen Platindraht an. Dieser wird glühend und glüht so lange, als das Gas brennt, ohne dadurch eine Veränderung zu erleiden. Bläst nun der Wind die Gasflamme aus, so bleibt das Platin noch eine Zeit lang glühend und das neu hinzuströmende Gas kommt mit demselben in Berührung und entzündet sich von Neuem. Dieß wiederholt sich so oft, als der Wind die Flamme ausbläst.

Von den anderen Verbindungen des Kohlenstoffs wird in Zukunft noch geredet werden.

Vom Bor, Phosphor, Jod, Brom, Selen und Fluor.

Diese 6 Körper gehören zu denjenigen, welche für den Gewerbmann und Techniker nur von einem sehr geringen Interesse sind und deren praktische Anwendung von keiner besonderen Bedeutung ist. Da sie aber doch einige Verbindungen bilden, deren nähere Kenntniß nicht ganz unwichtig ist, und da zu erwarten steht, daß deren zweckmäßige Anwendung, in einem größeren Maaßstabe, die Zukunft vielleicht noch lehrt, so will ich hier das Wissenswürdigste über dieselben in aller Kürze vortragen.

Das Bor ist im Borax enthalten. Dieses bekannte Schmelzmittel besteht nämlich aus Natron und einer besonderen Säure, welche man Borarsäure nennt. Sie wird daraus abgeschieden, wie folgt:

Zu einer noch warmen Auflösung von
40 Pfund Borax in
100 Pfund Wasser setze
25 Pfund Salzsäure.

Nach 24 Stunden werden sich 17 Pfd. Borarsäure abgeschieden haben, die man durch Wiederauflösen und Krystallisiren reinigt.

Eine mit Schwefelsäure dargestellte Borarsäure ist nur schwierig von einem gewissen Theil fest anhängender Schwefelsäure zu trennen, daher ist die Anwendung der Salzsäure vorzuziehen.

Aus dieser Borarsäure kann nun das Bor abgeschieden werden, wenn man sie mit Potaschenmetall oder Kalium (wovon künftig geredet wird) zusammen bringt. Das auf solche Weise erhaltene Bor ist undurchsichtig, zerreiblich und brennbar, hat also einige Aehnlichkeit mit dem Schwefel, dem es auch noch darin gleicht, daß es beim Verbrennen durch Verbindung mit dem Sauerstoff auch eine Säure bildet, nämlich die Borarsäure.

Das Bor, welches sich erst nach vorhergegangener Erhitzung entzündet, nimmt hiebei ein auffallend große Menge Sauerstoff aus der Luft auf, nämlich 6 mal mehr als in 1 Mischungsgewicht oder in 9 Wasser enthalten sind. Denn 68 Pfund Borarsäure bestehen aus

20 Pfund Bor und
6 mal 8 oder 48 Pfund Sauerstoff.

Würde man also 20 Pfund Bor verbrennen, so würde man 68 Pfund Borarsäure erhalten.

Die Borarsäure hat das Eigenthümliche, der Flamme des Spiritus, darin aufgelöst, eine grüne Farbe zu ertheilen. Dieß benutzt man als ein Mittel, die Borarsäure in einem Gemisch von andern Säuren aufzufinden und zu unterscheiden, theils auch zu bunten Feuern bei theatralischen Vorstellungen.

Viel wichtiger als dieses ist die Eigenschaft der Borarsäure, mit erdigen Stoffen, z. B. mit der Asche von Pflanzenstoffen, glasartige Verbindungen zu bilden, denn man hat davon eine äußerst sinnreiche Anwendung gemacht. Die geflochtenen Dochte der Stearinlichte drehen sich, wodurch es geschieht, daß der obere Theil, anstatt in der Mitte der Flamme zu verweilen und dort eine große Schuppe zu bilden, aus derselben heraustritt und vollständig zu Asche verbrennt. Diese Asche nun ist bei manchen Dochten nicht unbedeutend und hat einen solchen Zusammenhang, daß sich im Verlaufe des Brennens lange Stränge bilden, die sich senken und oft so lang werden, daß sie mit dem oberen Rande des Stearinlichtes in Berührung kommen, dort Stearin aufsaugen und diesem als Docht dienend, in Brand gerathen. Es entsteht also ein sogenannter Dieb am Licht, der das Licht sehr bald durch ein rasches Ablaufen zerstört. Der Bildung solcher Stränge beugt nun die Borarsäure vor. Ist nämlich der Docht mit so viel Borarsäure durchdrungen, als er aus einer Auflösung von

1 Pfund Borarsäure in
25 Pfund Wasser

durch Tränken und Ausdrücken aufnehmen kann, so bemerkt man, sobald die Aschenbildung in der Spitze des Dochts beginnt, ein Kochen und das Entstehen einer kleinen durchsichtigen Gasperle, die zuletzt abfällt, um der Bildung einer neuen Platz zu machen. In dem sogenannten Kessel eines fast verbrannten Lichts findet man oft 5—6 solcher Glasperlen, die nichts anderes, als die mit Borarsäure zusammen geschmolzene Dochtasche sind, die in dieser Form durchaus unschädlich ist fürs Brennen.

Der Borax, welcher, wie bereits gesagt, außer der Borarsäure noch ein Laugensalz, nämlich das Natron, enthält, dient zum Schmelzen besonders edler Metalle. Man muß ihn zu diesem Behufe erst von seinem Krystallwasser trennen. Zu dem Ende erhitzt man ihn in eisernen Gefäßen. Er fängt dann an zu schäumen und bläht sich unter Verlust seines Wassers zu einer *schwammigen Masse* auf. Setzt man das Erhitzen nun noch weiter fort, so sinkt diese schwammige Masse wieder zusammen, schmilzt und verwandelt sich in das, was man *Boraxglas* nennt. Da dieses Glas sehr schwer, jene schwammige Masse aber leicht zu pulvern ist, so ist es am zweckmäßigsten, das Erhitzen beim Entwässern des Boraxes nicht so weit zu treiben, daß die schwammige Masse wieder zusammen fließt, sondern letztere zu pulvern und als Schmelzmittel zu verwenden.

Mit der Borarsäure lassen sich eine Menge Metallverbindungen darstellen Sie sind leicht schmelzbar und besitzen eigenthümliche, mitunter auch schöne Farben. Da sie sich zur feinen Töpferglasur und Malerei zu eignen scheinen, so wird bei den Metallen von ihnen geredet werden.

Der Phosphor ist in den Knochen enthalten. Diese bestehen nämlich, wenn sie im Feuer weiß gebrannt werden, aus Phosphorsäure und Kalk. Wenn man die Phosphorsäure mit Kohlenstaub in einer irdenen Retorte der Weißglühhitze aussetzt, so wird daraus der Phosphor abgeschieden, der sich als ein blaßgelber, durchsichtiger Stoff in dem Wasser sammelt, das man in der Vorlage vorgeschlagen hat.

Der Phosphor muß unter Wasser aufbewahrt werden, weil er sich im trocknen Zustande an der Luft entzündet. Allen denen, welche Phosphor aufbewahren, ist demnach zu rathen, ihn an einen Ort zu stellen, der der Kälte nicht ausgesetzt ist; denn sonst kann es kommen, daß das Wasser gefriert, das Glas zersprengt und der Phosphor vom Wasser entblößt wird, wodurch er sich entzünden und Feuersbrünste veranlassen kann.

Die Leichtentzündlichkeit des Phosphors an der Luft ist in früheren Zeiten zur Darstellung eines sogenannten chemischen Feuerzeugs benutzt worden. Man schmelzt nämlich ein Stückchen Phosphor in einem kleinen Arzneiglase, setzt während des Schmelzens ein wenig gebrannte Bittererde hinzu und verschließt das Glas mit einem gut passenden Stöpsel. Nimmt man nun mit einem gewöhnlichen Schwefelhölzchen ein wenig von dem Phosphor heraus, so entzündet er sich bei Berührung der Luft und der Schwefel zugleich mit. Die

Bittererde dient hauptsächlich dazu, den Phosphor zu bedecken und die Luft abzuhalten, wenn das Glas geöffnet wird. Diese Art von Feuerzeug hat jedoch nicht viel Glück gemacht, weil sie beim Entzünden der Schwefelhölzchen einen sehr unangenehmen Geruch verbreitet; auch ist die allgemeine Einführung mit Gefahr verbunden.

Jetzt wird eine Menge Phosphor zu den sogenannten Streichzündern gebraucht. Ein Brei, bestehend aus Phosphor, Schwefel und Terpentinöl, wird in ganz kleinen Portionen auf Feuerschwamm aufgetragen und diese Masse dann nach dem Trocknen mit einer andern bedeckt, deren Hauptbestandtheil, außer chlorsaurem Kali, Gummi ist, und dazu dient, von dem Phosphor die Luft abzuhalten. Diese Streichzünder sind, wie sich erwarten läßt, sehr feuergefährlich, und doch bietet man sie überall feil, selbst in Etuis von Pappe. Die in kleinen Metalldosen kann man ohne Gefahr in der Tasche tragen, und nur solche sollten im Handel erlaubt sein.

Der Phosphor löset sich in Baumöl auf. Diese Auflösung hat (in einem verschlossenen Glase aufbewahrt) die Eigenschaft, sehr hell zu leuchten, wenn sie durch Oeffnen des Glases mit der Luft in Berührung kommt. Wenn man in der Nacht eine solche ölige Phosphorlösung bei der Hand hat, so kann sie dazu dienen, um nach der Uhr zu sehen ꝛc. Sie hat aber einen unangenehmen Geruch.

Wenn man den Phosphor auf eine minder schwierige und minder kostspielige Art gewinnen könnte, so ließe sich vielleicht mancher Gebrauch davon machen. Er wäre häufiger zu Brandern und Leuchtkugeln im Kriege anzuwenden. Die Congreveschen Raketen, welche so fürchterliche Verwüstungen anrichten, enthalten wahrscheinlich Phosphor.

Es ist schon bemerkt, daß der Phosphor eine so große Verbrennlichkeit besitzt, daß er sich schon von selbst in trockner Luft entzündet. In Sauerstoffgas geschieht dieß noch leichter und es ist mit einer Lichtentwickelung von solcher

Stärke verbunden, daß sie das Auge, selbst bei hellem Tage, nicht zu ertragen im Stande ist.

Wenn der Phosphor auf diese Weise verbrennt, so bildet sich ein weißer Nebel, der sich zu weißen Flocken verdichtet und an den Wänden der Glasglocke niederschlägt, worin man das Verbrennen veranstaltet hat. Bringt man diese Flocken mit Wasser in Berührung, so lösen sie sich auf, schmecken sauer und sind Phosphorsäure.

Die Phosphorsäure zeichnet sich dadurch vor mehreren anderen Säuren aus, daß sie nicht, wie z. B. die Schwefelsäure, Salzsäure, Salpetersäure, durch die Hitze zu verflüchtigen ist, sondern, der Hitze ausgesetzt, schmilzt und sich in eine Art Glas verwandelt, daher man sie in diesem Zustande verglaste Phosphorsäure nennt.

Da die Phosphorsäure aus Phosphor und Sauerstoff besteht, so ist ein solches Verhalten der Verbindung beider allerdings merkwürdig. Der Phosphor ist ein Stoff, der sich durch die Wärme verjagen oder verflüchtigen läßt, der Sauerstoff ist ein Gas, das sich ebenso verhält, und die Verbindung beider widersteht der stärksten Hitze. Man sieht hieraus, wie sehr sich die Eigenschaften der Körper ändern, wenn sie sich mit einander verbinden.

Da der Phosphor in den Knochen als Phosphorsäure enthalten ist, so kann sich dieselbe aus diesen auf eine wohlfeile Art darstellen, indem man die weißgebrannten Knochen (Bein- oder Knochenasche) mit Schwefelsäure zersetzt.

Man mischt nämlich

200 Pfund Knochenasche,
150 Pfund Schwefelsäure und
1500 Pfund Wasser

in einem Gefäß von Blei und hält es 5 bis 6 Tage lang unter öfterem Umrühren in mäßiger Wärme, so gewinnt man eine klare Flüssigkeit, welche Phosphorsäure ist. Sie enthält noch etwas Kalk aufgelöst, den man dadurch abscheidet, daß man sie abdampft und in Weingeist auflöst. Der Weingeist nimmt die Phosphorsäure auf und läßt den Kalk unaufgelöst zurück. Den Weingeist trennt man wieder von der Phosphorsäure durchs Destilliren; er wird auf diese Weise wieder gewonnen und kann so noch öfter zu demselben Zwecke dienen.

Da die Knochenasche größtentheils aus phosphorsaurem Kalk besteht, so ist die Wirkung der Schwefelsäure darauf, behufs der Darstellung der Phosphorsäure, leicht einzusehen. Die Schwefelsäure verbindet sich nämlich mit dem Kalk zu Gyps und scheidet dadurch die Phosphorsäure ab, die damit verbunden ist.

Der Phosphor verbindet sich auch mit dem Wasserstoff und stellt damit eine sehr merkwürdige Gasart dar, die Phosphorwasserstoffgas heißt. Mischt man nämlich

1 Loth Zinkfeile,
½ Loth Phosphorpulver*),
3 Loth Schwefelsäure und
5 Loth Wasser

in einem sogenannten Gasentbindungsapparat, so entwickelt sich dieses Gas. Es riecht nach faulen Fischen und besitzt die sehr merkwürdige Eigenschaft, sich bei Berührung der Luft von selbst zu entzünden. Da dieses Gas sich auch beim Verfaulen von thierischen und anderen phosphorhaltigen Körpern entwickelt, so ist es nicht unwahrscheinlich, daß die Irrlichter oder Irrwische, welche sich in

*) Da der Phosphor sehr zähe ist, sich nicht leicht zerstoßen läßt, auch sich bei dieser Gelegenheit entzünden würde, so pulvert man ihn, indem man ihn in eine Flasche mit heißem Wasser wirft. Hier schmilzt er und kann durch Schütteln, bis zum Erkalten des Wassers, fein zertheilt werden.

sumpfigen Gegenden zeigen, nebst anderen Lufterscheinungen, diesem Gase ihren Ursprung verdanken.

Das Jod ist ein Bestandtheil des Meerwassers und findet sich auch in mehreren Seepflanzen und Seethieren; ja es scheint denselben so nothwendig zu ihrem Dasein und Bestehen zu sein, wie der Schwefel vielen Landpflanzen (z. B. den Zwiebelgewächsen) und der Phosphor den Landthieren. Pfund-, ja centnerweise wird der Jod aus der Asche der Seetange (fucus etc.) gewonnen und doch enthalten

1,000,000 Pfund Meerwasser noch nicht
1 Pfund Jod.

Es muß demnach die Anziehungskraft dieser Gewächse für das Jod ungeheuer groß sein und ihr Hauptlebensprozeß kann nur darin bestehen: immerwährend, wenn auch in den kleinsten Mengen, Jod dem Meerwasser zu entziehen und sich anzueignen.

Im Großen wird das Jod dargestellt, daß man die Asche der Seetange auslaugt, das Ausgelaugte einkocht und dieses in dem Verhältniß von

20 Pfund Rückstand mit
10 Pfund Schwefelsäure und
10 Pfund Braunstein

in flachen Gefäßen gelinde erhitzt, um die Salzsäure und den Schwefelwasserstoff zu verjagen. Darauf bringt man es in eine Retorte und destillirt es mit einer schicklichen Vorlage. Hiebei geht das Jod als eine metallglänzende, schwarzgraue, dem Reißblei ähnliche Materie über, die einen sehr durchdringenden Geruch hat. Sein Dunst ist violett und zerfrißt Korkstöpsel, daher muß es in Gläsern mit gut eingeriebenen Stöpseln bewahrt werden. Es äußert in zu großer Dosis eingenommen giftige Eigenschaften, daher ist es eins der wirsamsten Arzneimittel.

Auch seine Verbindungen mit Sauerstoff und Wasserstoff, die Jodsauerstoff- und die Jodwasserstoff-säure, sind von bedeutender arzneilicher Wirkung. Nicht minder sind es die auflöslichen Jodmetalle, wie Jodkalium und Jodnatrium. Diese werden jetzt sehr häufig von den Aerzten verschrieben. Wenn man Jodwasserstoffsäure mit kohlensaurem Kali oder Natron sättigt und die Flüssigkeit abdampft und krystallisiren läßt, so erhält man diese Salze.

Die Darstellung der Jodwasserstoffsäure geschieht am leichtesten wie folgt. Sie beruht auf einem Verhalten des Jods zum Blei, das dem des Schwefels zum Eisen sehr ähnlich ist. Wenn man Schwefelblumen, Eisenfeile und Wasser zusammen schüttelt, so ensteht in wenigen Minuten Schwefeleisen. Etwas Aehnliches geschieht beim Zusammenbringen von Jod, Blei und Wasser. Schüttelt man nämlich ein Gemenge aus

6 Loth Bleifeile,
4 Loth Jodpulver und
10 Loth Wasser

längere Zeit, so verändert sich die grauschwarze Farbe bald in eine gelbe, indem Jodblei, Nr. 16, entsteht

Dieß ist die vortheilhafteste Weise, diese Verbindung darzustellen, um daraus Jodwasserstoffsäure zu gewinnen. Man bringt das erhaltene Jodblei zu dem Ende mit einer hinlänglichen Menge Schwefelwasserstoffsäure zusammen, wodurch sich im Austausch der Bestandtheile Schwefelblei und Jodwasserstoffsäure bildet. Das Schwefelblei fällt als schwarze Masse zu Boden und die klare Flüssigkeit ist die Säure in wässeriger Auflösung.

Ein in neuerer Zeit sehr berühmt gewordenes Heilmittel,

der Leberthran (aus der Leber der Stockfische), enthält Jod und verdankt wahrscheinlich seine eigenthümliche Wirkung diesem sehr wirksamen Stoffe, wenn er gleich nur darin ein Tausendtheil beträgt. Um das Jod im Thran aufzufinden und seine Menge zu bestimmen, verwandelt man ihn durch einen Ueberschuß an reiner Natronlauge in Seife, löst diese in Wasser und setzt so lange eine Auflösung von schwefelsaurer Bittererde hinzu, bis die Seife völlig zerlegt ist. Man hat nun eine weiße, käsige Verbindung von Thran mit Bittererde am Boden des Gefäßes und eine klare Flüssigkeit, die aus schwefelsaurem Natron, schwefelsaurer Bittererde und dem Jod in Verbindung mit Natron besteht. Um nun das Jod davon zu trennen, kocht man die Flüssigkeit bis zum Trocknen ein, glüht sie, löst sie wieder in Wasser und versetzt die Auflösung mit einer Auflösung von salpetersaurem Palladiumoxyd. Die Flüssigkeit färbt sich sehr bald dunkel, und beim gelinden Erwärmen sondert sich ein schwarzbrauner Niederschlag von Jodpalladium ab, nach dessen Menge dann der Jodgehalt berechnet wird.

Das Jod löst sich in geringer Menge in Wasser. Bringt man diese Auflösung mit etwas gekochter Stärke in Berührung, so färbt sich letztere auf der Stelle schön blau. Mit Zucker, Gummi ꝛc. ist dieß nicht der Fall. Das Jod ist also ein Mittel, um selbst sehr geringe Mengen Stärke in irgend einer Flüssigkeit zu entdecken, und dieß macht es für den Chemiker zu einem sehr wichtigen Körper. — Man hat gefunden, daß ein Wasser, welches nur $\frac{1}{1000000}$ Theil Stärke enthält, noch durch Jod violett gefärbt wird.

In Jodwasserstoffsäure kann man das Jod nicht durch Stärke entdecken. Ebenso wenig zeigt sie das Jod in der Auflösung von Jodkalium und Jodnatrium an. Man kann diese Salze in heißen Stärkekleister einrühren, ohne daß eine Farbenänderung erfolgt; diese tritt nur dann ein, wenn

Stoffe hinzugebracht werden, die das Kalium oder Natrium dem Jod entziehen und dadurch das Jod frei machen. Ein solcher Stoff ist Chlor. Dieß bewirkt auf der Stelle die Blaufärbung.

Will man demnach irgend eine Pflanzenasche auf einen Jodgehalt untersuchen, so übergießt man sie mit schwacher Schwefelsäure, filtrirt das Klare ab und mischt etwas Stärkeauflösung hinzu. Bis jetzt hat sich nichts geändert. Wenn man nun aber mittelst einer Glasröhre ein Paar Tropfen Chlor- oder Chlonatronauflösung behutsam darauf bringt, so entsteht an der Grenze eine blaue Zone, im Fall Jod vorhanden ist; wenn nicht, nicht.

Die blaue Farbe der Jod-Stärkeverbindung ist so stark, daß sie dem Auge noch sichtbar erscheint, selbst bei einer millionfachen Verdünnung der Jod- oder Jodsalzauflösung.

Umgekehrt kann nun aber auch Jod als Entdeckungsmittel (Reagens) für Stärke gelten, und zwar gilt es für ebenso kleine Mengen. Bei Untersuchungen über den Bau und die Ernährung der Pflanzen hat man vielfältig davon Gebrauch gemacht, um z. B. das Vorkommen der Stärkmehlkörner in den verschiedenen Pflanzenorganen zu verfolgen.

Es ist vorgekommen und möchte daher auch noch ferner vorkommen, daß Käse mit Stärke verfälscht war. Jodwasser färbt solchen Käse blau.

Da, wie oben bemerkt, eine Stärkeauflösung, welche Jodkalium enthält, durch Chlor blau gefärbt wird, so kann jene Mischung auch als ein Reagens auf Chlor benutzt werden. Man vermischt Stärkekleister mit Jodkaliumauflösung und bestreicht damit Papier. In wohl verschlossenen Gefäßen bleibt es unverändert farblos, aber schon die kleinste Menge Chlor, selbst ein Wenig mit der Luft vermischtes Chlorgas, ertheilt ihm eine violette oder blaue Färbung.

Solche Papiere kann der Bleicher sehr gut gebrauchen, um nach der größeren oder minderen Färbung die Stärke seiner Bleichflüssigkeit oder ihr gänzliches Erschöpftsein an Chlor zu beurtheilen. Ja ich glaube, man könnte diese Papiere zu einer Chlorkalkprobe benutzen. Man müßte das Verhalten eines anerkannt guten Chlorkalks als künftigen Maaßstab zum Grunde legen und namentlich von diesem ermitteln, in welcher Verdünnung mit Wasser er noch eine merkliche Färbung des Jodstärke-Papiers bewirkt, und wo die Grenze liegt. Ist dieß einmal bestimmt, so macht man ähnliche Verdünnungen mit dem zu prüfenden Chlorkalk, und der Unterschied stellt sich dann leicht heraus.

Brom ist ein noch nicht sehr lange bekannter Stoff, der mit Jod und Chlor in seinem chemischen Verhalten die größte Aehnlichkeit hat. Auch steht es rücksichtlich seiner äußern Form zwischen beiden. Das Jod erscheint als ein fester Körper, das Chlor als ein Gas, das Brom aber als eine dicke Flüssigkeit von braunrother Farbe. Sein Dunst riecht dem Chlorgas ähnlich, auch ist er von ähnlicher, erstickender Wirkung.

Es kommt wie das Jod und das Chlor im Meerwasser vor; auch in einer Mineralquelle bei Kreuznach, aber hier in nur geringer Menge, so daß

150,000 Pfund Mineralwasser nur

1 Pfund Brom

enthalten.

Die Verbindungen des Broms sind in chemischer Hinsicht denen des Jods und Chlors sehr ähnlich. Sie sind übrigens noch zu neu und auch zu theuer im Preise, als daß man schon daran gedacht haben sollte, umfassendere Anwendungsweisen zu versuchen.

Noch ist hier ein Stoff anzuführen, welchen man Selen nennt und der ebenfalls nur in einer so geringen Menge vorkommt, daß der Gewerbmann und Fabrikant auf ihn keine Rücksicht nehmen kann. Er wird hier auch nur blos dem Namen nach angeführt, damit man weiß, daß ein solches Ding in der Welt existirt. Das Selen ist bleigrau und metallisch glänzend, und kommt in vielen Schwefelmetallen, namentlich im Schwefelkies, vor, sammelt sich daher in dem Schlamm, welcher sich in den Schwefelsäure-Fabriken absetzt. Auch manche Sorten Schwefelsäure enthalten Selen, woraus es durch Verdünnen mit Wasser niederfällt.

Endlich giebt es noch einen Stoff, der mit den genannten viel Aehnlichkeit hat, er heißt Fluor. Da er eine Säure bildet, die man häufig zum Glasätzen anwendet, nämlich die Flußsäure, und da diese im Flußspat enthalten ist, so wird hierüber das Nöthige beim Flußspat gesagt werden.

Vom Schwefel.

Der Schwefel gehört zu den nützlichsten und brauchbarsten Körpern, die es giebt, denn aus ihm bereitet man die Schwefelsäure, die die Grundlage der ganzen technischen Chemie ausmacht.

Der Schwefel wird gefunden. Man reinigt ihn von beigemengter Erde rc. durch Ausschmelzen, dieß giebt dann den rohen Schwefel, oder durch Destilliren in irdenen Retorten. Bei diesem Verfahren leitet man die Schwefeldünste in kalte Luft oder in Wasser und erhält einen feinzertheilten Schwefel, den man Schwefelblumen nennt.

Eine große Menge Schwefel wird aus dem Schwefelkies gewonnen, der aus Eisen und Schwefel besteht und beim Erhitzen einen Theil des letzteren fahren läßt.

Es ist für den Schwefelsäure-Fabrikanten wichtig, die Reinheit eines käuflichen Schwefels beurtheilen zu können. Dieß geschieht folgendermaßen.

Eine beliebige Menge Schwefel, die man ohne alle Wahl von einer größern dargebotenen Quantität nimmt, stößt man zu einem feinen Pulver. Von diesem Pulver wägt man 100 Gran ab, trocknet es bei 80° R., wägt es wieder und sieht, wie viel an Gewicht verloren gegangen. Der Verlust ist Feuchtigkeit. Das Uebrige wird nun in einem Porzellantiegel (den man vorher genau gewogen) erhitzt und angezündet, so daß aller Schwefel verbrennt. Was hier im Tiegel zurückbleibt, ist Unreinigkeit. Gesetzt, von den 100 Gran wären beim Trocknen 4 Gran verloren gegangen und 6 Gran betrüge der Rückstand nach dem Verbrennen, so hätte man einen Schwefel gekauft, der in 100 Pfund 10 Pfund enthält, die nicht Schwefel sind.

Bei der Feuchtigkeitermittelung des Schwefels ist etwas sehr Wichtiges zu beachten, was schon zu allerlei Streitigkeiten Anlaß gegeben hat. Derselbe Schwefel kann nämlich zu verschiedenen Zeiten verschieden viel Feuchtigkeit enthalten, je nachdem er trockner oder feuchter Luft ausgesetzt gewesen. Reiner Schwefel zieht zwar aus der Luft keine Feuchtigkeit an, der unreine, besonders der in grusiger oder pulveriger Form, thut es und zwar oft sehr stark. Die Ursache ist, daß solcher Schwefel Schwefelsäure enthält, die sich immer bildet, wenn Schwefelpulver, mit Wasser befeuchtet, längere Zeit der Luft ausgesetzt ist. Wird nun ein solcher Schwefel bei sehr feuchter Witterung verladen, so hat sich die daran haftende Schwefelsäure mit Wasser gesättigt, das beim Eintritt trocknen, heißen Wetters wieder verdunstet. War nun während der Reise solches Wetter, so kann es sich leicht ereignen, daß das Gewicht nicht stimmt und sich ein Mangel herausstellt. Bei umgekehrten Witterungsverhältnissen kann sich jedoch auch ein Ueberschuß ergeben.

Man muß demnach in diesen Fällen den Schwefelsäure-Gehalt eines käuflichen Schwefels feststellen, dadurch, daß

man eine gewogene Menge zu wiederholten Malen mit Wasser auskocht und dieses Wasser nach dem Filtriren mit Chlorbarium versetzt. Es fällt dann schwefelsaurer Baryt als weißes Pulver nieder, dessen Menge mit der Menge der Schwefelsäure im genauesten Verhältniß steht, indem

$116\frac{6}{10}$ Gran schwefelsaurer Baryt
49 Gran Schwefelsäure

anzeigen, und zwar von der Stärke, wie sie gewöhnlich im Handel vorkommt.

In der Medizin wird nur gereinigter Schwefel gebraucht: Schwefelblumen. Auch sie haben oft einen sauren Geschmack von anhängender Schwefelsäure, daher sie vor dem Gebrauch erst sorgfältig gewaschen werden müssen.

Der Apotheker hat darauf zu sehen, daß seine Schwefelblumen kein Arsenik enthalten. Wenn dieser darin vorhanden ist, so ist er mit Schwefel verbunden, als: Schwefelarsenik.

Dieser Umstand macht seine Entdeckung sehr leicht möglich. Denn reiner Schwefel löst sich nicht in Ammoniakflüssigkeit, wohl aber der mit Arsenik verbundene. Man wendet also dieß zur Prüfung an, indem man z. B.

1 Loth Schwefelblumen mit
1 Loth Ammoniakflüssigkeit und
9 Loth Wasser

unter anhaltendem Schütteln längere Zeit in Berührung läßt, dann die Flüssigkeit abfiltrirt und Schwefelwasserstoffgas im Ueberschuß hinein leitet. Hierauf setzt man reine Salzsäure im Ueberschuß hinzu. Wenn alles klar bleibt, war der Schwefel arsenikfrei. Entsteht eine gelbe Trübung oder gar ein gelber Niederschlag, so deutet dieser auf Arsenik und muß dann näher untersucht werden.

Der Schwefel ist etwas mehr als noch einmal so schwer als Wasser. Er ist in diesem nicht auflöslich, wie er denn auch im reinen Zustande völlig geschmack- und geruchlos ist. Daher ist die Veränderung so merkwürdig, welche er erleidet, wenn er sich mit den ebenfalls geschmack- und geruchlosen Bestandtheilen des Wassers verbindet. Der Schwefelsauerstoff ist nämlich die äußerst sauer schmekkende Schwefelsäure, und der Schwefelwasserstoff ist das Gas, welches einen so sehr durchdringenden Geruch hat.

Nimmt man ein Stück Stangenschwefel in die Hand und hält es ans Ohr, so hört man ein Knistern und der Schwefel ist dann zersprungen. Er ist also sehr spröde und läßt sich daher auch leicht pulvern. Dennoch bedient man sich des Schwefels, um Körper mit einander zu verbinden, z. B. Eisen mit Stein. Lange halten diese Verbindungen nicht, weil schon Temperaturwechsel, besonders aber mechanische Gewalt sie sehr leicht aufhebt. Die Ursache davon ist, daß der Schwefel im krystallischen Zustande viel weniger Zusammenhang hat. Man kann ihm aber denselben ertheilen, wenn man seine Entstehung verhindert. Dieß geschieht z. B. durch Vermengen mit Sand. Dadurch wird die Verbindung zwischen Stein und Eisen so fest und hart, daß sie nur mit dem Hammer getrennt werden kann, indeß man viel dickere Stücke *reinen* Schwefels leicht mit der Hand zerbricht.

Beim Erhitzen in einem irdenen Tiegel zeigt der Schwefel etwas sehr Merkwürdiges. Er wird nämlich anfangs flüssig wie Oel, beim längeren Erhitzen aber braun und dickflüssig, und beim langsamen Abkühlen wieder dünn wie vorher. Gießt man den Schwefel in dem Zustande, wo er braun und dickflüssig geworden ist, ins Wasser, so bleibt er längere Zeit weich und zähe, läßt sich kneten und in Formen drücken, so daß er in diesem Zustande den Gypsgießern zur Bereitung von Schwefelformen sehr nützlich ist.

Bei stärkerem Erhitzen, in verschlossenen Gefäßen, verwandelt sich der Schwefel in einen *pommeranzenfarbenen* Dampf, der an kalte Körper sich als Schwefelblumen absetzt oder bei andauernder Hitze die Dampf- oder vielmehr Gasform behält. Dieses *Schwefelgas* zeigt in seinem Verhalten zu den Metallen sehr viel Aehnlichkeit mit dem Sauerstoffgas. Denn gerade so wie dieses sich mit mehreren derselben unter den Erscheinungen des Feuers verbindet, wodurch *Sauerstoffmetalle* entstehen, so thut dasselbe das Schwefelgas: es verbrennt die Metalle unter Bildung von *Schwefelmetallen*. Erhitzt man z. B. einen Glaskolben, der ein Wenig Schwefel enthält, im Sandbade und bringt, wenn das orangenfarbene Schwefelgas erscheint, dünne Kupferblättchen in die Kolbenmündung, so *entzünden* sie sich *augenblicklich*. Das Ergebniß dieser Entzündung ist die Verbindung beider zu *Schwefelkupfer*.

Schwefel und

19 Kupfer.

Noch einige andere Metalle zeigen dasselbe Verhalten. Die meisten aber verbinden sich ruhiger mit dem Schwefel und man ist oft genöthigt, das Metall vorher zu schmelzen, um die Vereinigung mit dem Schwefel zu bewirken.

Daß diese Verbindungen nach bestimmten Zahlenverhältnissen erfolgen, wie beim Sauerstoff, ist schon S. 7 erwähnt, und zwar ist die Zahl 16 das Mischungsgewicht des Schwefels, d. h., in allen Verbindungen, die er eingeht, ist er stets in dem Verhältniß von 16 enthalten. So ist z. B. das Bestandtheilverhältniß von

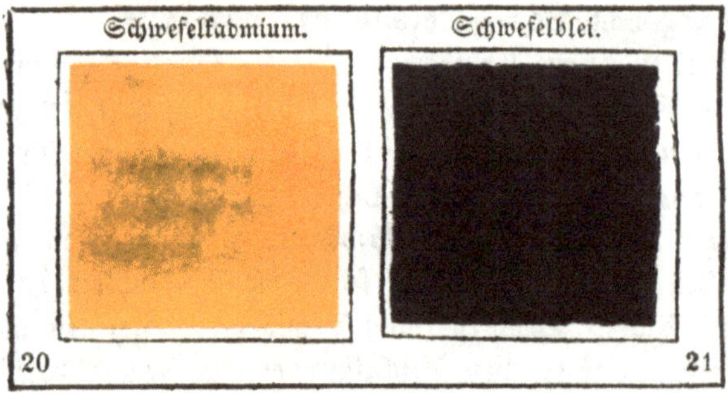

Schwefelkadmium:
1 M. G. oder 16 Pfund Schwefel und
1 M. G. oder 56 Pfund Kadmium;

Schwefelblei:
1 M. G. oder 16 Pfund Schwefel und
1 M. G. oder 104 Pfund Blei.

Man nennt so zusammengesetzte Schwefelmetalle, deren es sehr viele giebt, Einfach-Schwefelmetalle (wo 1 M. G. Schwefel auf 1 M. G. Metall kommt), zum Unterschiede von anderen, wo 2 oder noch mehr M. G. Schwefel mit 1 M. G. Metall verbunden sind, die man Zweifach-, Dreifach-, Fünffach-Schwefelmetalle nennt. Die ersteren nennt man auch Doppelt-Schwefelmetalle. Als Beispiele füge ich hier folgende bei, deren Bestandtheilverhältniß dieses ist:

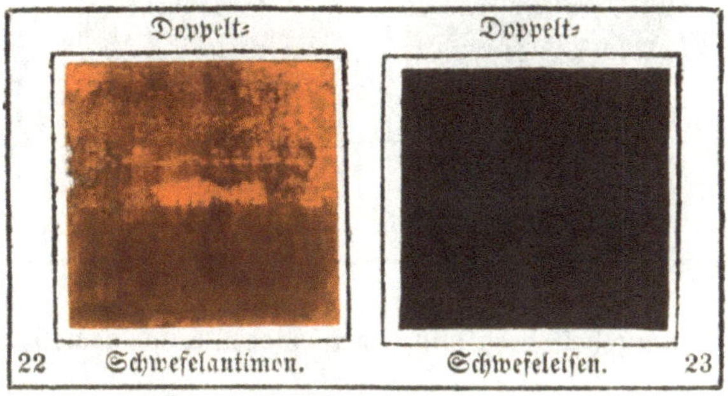

Doppelt-Schwefelantimon:
2 M. G. oder 32 Pfund Schwefel und
1 M. G. oder 64½ Pfund Antimon;

Doppelt-Schwefeleisen:
2 M. G. oder 32 Pfund Schwefel und
1 M. G. oder 27 Pfund Eisen.

In diesen beiden Verbindungen kommen auf 1 M. G. Metall 2 M. G. Schwefel, wodurch sie den Sauerstoffverbindungen, welche S. 12 unter dem Namen Ueberoxyd (Hyperoxyd) aufgeführt wurden, ähnlich sind. Wie diese durch Erhitzen Sauerstoff ausgeben, so lassen jene, sowohl das Doppelt-Schwefelantimon als auch das Doppelt-Schwefeleisen, Schwefel fahren, wenn sie einer hinlänglich starken Hitze ausgesetzt werden, und es bleibt hier eine niedere Schwefelungsstufe zurück, wie dort eine niedere Sauerstoffungsstufe.

Zu den Schwefelmetallen, die den Anderthalb- und Halb-Sauerstoffmetallen (S. 15) entsprechend sind, gehören unter anderen:

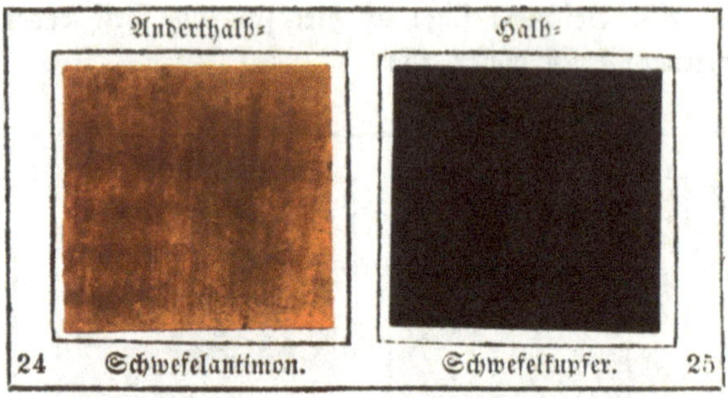

deren Bestandtheilverhältniß, der Benennung gemäß, dieses ist:

Anderthalb-Schwefelantimon:
3 M. G. oder 48 Pfund Schwefel,
2 M. G. oder 129 Pfund Antimon;
Halb-Schwefelkupfer:
1 M. G. oder 16 Pfund Schwefel,
2 M. G. oder 64 Pfund Kupfer.

Man sieht hieraus, daß in allen diesen Verbindungen die Zahl 16 für den Schwefel wiederkehrt und daß eine Abweichung nur scheinbar ist, denn sie ist alsdann nichts weiter, als die mehrfache Wiederholung dieser Zahl.

Verbindungen des Schwefels mit dem Sauerstoff.

Wenn man Schwefel in verschlossenen irdenen oder gläsernen Gefäßen erhitzt, so steigt er in die Höhe, verwandelt sich in Dampf, bleibt aber sonst unverändert.

Ganz anders ist dieß im Gegentheil, wenn die Luft mit

erhitztem Schwefel in Berührung kommt. Er entzündet sich dann, brennt mit blauer Flamme und stößt erstickende Dämpfe aus. Diese Dämpfe nennt man schwefligsaures Gas oder schweflige Säure.

Die schweflige Säure ist eine Verbindung des Sauerstoffs der Luft mit dem Schwefel. Denn taucht man brennenden Schwefel in Wasserstoffgas, Kohlensäure oder in irgend ein Gas, das keinen freien Sauerstoff enthält, ein, so verlöscht er, dagegen wird die Flamme sehr bedeutend verstärkt, wenn man brennenden Schwefel in Sauerstoffgas eintaucht. Auch unter diesen Umständen entsteht schweflige Säure.

Wenn man 16 Gran Schwefel, die sich unter einer mit Sauerstoffgas gefüllten Glocke befinden, mit dem Brennglase anzündet, so verbrennt der Schwefel unter Verzehrung von 16 Gran Sauerstoffgas und gleichzeitig haben sich 32 Gran schweflige Säure gebildet, woraus folgt, daß

32 Gran schweflige Säure aus:
16 Gran Schwefel und
2 mal 8 oder 16 Gran Sauerstoff

zusammengesetzt sind. Ein Zahlenverhältniß, das auch hier alle Aufmerksamkeit verdient, indem es auch bei den Verbindungen der schwefligen Säure mit Laugensalzen 2c., und auch bei der Bildung der Schwefelsäure sich wiederum als Gesetz geltend macht, wie wir künftig sehen werden.

Die einfachste Derstellungsweise der schwefligen Säure ist die eben erwähnte, daß man Schwefel verbrennt. Sie ist, wenn man namentlich die Säure in wässeriger Auflösung haben will, nicht gut anwendbar. In diesem Fall bereitet man sie am besten mit Hülfe von Stoffen, die durch einen großen Sauerstoffgehalt den Sauerstoff der Luft ersetzen, z. B. Braunstein. Erhitzt man in einer Glasretorte ein Gemenge aus

20 Pfund Braunstein und
3 Pfund Schwefelpulver,

so giebt der Braunstein so viel Sauerstoff an den Schwefel ab, daß sich schweflige Säure bildet, die dann in Gasform entweicht.

Bei dieser Darstellungsart waltet die Schwierigkeit ob, daß man Glühhitze anwenden muß, daher möchte die aus Schwefelsäure vorzuziehen sein, die darauf beruht, daß sie durch Entziehung von Sauerstoff in schweflige Säure verwandelt wird. Dieß geschieht unter anderm durch die Kohle. Mengt man in einer Glasretorte die Schwefelsäure mit so viel Kohlenpulver, daß ein dicker Brei entsteht und erhitzt diesen, so entwickeln sich schweflige Säure und Kohlensäure, die man in Wasser oder in kohlensaure Natronauflösung leitet, je nachdem man schwefligsaures Wasser oder schwefligsaures Natron zu erhalten wünscht.

Die Darstellung des schwefligsauren Natrons ist darum vorzuziehen, weil es sich in wohl verschlossenen Gefäßen sehr gut aufbewahren läßt und man in einem kleinen Raum viel schweflige Säure hat, indeß die wässerige Auflösung der schwefligen Säure nicht sehr reich daran ist.

Um aus dem schwefligsauren Natron rasch schweflige Säure zu bereiten, löst man es in sehr viel Wasser auf (z. B. 1 Pfund Natronsalz in 100 Pfund Wasser) und setzt nun verdünnte Schwefelsäure langsam hinzu. Diese verbindet sich mit dem Natron und scheidet die schweflige Säure ab, die in dem vielen Wasser aufgelöst bleibt.

Da die schweflige Säure die Eigenschaft besitzt, Badeschwämme, Horn, Wolle, ja selbst Elfenbein zu bleichen, so wird sie häufig zu diesem Zweck angewandt. Man setzt gewöhnlich diese Stoffe dem Dunste des brennenden Schwefels aus. Sie bekommen davon aber, besonders Wolle, einen höchst unangenehmen Geruch. Zweckmäßiger ist es daher, die im Wasser gelöste schweflige Säure anzuwenden, die Stoffe darin einzutauchen, und so lange darin liegen zu lassen, bis sie völlig weiß sind. Sie werden dann ausgespült und getrocknet. Versteht sich, daß man Wolle, wie Knochen, vorher möglichst rein von Fett machen muß. Auch muß die zum Elfenbeinbleichen anzuwendende Säure frei von Schwefelsäure sein, sonst wird es auf der Oberfläche zerfressen und matt.

Pflanzensäfte, welche noch einer Veränderung durch Gährung fähig sind, erleiden diese nicht, wenn sie schweflige Säure enthalten. Daher der Brauch und Nutzen, den Wein zu schwefeln. Er schlägt dann nicht um, wie man zu sagen pflegt.

Man hat von jeher das Schwefeln der Weine als Betrug und Fälschung betrachtet. Ist dem so? Nach oben angeführter Erfahrung wohl nicht, vorausgesetzt, daß durch das Schwefeln nichts weiter als schweflige Säure in den Wein kommt. Gar leicht aber kann da die Weinhändler gewöhnlichen, käuflichen Schwefel im Fasse anzünden, arsenige Säure mit in den Wein kommen, wenn nämlich der Schwefel, wie häufig der Fall ist, Arsenik enthält. Hier wäre also die Quelle der nachtheiligen Wirkungen geschwefelter Weine zu suchen, namentlich die Ursache des unausstehlichen Kopfschmerzes, den selbst gewohnte Weintrinker, nach einem äußerst mäßigen Quantum solcher Weine, nicht selten empfinden. Es solte daher gesetzlich bestimmt werden, daß nur Schwefelblumen, die keinen Arsenik enthalten, zum Schwefeln angewendet werden dürften.

Vermischt man eine wässerige Auflösung von schwefliger Säure mit etwas Chlorbariumauflösung, so entsteht kein Niederschlag. Hiedurch kann man sie von der Schwefelsäure unterscheiden, die damit sogleich schwefelsauren Baryt bildet (S. 67, Nr. 17).

Von andern Säuren, z. B. Salzsäure und Salpetersäure, kann man sie mit Hülfe des Chlors unterscheiden. Dieß verändert die genannten Säuren nicht; verwandelt dagegen schweflige Säure in Schwefelsäure. Wenn daher eine Flüssigkeit die Chlorbariumauflösung weder trübt noch niederschlägt, nach einem Zusatz von Chlor aber beides thut, so ist dieß ein Beweis, daß sie schweflige Säure enthielt. Sie ist nun durch das Chlor in Schwefelsäure verwandelt worden.

Wenn man sehr trocknes schwefligsaures Gas in eine Flasche leitet, die mit einer kaltmachenden Mischung aus 2 Theilen Eis und 1 Theil Kochsalz umgeben ist und zugleich dabei einen mäßigen Druck anwendet, so verliert es seine Gasform und wird flüssig. Die flüssige schweflige Säure hat die merkwürdige Eigenschaft, daß sie schon bei 8° Kälte der freien Luft ausgesetzt, siedet (was das Wasser bekanntlich erst bei 80° R. Wärme thut), indem sie sich nämlich schnell wieder in Gas verwandelt. Während dieser Verwandlung bringt sie nun eine solche Kälte hervor, daß mittelst derselben mehrere andere Gasarten in den flüssigen, tropfbaren Zustand versetzt werden können.

Das schwefligsaure Gas hat keine Farbe und ist unsichtbar. Mit einem brennenden Körper in Berührung gebracht, entzündet es sich nicht, und ein brennendes Licht, welches man darin eintaucht, verlöscht. Wir haben hier denselben Fall, wie mit der Kohlensäure, die auch weder brennt, noch das Brennen anderer Körper unterhält. Ein Beweis, daß auch in der schwefligen Säure der Sauerstoff nicht frei, sondern mit dem Schwefel fest und innig verbunden ist. Man kann hier sagen: der Schwefel ist in der schwefligen Säure gesauerstofft und der Sauerstoff ist geschwefelt.

Jeder kennt den stechenden Geruch der schwefligen Säure, er braucht sich nur an brennende Schwefelhölzchen zu erinnern und kann schon hieraus abnehmen, daß dieses Gas nicht zum Athmen taugt. Sperrt man daher Thiere darin ein, so sterben sie augenblicklich.

Wenn man die im Wasser gelöste schweflige Säure

längere Zeit der Einwirkung der Luft überläßt, so verliert die Flüssigkeit ihren stechenden Geruch und nimmt einen stärkeren sauren Geschmack an. Sie hat nämlich in diesem Falle eine vollkommene Umwandlung erlitten und ist zu einer anderen Säure geworden.

Die schweflige Säure zieht nämlich, wenn sie im nassen oder feuchten Zustande mit der Luft in Berührung kommt, noch ein Mischungsgewicht Sauerstoff aus der Luft an und wird zu Schwefelsäure; so daß also 40 Pfund Schwefelsäure aus

1 M. G. oder 32 Pfund schwefliger Säure und
1 M. G. oder 8 Pfund Sauerstoff

bestehen und in ihr auf 16 Pfund Schwefel 3 mal 8 oder 24 Pfund Sauerstoff kommen.

Da die Art, aus schwefliger Säure und Luft Schwefelsäure zu erzeugen, wie sie eben angeführt ist, zu langsam gehen würde, so bedient man sich im Großen einer Methode, die darauf beruht, daß man das schwefligsaure Gas (welches man durch das Verbrennen des Schwefels erhält) in großen verschlossenen, durch Blei ausgefütterten Kammern mit Luft, Wasserdampf und einer eigenthümlichen Gasart, welche man Stickoxydgas nennt, zusammen bringt.

Hier geht mit Hülfe des Stickoxydgases die Verbindung des Sauerstoffs der Luft mit der schwefligen Säure rasch von statten, es entsteht Schwefelsäure, die mit dem Wasserdampf zugleich sich auf dem Boden der Bleikammer als Flüssigkeit ansammelt. Hat sich hier eine hinlängliche Menge wässeriger Schwefelsäure angehäuft, so wird sie abgezapft und erst in bleiernen, dann in gläsernen, oder besser Platin-Retorten so weit durch Abdampfen vom überschüssigen Wasser befreiet, bis die Schwefelsäure selbst sich in weißen Dämpfen zu verflüchtigen anfängt. Dann wird sie in irdene Krüge oder Glasballons gefüllt und kommt so in den Handel.

Diese Säure hat nun die Bestandtheile, wie sie oben (S. 77) angegeben worden, nur daß zu diesen noch 1 Mischungsgewicht Wasser hinzukommt, welches die Schwefelsäure beim Abdampfen zurückbehält. 49 Pfund Schwefelsäure bestehen demnach aus

40 Pfund trockner Säure und
9 Pfund Wasser.

Wie die Schwefelsäure nur durch Erhitzen das Mehr Wasser, welches sie enthält, fahren läßt, ebenso verbindet sich die soweit entwässerte Schwefelsäure auch nur wieder unter Erhitzen mit dem Wasser. Wer je einmal Schwefelsäure mit Wasser zu verdünnen hatte, wird die Unannehmlichkeiten, welche hiemit verbunden sind, erfahren haben, namentlich wenn man es mit mehreren Pfunden zu thun hat. Ist dagegen schon das Wasser mit etwas Schwefelsäure versetzt, so läßt es sich weit schneller und leichter mit der starken Säure mischen. Man muß daher, wenn man größere Mengen Schwefelsäure mit Wasser zu vermischen hat, erst kleinere Mengen Säure mit Wasser mischen und in dieses saure Wasser dann nach und nach die Schwefelsäure eintragen.

Die Schwefelsäure hat ein großes Bestreben, sich mit dem Wasser zu verbinden. Sie entzieht daher feuchter Luft das Wasser und macht sie trocken. Ist sie hinlänglich lange mit hinlänglich feuchter Luft in Berührung, so soll sie $8\frac{1}{2}$ mal ihr eignes Gewicht an Wasser aufnehmen. Man will sich hievon durch Versuche überzeugt haben. Man stellte nämlich 50 Pfund starke Schwefelsäure 4 Monate lang an einen Ort, wo die Luft feucht war. Nach Verlauf dieser Zeit wurde die Säure wieder gewogen und zeigte eine Gewichtzunahme von 425 Pfund Wasser; also $8\frac{1}{2}$ mal mehr als die angewandte Schwefelsäure. Nach einem eigenen Versuch nahmen 1000 Gran Säure in 12 Tagen aus sehr feuchter

Luft 830 Gran Wasser auf. Man kann hienach ermessen, daß die Schwefelsäure sehr geeignet ist, feuchte Zimmer ꝛc. auszutrocknen.

Diese Wassersucht der Schwefelsäure erfordert Vorsicht beim Aufbewahren. Füllt man ein Gefäß mit Schwefelsäure und läßt es nur eine Nacht offen stehen, so wird man es den andern Morgen schon zum Ueberlaufen voll finden, wodurch natürlich manches Nebenliegende ꝛc. verdorben werden kann.

Noch eine Merkwürdigkeit zeigt sich bei der Verbindung der Schwefelsäure mit dem Wasser, nämlich sie zieht das Wasser zusammen, so daß es einen engern Raum einnimmt als vorher. Mischt man nämlich in

50 Quart Wasser
50 Quart Schwefelsäure,

so geben sie nach dem Abkühlen nicht 100, sondern nur 97 Quart Flüssigkeit oder mit Wasser verdünnte Säure.

Durch diese Verdichtung des Wassers wird die Hitze erklärlich, welche sich beim Mischen der Schwefelsäure mit Wasser bemerklich macht. Mit einem Theil des Wassers verbindet sich nämlich die Schwefelsäure so innig, daß sie es gleichsam fest macht und in einen eisartigen Zustand versetzt; dadurch wird nun die Wärme, welche das Wasser vorher flüssig machte, aus dem Wasser ausgeschieden und zeigt sich nun als Erhitzung der Flüssigkeit.

Da die Schwefelsäure in den Gewerben meist nur in einem verdünnten Zustand angewandt wird, indem man sie mit 2—20 Theilen Wasser verdünnt, man ihr also das Wasser wieder zusetzt, was ihr in der Schwefelsäure Fabrik durch mühevolles und kostspieliges Abdampfen und Destilliren entzogen worden, so leuchtet es ein, daß derjenige, welcher zu seinem Geschäfte eine mit Wasser verdünnte Schwefelsäure in bedeutender Menge gebraucht, sie von dem Fabrikanten ungleich wohlfeiler erhalten würde, wenn er sie demselben im rohen, d. h. durch Abdampfen nicht entwässerten Zustande abkaufte. Denn durch das Abdampfen oder Entwässern wird der Preis der Schwefelsäure wenigstens um $\frac{1}{4}$ vermehrt; was also reiner Gewinn sein würde.

Jedoch können Gewerbtreibende von diesem Vortheil nur dann Gebrauch machen, wenn sie Schwefelsäure-Fabriken in ihrer Nähe haben. Denn zum Versenden ist die wässerige Schwefelsäure nicht, da Gefäße und Fracht zwar nicht die Vortheile aufheben, aber sie gefriert sehr leicht.

Was im Handel unter dem Namen Vitriolöl vorkommt, ist nichts weiter als eine Schwefelsäure, die nur weniger Wasser als die gewöhnliche enthält, daher sie beim Vermischen mit Wasser sich auch mehr erhitzt als jene. Sie wird nicht durchs Verbrennen des Schwefels, sondern dadurch erhalten, daß man Eisenvitriol, nachdem er vorher geröstet worden, bei starkem Feuer in einer irdenen Retorte destillirt. Die Schwefelsäure geht hier in ölartigen Tropfen in die Vorlage über und giebt nun das, was man Vitriolöl nennt. Sie raucht sehr stark, indem sie dampfförmige Schwefelsäure, die kein Wasser enthält, aber es aus der Luft anzieht, ausstößt, und hat meistens eine bräunliche Farbe.

Die Entstehungsart des Vitriolöls ist im Grunde nicht verschieden von der der Schwefelsäure (durchs Verbrennen des Schwefels); nur findet sie unter etwas anderen Verhältnissen und Umständen statt.

Wenn man nämlich gestoßenen Schwefel mit Eisenfeile mengt und beides mit Wasser zu einem Brei anrührt, so bildet sich aus der anfangs gelben Masse eine schwarze, und indem sie sich erhitzt, verwandelt sich diese schwarze Masse in eine rostfarbene, wobei sie eine Menge Sauerstoff aus der Luft aufnimmt. Der Schwefel erleidet hier nämlich dieselbe Veränderung, als wenn er verbrennte, er verwandelt sich nämlich in Schwefelsäure; diese verbindet sich mit dem Eisen und so entsteht *schwefelsaures Eisen* oder *Eisenvitriol*. Wird nun dieser geröstet und destillirt, so erhält man die Schwefelsäure, welche Vitriolöl heißt. Durch das Rösten wird nämlich die große Menge Wasser, welche der Eisenvitriol enthält, entfernt, er besteht dann aus Schwefelsäure und Eisenoxyd. Durch die Hitze beim Destilliren werden dann beide von einander getrennt, die Säure geht in die Vorlage über, und das Eisenoxyd (Caput mortuum) bleibt als Rückstand in der Retorte.

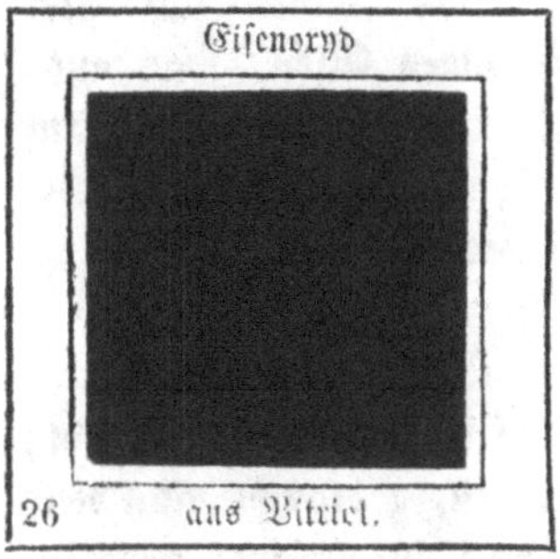

Eisenoxyd
26 aus Vitriol.

Hienach ist es nun klar, daß die Bildung des Vitriolöls eben so wie die Bildung der Schwefelsäure auf *einer Verbrennung des Schwefels beruhet*, nur daß der Schwefel in Berührung mit Eisen und Wasser ohne Flamme und langsamer verbrennt, als in der Luft in Berührung mit Stickoxydgas und Wasserdampf.

Wenn man ein *rothglühendes* Stück Eisen mit einer Schwefelstange berührt, so fließen gelbbraune Tropfen herunter, die nach dem Erkalten eine harte Masse darstellen. Sie sind *Schwefeleisen*, eine Verbindung von Schwefel und Eisen. Erhitzt man sie, so entzünden sie sich und es entsteht *schwefelsaures Eisen*. Auf diesem Verhalten beruht die Darstellung des Vitriolöls im Großen. Es findet sich nämlich das Schwe-

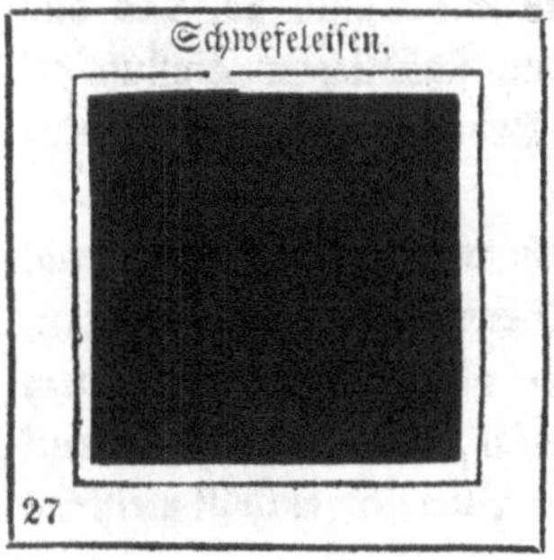

Schwefeleisen.
27

feleisen unter dem Namen *Schwefelkies* sehr häufig vor. Dieser wird geröstet, in Haufen aufgeschüttet und, mit Wasser angefeuchtet, der Luft ausgesetzt. Es bildet sich hier schwefelsaures Eisen, was ausgelaugt und eingekocht und auf die beschriebene Weise auf Vitriolöl benutzt wird.

Früher wurde das Vitriolöl sehr häufig angewandt; seit aber die Schwefelsäure wohlfeiler ist, gebraucht man diese mehr. Man kann auch *überall* da Schwefelsäure nehmen, wo man sonst mit Wasser verdünntes Vitriolöl nahm, denn beide unterscheiden sich nur durch den verschiedenen Gehalt an Wasser, und es ist ein bloßes Vorurtheil der Fabrikanten und Gewerbtreibenden, wenn sie vom mit Wasser verdünnten Vitriolöl andere Wirkungen erhalten haben wollen, als von der Schwefelsäure. Allerdings kann letztere Arsenik und von den Gefäßen, worin sie bereitet wird, Blei und auch Salpetersäure enthalten. Allein das Blei scheidet sich schon durchs Verdünnen der Säure mit Wasser ab, und das Wenige Salpetersäure ist selten von schädlichem Einfluß bei Anwendung der Schwefelsäure im Großen; auch enthält eine gut bereitete Schwefelsäure keine.

Mit dem Arsenikgehalt muß man es nicht so leicht nehmen. In vielen technischen Gewerben schadet er nicht, aber der Apotheker darf die Säure nicht anwenden. Durch Destillation wird sie davon gereinigt, indem das Arsenik in der Retorte zurückbleibt. — Das Vitriolöl enthält meistens keinen Arsenik.

Gebraucht man eine mit Wasser verdünnte *arsenikfreie* Schwefelsäure, so kann man sich das Destilliren sparen.

Man läßt Schwefelwasserstoffgas hineinströmen. Dieses schlägt dann neben Schwefelarsenik, Nr. 18, S. 67, auch noch das in der verdünnten Säure enthaltene, wenige Blei als Schwefelblei, Nr. 21, S. 70, nieder.

Sonst nahm man zur Darstellung der Salpetersäure aus dem Salpeter Vitriolöl, jetzt nimmt man Schwefelsäure und zwar mit vollem Rechte. Denn da das Vitriolöl stark dampft und diese Dämpfe nichts weiter sind als Schwefelsäure, die nur weniger Wasser hat, so gehen sie mit der Salpetersäure in die Vorlage über und verunreinigen sie, was bei der Anwendung von gewöhnlicher Schwefelsäure (die nicht dampft) nicht geschieht.

Einer von den Hauptfällen, wo die gewöhnliche Schwefelsäure nicht das Vitriolöl ersetzt, ist da, wo sie zur Auflösung des Indigs dienen soll. Hiezu muß man rauchendes Vitriolöl nehmen. Die Ursache ist ihr Gehalt an Salpetersäure. Wenn man nämlich in etwa 1 Pfund gewöhnliche Schwefelsäure rasch 1 Pfund Wasser gießt, so erfolgt unter bedeutender Erhitzung ein kochendes Aufbrausen, und der sich entwickelnde Wasserdampf ist von einem stechenden Geruch nach Salpetersäure begleitet. Dieser rührt daher, daß die käufliche Schwefelsäure wirklich Salpetersäure enthält, wodurch sie zu manchen Anwendungen unbrauchbar wird, wie gesagt, zum Auflösen des Indigs.

Eine solche salpetersäurehaltige Schwefelsäure hat auch die unangenehme Eigenschaft, auflösend auf das Platin zu wirken, daher werden Platinretorten, deren man sich zum Entwässern der Schwefelsäure in den Fabriken bedient, oft bedeutend angegriffen. Besonders dieser Umstand war es, der die Chemiker anspornte, ein Mittel zu finden, diese schädliche Beimischung zu beseitigen. Durch Erhitzen der Säure mit Schwefelblumen und Kienruß erreichte man in sofern seinen Zweck, daß die Salpetersäure in ihre Bestandtheile zerlegt und entfernt wurde. Allein nun war der Ueberschuß von Schwefel oder Kienruß zu beseitigen, was so langwierig und umständlich ist, daß man im Großen davon abstehen mußte. Später gelangte man aber auch hierin zum Ziel.

Ein französischer Chemiker fand nämlich, daß *schwefelsaures Ammoniak* dieselbe Wirkung hat, wie die oben genannten Stoffe, ohne daß ein kleiner Ueberschuß, welcher der Säure beigemengt bleibt, für ihre gewöhnlichen Anwendungsarten von Nachtheil wäre. Wenn man demnach in

1000 Pfund Schwefelsäure

2 Pfund schwefelsaures Ammoniak

auflöst und erhitzt, so verbindet sich der Wasserstoff des Ammoniaks mit dem Sauerstoff der Salpetersäure zu Wasser, welches mit dem auf beiden Seiten frei werdenden Stickstoff davon geht. Da die Schwefelsäure, ehe man sie in die Platinretorte bringt, in Bleipfannen bis zu 60° B. eingekocht wird, so setzt man hier schon das Ammoniaksalz zu.

Eine so gereinigte Schwefelsäure soll bei Anwendung von 20—30° R. Wärme eine Indigauflösung geben, die der mit Vitriolöl bereiteten in nichts nachsteht.

Die Erkennungszeichen für die Schwefelsäure sind mannigfach. Zunächst ist es das für fast alle Säuren gemeinschaftliche: der *Lackmus*. Diese bekannte blaue Farbe wird dadurch roth gefärbt.

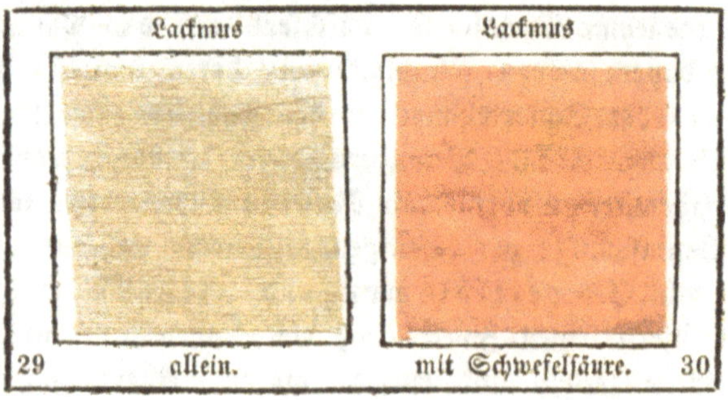

29 allein. mit Schwefelsäure. 30

Da der Lackmus eine Basis enthält, die erst durch die Schwefelsäure gesättigt werden muß, ehe eine Röthung eintreten kann, und die Menge dieser Basis veränderlich ist, so gewähren Pflanzenfarben, wie z. B. Veilchensaft, die auch geröthet werden, mehr Sicherheit. Dennoch kann man im Allgemeinen annehmen, daß eine schwefelsaure Flüssigkeit, welche so mit Wasser verdünnt ist, daß auf

25,000 Pfund Wasser nur
1 Pfund Schwefelsäure

kommt, auf Lackmus noch merklich röthend wirkt.

Da aber auch Kohlensäure das Lackmus röthet, so wie alle andern in Wasser auflöslichen Säuren, so genügt dieß begreiflicher Weise nicht, wo es darauf ankommt, die Schwefelsäure auf eine ganz bestimmte Weise von jeder andern Säure zu unterscheiden. Dieß geschieht durch den Zucker bei der Hitze des kochenden Wassers oder 80° R. Die Schwefelsäure färbt nämlich den Zucker dunkelschwarz, indem sie ihn zersetzt, ihm Wasserstoff und Sauerstoff in der Form von Wasser raubt, und dadurch den schwarzen Kohlenstoff abscheidet. Dieser macht sich dabei so bemerklich, daß man unglaublich kleine Mengen Schwefelsäure mittelst Zucker entdecken kann, vorausgesetzt, daß man folgendermaßen verfährt.

Auf einer kleinen Lampe erhitzt man ein Gefäß mit Wasser, z. B. einen Porzellantiegel, und bedeckt ihn mit einem Porzellandeckel, der oben mit einer schwachen Zuckerauflösung bestrichen ist. Ist diese eingetrocknet und kocht das Wasser, so hat sie eine Hitze von 80° R., und man bringt von der zu prüfenden Flüssigkeit einen Tropfen mittelst eines Glasstabes auf die Zuckerfläche. Enthält dieser Schwefelsäure, so tritt alsbald Schwärzung ein. Diese ist um so stärker, je mehr Säure darin enthalten ist, aber man ist auch noch im Stande, die Schwefelsäure in einem Tröpfchen nachzuweisen, welcher nur den $\frac{1}{1000}$ Theil eines

Grans Schwefelsäure enthält. Bei dieser Verdünnung ist aber die Färbung, welche eintritt, keine schwarze, sondern eine grüne.

Dieß Verhalten der Schwefelsäure zum Zucker ist für den Chemiker von großer Wichtigkeit und vielfältig zu benutzen. Da die andern Säuren, z. B. Salzsäure, Salpetersäure, Phosphorsäure rc., den Zucker bei der erwähnten Temperatur nicht schwärzen, so braucht man sie nur mit etwas Wasser zu verdünnen und einen Tropfen davon auf die heiße Zuckerfläche zu bringen, um zu erfahren, ob sie mit Schwefelsäure verunreinigt sind oder nicht.

Auf gleiche Weise kann jede Hausfrau den Essig prüfen, dem schlechte Fabrikanten nicht selten Schwefelsäure zusetzen, theils um ihn zu klären, theils aber auch um ihn saurer zu machen. Sie braucht nur ihren Theekessel mit einer Untertasse zu bedecken, und wenn das Wasser kocht, etwas von dem zu prüfenden Essig darauf zu gießen, worin zuvor ein klein Wenig Zucker aufgelöst worden. Erfolgt nach längerer Zeit (nachdem alles Flüssige verdünstet ist) keine Schwärzung, so ist der Essig frei von Schwefelsäure.

Nach Dr. Ure erlauben die englischen Gesetze, daß der gewöhnliche Essig eine gewisse Menge Schwefelsäure enthalten darf, ohne daß der Fabrikant als Essigfälscher angeklagt werden kann. Man darf dieß nicht mißverstehen und glauben, diese Gesetze begünstigten oder erlaubten den absichtlichen Zusatz einer bestimmten Menge Schwefelsäure. Dieß ist unmöglich der Fall, es kann damit nur der Gehalt an schwefelsauren Salzen gemeint sein, deren Schwefelsäure durch Chlorbarium angezeigt wird; weil der auf dem früher gewöhnlichen Wege dargestellte Essig aus Bierwürze schon durch das Brunnenwasser eine Menge schwefelsaure Salze enthält oder enthalten kann, die der Gesundheit durchaus nicht nachtheilig sind. — Als das erwähnte Gesetz gegeben wurde, kannte man die Anwendung des Zuckers noch nicht, um selbst in einem Gemenge von schwefelsauren Salzen die freie, nicht an Basen gebundene Schwefelsäure aufzufinden; jetzt wird man daselbst einen Essig, der Zucker schwärzt, auch als verfälscht betrachten.

Wenn Rüböl, welches bekanntlich mit Schwefelsäure raffinirt wird, nicht gut mit Wasser gewaschen worden, so enthält es noch Säure und brennt schlecht. Es hat Jemand ein sehr umständliches Verfahren angegeben, um Brennöle auf ihren etwaigen Gehalt an Schwefelsäure zu prüfen. Es ist jedoch sehr einfach mittelst des Zuckers zu bewirken. Man schüttelt das Oel mit wenig Wasser und bringt von diesem Wasser einen Tropfen auf die heiße Zuckerfläche. Erfolgt keine Farbenänderung, so ist das Oel rein.

Es ist schon erwähnt, daß nur die freie, blos an Wasser gebundene Schwefelsäure auf den Lackmus und den Zucker wirkt. Schwefelsäure an Basen gebunden, z. B. Auflösungen von schwefelsaurem Kali, Natron, Kalk rc., bewirken weder eine Röthung des Lackmus, noch Schwärzung des Zuckers, oder, wo sie es thun, ist es ein Beweis, daß sie freie, überschüssige Schwefelsäure enthalten.

Diese Schwefelsäure nun, welche an Basen gebunden in Auflösungen vorkommt, entdeckt man durch Baryt- und Bleisalze. Gewöhnlich wendet man Chlorbarium an. Es entsteht dann der in Wasser und Salzsäure völlig unauflösliche schwefelsaure Baryt, und zwar in Form eines weißen Pulvers, Nr. 17, S. 67, wenn nicht zu wenig Schwefelsäure vorhanden ist, oder, wenn sehr wenig, als weiße, milchige Trübung. Diese erfolgt selbst noch, wiewohl sehr schwach, in einer Flüssigkeit, welche auf

70,000 Pfund Wasser

1 Pfund Schwefelsäure

enthält. Um dieß jedoch wahrnehmen zu können, muß man den Versuch mit einer nicht zu geringen Menge der Flüssigkeit machen, denn in ein Paar Tropfen, ja selbst in ein

Paar Loth sieht man nichts. Es ist dieß ein Beweis, daß der Zucker ein viel empfindlicheres Reagens für die Schwefelsäure ist, als der Baryt. Freilich zeigt der Zucker nur freie Schwefelsäure an, indeß der Baryt die freie wie die gebundene kenntlich macht; aber die Bedingungen, unter welchen der Baryt äußerst kleine Mengen freier Schwefelsäure dem Auge wahrnehmbar zu machen im Stande ist, sind dieselben, wie bei der gebundenen Schwefelsäure (es kann nur in einer Menge Flüssigkeit geschehen), indeß ein ganz kleines Tröpfchen, welches den $\frac{1}{10000}$ Theil eines Grans Schwefelsäure enthält, sich durch Zucker noch bemerkbar machen läßt.

Die auflöslichen Bleisalze werden durch Schwefelsäure auch zerlegt, sie mag nun an Basen gebunden oder frei sein. In allen diesen Fällen entsteht schwefelsaures Bleioxyd, welches nicht, wie das Barytsalz, ganz unauflöslich im Wasser ist, daher weniger Sicherheit gewährt. Man reicht auch mit den Barytsalzen vollkommen aus.

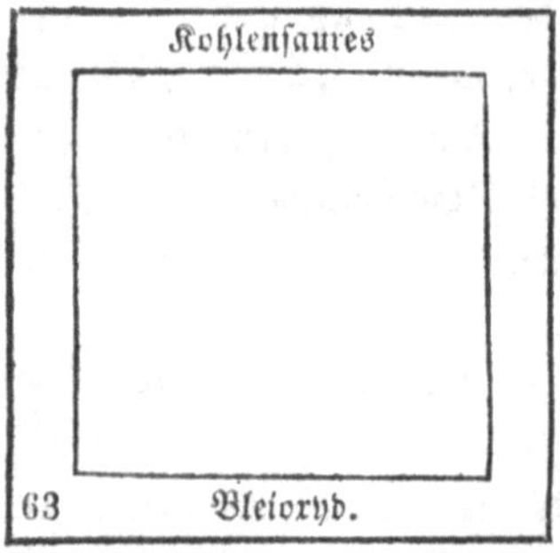

Ich habe von den Barytsalzen zur Entdeckung der Schwefelsäure erst des Chlorbariums erwähnt; mitunter muß man auch den salpetersauren und essigsauren Baryt anwenden. Will man z. B. wissen, ob eine salpetersaure Silberoxydauflösung schwefelsaures Silberoxyd enthält, so ist hier Chlorbarium darum nicht zu gebrauchen, weil es mit jedem Silbersalz einen weißen Niederschlag von Chlorsilber erzeugt. Salpetersaurer Baryt thut dieß nicht; wenn daher auf dessen Zusatz eine weiße Fällung eintritt, so deutet dieß, wenn der gut ausgewaschene Niederschlag in verdünnter Salzsäure unauflöslich ist, auf einen Gehalt von Schwefelsäure.

Wenn man hienach durch Baryt und Blei Schwefelsäure entdecken kann, so muß man umgekehrt auch durch Schwefelsäure Baryt und Blei entdecken können. Die Erfahrung lehrt dieß. Gesetzt, es hätte ein Kaufmann eine große Bestellung auf Zink, mit der Bedingung, daß es kein Blei enthalten dürfe. Wie sichert er sich nun bei dem Ankauf vor jedem Betrug? — Er löst eine sehr geringe Menge (etwa $\frac{1}{4}$ Loth) des zu kaufenden Zinks (welches er von mehreren Platten ohne alle Wahl abschabt) in Salpetersäure auf, verdünnt die Auflösung mit etwas Wasser, gießt das Klare ab und vermischt es mit einigen Tropfen Schwefelsäure. Bleibt alles klar, so enthält das Zink kein Blei; entsteht aber im Gegentheil ein weißer Niederschlag, so zeigt dieser einen Bleigehalt an. Das Zink wird nämlich aus seiner Auflösung durch Schwefel nicht niedergeschlagen, sondern bildet vielmehr damit eine in Wasser und auch in Salpetersäure lösliche Verbindung (Zinkvitriol). Man kann also durch Hülfe der Schwefelsäure Zink vom Blei scheiden und unterscheiden.

Ein wichtiger Gegenstand für denjenigen, welcher die Schwefelsäure in einem umfassenden Maaßstabe anwendet, sind die verschiedenen Verbindungen, welche sie mit dem Wasser eingeht, und die man mit dem Namen Schwefelsäurehydrate belegt, was so viel heißt als gewässerte Schwefelsäuren.

Man kann eine einfach-, zweifach-, anderthalbfach- und dreifach-gewässerte Schwefelsäure unterscheiden, je nachdem sie mit 1, 2, $1\frac{1}{2}$ oder 3 M. G. Wasser verbunden ist.

Die einfach-gewässerte Säure ist die S. 78 erwähnte, welche auf

1 M. G. oder 40 Pfund trockene Schwefelsäure
1 M. G. oder 9 Pfund Wasser

enthält und sich dadurch auszeichnet, daß sie eine Eigenschwere (oder specifisches Gewicht) von 1,848—1,850 hat.

Diese Säure bildet sich, wenn wässerige Schwefelsäure so lange in einer Retorte gekocht wird, bis sich weiße Dämpfe entwickeln. Eigentlich sollte nur eine solche im Handel vorkommen, was aber nicht immer der Fall ist, sondern eine mit mehr Wasser.

Setzt man zu

49 Pfund der Säure von 1,850 Eigenschwere noch
9 Pfund Wasser

hinzu, so tritt eine bedeutende Erhitzung ein und man erhält die zweifach-gewässerte Säure, die eine Eigenschwere von 1,740 hat und aus

1 M. G. oder 40 Pfund trockner Schwefelsäure und
2 M. G. oder 18 Pfund Wasser

besteht. Sie hat das Eigenthümliche, schon bei einer Wärme von 3° R. zu gefrieren, indem sie sich in große durchsichtige Krystalle verwandelt, deren Bildung und Wiederschmelzen sehr häufig die Glasballons zersprengt.

Dieß merkwürdige Verhalten schützt die Verbraucher der Schwefelsäure vor Betrug, denn sie würden sicher anstatt der stärkern Säure sehr häufig nur diese erhalten, wenn ihre Versendung nicht so schwierig und gefährlich und ihre Erkennung nicht so leicht wäre.

Macht man eine Mischung aus

49 Pfund der Säure von 1,850 Eigenschwere und
58 Pfund der Säure von 1,740 Eigenschwere,

so entsteht die anderthalb-gewässerte Säure, die aus

2 M. G. oder 80 Pfund trockner Schwefelsäure und
3 M. G. oder 27 Pfund Wasser

zusammengesetzt ist und eine Eigenschwere von 1,840 hat.

Diese Säure kommt gewöhnlich unter dem Namen

englische Schwefelsäure im Handel vor, besonders aus solchen Fabriken, die die Säure in Glasretorten abdampfen, wo man wegen der Zerbrechlichkeit des Glases den Hitzgrad mäßigen muß, indeß man bei Anwendung von Platinretorten hierauf keine Rücksicht zu nehmen hat, und daher die Säure mehr zu entwässern im Stande ist.

Der Unterschied dieser Säure von der, welche 1,850 Eigenschwere hat, ist nicht unbedeutend, und verhält sich wie 107 zu 98, d. h. man braucht

107 Pfund Säure von 1,840 Eigenschwere,
wo man mit
98 Pfund Säure von 1,850 Eigenschwere

ausreicht, um irgend eine Basis zu sättigen oder ein Metall aufzulösen.

Die dreifach-gewässerte Schwefelsäure besteht aus

1 M. G. oder 40 Pfund trockner Säure und
3 M. G. oder 27 Pfund Wasser,

und wird dadurch gebildet, daß man zu

49 Pfund Säure von 1,850 Eigenschwere noch
18 Pfund Wasser

mischt, die sich unter starker Erhitzung damit verbinden. Sie hat eine Eigenschwere von 1,632 und ist noch bei 16° R. Kälte flüssig; unterscheidet sich also sehr von der Säure, die 1 M. G. oder 9 Pfund Wasser weniger enthält (der zweifach-gewässerten Säure), welche, wie bereits erwähnt, schon bei 3° R. Wärme fest wird.

Versetzt man diese Säure nun noch ferner mit Wasser, so erfolgt keine so bedeutende Erhitzung mehr, wie bei den früheren Mischungen, daher es auch erklärlich ist, daß sie, mit Schnee vermischt, eine starke Kälte hervorbringt, indeß die gewöhnliche Schwefelsäure damit Hitze erzeugt. Man wendet daher solche Schneemischung an, um größere Kältegrade zu erzeugen. Die verdünnte Schwefelsäure, welche man dabei erhält, läßt sich dann noch anderweitig verwenden.

Auch zur Kälteerzeugung im Sommer ist diese dreifach-gewässerte Schwefelsäure zu gebrauchen, wo man keinen Schnee oder Eis hat. Man kann nämlich statt ihrer gestoßenes krystallisirtes Glaubersalz nehmen.

Oben ist gesagt, daß es auch eine halb-gewässerte Schwefelsäure gebe. Diese ist im, schon S. 80 erwähnten, Vitriolöl enthalten und scheidet sich beim Erkalten des Vitriolöls unter 0° R. in Krystallen ab. Sie bestehen aus

2 M. G. oder 80 Pfund trockner Säure und
1 M. G. oder 9 Pfund Wasser.

Manchmal besteht das Vitriolöl ganz aus dieser Verbindung, so daß es etwas unter 0° R. ganz erstarrt.

Außer den jetzt erwähnten Verbindungen der Schwefelsäure mit dem Wasser (die sich durch bestimmte Eigenschaften auch als ganz bestimmte herausstellen) läßt sich die Schwefelsäure in allen möglichen Verhältnissen mit Wasser vermischen und bildet die verdünnten Schwefelsäuren.

Mit diesen hat es der Gewerbtreibende am häufigsten zu thun, und es ist ihm oft viel daran gelegen, schnell ihren Gehalt an wirklicher Schwefelsäure zu erfahren. Dieses lernt man aus der Eigenschwere (oder dem specifischen Gewichte) kennen, welche eine wasserhaltige Schwefelsäure oder ein schwefelsäurehaltiges Wasser besitzt. Je weniger Wasser nämlich die Schwefelsäure enthält, desto schwerer ist sie, je mehr, desto leichter. Daher gehen von einer Schwefelsäure, welche auf

40 Pfund trockne Säure nur
9 Pfund Wasser

enthält (S. 90), 1850 Pfund in ein Gefäß, welches sonst nur 1000 Pfund Wasser zu fassen im Stande ist. Ist dagegen die Säure mit so viel Wasser verdünnt, daß auf

40 Pfund trockne Säure
360 Pfund Wasser

kommen, so gehen nur 1100 Pfund von dieser verdünnten Säure in ein Gefäß, das 1000 Pfund Wasser zu fassen im Stande ist.

Man sagt nun im ersteren Fall, die Säure habe eine Eigenschwere von 1,850, und im zweiten Fall von 1,100; was nichts weiter heißt als, daß gleiche Räume von Wasser und von den beiden Säuren (der starken und der schwachen) sich ihren Gewichten nach so verhalten, wie die Zahlen 1000, 1850 und 1100.

Hieraus wird es nun klar, daß man den Gehalt einer wasserhaltigen Säure nach ihrer Eigenschwere beurtheilen kann, und daß eine Tabelle, welche alle diese Stufen von der stärksten bis zur schwächsten Säure angäbe (von der, die 1,850, bis zu der, die 1,100 wiegt), ein sehr brauchbares Instrument wäre.

Da die saure Wirkung von Wasser, welches Schwefelsäure enthält, sich nach der Menge der darin enthaltenen Schwefelsäure richtet, so ist es klar, daß das Mischungsgewicht einer gewässerten Säure um so kleiner ist, je weniger Wasser, und um so größer, je mehr Wasser sie enthält. Daher hat auch die oben erwähnte Schwefelsäure von 1,850 Eigenschwere nur ein Mischungsgewicht von 49, indeß die andere von 1,100 Eigenschwere ein Mischungsgewicht von 400 hat. Was man also mit 49 Pfund der ersteren Säure aufzulösen vermag, dazu würde man zu demselben Zweck 400 Pfund der letzteren gebrauchen. Man sieht also, daß es wichtig ist, das Mischungsgewicht verschieden verdünnter Schwefelsäuren zu wissen. Folgende Tabelle ist hiezu dienlich.

Tabelle für die wässerige Schwefelsäure, um nach der Eigenschwere derselben ihre Stärke zu beurtheilen.

Eigenschwere.	Mischungsgewicht.
1,850	49
1,849	50
1,848	50,64
1,847	51,28
1,845	52,00
1,842	52,64
1,838	53,28
1,833	54,00
1,827	54,80
1,819	55,52
1,810	56,32
1,801	57,12
1,791	57,92
1,780	58,88
1,769	59,68
1,757	60,56
1,744	61,52
1,730	62,48
1,715	63,44
1,699	64,48
1,684	65,60
1,670	66,64
1,650	67,76
1,520	80,00
1,408	100,00
1,300	132,80
1,200	200,00
1,100	400,00

Diese Tabelle, die ich besonders zu diesem Zweck berechnet habe, giebt nun bei einer jeden Eigenschwere genau das Mischungsgewicht oder die Zahl an, die der einer andern Säure von einer andern Eigenschwere der sauren Wirkung nach gleich ist. So hat z. B. die Säure von 1,842 Eigenschwere die Zahl 52,64, und die von 1,300 Eigenschwere, die Zahl 132,80 bei sich, wodurch angezeigt ist, daß in $132\frac{80}{100}$ Pfund einer Säure von 1,300 Eigenschwere dieselbe Menge Schwefelsäure enthalten ist, wie in $52\frac{64}{100}$ Pfund einer Säure von 1,842 Eigenschwere, daß man also, um die Wirkung von $52\frac{64}{100}$ Pfund einer Säure von 1,842 Eigenschwere durch eine Säure von 1,300 hervorzubringen, davon $132\frac{80}{100}$ Pfund nehmen müsse.

So verhält es sich nun mit allen Zahlen, welche unter der Benennung Mischungsgewicht in der Tabelle aufgeführt sind; jede zeigt die Menge einer bestimmten verdünnten Säure an, mit welcher sie den Wirkungen einer andern, mehr oder weniger verdünnten, gleich kommt, oder mit welcher sie dieselbe in ihrer Wirkung ersetzen kann.

Ein Beispiel wird dieß deutlich machen. Gesetzt, man hätte sich, um 32 Pfund Zink aufzulösen, bisher einer Säure von 1,849 Eigenschwere bedient, und hätte durch Versuche gefunden, daß hiezu gerade 50 Pfund, mit 200 Pfund Wasser verdünnt, erforderlich gewesen, man wäre aber durch Zufall in den Besitz einer bereits mit Wasser verdünnten Säure gekommen, und wünschte nun diese statt jener zum Zinkauflösen anzuwenden. Was hat man nun zu thun? Man bestimmt auf die gleich anzugebende Weise die Eigenschwere dieser verdünnten Säure und sucht nun in der Tabelle das Mischungsgewicht derselben auf. Gesetzt, man hätte ihre Eigenschwere = 1,200 gefunden, so zeigt diese Zahl in der Tabelle auf 200,00; folglich muß man von derselben 200 Pfund nehmen, um die 32 Pfund Zink aufzulösen.

Um die Eigenschweren mit Wasser verdünnter Schwefelsäuren mit Genauigkeit und Leichtigkeit zu bestimmen, kauft man sich ein sogenanntes 1000-**Granglas**, wie es bei Glashändlern zu haben ist. Ein solches Glas, welches von 1000 Gran reinen Wassers gerade voll wird, füllt man nun mit der Säure an, deren Eigenschwere man wissen will, wägt das Ganze und zieht davon das Gewicht des leeren Glases ab; **die Summe, die nun übrig bleibt, ist die Eigenschwere der gewogenen Säure.**

Noch leichter gelangt man zur Ermittelung der Eigenschwere durch eine sogenannte Senkwaage oder Areometer, welche unter andern J. G. **Greiner** jun. in Berlin verfertigt. Diese braucht man nur bei der Temperatur, welche darauf vermerkt ist, in die wässerige Schwefelsäure einzusenken, um die Eigenschwere sogleich abzulesen.

Man hat auch noch das **Beaumé**'sche Areometer mit einer einfachen Gradeintheilung. Aber eben diese ist es, die wenig Genauigkeit gewährt, daher man dieses Instrument nur in solchen Fabriken gebraucht, wo alles nach einem sehr großen Maaßstabe geht, und man genöthigt ist, die Bestimmung von Eigenschweren ganz gewöhnlichen Arbeitern anzuvertrauen, die sich mit langen Zahlenreihen nicht befassen können.

Der Gebrauch der Schwefelsäure ist höchst mannigfaltig und darum jedem, der die Chemie anwendet, unentbehrlich. Es giebt **schwefelsaure** Salze, die man unter dem Namen von **blauem**, **weißem**, **grünem** **Vitriol** kennt. Sie sind Verbindungen von Schwefelsäure mit Kupfer, Zink oder Eisen. Der Gyps ist auch ein schwefelsaures Salz, nämlich **schwefelsaurer Kalk**. Das Bittersalz ist **schwefelsaure Bittererde** und der Alaun eine Verbindung von Schwefelsäure mit **Thonerde** und **Kali**. Außerdem benutzt man noch eine Menge anderer schwefelsaurer Laugen-, Erd- und Metallsalze, von denen künftig gesprochen werden wird.

Die Schwefelsäure ist unter allen Säuren die, welche die meiste Kraft besitzt, indem sie im Stande ist, alle übrigen Säuren aus ihren Verbindungen abzuscheiden und sich an ihre Stelle zu drängen. So scheidet sie aus dem Kochsalz die Salzsäure, aus dem Salpeter die Salpetersäure, aus der Knochenasche die Phosphorsäure ab und verbindet sich mit den Stoffen, womit diese Säuren früher im Kochsalz, im Salpeter und in der Knochenasche verbunden waren. Daher setzt das Dasein und der Gebrauch einer andern Säure stets die Schwefelsäure voraus, denn durch diese kann man sich nur jene verschaffen und darstellen.

Auch auf Körper, die aus dem Pflanzen- und Thierreiche, oder diesen ähnlich sind, zeigt die Schwefelsäure eine bedeutende Einwirkung. Aber hier bewirkt sie, im unverdünnten Zustande angewendet, eine Zersetzung, indem sie ihnen Wasserstoff und Sauerstoff raubt und den Kohlenstoff frei macht, gleichsam bloßlegt. Ein solches Beispiel ist schon vom Zucker angegeben. Auch das Schwarz- nnd Verkohltwerden des Holzes, wenn es mit starker Schwefelsäure in Berührung kommt, gehört hieher. Ebenso werden auch Oele und Fette schwarz, wenn man sie mit viel Schwefelsäure in Berührung bringt.

Man hat dieß sehr sinnreich zu benutzen gewußt, um Achate zu färben. Diese nehmen nämlich, wenn sie vorher in Oel geschliffen wurden, durch Erhitzen mit Schwefelsäure verschiedenartige schwarze Zeichnungen an, indem sich das Oel, das sie an manchen Stellen beim Schleifen eingesogen haben, verkohlt und schwarz wird. — Mischt man dagegen viel weniger Schwefelsäure mit mehr Oel, so wirkt sie nicht zerstörend auf dieses, sondern verbindet sich nur mit den schleimigen Theilen, welche das Oel verunreinigen, und senkt sich damit zu Boden. Daher bedient man sich ihrer auch zum Raffiniren.

Es sind 2 Proc. Schwefelsäure hinreichend, um das Rüböl von allen schleimigen und farbigen Beimischungen zu reinigen. Sein Hauptaugenmerk hat man hiebei aber auf die schnelle und innige Vermischung der Säure mit dem Oel zu richten. Hiebei wird am meisten gefehlt, und oft wird das Oel darum nicht weiß, weil an einem Punkte die Schwefelsäure zu lange verweilt und so das Oel selbst zersetzt, statt sich seiner fremden Beimischungen zu bemächtigen. Es ist daher, behufs des Mischens beider Substanzen eine Vorrichtung nöthig, wodurch das Oel in eine möglichst schnelle Bewegung versetzt wird, während dessen die Schwefelsäure aus einem Bleigefäß in dünnen Strahlen, wie aus einer Gießkanne, hineingeleitet wird. Nachdem sich durch Ruhe eine schwarze Masse abgelagert hat, welche eine Verbindung von Schleim, Farbstoff, Oel und Schwefelsäure ist, zieht man das Oel ab und wäscht es. Dieses Waschen des gesäuerten Oels in Wasser muß gleichfalls durch ein möglichst starkes Durcheinanderrühren beider bewirkt werden.

Ebenso reinigt die Schwefelsäure auch das Terpentinöl und entzieht ihm ein Harz, welches sich durch den Einfluß der Luft bildet und es untauglich macht zum Auflösen des Kautschuck. Man kann die Reinigung durch bloßes Schütteln mit verdünnter Säure bewirken, ohne daß man hinterher das Oel noch destillirt. Auf

64 Pfund Terpentinöl ist gewöhnlich
1 Pfund Schwefelsäure, vorher mit
1 Pfund Wasser

verdünnt, hinreichend. Es ist aber für eine Vorrichtung zu sorgen, daß dieß recht tüchtig durch einander gerüttelt und geschüttelt werde. Nach 24 Stunden zieht man dann das Oel von der braun gewordenen Säure ab und wiederholt denselben Prozeß noch einmal mit einem frischen Säuregemisch. — Zuletzt wird das Oel mit etwas gebrannter Bittererde geschüttelt, um die ihm noch etwa anhängende Säure zu entfernen.

Selbst Steinöl soll man durch Behandeln mit Schwefelsäure wasserhell und fast geruchlos machen können. Man schüttelt

20 Pfund Steinöl mit
2 Pfund Schwefelsäure

und läßt es 8 Tage lang mit einander in Berührung und sich klären. Dann gießt man es vom Bodensatz ab, schüttelt es mit einer Potaschenauflösung und läßt es sich wieder klären.

Es ist mir nicht gelungen, ranzig gewordenes Provenzeröl oder ranzig gewordene Butter irgendwie durch Schwefelsäure zu verbessern, daß sie wieder brauchbar geworden wären.

Sehr viel bewirkt man durch Schwefelsäure, wenn sie gleichzeitig mit Wasserdampf angewendet wird, um Oele von ihren unangenehmen Gerüchen zu befreien, so z. B. Thran und Cocosöl. Man muß, da hier Siedhitze wirkt, nicht zu starke und auch nicht zu viel Säure nehmen, etwa 2—3 Proc. vom angewandten Oel.

Die Schwefelsäure äußert eine merkwürdige, zerstörende Wirkung auf die Pflanzenfaser. Äußerst geringe Mengen sehr verdünnter Säure zerstören in kurzer Zeit Gras und andere Pflanzen, sobald sie nur mit ihren Wurzeln in Berührung kommen. Ich kann daher unmöglich glauben, daß der folgende Vorschlag eines Engländers auf Grund einer wirklich gemachten Erfahrung gegeben ist. Um nämlich das Getreide vor dem Anfressen durch Insekten zu bewahren, soll man es 20 Stunden lang vor dem Säen in einer Flüssigkeit einweichen, die aus

1 Quart Schwefelsäure und
30 Quart Wasser

besteht. Da nun die Schwefelsäure beinahe noch einmal so

schwer als Wasser ist, so giebt dieß eine Säure, die in 16 Pfunden beinahe 1 Pfund Schwefelsäure enthält, wodurch sicher das Leben des Samenkornes getödtet werden muß, und wenn auch nicht sogleich, doch dann, wenn nach dem Säen längere Zeit trocknes Wetter eintreten sollte.

Um die Wirkungen der Schwefelsäure auf die Pflanzenstoffe richtig zu beurtheilen, muß man genau ihre Anwendungsart unterscheiden: ob sie mit oder ohne Wasser und mit wie viel Wasser sie angewendet wird, und ob diese Anwendung mit oder ohne Wärme, besonders Siedhitze, geschieht? Hienach sind die Ergebnisse durchaus verschieden, wie ich durch die folgenden Beispiele zu erläutern suchen werde.

Schneidet man Kartoffeln in Scheiben und legt sie auf Horden zum Trocknen, so geschieht dieß sehr bald und man erhält eine braun und schwarz gefärbte hornartige Substanz, die sehr hart ist, sich leicht mahlen läßt, aber ein graugefärbtes Mehl giebt.

Von nicht besserer Farbe wird dieß Mehl, wenn man die Kartoffelscheiben 12—16 Stunden in Wasser von 50—60° R. weichen läßt, sie dann trocknet und mahlt.

In beiden Fällen bleibt ein in den Kartoffeln enthaltener, bei Luftzutritt sich färbender Stoff zurück, der das Mehl unansehnlich und daher unbrauchbar macht.

Legt man dagegen die Kartoffelscheiben in eine Flüssigkeit, die auf

100 Pfund Wasser

3 Pfund Schwefelsäure

enthält, und läßt sie darin wenigstens 24 Stunden, so ist der Erfolg ein ganz anderer. Hat man sie nämlich, nachdem sie aus der Säure herausgenommen, so lange mit frischem Wasser gewaschen, bis sie vollkommen entsäuert sind, so geben sie nach dem Trocknen Scheiben, die so weiß sind wie Kreide, und diese ein eben so weißes Mehl. Durchschnittlich erhält man den vierten Theil an Mehl, also 4 Centner Kartoffeln geben 1 Centner Mehl.

Dieses Kartoffelmehl ist nicht mit einem andern zu verwechseln, welches im Handel unter demselben Namen vorkommt und eigentlich Kartoffelstärke ist. Beide unterscheiden sich wesentlich. Die Kartoffelstärke giebt, mit Wasser gekocht, einen Kleister, das Kartoffelmehl dagegen nicht, weil hier die Stärkmehlkörner noch in Verbindung mit der Faser sind, wodurch die Kleisterbildung verhindert wird. Daher eignet sich dieses Mehl auch viel besser zu Speisen und namentlich als Zusatz zu Roggen- und Waizenmehl, um ein wohlfeiles Brot daraus zu backen. Auch als Zusatz zu den feineren Backwaaren ist es sehr geeignet

Wer dieses Kartoffelmehl im Großen fabriciren will, hat vorzüglich darauf zu sehen, daß ihm die Schwefelsäure nicht zu theuer zu stehen komme, was unfehlbar der Fall sein würde, wollte er sie nach einmaliger Anwendung weggießen. Die Säure muß demnach möglichst oft benutzt werden, indem man sie immer wieder auf frische Kartoffelscheiben gießt und erst dann durch neue ersetzt, wenn sie zu sehr mit den Kartoffelstoffen überladen ist.

Wollte man diese nun unbrauchbar gewordene Säure weglaufen lassen, so würde man alles Land verderben, wohin sie fließt, und nicht minder alle Fische tödten, wenn man sie ins Wasser leitete. Der Gutsbesitzer muß sie daher unschädlich machen, und zwar zu seinem eigenen Vortheil. Er muß sie in Gyps verwandeln, indem er die Säure mit Kalkmilch in Berührung bringt, nach dem Verhältniß, daß auf

49 Pfund Schwefelsäure etwa
32 Pfund gebrannter Kalk
kommen, die sich zu
86 Pfund Gyps

vereinigen, welchen man dann auf die bekannte Weise zum Gypsen von Klee ꝛc. anwendet.

Man kann anstatt des gebrannten Kalks auch Mergel (welcher ein kohlensaurer Kalk ist) zur Gypsbildung anwenden. Er muß aber fein gemahlen und mit der Schwefelsäure erwärmt werden, die wechselseitige Einwirkung geht sonst zu langsam.

Die eben beschriebene Darstellungsweise des Kartoffelmehls beruht nun darauf, daß die kalte, verdünnte Schwefelsäure die natürliche Verbindung aufhebt, welche zwischen der Pflanzenfaser und dem Pflanzensafte besteht, was das bloße warme Wasser nicht vermag. Daher wird es dann auch möglich, dnrch Auswaschen der gesäuerten Kartoffelscheiben, mit der Säure zugleich auch all den Pflanzensaft, das sogenannte Vegetationswasser, worin auch das Färbende enthalten ist, zu entfernen.

Ein ganz anderes Produkt erhält man nun, wenn man dieselbe verdünnte Säure zugleich mit Siedhitze anwendet. Werden nämlich die mit Säure behandelten Kartoffelscheiben zerrieben und mit der verdünnten Schwefelsäure gekocht, so entsteht anfangs ein Kleister, der aber bald dünnflüssig wird und sich in eine klare Auflösung verwandelt. Scheidet man aus dieser durch Kreide die Schwefelsäure ab und verdampft die klare Flüssigkeit, welche keinen Geschmack hat, so erhält man ein Gummi, welches Stärkegummi genannt wird, aber mit der Stärke gar keine Aehnlichkeit hat.

Die bloße Anwendung der Hitze hat hier also bewirkt, daß sich aus der Stärke ein Stoff mit ganz andern Eigenschaften gebildet hat.

Aber dieß ist noch nicht genug, es kommt auch darauf an, wie lange die Einwirkung der Schwefelsäure bei der Siedhitze dauert. Deun kocht man die zerriebenen Kartoffelscheiben 6 — 8 Stunden und behandelt dann die Flüssigkeit mit Kreide u. s. w., wie oben angegeben, so erhält man eine süßschmeckende Flüssigkeit, denn nun hat sich Zucker gebildet: Stärkezucker.

Die in vieler Beziehung äußerst schädliche Eigenschaft der Schwefelsäure, das organische Gewebe der Pflanzen- und Thierkörper zu zerstören, kann, richtig benutzt, auch von großem Vortheil sein. So ist es ganz unmöglich, die mit Talg oder Stearin getränkten Dochtabschnitzel durch Kochen oder Dämpfen mit Wasser zu entfetten, um das darin Eingesogene wiederzugewinnen. Die Faser behält ihr Fett, wie lange man auch kochen mag. In großen Lichtfabriken ist dieß ein Gegenstand, wo sich viele Centner solcher Abgänge häufen und ihre Verwendung zur Seife nicht viel Vortheil gewährt.

Hier ist es nun, wo ein Zusatz von Schwefelsäure ganz vorzügliche Dienste thut, indem sie zugleich mit dem Dampf einwirkend die Dochtfaser so zerstört, daß sie das Fett oder Stearin fahren läßt, welches sich dann auf der Oberfläche sammelt. Je mehr Schwefelsäure man zusetzt, desto schneller geht der Zersetzungsprozeß, doch darf man es auch nicht übertreiben, weil sonst das Fett gebräunt wird. 8 bis 10 Pfund Säure auf 100 Pfund Wasser sind hinreichend. Es ist hiebei jedoch auch das Wasser zu berücksichtigen, welches durch die direkte Dampfeinströmung hineinkommt.

Wenn man frischen Rindertalg zerschneidet und über Feuer zerläßt, so bleiben die sogenannten Grieben. Diese entstehen aus den häutigen Zellen, worin ursprünglich die Talgsubstanz eingeschlossen ist. Sie enthalten noch viel Talg, der ihnen weder durch starkes Erhitzen, noch durch Auskochen mit Wasser entzogen werden kann. Früher wurden daher solche Grieben um einen Spottpreis verkauft und zum Viehmästen angewendet. Jetzt, da man die Wirkung der Schwefelsäure auf die organische Faser kennt, thut man das nicht mehr. Man dämpft sie mit 6—8 Proc. Schwefelsäure, wodurch die Zellenfaser so verändert wird, daß sie mit Leichtigkeit alles Fett fahren läßt.

Wenn man also frischen Talg auf die möglichst vortheilhafte Weise ausschmelzen will, so wird er zerstampft und in den Dampfapparat gethan. Man läßt nun Dampf (ohne Schwefelsäurezusatz) einströmen und läßt es dann, wenn alles flüssig geworden, durch ein Sieb laufen, damit die Zellen u. s. w. zurück bleiben. Diese werden nun wieder in den Dampfapparat gethan und, mit 6—8 Pfund Schwefelsäure auf 100 Pfund Wasser, gedämpft. Auch hier ist die Wasserzunahme, also die Verdünnuug der Säure durch den Dampf. zu beachten.

Es ist hier noch eine Verbindung des Schwefels mit dem Sauerstoff zu betrachten: die unterschweflige Säure, die keine einfache Verbindung von 1 M. G. Schwefel und 1 M. G. Sauerstoff ist, so daß ihr M. G. 16 und 8, also 24 betrüge; sie besteht vielmehr aus

1 M. G. oder 16 Pfund Schwefel und
1 M. G. oder 32 Pfund schweflige Säure;

und hat demnach 1 M. G. = 48. Es ergiebt sich dieß sowohl aus den Verbindungen, die sie mit Basen eingeht, als aus ihrem sonstigen Verhalten.

Nach dieser Zusammensetzung ist es klar, daß ihre Darstellung darauf beruht, daß man entweder 2 M. G. der schwefligen Säure 2 M. G. Sauerstoff entzieht, oder 1 M. G. derselben noch 1 M. G. Schwefel hinzufügt.

Die Sauerstoffentziehung geschieht durch Zink. Dieß löst sich ohne Gasentwickelung in im Wasser aufgelöster schwefliger Säure auf, und das Produkt ist unterschwefligsaures Zinkoxyd.

Die Vereinigung der schwefligen Säure mit noch mehr Schwefel bewirkt man, wenn man in eine Auflösung von Fünffach-Schwefelnatrium so lange schweflige Säure strömen läßt, bis die gelbe Farbe der Flüssigkeit beinahe, aber nicht ganz verschwunden ist. Man kocht sie nun, nachdem sie sich geklärt hat, bis fast zur Syrupdicke ein, und vermischt sie nach dem Erkalten mit der Hälfte ihres Umfangs starkem Weingeist. Nun bilden sich zwei Schichten. Die oberste, weingeistige Schicht ist gelb und enthält das noch unzersetzte Schwefelnatrium, welches besonders dazu dient, die Sauerstoffeinwirkung der Luft zu verhindern. Die untere Schicht enthält das unterschwefligsaure Natron in wässeriger Auflösung, woraus es nach einiger Zeit in großen Krystallen anschließt. Diese müssen gut vor der Luft bewahrt werden.

Vermischt man die Auflösung eines unterschwefligsauren Salzes mit einer Säure, so bemerkt man unter Abscheidung von Schwefel einen starken Geruch nach schwefliger Säure. Die unterschweflige Säure, welche nur in Verbindung mit einer Basis, z. B. Natron, bestehen kann, zerfällt hier nun wieder in ihre Bestandtheile, und dieß Verhalten dient dazu, sie zu entdecken und von andern Säuren zu unterscheiden. Enthält eine Auflösung nur wenig unterschwefligsaures Salz, so fällt auf Zusatz einer Säure kein Schwefel in Pulverform nieder, sondern es erscheint blos eine milchige Trübung.

Das unterschwefligsaure Natron kommt jetzt häufig in Anwendung. Es wird nämlich bei der Darstellung der Daguerre'schen Lichtbilder gebraucht, indem es Chlor- und Jodsilber auflöst, also die Platte mit dem Lichtbilde für die fernere Einwirkung des Lichts unempfindlich macht.

Verbindung des Schwefels mit dem Kohlenstoff.

So merkwürdig die Verbindung auch ist, welche der Schwefel mit dem Kohlenstoff bildet, so können wir ihr um so weniger Raum nnd Zeit widmen, als dieselbe von keinem Einfluß auf Fabriken und Gewerbe ist.

Wenn man über Kohlen, welche in einer gußeisernen Röhre bis zum Glühen erhitzt sind, Schwefeldämpfe streichen läßt, so sammelt sich in den mit der Röhre verbundenen Flaschen eine wasserhelle Flüssigkeit von stinkendem Geruch und scharfem Geschmack. Diese ist Schwefelkohlenstoff oder eine Auflösung der Kohle im glühenden Schwefeldampf.

Der Schwefelkohlenstoff hat eine große Aehnlichkeit in seinem äußern Verhalten mit dem Schwefeläther, indem er schon bei höchst geringer Wärme noch viel eher sich verflüchtigt, als dieser. Diese Verflüchtigung ist mit der Erzeugung einer so heftigen Kälte verbunden, daß z. B. auf Wasser schwimmende Tropfen von Schwefelkohlenstoff das sie umgebende Wasser in Eis verwandeln. Es wird hier dem Wasser durch die Verdunstung des Schwefelkohlenstoffs die Wärme, welche es flüssig macht, entzogen. Jeder, der sich etwas Schwefeläther, oder auch nur sogenannte Hoffmann'sche Tropfen auf die Hand gießt, wird an der bedeutenden Kälte, welche er hierdurch empfindet, sich die Möglichkeit von einem Gefrieren des Wassers durch ähnliche, leicht verdampfende Flüssigkeiten vorstellen können.

Diese Flüchtigkeit des Schwefelkohlenstoffs ist darum so merkwürdig, weil seine Bestandtheile, die Kohle und der

Schwefel, sie durchaus nicht besitzen. Man kann die Kohle, wie ich schon (S. 37) bemerkt habe, der Weißglühhitze aussetzen und es verfliegt kein Stäubchen von ihr (wenn man nur die Luft abhält); man muß den Schwefel dreimal so heiß als kochendes Wasser machen, ehe er siedet; und doch geben beide eine Verbindung, die schon kocht bei einer Wärme, welche die unserer Hand nur um einige Grade übertrifft! Man kann hieraus sehen, welche ungeheure Einwirkung manche Körper auf einander ausüben und wie nothwendig es ist, solche Einwirkungen zu kennen, wenn man sich von dem, was die Chemie leistet und zu leisten vermag, einen Begriff machen will.

Verbindungen des Schwefels mit dem Wasserstoff.

Das Wasserstoffgas ist im Stande, den Schwefel so aufzulösen, daß er Farbe und Festigkeit verliert und gleichfalls in den gasförmigen oder luftartigen Zustand übergeht. Läßt man nämlich durch eine Glasröhre, in welcher sich geschmolzener Schwefel befindet, Wasserstoffgas strömen, so bildet sich eine solche Verbindung. Man nennt sie Schwefelwasserstoffgas. Sein Geruch ist unangenehm und soll Aehnlichkeit mit dem fauler Eier haben, hat aber durchaus nicht das Widrige, Ekelhafte derselben, ja er hört sogar auf, bei einiger Gewöhnung unangenehm zu sein, und dieß ist ein Glück, weil der Chemiker so häufig damit umgehen muß. Ein brennendes Licht, welches man in dieses Gas eintaucht, erlischt augenblicklich; daher es denn auch bei zu häufigem Einathmen schädliche Wirkungen auf die Gesundheit äußern kann.

Aus mehreren thierischen Körpern, die neben dem Wasserstoff auch Schwefel als Bestandtheil enthalten (z. B. Eier, der Koth des Menschen ꝛc.), entwickelt sich dieses Gas nicht selten mit Ammoniak zugleich durch die faulige Gährung, dergestalt, daß namentlich im Sommer die Luft in den sogenannten Abtritten höchst unangenehm wird. Diesem beugt man theils durch eine zweckmäßige Einrichtung der Abtritte vor, wodurch ein schneller Luftzug bewirkt wird, theils aber auch dadurch, daß man die Luft der Abtritte, welche diese Gasart enthält, mit einem Körper in Berührung bringt, welcher sie zerstört und dadurch unschädlich macht.

Ein solcher Körper ist das Chlor, den man (wie künftig gezeigt wird) aus dem Kochsalz gewinnt und der die Eigenschaft besitzt, dieses Gas sogleich zu zerstören, wenn er damit in Berührung kommt (Siehe Chlorsoda und Chlorkalk).

Man hat auch vorgeschlagen, in solche Räume Gefäße mit Salzsäure zu stellen. Diese nimmt jedoch nur das gleichzeitig vorhandene Ammoniakgas auf und hat das Unangenehme, daß der Raum mit weißen Salmiakdämpfen erfüllt wird. Mit Wasser verdünnte Schwefelsäure ist daher der Salzsäure vorzuziehen.

Das Rosten oder Anlaufen der Metalle ist, wie schon früher erörtert wurde, eine so langsam erfolgende Vereinigung der Metalle mit dem Sauerstoff, daß keine Licht- und Wärme-Entwickelung, also keine wirkliche Verbrennung, dabei statt findet. Auch ein solches Verhalten zeigt der Schwefel, besonders der Schwefelwasserstoff, gegen die Metalle. Wenn z. B. Silber schwarz anläuft, so geschieht es meistens immer durch diesen. Bei Menschen, welche Schwefel als Arznei gebrauchen, werden Geld und Uhren, welche sie bei sich tragen, erst gelbbraun, dann schwarz. Gekochte Eier färben durch ihren Schwefelgehalt silberne Theelöffel schwarz. Von einer Suppe, in welcher Zwiebeln gekocht sind, laufen silberne Löffel schwarz an, indem die Zwiebeln Schwefel enthalten. Manche Menschen können keine silberne Brillen tragen, ohne daß sie schwarz anlaufen. Dieß rührt von einem Schwefelgehalt in ihren Ausdünstungen her. Ueberzieht man in diesem Fall die Brille mit einem Copalfirniß, so ist sie vor dem Anlaufen geschützt.

Das Schwefelwasserstoffgas findet manche wichtige Anwendung in der Chemie. Die Verfahrungsart, sich dasselbe wohlfeil zu verschaffen, ist diese.

Das Schwefeleisen, welches man erhält, wenn man eine weißglühende Eisenstange mit Schwefel berührt (indem es tropfenweise herunter fließt), giebt, mit Schwefelsäure übergossen, dieses Gas.

Man mischt

1 Pfund Schwefeleisen mit
1 Pfund Schwefelsäure, die mit
10 Pfund Wasser verdünnt worden,

in einer Gasentbindungsflasche und fängt das sich entwickelnde Gas über Wasser auf. Ist das Schwefeleisen nicht gepulvert, sondern in Tropfen, so entwickelt sich dieses Gas ordentlich und langsam.

Da Einem nicht immer ein Essenfeuer zu Gebote steht, um sich das Schwefeleisen auf die oben beschriebene Weise zu verschaffen, so kann man es auch auf folgende, leichtere Weise bereiten. Es werden

27 Pfund Eisen und
16 Pfund Schwefel

mit Wasser gekocht und im Sandbade ausgetrocknet. Sie geben ein Schwefeleisen, das, mit verdünnter Schwefelsäure übergossen, schnell und reichlich Schwefelwasserstoffgas entwickelt. Für manche Fälle geschieht es selbst zu schnell, daher man nicht die ganze Mischung auf einmal in die Gasentwickelungsflasche bringt, sondern nur das Schwefeleisen und die Schwefelsäure nach und nach hinzugießt durch einen Trichter, der mit einer Röhre in Verbindung steht, die bis auf den Boden der Flasche reicht.

Jede andere Säure, die mit dem Eisen ein auflösliches Salz bildet, kann dazu dienen, aus dem Schwefeleisen das Schwefelwasserstoffgas zu entwickeln. Seine Bildung beruht nämlich auf einer Zersetzung des Wassers, in dessen Bestandtheile: Sauerstoff und Wasserstoff, in die sich hier das Eisen und der Schwefel theilen. Durch die Einwirkung der Säure entsteht nämlich auf der einen Seite: Sauerstoffeisen oder Eisenoxydul, das mit der Säure in Verbindung tritt, auf der andern Seite: Schwefelwasserstoff, der in Gasform entweicht.

Da der Schwefelwasserstoff blos aus Schwefel und aus Wasserstoff besteht, so glaube ich, daß meine Leser auch schon nach allem Frühern das Verhältniß, in welchem beide mit einander verbunden sind, errathen können. Sie erinnern sich, daß der Wasserstoff sich immer nur in dem Verhältniß von 1 und der Schwefel sich nur in dem Verhältniß von 16 mit anderen Stoffen verbindet; sie können sich daher auch mit einander in keinem anderen Verhältniß vereinigen. Es besteht demnach der Schwefelwasserstoff aus

16 Pfund Schwefel und
1 Pfund Wasserstoff.

Der Wasserstoff wie der Schwefel sind beide entzündlich und brennbar, darum wird es auch wohl ihre Verbindung sein. Das Schwefelwasserstoffgas brennt mit blauer Flamme und einem erstickenden Geruch nach schwefliger Säure. Es verbinden sich nämlich hiebei beide Bestandtheile mit dem Sauerstoff der Luft; der Wasserstoff bildet Wasser und der Schwefel die schweflige Säure.

Da man, wie ich gleich zeigen werde, den Schwefelwasserstoff dazu gebraucht, eine Menge Metalle zu entdecken und von einander zu unterscheiden, so wäre es unbequem, wenn man sich zu diesem Behufe stets erst das Gas entwickeln müßte. Man hält es sich daher in flüssiger Form vorräthig, indem man es in Wasser streichen läßt, welches davon auflöst. Viel nimmt jedoch das Wasser nicht auf, daher man es vorzieht, sich die Verbindung mit den Alkalien vorräthig zu halten.

Es ist nämlich der Schwefelwasserstoff eine Säure, wie der Chlorwasserstoff; er wird daher von Alkalien leicht und gern aufgenommen. Man leitet das Gas in Kali- und Natronlauge, in Kalkmilch und auch in Ammoniakflüssigkeit. Die letztere Verbindung ist ein schwefelwasserstoffsaures Ammoniak, welche dem chlorwasserstoffsauren Ammoniak oder dem Salmiak entsprechend zusammen gesetzt ist. Sie wird von den erwähnten Verbindungen am häufigsten gebraucht, um gewisse Metalle von einander zu scheiden, die dadurch, wie vom freien Schwefelwasserstoff, als Schwefelmetalle gefällt werden, indeß das Ammoniak mit der Säure, welche das Metall in Auflösung hielt, sich verbindet.

Durch eine Säure, wie z. B. Schwefelsäure, wird das Schwefelwasserstoff-Ammoniak zerlegt: indem sie sich mit dem Ammoniak verbindet, wird der Schwefelwasserstoff in Freiheit gesetzt und entweicht als Gas. Man hat es also mittelst dieses Präparats ganz in seiner Gewalt, ob man den Schwefelwasserstoff im freien oder gebundenen Zustande anwenden will. Dieses ist bei Metallscheidungen von großer Wichtigkeit, da es einerseits Metalle giebt, die unter allen Umständen vom Schwefelwasserstoff gefällt werden, also auch durch das bloße Gas aus ihrer sauren Auflösung; andererseits aber solche, deren Fällung nur dann bewirkt wird, wenn die Wirkung einer anderen Säure nicht zu überwinden ist, und deren Einfluß also durch die Gegenwart des Ammoniaks beseitigt werden muß.

Als Beispiele für solche Metalle, die aus saurer Auflösung ohne Hülfe des Ammoniaks fällbar sind, mögen die folgenden gelten.

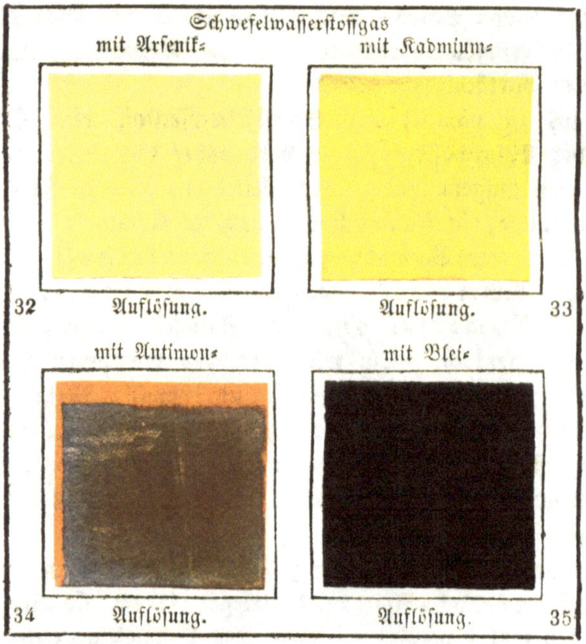

Sie zeigen zur Genüge, welche auffallende Verschiedenheiten sich hier kund geben, selbst dann, wenn man nur die Farbe beachtet, deren Unterschiede sich, wie man sieht, bei manchen Metallen so augenfällig machen, daß eine scharfe Unterscheidung möglich wird.

Wo die Farben übereinstimmen, hat man natürlich nach anderen Unterscheidungszeichen gesucht und sie auch gefunden. So wird man z. B. den Niederschlag verwechseln, den

Arsenik- und Kadmiumsalze (Nr. 32 und Nr. 33) mit Schwefelwasserstoff hervorbringen, auch darf man sich nicht eher für diese oder jene Meinung entscheiden, bis man durch eine andere Prüfung erst das übrige Verhalten ermittelt hat. Dieß kann in diesem Fall durch Schwefelwasserstoff-Ammoniak geschehen. Es löst entweder den gelben Niederschlag auf oder es löst ihn nicht auf. Geschieht das Erstere, so rührt er vom Arsenik her, denn Schwefelarsenik und Schwefelwasserstoff-Ammoniak bilden zusammen eine im Wasser auflösliche Verbindung; Schwefelkadmium dagegen thut es nicht, bleibt also unaufgelöst.

Als Beispiele für solche Fälle, wo der Schwefelwasserstoff nur mit Hülfe von Ammoniak die Zerlegung und Fällung einer Metallauflösung bewirkt, werden die folgenden dienen können.

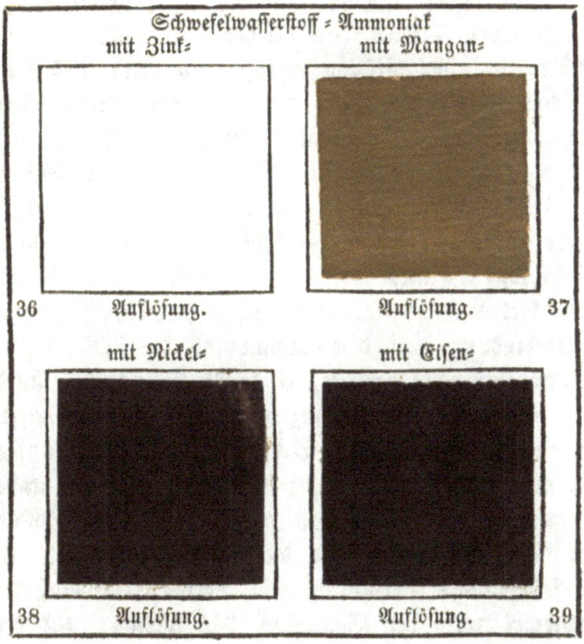

Die Auflösungen dieser Metalle werden, besonders wenn sie noch ein Wenig mit Schwefelsäure angesäuert sind, nicht durch ein Einströmenlassen von Schwefelwasserstoffgas zerlegt. Es bleibt alles klar. Wenn sich etwas abscheidet, so rührt dieß von der Gegenwart eines andern Metalls her, z. B. des Arseniks, Kadmiums, Antimons, Blei's u. s. w. Man kann demnach diese Metalle von Zink, Mangan, Eisen u. s. w. scheiden, wenn ihre Auflösung damit verunreinigt ist.

Die Ursache dieses verschiedenen Verhaltens liegt darin, daß die unter Nr. 36, Nr. 37, Nr. 38, Nr. 39 aufgeführten Schwefelmetalle durch Säuren, wie verdünnte Schwefelsäure, Salzsäure, Weinsteinsäure rc., zerlegt werden, indem das Metall sich auflöst und Schwefelwasserstoff entweicht; die unter Nr. 32, Nr. 33, Nr. 34, Nr. 35 aufgeführten Schwefelmetalle werden dagegen nicht zerlegt, bleiben also unverändert. Wenn daher Schwefelwasserstoff-Ammoniak in Wein oder Bier einen schwarzen Niederschlag, oder auch nur eine schwarzbraune Färbung erzeugt, so kann dieß sowohl vom Schwefelblei, Nr. 35, oder auch vom Schwefeleisen, Nr. 39, herrühren. Um nun Gewißheit darüber zu erhalten, ob man es mit Blei oder Eisen zu thun hat, setzt man etwas Weinsteinsäure hinzu; verschwindet der Niederschlag, so rührte er vom Eisen her, indem der, welcher durch Blei verursacht wurde, nicht verändert und nicht aufgelöst wird.

Die Art und Weise, wie der Schwefelwasserstoff und seine Verbindung mit dem Ammoniak die Zerlegung der Metallsalzauflösungen bewirkt, ist leicht einzusehen. Es stehen sich hier zunächst zwei ganz verschieden zusammengesetzte Körper einander gegenüber: Schwefel und Wasserstoff auf der einen, Metall und Sauerstoff auf der andern Seite. Kommen diese nun in einem aufgelösten Zustande (wie er durch die Säure und das Wasser vermittelt wird) in eine sehr innige Berührung, so verläßt der Wasserstoff den Schwefel und der Sauerstoff das Metall, und beide vereinigen sich zu Wasser. Andererseits verläßt aber auch der Schwefel den Wasserstoff und das Metall den Sauerstoff, und beide vereinigen sich zu einem Schwefelmetall, das sich, als in dem Wasser und in der Säure unauflöslich, abscheidet. Wo dieß nicht der Fall ist, dient die Gegenwart des Ammoniaks dazu, den Einfluß der Säure zu beseitigen.

Da die Alkalien: Kali, Natron und Kalk ihren Bestandtheilen nach Sauerstoffmetalle sind, wie die eigentlichen Metalloxyde, so erfolgt, wenn sie mit Schwefelwasserstoff zusammen gebracht werden, eine ähnliche Zerlegung, wie die eben beschriebene, nur mit dem Unterschiede, daß sich nichts abscheidet. Leitet man z. B. Schwefelwasserstoffgas in Kaliauflösung, so kommen wieder einerseits Schwefel und Wasserstoff, andererseits Kalium und Sauerstoff mit einander in Wechselwirkung, nnd das Ergebniß ist: Schwefelkalium und Wasser. Gefällt wird hiebei nichts, da das Schwefelkalium in Wasser auflöslich ist.

Wenn dieses Schwefelkalium gebildet ist und man fährt mit dem Einströmenlassen des Schwefelwasserstoffgases fort, so wird davon noch mehr aufgenommen, und zwar ebenso viel, als zur Bildung des Schwefelkaliums erforderlich war. In diesem Fall bleibt aber der Schwefelwasserstoff unzerlegt und verbindet sich als Ganzes mit dem Schwefelkalium zu einer Verbindung, welche man Schwefelwasserstoff-Schwefelkalium nennt.

Das Verhalten des Schwefelwasserstoffs gegen Natronlauge ist ganz so, wie gegen Kalilauge. Dasselbe ist der Fall mit Kalkmilch. Läßt man in diese so lange Schwefelwasserstoffgas strömen, als noch etwas aufgenommen wird, so verschwindet nach und nach der Kalk und man erhält, bei hinlänglichem Wasser, eine klare Auflösung, welche aus einer Verbindung von Schwefelcalcium mit Schwefelwasserstoff besteht. Hat man eine dicke Kalkmilch zu seiner

Darstellung angewendet, so erhält man dieselbe Verbindung in Breiform.

Dieses Schwefelwasserstoff-Schwefelcalcium, welches man auch „Calciumsulfhydrat" nennt, besitzt im hohen Grade die Eigenschaft, schon nach wenigen Minuten das Haar in eine breiartige Masse zu verwandeln, welche man dann mit einem stumpfen Messer entfernen kann. Die todte Haut wird dadurch nicht angegriffen. Wird dieses Schwefelsalz in Breiform auf das Barthaar gelegt, so kann man es dadurch vollständig vertilgen, allein es ist dieß mit einem nicht unbedeutenden Schmerz verbunden, und da es die Haare nicht in der Wurzel zerstört, so kommen sie in derselben Zeit wieder zum Vorschein, wie nach dem Rasiren.

Diese haarauflösende Eigenschaft kann jedoch bei den Gerbern zum Enthaaren der Felle zweckmäßige Anwendung finden. Bei genau angestellten Versuchen zeigte es sich auf einer Ochsenhaut sehr wirksam, und nach einer Viertelstunde waren die Haare leicht herunter zu nehmen; daher wäre es wohl anzuwenden, wenn der Preis nicht zu hoch wäre. Es darf nämlich für eine Ochsenhaut den Preis von 4 Pfund Kochsalz nicht übersteigen, welches man jetzt bei dem sogenannten Schwitzen der Häute anwendet, um das Verbrennen zu verhüten.

Fabrikmäßig wäre dieses Salz dadurch wohlfeil zu erzielen, daß man es mit einer Schwefel- und Eisenvitriol-Fabrikation verbände, und zwar da, wo Schwefelkies oder Doppelt-Schwefeleisen wohlfeil zu haben ist. Von diesem kann durch Destillation ein M. G. Schwefel abgetrieben werden. Es bleibt dann Einfach-Schwefeleisen zurück, das mit Schwefelsäure, unter Bildung von schwefelsaurem Eisenoxydul oder Eisenvitriol, Schwefelwasserstoffgas entwickelt und zur Darstellung der Kalkverbindung verwendet wird.

Man hat auch den Vorschlag gemacht, diese Verbindung aus Gyps zu bereiten. Wenn man Gyps, mit Kohle gemengt, glüht, so entsteht Schwefelcalcium, das, mit einer Säure übergossen, Schwefelwasserstoffgas entwickelt. Man braucht also nur das erhaltene Schwefelcalcium in zwei Theile zu theilen; aus dem einen mit Schwefelsäure Schwefelwasserstoffgas zu entwickeln und dieß in Wasser zu leiten, worin die andere Hälfte Schwefelcalcium vertheilt ist. Dieses wird sich dann auflösen.

Wenn es möglich ist, die Verwandlung des Gypses in Schwefelcalcium im Flammenofen zu bewirken, dann möchte dieser Vorschlag ausführbar sein, muß es aber in Tiegeln geschehen, dann ist es zu theuer und die Darstellungsweise aus Schwefelkies vorzuziehen, die ohnehin darum schon viel mehr für sich hat, weil sie zwei sehr werthvolle Nebenerzeugnisse: Schwefel und Eisenvitriol, liefert.

Das Schwefelwasserstoffgas wird auch vom trocknen Kalkhydrat eingesogen. Hierauf beruht die Reinigung des Kohlengases, welches man zu dem Ende durch Behälter leitet, in denen Kalkhydrat ausgebreitet ist. Die Einsaugung des Gases geht jedoch etwas langsam vor sich, daher man das Hydrat jetzt nicht mehr allein, sondern mit krystallisirtem Glaubersalz vermengt, anwendet, und zwar gleiche Mischungsgewichte, so daß etwa auf

40 Pfund trocknes Kalkhydrat
161 Pfund Glaubersalz

kommen. Es gewährt dieser Glaubersalzzusatz mehrere bedeutende Vortheile. Die Einsaugung des Gases geht viel rascher von statten, weil nun eine ganz andere chemische Wechselwirkung sich einstellt: der Kalk zersetzt das Glaubersalz, entzieht ihm die Schwefelsäure, und das dadurch freiwerdende Natron verbindet sich nun mit dem Schwefelwasserstoff und es entsteht Schwefelwasserstoff-Schwefelnatrium; so daß also durch obiges Gemenge 2 M. G. Schwefelwasserstoff eingesogen werden.

Bringt man die Auflösung des Schwefelwasserstoff-Schwefelkaliums (S. 115) mit Schwefel zusammen, so löst sich dieser auf, unter Entwickelung von Schwefelwasserstoffgas. Es entsteht nun eine Verbindung, welche man Fünffach-Schwefelkalium nennt, weil sie aus

1 M. G. oder 39 Pfund Kalium und
5 M. G. oder 80 Pfund Schwefel

besteht. Man erhält diese Verbindung auch, wenn man gleiche Theile kohlensaures Kali mit Schwefel zusammen schmelzt. Nur bildet sich in diesem Fall zugleich schwefelsaures Kali.

In wässeriger Auflösung hat das Fünffach-Schwefelkalium eine dunkelbraunrothe Farbe, überzieht sich beim Aussetzen an die Luft mit einer gelben Haut und riecht nach Schwefelwasserstoff. Diese Veränderungen erfolgen in Folge einer Zerlegung durch die Kohlensäure der Luft; die gelbe Haut ist Schwefel, welcher dadurch abgeschieden wird, daß sich die Kohlensäure mit dem Kalium verbindet. Dieß kann sie jedoch nur dadurch, daß sich das Kalium durch Aufnahme von Sauerstoff in Sauerstoffkalium oder Kali verwandle, in Folge dessen dann kohlensaures Kali entsteht.

Viel rascher und heftiger erfolgen dieselben Zerlegungen durch Zusatz von anderen, stärkeren Säuren, z. B. verdünnte Schwefelsäure. Setzt man diese in hinreichender Menge zu, so nimmt die Flüssigkeit eine weiße Farbe an und wird dick, indem sich Schwefel in Form eines feinen Pulvers abscheidet. Dabei entwickelt sich Schwefelwasserstoffgas. Der auf diese Weise gefällte Schwefel wird als Arznei gebraucht und führt den Namen Schwefelmilch.

Diese Schwefelmilch ist aber nicht blos höchst fein zertheilter Schwefel und darum weiß, oder vielmehr gelblichweiß, sondern sie enthält etwas Schwefelwasserstoff. Daher bildet sich Schwefelmilch auch nur durch Zerlegung solcher Schwefelverbindungen, die, mit Säuren zusammengebracht, gleichzeitig Schwefelwasserstoffgas entwickeln, z. B. Fünffach-Schwefelkalium. Der Schwefelniederschlag, welcher durch Vermischen von Säure mit einer Auflösung des unterschwefligsauren Natrons entsteht, hat keine Aehnlichkeit mit der Schwefelmilch und ist schwefelgelb. Hiebei entwickelt sich aber auch kein Schwefelwasserstoff, sondern schweflige Säure.

Wegen der so häufigen Anwendung der Schwefelverbindungen, muß man sich mit der Bildung und Art ihrer Zusammensetzung recht vertraut zu machen suchen. Besonders wichtig ist es, sich die verschiedene Wirkung klar zu machen, welche der Schwefel mit und ohne Wasserstoff auf die Sauerstoffmetalle oder Metalloxyde äußert.

Da hiebei nun Schwefel und Sauerstoff gleichsam mit einander in einen Kampf treten, und sie sich das Metall des Metalloxyds streitig machen, so ist hiebei als leitendes Prinzip der Satz fest zu halten: daß Schwefel und Sauerstoff, in ihren chemischen Beziehungen und Wirkungen, sehr ähnliche Stoffe sind, die sich in ihren Verbindungen vertreten, daher denn auch, je nach den Umständen, der eine dem andern den Platz räumt, oder vielmehr von ihm verjagt und vertrieben wird. So werden Sauerstoffmetalle durch Schwefel in Schwefelmetalle verwandelt, indem der Sauerstoff durch den Schwefel daraus vertrieben wird; so z. B. geht

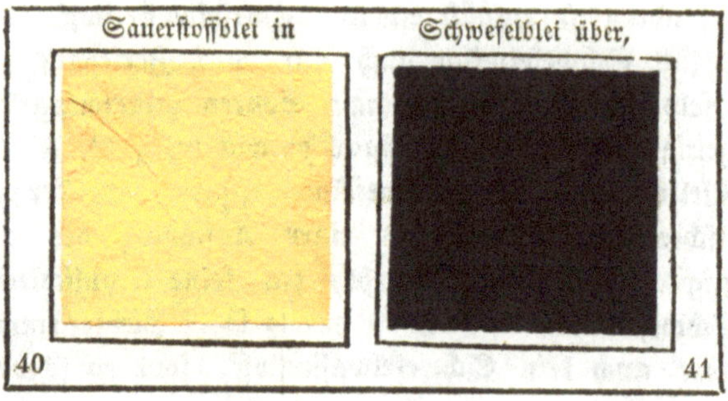

wenn es, mit Schwefel vermengt, in einem Tiegel erhitzt wird. Unter diesen Umständen ist nämlich die Anziehung des Bleies zum Schwefel größer als zum Sauerstoff, jener wird also aufgenommen und dieser entweicht. Da aber Schwefel und Sauerstoff sich leicht mit einander verbinden, so geschieht es auch hier, wo sie bei Glühhitze zusammen kommen, und es entweicht kein reiner Sauerstoff, sondern Sauerstoffschwefel oder schweflige Säure.

Der umgekehrte Fall, wo ein Schwefelmetall, durch den Sauerstoff in ein Sauerstoffmetall verwandelt, und der Schwefel daraus vertrieben wird, ist auch nicht selten. So geht z. B.

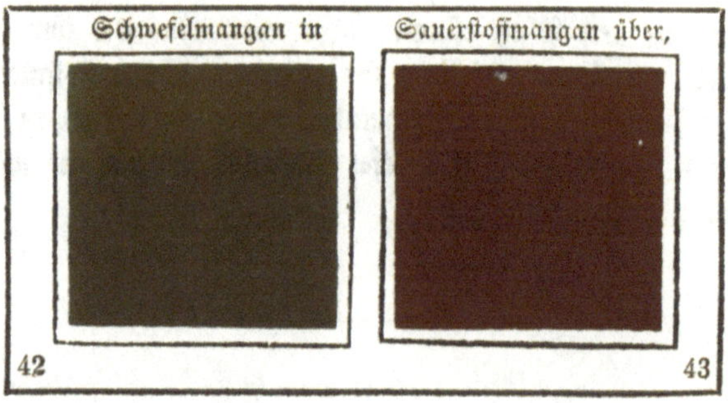

wenn es in Sauerstoffgas erhitzt wird. Schon ein bloßes Erhitzen beim freien Zutritt der Luft ist zu dieser Umwandlung hinreichend: das Mangan nimmt den Sauerstoff auf und läßt den Schwefel fahren, der sich in diesem Fall ebenfalls mit Sauerstoff verbindet und als Sauerstoffschwefel oder schweflige Säure davon geht.

Aus diesen beiden Beispielen ergiebt sich als Thatsache, daß der Sauerstoff sich auch zugleich mit dem Schwefel verbindet, wenn er sich mit dem Metall eines Schwefelmetalls vereinigt, und daß umgekehrt der Schwefel sich auch zugleich mit dem Sauerstoff vereinigt, wenn er sich mit dem Metall eines Sauerstoffmetalls verbindet.

Da nun Kali und Natron auch Sauerstoffmetalle sind: Sauerstoffkalium und Sauerstoffnatrium, so findet bei ihrer Verbindung mit dem Schwefel dieselbe Vertheilung statt; der Schwefel verbindet sich einerseits mit dem Kalium und Natrium zum Schwefelkalium und Schwefelnatrium, andererseits aber auch mit ihrem Sauerstoff zum Sauerstoffschwefel. Dieser Sauerstoffschwefel kann nun entweder schweflige Säure oder unterschweflige Säure (S. 104) sein, je nachdem man wenig oder viel Schwefel mit Kali oder Natron durch Erhitzen vereinigt. Diese Säuren gehen aber hier nicht, wie bei den oben angeführten Beispielen, davon, sondern bleiben mit einem andern Theil Kali oder Natron in Verbindung, so daß man also in diesen Fällen ein Gemenge von Schwefelkalium ꝛc. mit schwefligsaurem oder unterschwefligsaurem Kali ꝛc. hat.

Dieß waren die Wirkungen des Schwefels ohne Wasserstoff auf die Sauerstoffmetalle. Ganz anders ist nun die, wo der Schwefel in Verbindung mit Wasserstoff darauf einwirkt. Hier vereinigt sich der Sauerstoff mit dem Wasserstoff zu Wasser, also nicht mit einem Theil des Schwefels, der demnach gänzlich von dem Metall aufgenommen wird. Leitet man z. B. Schwefelwasserstoffgas über erhitztes

Bleioxyd, so vereinigt sich der Schwefel mit dem Blei zu Schwefelblei, indeß der Sauerstoff der Bleioxyds sich mit dem Wasserstoff des Schwefelwasserstoffgases zu Wasser verbindet. Mit vielen anderen Metalloxyden findet dieselbe Zersetzung statt; der Schwefel tritt an die Stelle des Sauerstoffs, und zwar werden immer eben so viele Mischungsgewichte Schwefel aus dem Schwefelwasserstoff von dem Metall aufgenommen, als es an Sauerstoffmischungsgewichten enthält. So besteht z. B. das Bleioxyd im oben angeführten Versuch aus Blei mit einem Mischungsgewicht Sauerstoff; wird nun letzterer durch den Schwefel ausgetrieben, indem er selbst an dessen Stelle tritt und sich mit dem Blei verbindet, so geschieht dieß nur in dem Verhältniß von einem Mischungsgewicht. Eben so wird ein Metall, wenn es 2 Mischungsgewichte Sauerstoff enthält, auch genau 2 Mischungsgewichte Schwefel aufnehmen, wenn es durch Schwefelwasserstoffgas zersetzt wird. Die verschiedenen Schwefelantimone geben hierfür geeignete Beispiele.

Kommt Schwefelwasserstoff mit einem im Wasser aufgelösten Sauerstoffmetall in Berührung, so findet derselbe Austausch der Bestandtheile statt; es entsteht immer einerseits ein Schwefelmetall und andererseits Wasser, wovon bereits S. 112 und 113 ausführlich geredet worden.

Vom Chlor.

Das Chlor ist ein luft- oder gasförmiger Stoff mit so höchst merkwürdigen Eigenschaften und von so ausgezeichneter Wirksamkeit, daß die nähere Kenntniß desselben Jeden interessiren muß, der nur irgend den Trieb hat, die chemische Seite seines Geschäfts oder Gewerbes so vollkommen wie möglich zu machen; ich kann daher hier nicht zu weitläufig sein.

Die ungeheure Menge, in welcher das Chlor auf unserer Erde verbreitet ist, die geringe Schwierigkeit und die geringen Kosten, mit welchen man es sich verschaffen kann, erleichtern sehr seine Anwendung.

Das uns allen wohlbekannte Salz, das Kochsalz, besteht seiner größern Hälfte nach aus Chlor, indem in 59 Pfund desselben 36 Pfund Chlor enthalten sind. Diese befinden sich darin in inniger Verbindung mit 23 Pfund eines anderen Stoffs, den man Sodium oder Natrium nennt; daher auch das Kochsalz Chlornatrium genannt wird.

Alle Körper, welche das Natrium im Kochsalz mit Sauerstoff versehen und es dadurch zum Natron machen, und die gleichzeitig mit diesem Natron sich inniger zu verbinden im Stande sind, als das Chlor, zersetzen das Kochsalz und scheiden das Chlor daraus ab.

Zwei solche Körper besitzen wir im Braunstein und in der Schwefelsäure, die unter Mitwirkung des Wassers und der Wärme aus dem Kochsalz das Chlor frei machen.

Mischt man nämlich
59 Loth Kochsalz,
44 Loth Braunstein,
98 Loth Schwefelsäure, die mit
50 Loth Wasser
verdünnt worden, in einem Kolben, so entwickelt sich beim Erwärmen des Gemisches das Chlor als ein gelblichgrün gefärbtes Gas von einem durchdringend stechenden und erstickenden Geruch.

Um es in größerer Menge in diesem Zustande aufzufangen, läßt man es in mit heißem Wasser gefüllte Flaschen treten, die in heißes Wasser umgestülpt sind. Kaltes Wasser ist hier nicht anwendbar, weil es zu viel Gas auflöst und an sich behält.

Die Vorrichtung, die hiezu dient, ist höchst einfach. Man kittet auf den Hals des Kolbens einen Ansatz von Blei, der in der Mitte ein Loch hat, und steckt in dieses Loch den Kork mit einer so gebogenen Glasröhre, daß sie leicht in die Mündung der Flaschen hineingebracht werden kann. Das Blei leidet wenig vom Chlor, und damit der Kork nicht zu bald zerfressen werde, so tränkt man ihn mit Oel.

Die Erklärung, wie aus den vier Stoffen: Kochsalz, Braunstein, Schwefelsäure und Wasser, wenn sie auf einander wirken, Chlor entsteht und sich frei macht, ist etwas verwickelt, jedoch läßt sie sich am einfachsten so denken.

Die 98 Loth Schwefelsäure theilen sich in 2 gleiche Theile. 49 Loth derselben, welche aus 40 Loth Schwefelsäure und 9 Loth Wasser bestehen (S. 78), wirken auf 58 Loth Kochsalz so ein, daß diese mit Hülfe des Wassers zersetzt werden. Die 8 Loth Sauerstoff, welche in den 9 Loth Wasser enthalten sind, verbinden sich nämlich mit den 23 Loth Natrium zu 31 Loth Natron, die mit der Schwefelsäure sich zu 71 Loth schwefelsaurem Natron vereinigen. Hiedurch sind nun 36 Loth Chlor aus dem Kochsalz frei gemacht worden, und diese würden sich auch sogleich entwickeln, wenn sie nicht von jenem 1 Loth Wasserstoff zurück gehalten würden, welches bei der Zersetzung der 9 Loth Wasser zugleich mit frei wurde. Um nun dieses 1 Loth Wasserstoff, welches die 36 Loth Chlor in Chlorwasserstoff oder Salzsäure verwandeln würde, unwirksam zu machen, verbindet man es wiederum mit 8 Loth Sauerstoff zu Wasser. Dieß geschieht, indem die andern 49 Loth Schwefelsäure auf die 44 Loth Braunstein wirken, wodurch gerade 8 Loth Sauerstoff entwickelt werden. Es bestehen nämlich 44 Loth Braunstein aus 8 Loth Sauerstoff und 36 Loth Manganoxydul; mit diesen letzteren verbinden sich die 49 Loth Schwefelsäure und scheiden dadurch die 8 Loth Sauerstoff ab.

Aus dem Kochsalz entwickelt sich also mit Hülfe der Schwefelsäure Wasserstoff und Chlor, aus dem Braunstein mit Hülfe derselben Säure hingegen Sauerstoff; dieser bildet mit dem Wasserstoff wieder Wasser, und so wird es dem Chlor möglich, in reiner, unvermischter Gestalt zu erscheinen.

Da nun Wasserstoff und Chlor, wenn sie zusammentreffen, sich verbinden und eine Säure geben, welche man Chlorwasserstoffsäure oder Salzsäure nennt und diese es auch in dem obigen Beispiele ist, welche durch die Einwirkung der Schwefelsäure aus dem Kochsalz und dem Wasser erzeugt wird, so folgt daraus, daß man auch aus bloßer Salzsäure und Braunstein wird Chlor darstellen können, indem nämlich in diesem Fall der Chlorwasserstoff sich in 2 Theile theilt; der eine Theil verbindet sich mit dem Manganoxydul des Braunsteins zu Chlormangan und Wasser; dadurch wird der Sauerstoff des Braunsteins abgeschieden, der dem andern Theil Chlorwasserstoff seinen Wasserstoff entzieht, so daß nun Chlor übrig bleibt.

Das Chlor unterscheidet sich von allen bisher abgehandelten Gasarten (vom Sauerstoffgas, Wasserstoffgas, kohlensauren Gas rc.) dadurch, daß es eine Farbe hat, also sichtbar ist. Ferner durch seine äußerst heftige Wirkung beim Einathmen, indem es Husten, Schnupfen, ja selbst Blutspeien und Schwindsucht hervorzubringen im Stande ist.

Diese schrecklichen Wirkungen können jedoch den Fabrikanten nicht abhalten, von diesem Stoffe die Anwendungen zu machen, die seine Eigenschaften zulassen, zumal ihm die Erfahrungen der Chemiker Mittel und Vorrichtungen genug an die Hand geben, sich davor zu schützen. Auch wird das Chlor meistens in Verbindung mit Natron und Kalk angewandt, in welchem Fall es für die Lunge nicht mehr belästigend ist.

Das Chlor ist eine Luftart von beträchtlicher Schwere, denn es übertrifft das Gewicht der Luft um fast 2½ mal. Daher sinkt es auch in leeren oder mit Luft gefüllten Flaschen zu Boden und fällt beim Umkehren derselben heraus.

Das Chlor ist in Wasser löslich; 2 Maaß Chlorgas werden von 1 Maaß Wasser vollkommen eingesogen. Ein solches Chlorwasser riecht und schmeckt nach Chlor und ist von ungemeiner Wirksamkeit auf fast alle Körper. Besonders werden Pflanzen- und Thierkörper davon angegriffen und in ihrer Natur gänzlich verändert. Was gefärbt ist, wird dadurch farblos oder anders gefärbt, Riechbares, es mag nun wohl oder übel riechen, wird geruchlos oder erhält einen andern Geruch u. s. w.

Wegen seiner entfärbenden Eigenschaft dient der Chlor zum Bleichen, besonders der Kattune und der Leinwand; hiezu wendet man aber nicht das Chlorwasser, sondern seine Verbindung mit Kalk oder Natron an, wovon wir gleich reden werden. Man hat sich der bleichenden Eigenschaft des Chlors auch mit Nutzen bedient, um kleine Insekten durchsichtig und dadurch ihren innern Bau sichtbar zu machen. Man befestigt nämlich das Insekt, welches man zu microscopischen Untersuchungen durchsichtig machen will, an den Kork einer Flasche, die zur Hälfte mit Chlorwasser gefüllt ist. Nach einigen Tagen zeigt das Thier die erwähnte Veränderung, ohne an seinem Organenbau eine Zerstörung erlitten zu haben.

Das Chlor zerstört auch ansteckende Krankheitsstoffe. Ein wenig Pockenmaterie, welche man nur einige Minuten lang, wie obiges Insekt, dem Chlorgas ausgesetzt hatte, zeigte sich nach dem Einimpfen ganz unwirksam, indeß dieselbe Materie, welche man gleichzeitig von dem Kranken genommen, aber nicht dem Chlorgas ausgesetzt hatte, beim Einimpfen ihre volle Wirkung offenbarte. Es ist begreiflich, daß auch andere Ansteckungsstoffe, z. B. von Krätze, Syphilis, hiedurch unwirksam gemacht werden können.

Ja selbst Ansteckungen, die sich durch Ausdünstung, also durch die Luft mittheilen, z. B. Rindviehpest, Pest, Hospitalbrand, Lazarethfieber, setzt das Chlor Grenzen, wenn man damit räuchert, d. h. wenn man die verpestete Luft mit Chlorgas mischt.

Folgende Zusammensetzung ist zu diesem Zweck am anwendbarsten, indem sie das Chlorgas nach und nach langsam aushaucht, ohne daß man nöthig hat Wärme dabei anzuwenden. Es werden

4 Loth Kochsalz und
4 Loth Braunstein, mit
8 Loth Schwefelsäure, die mit
4 Loth Wasser

verdünnt werden, in einer flachen Schale von Steingut, oder noch besser von Blei, wohl zusammen gemengt und an den Ort gestellt, den man entpesten will. Es versteht sich, daß man in Zimmern, wo sich Kranke befinden, die gehörige Vorsicht anwendet und nur wenig von diesem Gase hinein läßt, damit diese nicht statt der Pest, die man dadurch abhält, die Schwindsucht bekommen. Doch ist es besser, sich in diesen Fällen einer solchen Räucherung nicht zu bedienen, sondern einer andern mittelst Chlorsoda oder Chlorkalk, wovon ich gleich reden werde.

Aus dem Obigen leuchtet demnach klar ein, daß verpestete Briefe, Kleidungsstücke und alle möglichen Zeuge durch das Chlorgas in wenigen Minuten, statt aller langweiligen Quarantaine, völlig unschädlich gemacht werden können. Nur muß man des Guten nicht zu viel thun, sonst möchte die Schrift der Briefe verlöschen und die Farbe der Kleidungsstücke verbleichen.

Man hat von diesem Chlorräuchern auch eine gute Anwendung gemacht, um leeren Fässern, die durch Schimmeln dumpfig geworden, diesen Geruch zu benehmen. Man stellt nämlich ein Näpfchen voll von der eben angeführten Mischung in das Faß, welches zuvor im Innern mit Wasser wohl angefeuchtet worden, spundet es zu und läßt es 24 Stunden so stehen. Das Faß hat nun den Schimmelgeruch verloren, aber einen Chlorgeruch dafür bekommen. Diesen entfernt man durch gutes Auswaschen mit klarem Kalkwasser und zuletzt mit Brunnenwasser. Auf diese Art gereinigte Fässer sind ohne allen nachtheiligen Einfluß auf Bier oder Wein.

In allen diesen Fällen verändert zwar das Chlor die thierischen oder pflänzlichen Stoffe, aber nicht anders, als in dem es selbst zugleich verändert wird. Mischt man z. B. Abkochungen von Roth-, Gelb- oder Blauholz, oder wohlriechende Wässer mit einer hinlänglichen Menge Chlorwasser, so verschwindet zwar die Farbe dieser Abkochungen und der Geruch dieser Wässer, aber auch zugleich der Geruch des Chlors, und mit ihm seine Wirksamkeit. Das Chlor verbindet sich nämlich in diesen Fällen mit dem Wasserstoff der Pflanzenstoffe und wird zum Chlorwasserstoff oder zur Salzsäure. Auch geht es nicht selten mit dem Stoff selbst in Verbindung und ändert ihn dadurch wesentlich um. Chlor bleibt daher nie Chlor, wenn es mit irgend einem Pflanzenstoff in Berührung kommt. Der Arzt darf daher das Chlor nie mit Rosenhonig oder Baumöl und dergl. gemischt, wie es wohl geschehen ist, einem Kranken verabreichen lassen, denn in diesem Fall bekommt der Kranke nicht Chlor, sondern Salzsäure mit verändertem Rosenhonig oder verändertem Baumöl gemischt. Chlorwasser ist die einzige Form, die hier anwendbar ist.

Auch mit Weingeist läßt sich das Chlor nicht mischen, ohne verändert zu werden. Es verliert nämlich, mit dem Weingeist sich verbindend, seinen scharfen, stechenden Geruch und bildet eine angenehm riechende ätherische Flüssigkeit, die man Salzäther nennt, und die von der Schärfe des Chlors nichts an sich hat. Hierauf gründet sich der Vorschlag, die üblen Wirkungen des Chlors nach einem unvorsichtigen Einathmen desselben dadurch zu beseitigen, daß man ein mit Weingeist befeuchtetes Stück Zucker in den Mund nimmt und öfter an Weingeist riecht.

Wenn Chlorwasser den Sonnenstrahlen ausgesetzt wird, so wird ein Theil Wasser zerlegt; der Sauerstoff entwickelt sich als Gas und der Wasserstoff verbindet sich mit dem Chlor zur Salzsäure, die in dem Wasser aufgelöst bleibt. Wirkt die Sonne hinlänglich lange ein, so erleidet alles Chlor, das im Wasser aufgelöst war, diese Veränderung. Man muß also Chlorwasser an dunklen Orten oder in Flaschen, mit schwarzem Papier bedeckt, aufbewahren.

Wenn man sich an das erinnert, was oben vom Sauerstoff, als der wahren Lebensluft, gesagt worden ist, die, durch die Lungen eingeathmet, unser Leben und daß eines jeden Thieres ꝛc. erhält, und zugleich bedenkt, daß da, wo Chlor, Wasser und Sonne zusammen kommen, sich auch stets dieser Sauerstoff entwickelt, so wird man es auch erklärlich finden, wie man mittelst Chlorwassers sehr alte, verlegene Samen noch zum Keimen gebracht hat, die unter andern Umständen nicht mehr keimen wollten.

Wer in dieser Hinsicht das Chlorwasser anwenden will, hat auf zweierlei zu achten. Erstens müssen die Samen 12 Stunden lang in Flußwasser (nicht in Brunnenwasser) eingeweicht werden, alsdann kommen sie in das Chlorwasser, welches zweitens nur höchst wenig Chlor enthalten darf, wenn man nicht Gefahr laufen will, die Samen zu tödten. Man mischt demnach

15 Tropfen starkes Chlorwasser mit

2 Pfund Fluß- oder Regenwasser,

legt die bereits in Wasser geweichten Samen hinein und läßt sie 6 Stunden darin, und zwar unter öfterm Umrühren und dem Einfluß der Sonnenstrahlen. Nun erst kommen die Samen in die Erde.

Auch bei jüngeren Samen, bei denen durch Alter die Keimkraft noch nicht geschwächt war, hat man ein mit Wasser verdünntes Chlorwasser mit Nutzen angewandt. Die Samen von Getreide, Mais, Kohl rc. keimten, wuchsen und reiften schneller, wenn sie genau auf die oben angegebene Weise behandelt wurden, auch soll der Ertrag doppelt sein, was nun freilich auch mit von dem Boden abhängt, worauf die Samen gesäet werden.

Ich habe schon bemerkt, daß das Chlorwasser beim Bleichen der Kattune und der Leinwand keine Anwendung findet. Dagegen läßt es sich mit Nutzen beim Bleichen der Seide gebrauchen, wenn man es abwechselnd mit der schwefligen Säure (S. 73), die gleichfalls in Wasser aufgelöst sein muß, anwendet. Man bringt die Seide zuerst in ein Bad, welches aus

2 Theilen Chlorwasser und

10 Theilen lauwarmen Wasser

zusammengesetzt ist, und schweift darin die Seide so lange, bis aller Chlorgeruch verschwunden ist. Dann kommt die Seide in ein ähnliches Bad, welches eben so zusammengesetzt ist, nur daß es statt der 10 Theile lauwarmen Wassers 12 Theile kaltes enthält. Dann wird die Seide gewaschen und kommt eine Stunde lang in ein Bad von schwefligsaurem Wasser. Die Seide erlangt hierdurch, nach der Aussage französischer Fabrikanten, eine vollkommene Weiße.

Nicht so wirkt das Chlor auf die Wolle. Diese färbt

es vielmehr gelb. Man hat aber auch dieß zu benutzen gewußt, nämlich zu einem Verfahren, die Verfälschung wollener Waaren mit Baumwolle zu entdecken. Man weicht das zu prüfende Zeug in Chlorwasser ein; alles, was Wolle darin ist, wird gelb, die Baumwolle aber bleibt weiß.

Hieraus sieht man schon, daß das Chlor nicht zum Bleichen der Wolle anwendbar ist. Auch selbst gefärbte wollene Lumpen, deren Farbe für sich sehr leicht durch Chlor zerstörbar ist, z. B. essigsaurer Indig, lassen sich, einmal mit der Wolle verbunden, durch Chlorwasser nicht wieder auslöschen oder bleichen.

Dafür zeigt aber das Chlor noch eine andere sehr merkwürdige Wirkung auf die Wolle: Es benimmt nämlich dem Wollentuch die Fähigkeit, sich beim Walken zu filzen, wenn man dieses längere Zeit in mit Wasser verdünntem Chlorwasser herumarbeitet. Hievon läßt sich vielleicht Vortheil für Papier-Fabrikanten ziehen, deren Filze sich zu stark filzen, also sich verstopfen und dadurch bald unbrauchbar werden.

Man hat vielfältig, schon im vorigen Jahrhundert, es versucht, den Schellack durch Chlor zu bleichen, um damit einen weißen Schellackfirniß darzustellen. Ich habe alle vorgeschlagenen Methoden geprüft, aber keine einzige genügt. Der Schellack wird wohl weiß, ist aber dann kein Schellack mehr. Er verliert nämlich seine Schmelzbarkeit ganz und seine Auflöslichkeit in Weingeist zum größten Theil. Es ist also vor einer solchen Anwendung des Chlors zu warnen.

Dem im Wasser gelösten Chlor ähnlich, nur minder heftig und langsamer wirken die Verbindungen des Chlors mit dem Natron und dem Kalk, die unter dem Namen Clornatron oder Chlorsoda und Chlorkalk bekannt sind. Beide sind von ausgedehnter Wirksamkeit und Anwendung, und verdienen daher hier eine nähere Betrachtung.

Wenn man die 35 Loth Chlor, welche sich aus dem oben (S. 123) angeführten Gemisch von Kochsalz, Braunstein, Schwefelsäure und Wasser entwickeln, in eine Kalkmilch leitet, die 28 Loth reinen Kalk enthält, so wird die Kalkmilch vollkommen klar, indem aller Kalk sich in Verbindung mit dem Chlor in Wasser auflöst. Diese Auflösung ist flüssiger Chlorkalk. Er kann in verschlossenen Gefäßen, die vor Luft- und Lichteinwirkung geschützt sind, jahrelang aufbewahrt werden. Besser ist es jedoch für seine Haltbarkeit, wenn er Kalk im Ueberschuß enthält.

Chlorkalk, der der Einwirkung der Luft ausgesetzt ist, zieht Kohlensäure an und wird dadurch zersetzt. Ist er dem Einfluß des Lichtes Preis gegeben, so entwickelt sich Sauerstoff, und was zurückbleibt, hat seine bleichende Wirkung gänzlich verloren. Dieses ist nämlich Chlorcalcium, dadurch entstanden, daß der Kalk, welcher ein Sauerstoffcalcium ist, durch die gleichzeitige Licht- und Chloreinwirkung seinen Sauerstoff fahren läßt und dafür das Chlor aufnimmt.

Nimmt man statt 28 Loth Kalk und viel Wasser, doppelt so viel Kalk und so wenig Wasser, daß der Kalk dadurch in ein trocknes Pulver zerfällt, was man Kalkhydrat nennt, so wird das Chlorgas von diesem Pulver verschluckt und man erhält einen trocknen Chlorkalk, der im Handel vorkommt und, unbeschadet seiner Wirksamkeit, weit verschickt werden kann. Wird dieser trockne Chlorkalk mit Wasser vermischt, so löset er sich in demselben auf, aber die Hälfte seines Kalks bleibt unaufgelöst und lagert sich am Boden des Gefäßes. Hinterläßt ein solcher Chlorkalk, wenn man ihn in 10 Theilen Wasser löst, viel mehr als die Hälfte seines Gewichts an Kalk, so ist er mit überschüssigem Kalk gemischt, also verfälscht oder nicht richtig bereitet.

Die wässerige Auflösung des trocknen Chlorkalks ist von dem oben erwähnten flüssigen Chlorkalk nicht verschieden.

Um den Gehalt eines Chlorkalks an Chlor im Vergleich mit einem anderen zu schätzen, dient eine jede gefärbte Flüssigkeit, deren Farbe nicht durch Schwefelsäure, wohl aber durch Chlor zerstört wird. Am besten paßt hiezu eine Auflösung von

1 Pfund Indig in
4 Pfund Schwefelsäure,

die so weit mit Wasser verdünnt worden, daß sie klar, aber noch dunkelblau gefärbt, erscheint.

Man verfährt nun bei Anwendung dieser Flüssigkeit folgendermaßen: 1 Loth einer jeden Chlorkalksorte wird mit 10 Loth Wasser so lange in einem Glase geschüttelt, bis sich nichts mehr auflöst; dieß ist die Sache einiger Minuten. Hierauf stellt man die Gläser vor dem Lichte wohl verwahrt hin und läßt sich die Flüssigkeiten klären. Nun mißt man von jeder der beiden Chlorkalklösungen ein kleines gläsernes Maaß (etwa eine Krause oder einen Hafen von dem Inhalt eines Lothes und dergl.) voll ab, gießt es in 2 gläserne Gefäße und thut nun so viele Maaße schwefelsaurer Indigoauflösung zu jedem so lange hinzu, bis sie nicht mehr entfärbt wird. Je mehr Maaße Indigtinctur die eine oder die andere Chlorkalklösung zu entfärben im Stande ist, desto stärker und vorzüglicher ist der Chlorkalk.

Wenn man sich zu diesen Prüfungen stets einer Indigoauflösung von derselben Stärke bedient, und man einmal weiß, wie viele Maaße derselben ein gut bereiteter Chlorkalk zu entfärben vermag, so hat man einen untrüglichen Maaßstab für die Stärke eines jeden andern Chlorkalks. Jedoch gehört einige Uebung dazu, um die Schwierigkeiten zu überwinden, die mit dieser Prüfungsart verbunden sind.

Die folgende Probe ist leichter anzustellen und gewährt noch mehr Sicherheit.

Man übergießt eine genau gewogene Menge Chlorkalk mit etwas Wasser, und fügt nun eine Auflösung von frisch bereitetem Einfach-Chloreisen im Ueberschuß hinzu. Es wird hierbei kein Chlor entwickelt, sondern eine dem Chlorgehalt entsprechende Menge Eisenoxyd gebildet. Jetzt setzt man Chlorwasserstoffsäure im Ueberschuß hinzu, thut ein gewogenes Stück Kupfer hinein und kocht so lange, bis die dunkle Farbe der Flüssigkeit sich in die blaß gelblichgrüne verwandelt hat, und sich nicht mehr ändert. Nun wird das Kupfer abgewaschen, getrocknet und gewogen, und nach dem Gewichtverlust der Chlorgehalt berechnet, indem

64 Gran Kupferverlust
36 Gran Chlor

anzeigen. In ein bis zwei Stunden ist ein solcher Versuch beendet, den man am besten in einer kleinen Retorte vornimmt, die mit aufrechtstehendem Halse im Sandbade erhitzt wird.

Es beruht diese Prüfungsart darauf, daß Kupfer, selbst in der Siedhitze, nicht von der Chlorwasserstoffsäure angegriffen wird, wenn nur Sauerstoff oder Chlor fern gehalten werden. Sind dagegen diese mitwirkend, enthält z. B. die Chlorwasserstoffsäure solche Chlormetalle aufgelöst, die leicht Chlor abgeben, so löst sich das Kupfer als Chlorkupfer auf. Dieses ist nun hier der Fall. Das durch den Chlorkalk gebildete Eisenoxyd, welches ein Anderthalb-Sauerstoffeisen ist, wird durch die Chlorwasserstoffsäure in Anderthalb-Chloreisen verwandelt, welchem das Kupfer bei der Siedhitze so viel Chlor entzieht, daß es zu Einfach-Chloreisen wird. Da nun eine bestimmte Menge Chlorkalk nur eine seinem Chlorgehalt entsprechende Menge Eisenoxyd bildet, und dessen Menge mit der Menge des daraus gebildeten Anderthalb-Chloreisens im geraden Verhältniß steht, welches letztere gerade so viel Chlor an das Kupfer abgiebt, bis es Einfach-Chloreisen geworden, so folgt, daß auch nur eine ganz bestimmte Menge Kupfer sich in Chlorkupfer (und zwar in Halb-Chlorkupfer) verwandeln und auflösen kann, daher denn sein Gewichtverlust von dem Chlorgehalt des Chlorkalks abhängig ist.

Vermischt man Indig ohne Schwefelsäure mit Chlorkalk, so wird er nicht entfärbt, weil nur das freie Chlor, welches im obigen Fall durch die Schwefelsäure vom Kalk getrennt oder frei gemacht wird, zerstörend auf den Indig und seine Farbe wirkt. Es ist also nothwendig, daß die Indigauflösung zur Prüfung des Chlorkalks eine schwefelsaure sei, oder eine solche Säure enthalte, die aus dem Chlorkalk den Kalk abzuscheiden vermag.

Aehnlich dem Indig verhält sich auch das sogenannte Türkischroth gegen den Chlorkalk, welches mittelst Krapp auf geöltem Garn und Kattun hervorgebracht wird; es erleidet nur dann eine Veränderung und wird gebleicht, wenn dem Chlorkalk zugleich eine Säure zugesetzt wird. Man hat dieß Verhalten äußerst sinnreich benutzt, um weiße Muster auf türkischroth gefärbtem Grund hervorzubringen.

Man druckt nämlich auf die gewöhnliche Art ein Muster mit einer Mischung von Weinsteinsäure, Thon und Gummiwasser auf, läßt es trocknen und taucht es nun 10 Minuten lang in Chlorkalk. Alle die Stellen, wo sich die Weinsteinsäure befindet, werden weiß, indeß die anderen, wo keine Weinsteinsäure hingedruckt worden, unverändert roth bleiben. (In meiner Farbenchemie, Bd. II.: „Die Kunst zu drucken." Berlin, 1842, bei Mittler, sind mehrere sich hierauf beziehende Muster befindlich.)

Leider gestatten nur Krapp- und Indigfarben eine

solche Behandlung, alle anderen Pflanzenfarben werden durch Chlorkalk entweder entfärbt oder unansehnlich.

Da im Chlorkalk, wie aus diesen Beispielen erhellt, das Chlor thätig ist, sobald es nur mit Stoffen in Berührung kommt, die seine Trennung vom Kalk zu bewirken im Stande sind, so wird man sich des Chlorkalks mit Nutzen anstatt des Chlorwassers bedienen können.

Dieß geschieht denn auch. In den großen Hospitälern von Paris wird sämmtliche Leibwäsche der Kranken, vor der eigentlichen Reinigung, 12 — 24 Stunden lang in einer mit Wasser sehr verdünnten Chlorkalklösung eingeweicht. Aller Ansteckungsstoff wird hiedurch zerstört und die Wäsche ist nach dieser Einweichung viel leichter zu reinigen.

Oftmals ist es von Wichtigkeit, den Leichnam eines Menschen längere Zeit über der Erde und vor Fäulniß zu bewahren. Hier leistet der Chlorkalk vortreffliche Dienste: 4 Loth desselben, in Wasser gelöst, reichen hin, den Körper eines erwachsenen Menschen durch Waschen und Besprengen 24 Stunden lang vor dem Anfang der Fäulniß zu schützen.

Der Chlorkalk zerstört das Ammoniakgas, indem er den Wasserstoff desselben an sich zieht. Auch Ammoniakgas, welches Schwefel und übelriechende thierische Stoffe aufgelöst hat, wird selbst von trocknem Chlorkalk zerlegt. Daher eignet er sich sehr zu einem Luftreiniger in Abtritten. Man stellt zu dem Ende mehrere flache Gefäße mit Chlorkalk in das Gemach, und die guten Wirkungen davon werden nicht ausbleiben.

Man hat die Beobachtung gemacht, daß der Chlorkalk auch Wasserstoffgas und Kohlenwasserstoffgas durch Anziehung und Bindung des Wasserstoffs zu zerlegen vermag. Daher hat man denn auch ein Ausstreuen von trocknem Chlorkalk in Gruben, wo sogenannte schlagende Wetter (siehe S. 24) sich befinden, zur Zerstörung dieser sehr nützlich gefunden.

Die oben (S. 127) erwähnte Räucherung mit Chlorgas paßt mehr für menschenleere Räume und für Viehställe, indem das auf die angegebene Weise entwickelte Chlor immer sehr reizend und nachtheilig für die Lungen ist. Minder schädlich für die Lungen und doch sehr wirksam ist das Gas, welches langsam aus Chlorkalk ausdünstet, den man mit dem gleichem Gewichte gepulverten sauren schwefelsauren Kali's gemischt hat. Auch Alaun ist zu gleichem Zwecke anwendbar.

Der Chlorkalk kann, richtig angewandt, auch dazu dienen, Körper vor dem Verderben zu schützen, ähnlich der Kohle. Eier, welche man in eine Auflösung von

2 Pfund Chlorkalk in
70 Pfund Wasser

hineingelegt hatte, sollen nach 16 Monaten noch so gut wie frische gewesen sein. Will man von dieser Beobachtung im Großen Gebrauch machen, so ist dazu ein gewöhnliches Faß anwendbar, worin die Eier in durchlöcherten Zwischenböden über einander eingehängt und dann mit der Flüssigkeit übergossen werden. Wollte man die Eier auf einander legen, so würden die untern zerdrückt werden. Das Faß muß aber heiß mit einem Ueberzug von 3 Pfund Wachs und 1 Pfund Colophonium versehen werden, sonst verliert der Chlorkalk seine Kraft.

Geleitet durch die Erfahrung, daß das Chlorwasser das Keimen der Samen befördert, hat man auch den Chlorkalk im mit Wasser verdünnten Zustande als ein das Pflanzenwachsthum beförderndes Mittel vorgeschlagen. Allein schwerlich wird der Nutzen seiner Anwendung von Bedeutung sein. Denn wollte man eine große Strecke Landes mit Chlorkalkwasser begießen, so müßte dieß in der Dunkelheit geschehen, indem am Tage und bei Sonnenschein die Flüssigkeit noch eher in Sauerstoff und Chlorcalcium zersetzt würde, ehe sie zu den Wurzeln der Pflanzen gelangte. Auch möchte der verhältnißmäßig hohe Preis des Chlorkalks hier zu Lande seiner Anwendung entgegen stehen.

Alle diese hier angeführten Anwendungsarten des Chlorkalks sind aber Nebensache gegen die zum Bleichen der Leinwand und des Kattuns. Zu diesem Zweck wird er in England und Frankreich in ungeheurer Menge gebraucht, und vorzüglich seiner umsichtigen Anwendung haben die Kattunfabriken jener Länder ihr rasches, glänzendes Aufblühen zu danken. Statt daß wir mit unserer Bleichmethode auf den Sommer beschränkt sind, und 6, 8, ja 10 Wochen auf ein Stück Bleichwaare warten müssen, ehe es die Sonne weiß gemacht hat, macht sich der Engländer seinen Sommer und seinen Sonnenschein selbst zu jeder Jahreszeit nnd bleicht sein Stück Kattun in so viel Stunden als wir Wochen.

Die Nachtheile, welche man von der Anwendung des Chlorkalks, namentlich in Bezug auf die geringere Haltbarkeit des gebleichten Zeugs, beobachtet haben will, hatten nicht ihren Grund in einer schädlichen Wirkung des Chlorkalks an und für sich, sondern nur in seiner unrichtigen Anwendung. Man übereilte gewöhnlich die Versuche und beobachtete nicht hinlänglich das Verhältniß von Chlorkalk und Säure zu dem zu bleichenden Zeuge.

Beim Bleichen des Kattuns bedient man sich des Chlorkalks und der Schwefelsäure abwechselnd, indem man den in sehr verdünnten Auflösungen von Chlorkalk eingeweichten Kattun in einem Bade, das mit Schwefelsäure angesäuert ist, durcharbeitet, ihn dann wieder in den Chlorkalk bringt und dieß so lange wiederholt, bis der Kattun die verlangte Weiße hat. Es versteht sich, daß diesem ein Reinigen durch Kochen mit Laugen ꝛc. vorangehen muß.

Die Leinwand verträgt keine solche unumschränkte Anwendung der Schwefelsäure, indem das dadurch freigemachte

Chlor zerstörend auf die Faser wirkt. Ueberhaupt muß das Bleichen derselben nicht übereilt, sondern abwechselnd durch Behandeln im Chlorkalkbade und Auslegen auf dem Bleichplan betrieben werden.

Mit diesem Gegenstand habe ich mich sehr viel in Bezug auf die schlesischen Leinwandbleichereien beschäftigt und gefunden, daß das Bleichen mit Chlorkalk hier nicht in dem Umfang anwendbar ist, wie in England, weil es zu theuer kommen würde. In England ist das Kochsalz, welches zur Chlorkalkbereitung dient (S. 123), sehr häufig und wohlfeil, dagegen sind die Bleichplätze, wegen des hohen Getreidepreises, viel theurer als bei uns.

Dessen ungeachtet, kann aber doch das Chlor und der Chlorkalk in der allgemeinen Anwendung auf das Leinwandbleichen in Schlesien von Wichtigkeit werden, nämlich um der Leinwand und dem Garn nach der Rasenbleiche noch denjenigen Grad der Weiße zu geben, welche sie nothwendig haben müssen, um auf den Märkten die Concurrenz mit der irländischen Leinwand aushalten zu können. Denn nach dem Urtheil Sachverständiger ist irländische Leinwand weißer als schlesische, auch hält jene die Probe mit Aetzlauge aus, indeß diese, in starke Kalilauge gelegt, einen Stich ins Gelbe bekommt.

Um der schlesischen Leinwand diese letzte vollkommene Weiße zu ertheilen, müßte man dieselbe, wenn die gewöhnliche Naturbleiche vollendet ist, noch durch ein schwaches Bad von Chlorkalk, oder noch besser Chlorsoda, nehmen. Ich habe mich von der Nützlichkeit nnd Zweckmäßigkeit dieses Verfahrens durch eigene, vielfältige Versuche überzeugt. Auch kann ich versichern, daß die Kosten dadurch nur um ein sehr Geringes erhöht werden, indem zu diesem Nachbleichen sehr wenig Chlor erforderlich ist.

Man hat den Chlorkalk auch angewandt, um dem Branntwein seinen Fuselgeruch zu benehmen. Man nimmt auf

100 Quart Branntwein
10 Loth Chlorkalk,

reibt den Chlorkalk zu einem feinen Pulver, mischt ihn mit dem Branntwein, läßt beides, unter österem Umschütteln, 20—30 Stunden in Berührung und zieht dann die klare Flüssigkeit in der Destillirblase ab.

Man erhält so zwar einen fuselfreien Branntwein, allein derselbe besitzt nun, wenn man nur etwas mehr Chlorkalk nahm, als zur Zerstörung des Fuselgeruchs nothwendig war, einen andern ebenfalls nicht angenehmen Geruch, den ihm der überschüssige Chlorkalk mittheilt. Es ist daher zu der Anwendung des Chlorkalks nicht zu rathen, weil man seine Wirkung nicht in der Gewalt hat, auch kann man ihn entbehren, da die Kohle zum Reinigen des Branntweins hinlänglich ist.

Eine nicht minder wichtige Verbindung als der Chlorkalk ist das Chlornatron oder die Chlorsoda. Sie wird am zweckmäßigsten dargestellt, wenn man in eine Flüssigkeit, die auf

40 Pfund Wasser
15 Pfund kohlensaures Natron

enthält, so viel Chlorgas strömen läßt, als sich aus

2 Pfund Braunstein und
6 Pfund starker Salzsäure, mit
2 Pfund Wasser verdünnt,

unter hinlänglicher Erwärmung in einem Sandbade entwickeln lassen.

Die Flüssigkeit, welche man hier erhält, muß in gläsernen Gefäßen an dunklen Orten aufbewahrt werden, auch muß die Luft von ihr abgehalten werden, weil sie sonst durch die beim Zutritt derselben statt findende Chlorentwickelung geschwächt wird.

In mancherlei Hinsicht unterscheidet sich die Chlorsoda in ihren Wirkungen vom Chlorkalk, was dem verschiedenen

Verhalten von Natron und Kalk zuzuschreiben ist. Der Chlorkalk hinterläßt, wenn er zum Bleichen oder Geruchlosmachen gedient hat, Chlorcalcium, der an der Luft zerfließt und also die Theile näßt, die er berührt. Die Chlorsoda hingegen hinterläßt unter ähnlichen Umständen Kochsalz und und kohlensaures Natron, die beide an der Luft trocken bleiben. Man darf also zum Besprengen oder Bestreuen des Fußbodens sich nie des Chlorkalks bedienen, weil dieser nasse Flecke von Chlorcalcium hinterläßt, die sich schwer wegwaschen lassen; mit der Chlorsoda findet das Umgekehrte statt, daher sie auch mit Nutzen zu diesem Behuf gebraucht werden kann.

Uebrigens findet die Anwendung der Chlorsoda überall da statt, wo man entweder den Chlorkalk wegen seines Kalkgehalts nicht anwenden darf (wenn der Kalk sich z. B. mit dem zu bleichenden oder zu reinigenden Körper verbinden und dadurch nachtheilig wirken würde), oder wo der Chlorkalk nicht die gehoffte Wirkung thut. Letzteres ist im Folgenden der Fall.

Der Chlorkalk, welcher die meisten Gerüche, von welcher Art und Stärke sie auch sein mögen, zu zerstören im Stande ist, besonders wenn man ihm zugleich etwas Säure zusetzt, leistet dennoch nichts gegen den Geruch, welchen faule Seefische, Schaalthiere und Badeschwämme verbreiten. Dieß thut aber Chlorsoda, daher man sich ihrer auch zum Reinigen der Fischbänke auf den großen Fischmärkten in Paris bedient.

Man hat auch noch ein anderes Chlorsalz in Anwendung bringen wollen, nämlich die Chlorthonerde, dargestellt durch Vermischen von einer Auflösung von Chlorkalk mit einer Auflösung von Alaun. Dieses Salz ist aber nicht zu gebrauchen; wenigstens erfüllt es nicht das, was man davon behauptet hat. Es sollte nämlich die Kattune zu gleicher Zeit bleichen und beizen, oder mit andern Worten, das Chlor sollte die Kattune weiß machen und die Thonerde sollte sich mit der Faser derselben verbinden. Dieß geschieht aber keineswegs so, wie man es zu einer satten Farbe verlangt, auch entwickelt diese Salzauflösung schon bei der Bereitung eine solche Menge Chlor, daß damit bedeutende Verluste verbunden sind.

Wenn es auch nicht gerade in eine Chemie gehört, so bemerke ich hier noch schließlich, daß man in einer schwachen, lauwarmen Auflösung von Chlorkalk ein schnell wirkendes, untrügliches Mittel gefunden hat, die Schmerzen bei Wunden von Quetschungen, Zerreißungen und Pulververpuffungen zu mindern.

Verbindung des Chlors mit dem Sauerstoff.

Das Chlorgas läßt sich nicht entzünden, d. h. es bricht nicht in Flammen aus, wenn es in Berührung von Sauerstoffgas mit einem brennenden Krörper zusammen gebracht wird. Es erfolgt überhaupt in diesem Fall keine Verbindung. Der Sauerstoff der Luft hat demnach keine Wirkung auf das Chlor.

Anders verhält es sich dagegen, wenn das Chlor mit Sauerstoffmetallen zusammentrifft, die im Wasser auslöslich sind und ein großes Bestreben haben, sich mit Säuren zu verbinden, wie z. B. Kali. Zu diesem, als einem Sauerstoffkalium, verhält sich das Chlor ebenso wie der Schwefel (S. 115). Es verbindet sich nämlich mit seinen beiden Bestandtheilen, wodurch einerseits Chlorkalium und andererseits Sauerstoffchlor entsteht. Es ist dazu weiter nichts nöthig, als daß man in eine kohlensaure Kaliauflösung (auf 1 Pfund kohlensaures Kali oder Potasche 2—3 Pfund Wasser) so lange Chlorgas leitet, bis nichts mehr aufgenommen wird und sich ein starker Geruch nach Chlor bemerkbar macht. Es krystallisirt dann nach gelindem Eindampfen ein Salz in weißen, glänzenden Blättchen, welches eine Verbindung des Sauerstoffchlors mit Kali ist und chlorsaures Kali genannt wird. In der Flüssigkeit bleibt das leichter auflösliche Chlorkalium zurück.

Bei dieser Darstellung des chlorsauren Kalis im Großen, wo Chlorgas in eine Auflösung von kohlensaurem Kali geleitet wird, hat man mit einem großen Uebelstande zu kämpfen. Es ist dieß der Druck, den das Gas im Verhältniß zur Höhe der Flüssigkeit zu überwinden hat, und die Apparate müssen schon sehr dicht sein, um das Chlorgas ohne Verlust in die Flüssigkeit hineintreiben zu können.

Dadurch, daß man bei Bereitung des chlorsauren Kalis die Bereitungsweise des Chlorkalks nachahmt, umgeht man die erwähnten Schwierigkeiten. Wie nämlich trocknes Kalkhydrat begierig Chlorgas einsaugt, so thut dasselbe auch die Potasche (oder das kohlensaure Kali), wenn sie ein Wenig feucht in den Raum gebracht wird, worin das Chlorgas einströmt. Beim Auflösen und Krystallisiren erhält man dann das chlorsaure Kali ebenso, wie bei der oben erwähnten Verfahrungsart.

Da hiebei das Chlor die Kohlensäure vom Kali trennen und austreiben muß, so würde die Einsaugung des Chlors rascher vor sich gehen, wenn das Kali keine Kohlensäure enthielte, oder wenn ein Stoff da wäre, der sie mit Leichtigkeit aufnähme. Ein solcher Stoff ist das Kalkhydrat, welches entsteht, wenn man gebrannten Kalk in Wasser eintaucht, heraus nimmt und zu Pulver zerfallen läßt. Man mengt demnach

100 Pfund Potasche mit
40 Pfund trocknem Kalkhydrat,

und bringt dieses Gemenge mit dem Chlorgas in Berührung. Die Einsaugung desselben geschieht nun so rasch, daß es sich bis über 80° R. erhitzt. Es nimmt hiebei der Kalk alle Kohlensäure auf und das Kali geht in chlorsaures Kali und Chlorkalium über. Durch Auflösen, Abdampfen und Krystallisiren werden sie nun geschieden.

Die Bildung des chlorsauren Kalis beruht nicht auf einer einfachen Vertheilung zwischen den Kalibestandtheilen und dem Chlor. Wäre dieß, so würden sich 2 M. G. Chlor mit 1 M. G. Kali zu 1 M. G. Chlorkalium und 1 M. G. Sauerstoffchlor verbinden. Dieß ist zwar anfangs der Fall, wenn die Kaliauflösung noch nicht viel Chlor aufgenommen hat. Später erfolgt aber eine große Veränderung, und zwar durch die chemische Einwirkung des Kali, das, als ein strenger Gegensatz von Säure, ein großes Bestreben hat, sich mit Säuren zu verbinden, und sich gleichsam welche schafft, wenn es dieselben nicht schon fertig vorfindet. Hier findet nun ein solcher Fall statt. Die Verbindung von 1 M. G. Chlor mit 1 M. G. Sauerstoff genügt dem Kali nicht, sein säuresättigendes Bestreben zu befriedigen; auch 2—3 M. G. Sauerstoff (mit dem Chlor verbunden) reichen noch nicht dazu hin. Es müssen sich 5 M. G. Sauerstoff mit 1 M. G. Chlor verbinden, wodurch dann 1 M. G. Chlorsäure entsteht, mit der sich 1 M. G. Kali vereinigt.

Wo kommt aber diese Menge Sauerstoff her? — Aus 5 M. G. Kali, die dadurch, daß sie sich in Chlorkalium verwandeln, 5 M. G. Sauerstoff verlieren, die mit 1 M. G. Chlor die Chlorsäure bilden. Es sind also

5 M. G. oder 235 Pfund Kali nöthig, um
1 M. G. oder 123 Pfund chlorsaures Kali

zu bilden.

Dieser große Aufwand von Kali, wovon 5 M. G. bloß

dazu dienen, den Sauerstoff herzugeben und nachher in der Form von Chlorkalium verloren gehen, hat die technischen Chemiker veranlaßt, ein wohlfeileres Sauerstoffmetall, als das Kali ist, in Anwendung zu bringen, und zwar den **Kalk**. Es läßt sich erwarten, daß dieser, der seiner Zusammensetzung nach ein **Sauerstoffcalcium** ist, die Stelle des Sauerstoffkaliums (Kali) wird vertreten können, denn das Chlor wird mit ihm **Chlorcalcium** bilden und der dadurch abgeschieden werdende Sauerstoff wird mit einem andern Antheil Chlor Chlorsäure erzeugen. Es geschieht dieß auch wirklich, wenn man in ein Gemenge von 5 M. G. Kalk, 1 M. G. Kali und Wasser, Chlorgas bis zur Uebersättigung leitet. Ich rede hier zunächst von einem Versuch im Kleinen. Im Großen bietet diese Abänderung einige Schwierigkeiten dar, die jedoch von manchen Technikern schon überwunden sind und deren Besiegung hier mitzutheilen ich nicht berechtigt bin.

Das Chlor hat ein Mischungsgewicht von 36, so daß also diese Zahl, die in allen seinen Verbindungen wiederkehrt, auch hier im Chlorkalium wie in der Chlorsäure sich wiederfinden wird. Die Chlorsäure besteht nämlich aus

1 M. G. oder 36 Pfund Chlor und
5 M. G. oder 40 Pfund Sauerstoff,
dieses giebt 76 Pfund Chlorsäure, die mit
1 M. G. oder 47 Pfund Kali
sich zu 123 Pfund chlorsaurem Kali

vereinigen.

Das chlorsaure Kali ist ein sehr merkwürdiger Körper, der viel Aehnlichkeit in seinem Verhalten mit dem Salpeter oder salpetersaurem Kali hat.

Sein Sauerstoffgehalt ist eben so groß, wie der des Salpeters, indem

1 M. G. oder 123 Pfund chlorsaures Kali
6 M. G. oder 48 Pfund Sauerstoff

enthalten. Diese ungeheure Menge ist der Grund der heftigen Wirkungen dieses Salzes, wenn es mit brennbaren Stoffen, z. B. mit Schwefel, mit Kohle rc. in Berührung kommt. Mit diesen gerieben oder geschlagen, erfolgt Entzündung, heftiger Knall und eine solche Erschütterung, daß Alles umher zerschmettert und zerschlagen wird. Schon viele Menschen haben hiedurch ihr Leben verloren, und noch jährlich hört man von Unglücksfällen, die der unvorsichtige Umgang mit diesem Salze herbeigeführt hat.

Dessen ungeachtet ist dieses Salz von großem Nutzen, und es läßt sich auch ohne Gefahr handhaben, wenn man nur vorsichtig und verständig zu Werke geht.

Es muß sich nämlich derjenige, welcher dieses Salz anwendet oder anwenden will, ein für alle Mal zum Gesetz machen, es nie anders zu reiben oder zu stoßen, als im mit Wasser befeuchteten Zustande, und die Gefäße, worin er es reibt, müssen von Stein, Thon oder Porzellan, aber nicht von Metall sein. Das unvermischte Salz kann zwar ohne alle Gefahr trocken gerieben werden, allein wie leicht kann etwas Brennbares, etwas Kohle oder Zucker hinzukommen, und dann ist das Unglück da. Will man daher dieses Salz mit Schwefel, Kohle und dergl. mischen, so wird es erst für sich allein mit Wasser zerrieben und dann der gleichfalls für sich allein geriebene Schwefel und die ebenso bereitete Kohle, mit hinlänglichem Wasser vermischt, hinzugesetzt. So lange ein solches Gemisch feucht gehalten wird, ist es gefahrlos; sobald es aber trocken geworden ist, reicht das Kratzen mit einem Messer, oder der Wurf mit einem Steine, oder ein Tropfen Schwefelsäure hin, es zu einer Höllenmaschine zu machen.

Das Gemisch wird nämlich in allen diesen Fällen entzündet und namentlich besonders leicht durch die Schwefelsäure, und hierauf beruht die Anwendung des chlorsauren Kalis zu den sogenannten chemischen Feuerzeugen. Die rothe Masse an den Zündhölzchen ist ein solches Gemisch, daß sich durch Eintauchen in Schwefelsäure entzündet, wodurch der darunter befindliche Schwefel gleichfalls in Flammen gesetzt wird.

Das Verhältniß der Bestandtheile zur Darstellung der Masse für die rothen Zünd- oder Schwefelhölzer ist folgendes:

12 Loth chlorsaures Kali,
4 Loth Schwefel,
3 Loth Zucker,
2 Loth Gummi,

Zinnober und Wasser, so viel als hinlänglich ist zum Rothfärben und zur syrupartigen Masse. Hierin werden die mit Schwefel versehenen Hölzchen einzeln eingetaucht. Die rothe Farbe ist Nebensache. Man kann mit Berlinerblau, Chromgelb oder Kienruß der Masse auch andere Farben ertheilen.

Da an jedem Schwefelhölzchen nur wenig von der Zündmasse hängen bleibt, so sieht man leicht ein, daß sie in einer solchen Zertheilung auch nach dem Trocknen nicht mehr schädlich werden kann.

Ein Schießpulver, welches statt des Salpeters chlorsaures Kali enthält, ist von einer viel größern Wirkung als gewöhnliches Schießpulver. Wenn bei einer Ladung von 6 Loth gewöhnlichen Pulvers die Kugel 575 Fuß weit getragen wird, so schleudern 6 Loth des mit chlorsaurem Kali bereiteten Pulvers die Kugel 1173 Fuß weit. Durch eine zweckmäßige Bereitung kann seine Kraft um das Dreifache des Schießpulvers verstärkt werden. Ein solches Pulver würde demnach viel Vortheil gewähren, aber leider entzündet es sich schon beim Transport ohne Feuer durch Stoß oder Druck; ist also nicht anzuwenden.

Brauchbarer ist eine ähnliche Mischung aus chlorsaurem Kali, nämlich das Zündkraut oder Zündsalz zur Füllung der Kupferhütchen, die Stahl und Stein am Flintenschloß entbehrlich machen.

Man mengt mit derselben Vorsicht, wie oben angegeben,

110 Loth chlorsaures Kali
12 Loth Schwefel und
10 Loth Kohle

mit hinlänglichem Gummiwasser und bringt von diesem Brei mittelst eines Pinsels einen Tropfen in jedes Kupferhütchen und stellt diese aufrecht, damit sie gehörig trocknen.

Man wendet auch wohl zu diesem Behuf Knallsilber und Knallquecksilber an; da aber schon die Bereitung dieser mit Gefahr verbunden ist, so muß man damit noch vorsichtiger umgehen, besonders mit dem Knallsilber.

In einer Glasröhre erhitzt, lassen 123 Loth chlorsaures Kali allen Sauerstoff, welchen sie enthalten, nämlich 48 Loth, von sich und es bleiben 75 Loth Chlorkalium zurück. Das Salz dient daher, um sich reines Sauerstoffgas schnell und in großer Menge zu verschaffen.

Das chlorsaure Kali darf kein Chlorkalium enthalten, indem dieß seine Wirkung schwächt. Dennoch ist es nicht selten damit verfälscht, daher der Einkäufer ein Mittel kennen muß, sich vor Betrug zu bewahren. Es besteht in der Anwendung des salpetersauren Silbers. Dieses wird nämlich vom chlorsauren Kali nicht verändert, wohl aber vom Chlorkalium, dessen Chlor mit dem Silber einen weißen, käsigen Niederschlag giebt. Wenn also die Auflösung von chlorsaurem Kali, mit der Auflösung von salpetersaurem Silber vermischt, klar bleibt, so ist es nicht mit Chlorkalium oder irgend einem anderen Chlorsalze vermischt oder verfälscht.

100 Pfund kaltes Wasser (von 8° R.) lösen 6 Pfund von diesem Salze auf. Kocht man dagegen Wasser mit viel Salz, so steigt die Hitze bis auf 83° R., und es löst

sich so viel auf, daß auf 160 Pfund dieser Auflösung 60 Pfund chlorsaures Kali kommen. Daher scheiden sich beim Erkalten einer solchen Auflösung 54 Pfund Salz in Krystallen wieder ab.

Verbindung des Chlors mit dem Wasserstoff.

Es ist schon S. 142 bemerkt, daß das Chlorgas sich nicht entzünden läßt, d. h. es vereinigt sich, mit Sauerstoffgas gemengt, auch dann nicht, wenn man einen glühenden oder flammenden Körper damit in Berührung bringt. Der Grund davon ist, daß das Chlor selbst eine Art Sauerstoff ist, und seine Stelle dergestalt vertreten kann, daß Stoffe, die, mit Sauerstoff gemengt, entzündlich sind; auch mit Chlor gemengt, zur Entzündung gebracht werden können.

Dieß ist nun mit mehreren Metallen, aber namentlich auch mit dem Wasserstoffgas, der Fall. Wie dieser, mit Sauerstoffgas gemengt, das Knallgas giebt (S. 23), so giebt es, mit Chlorgas gemengt, ebenfalls ein Knallgas; d. h. ein Gasgemenge, dessen Bestandtheile sich unter heftiger Verpuffung und Knall mit einander zu einer neuen Verbindung vereinigen.

Wenn das aus Sauerstoff- und Wasserstoffgas gemengte Knallgas zur verpuffenden Entflammung gebracht werden soll, so ist dazu die Berührung mit einer Flamme nöthig; bei dem aus Chlor- und Wasserstoffgas gemengten Knallgas dagegen reicht ein Lichtstrahl hin, um dasselbe zu bewirken. Stellt man z. B. eine mit diesem Gas gefüllte Flasche hinter den Vorhang eines von der Sonne beschienenen Fensters, so geschieht nichts, so lange sie sich im Schatten befindet, so wie man aber den Vorhang aufzieht und das Licht die Flasche trifft, wird diese mit heftigem Knall zerschmettert und ein weißer erstickender Nebel erfüllt die Luft.

Dieser Nebel hat einen sehr sauren Geschmack, löst sich im Wasser zu einer sehr sauren Flüssigkeit auf und wird, da er aus Chlor und Wasserstoff besteht, Chlorwasserstoff, auch Chlorwasserstoffsäure genannt. Das Mengenverhältniß seiner Bestandtheile ist den bereits angegebenen Verhältnissen derselben entsprechend, indem darin

1 M. G. oder 36 Pfund Chlor und
1 M. G. oder 1 Pfund Wasserstoff
zu 37 Pfund Chlorwasserstoff

vereinigt sind; die Zahl 37 demnach sein M. G. ist.

Man nennt diesen Stoff auch Salzsäure, weil man ihn für den gewöhnlichen Gebrauch nicht geradezu aus Chlor und Wasserstoff, sondern aus Salz, nämlich aus Kochsalz, darstellt.

Das Kochsalz ist nämlich eine Verbindung von Chlor mit Natrium; man braucht ihm daher nur das Natrium zu entziehen und Wasserstoff an seine Stelle zu setzen, um Chlorwasserstoff oder Salzsäure zu erhalten. Dieß geschieht durch Schwefelsäure und Wasser. Die Schwefelsäure hat ein Bestreben, sich mit dem Natrium zu verbinden; sie kann dieß aber nur dann befriedigen, wenn das Natrium sich durch Aufnahme von Sauerstoff in Sauerstoffnatrium oder Natron verwandelt hat. Solches geschieht mit Hülfe des Wassers, das, in seine Bestandtheile zerfallend, den Sauerstoff an das Natrium abtritt, indeß der zugleich frei werdende Wasserstoff sich mit dem Chlor vereinigt, welches gleichzeitig das Natrium verlassen hat. Dieser Chlorwasserstoff wird bei diesem Zersetzungsvorgang in Gasform fortgetrieben, indeß die Schwefelsäure mit dem Natron zurück bleibt und das bekannte Salz schwefelsaures Natron oder Glaubersalz bildet.

Das beste Verhältniß zur Darstellung der Salzsäure ist auf

59 Pfund Kochsalz,
74 Pfund Schwefelsäure und
25 Pfund Wasser

zu nehmen. Schwefelsäure und Wasser werden vorher gemischt und erst nach dem Erkalten aufgegossen.

Es ist hiebei zu beachten, daß die Destillation sogleich beginnen muß, als man die Mischung gemacht hat. Läßt man sie nämlich längere Zeit stehen, ehe man unter der Retorte Feuer macht, so steigt die Masse leicht über, indem die durch die Zeit zum Theil schon ausgeschiedene Säure beim Erwärmen auf einmal sich entwickelt und dadurch die Salzmasse mit in die Höhe reißt. Nicht selten springen dabei auch die Gefäße.

Dem aufmerksamen Leser wird es auffallen, daß hier zur Zersetzung von 59 Pfund oder 1 Mischungsgewicht Kochsalz $1\frac{1}{2}$ Mischungsgewicht Schwefelsäure oder 74 Pfund vorgeschrieben sind, da nach den bereits erörterten chemischen Gesetzen doch 1 Mischungsgewicht oder 49 Pfund Schwefelsäure hinreichend sein müßten. Diese sind auch wirklich hinreichend, um das Kochsalz vollkommen zu zersetzen, wenn man nämlich die Destillation unter frischem Zusatz von Wasser mehrere Male vornimmt. Da dieß aber im Großen nicht vortheilhaft sein würde, so nimmt man $\frac{1}{2}$ M. G. Schwefelsäure mehr und erreicht so mit einer Destillation denselben Zweck.

Im Großen, nämlich centnerweise, destillirt man die Salzsäure nicht aus gläsernen Retorten, sondern aus Cylindern von Gußeisen. Diese werden nämlich in der Hitze von der dampfförmigen Salzsäure wenig angegriffen, wohl aber von der tropfbaren; daher muß man stets eine solche

Hitze geben, daß die Säure als Dampf oder als Gas aufsteigt. In diesem Fall enthält gewöhnlich nur die zuerst übergehende Säure Eisen.

Außerdem ist sie sehr mit schwefliger Säure verunreinigt, auch kann sie Arsenik und Chlor enthalten, daher ist man genöthigt, eine solche Salzsäure, besonders zum Arzneigebrauch, zu reinigen. Man vermischt zu dem Ende

15 Pfund Salzsäure mit

5 Pfund Wasser,

und leitet so lange Schwefelwasserstoffgas hinein, bis dieses noch eine Veränderung oder Fällung bewirkt, und destillirt dann drei Viertel davon aus einer Glasretorte ab. Es wird nämlich durch den Schwefelwasserstoff die schweflige Säure in Schwefel und Wasser, das Chlor in Schwefel und Chlorwasserstoff und der Arsenik in Schwefelarsenik verwandelt und niedergeschlagen.

Da Schwefeleisen, mit Salzsäure übergossen, Schwefelwasserstoffgas entwickelt (S. 109), so kann man die Reinigung der Salzsäure auch mit diesem bewirken, indem man es unter Umrühren in die mit Wasser verdünnte Salzsäure wirft. Etwa 1 Loth ist dazu hinlänglich. Es geschieht dann ganz dasselbe, als wenn man reines Schwefelwasserstoffgas hineinleitete, nur mit dem Unterschiede, daß zugleich Eisen in die Salzsäure kommt, was aber bei der nachherigen Destillation in der Retorte zurück bleibt.

Die Anwendbarkeit der Salzsäure zu technischen Zwecken steht mit ihrer Wohlfeilheit in Verbindung. In Frankreich, wo sie als Nebenerzeugniß bei der Sodafabrikation gewonnen wird, kann man sie fast umsonst haben, daher bedient man sich ihrer dort weit häufiger als bei uns.

Es wird nicht überflüssig sein, einige dieser Benutzungen anzuführen, da auch wir, bei dem Aufleben der chemischen Fabrikthätigkeiten, sie viel wohlfeiler als früher erhalten können.

Da die Salzsäure sehr leicht den Kalk auflöst, so bedient man sich ihrer, um den kohlensauren Kalk, welcher nicht selten die Röhren der Wasserleitungen verstopft, zu entfernen. Sie löst nämlich mit Leichtigkeit den gebildeten Röhrenstein auf und fließt mit ihm als Chlorcalciumauflösung heraus. Es ist denkbar, daß dieß Verfahren in Frankreich weniger Kosten macht, als das Aufreißen der Wasserleitungen.

Es liegt sehr nahe, sich der Salzsäure zu einem ähnlichen Zweck in unseren Haushaltungen zu bedienen. Jede Hausfrau weiß, daß in den kupfernen Theekesseln sich inwendig eine erdige Masse ablagert, die sie Salpeter nennen, und die sich nicht selten so anhäuft, daß sich die Tülle gänzlich verstopft und endlich das Wasser im Kessel nur mit Mühe zum Kochen zu bringen ist. Es stammt diese Masse aus dem Brunnenwasser und ist nichts weiter als kohlensaurer Kalk. Er ist dadurch, daß man ihn zu wiederholten Malen mit verdünnter Salzsäure füllt, zu entfernen. Das Kupfer wird davon nur wenig angegriffen.

Bei eisernen Kesseln kann man dieses Reinigungsmittel nicht anwenden, da das Eisen zugleich mit aufgelöst wird.

Eben so wird die Salzsäure gebraucht zum Reinigen alten Mauerwerks, anstatt des mühevollen Abkratzens. Das schwarze Mauerwerk wird erst mit Wasser, dann aber mit salzsaurem Wasser gebürstet, das auf 1 Eimer Wasser 1 Pfund Salzsäure enthält. Zuletzt wird die Mauer noch einmal mit Wasser gebürstet und gewaschen.

Die Salzsäure löst den phosphorsauren Kalk sehr leicht auf. Legt man Knochen, die aus diesem und Leim oder Gallerte größtentheils bestehen, in mit Wasser verdünnte Salzsäure, so wird der phosphorsaure Kalk aufgelöst und die Gallerte bleibt in der Form des Knochens zurück. Diese wird nun in Körben in fließendes Wasser gehängt, welches die Gallerte so von dem salzsauren phosphorsauren Kalk reinigt, daß sie selbst genießbar wird.

Höchst wichtig ist die Salzsäure für die Darstellung des Chlors und seiner Verbindungen, was schon im Frühern zur Genüge auseinander gesetzt worden ist. Denn alle Körper, die der Salzsäure den Wasserstoff zu entziehen vermögen, entwickeln aus der Salzsäure das Chlor. Außerdem löst die Salzsäure noch viele Alkalien, Erden und Metalle auf und bildet damit eine Menge sehr nützlicher Verbindungen, die unter dem Namen der salzsauren Salze bekannt sind.

So wurden sie nämlich früher genannt. Nachdem man aber erkannt hat, daß die Salzsäure ein Chlorwasserstoff ist, der in seinem Verhalten dem Schwefelwasserstoff entsprechend ist (S. 111), so nennt man diese Verbindungen Chormetalle. So entsteht das Chlormetall: Chloreisen, wenn man Eisen in Salzsäure auflöst. Es geschieht dieß unter Entwickelung von Wasserstoffgas. Dieses stammt aus der Salzsäure her und wird frei, indem ihr Chlor sich mit dem Eisen verbindet.

Diese häufige Anwendung der Salzsäure macht es nun auch wünschenswerth, eine Verfahrungsart zu kennen, um schnell und bestimmt den Grad ihrer Stärke zu beurtheilen. Denn da die Salzsäure sich mit Wasser in allen Verhältnissen mischen läßt und Wasser ihre Wirkung schwächt, so sieht man leicht ein, daß sie auch in allen möglichen Stärkegraden vorkommen kann.

Je stärker eine Salzsäure, desto schwerer, je schwächer, desto leichter ist sie; daher giebt auch hier, wie bei der Schwefelsäure (S. 93), die Eigenschwere den Maaßstab für die Särke ab. Füllt man ein 1000 Gran-Glas, wovon oben (S. 96) schon die Rede gewesen, nach einander mit zwei verschiedenen Sorten Salzsäure an und findet, daß von der einen 1180 Gran, von der anderen aber nur 1090 Gran in das Glas hineingehen, so folgt daraus, daß die erstere viel, nämlich um das Doppelte stärker ist, als die letztere. Dieß drückt man dadurch aus, daß man sagt: die eine Säure hat eine Eigenschwere = 1,180, die andere dagegen eine = 1,090, d. h. beide Säuren verhalten sich in ihren sauren Wirkungen zu einander und zum Wasser, wie die Zahlen 1000, 1090 und 1180 sich zu einander verhalten.

Verschiedene Salzsäuren von verschiedenen Eigenschweren besitzen demnach auch verschiedene Kräfte und Wirkungen, wenn man gleiche Mengen anwendet. Um daher gleiche Wirkungen hervorzubringen, sind dazu verschiedene Mengen nothwendig.

Diese verschiedenen Mengen, welche man bei den Säuren von verschiedener Stärke anwenden muß, um denselben Erfolg zu haben oder dieselbe Wirkung hervorzubringen, ist auch nun hier, wie bei der Schwefelsäure (S. 93), das Mischungsgewicht. Dieß ist um so kleiner, je mehr Säure, und um so größer, je mehr Wasser eine Säure enthält.

Die beifolgende Tabelle giebt diese Mischungsgewichte mit Genauigkeit an.

Tabelle für die wässerige Salzsäure, um nach der Eigenschwere ihre Stärke zu beurtheilen.

Eigenschwere.	Mischungsgewicht.
1,210	85,79
1,200	89,21
1,190	94,84
1,180	100,11
1,170	105,99
1,160	112,62
1,150	120,13
1,140	128,71
1,130	138,61
1,120	150,16
1,110	163,81
1,100	180,39
1,090	200,22
1,080	225,24
1,070	257,42
1,060	300,33
1,050	360,38
1,040	450,49
1,030	600,66
1,020	900,99
1,010	1801,98

Der Gebrauch dieser Tabelle ist derselbe, wie ich ihn bei der Tabelle für die Schwefelsäure (S. 94) angegeben habe. Bei einer jeden Zahl, welche die Eigenschwere ausdrückt, ist auch das Mischungsgewicht angegeben. So hat z. B. die Säure von 1,200 die Zahl 89,21, und die von 1,050 die Zahl 360,38 bei sich, was nichts weiter heißt, als daß in $360\frac{38}{100}$ Pfund einer Salzsäure von 1,050 Eigenschwere gerade dieselbe Menge Säure enthalten ist, als in

$89\frac{21}{100}$ Pfund einer Säure von 1,200 Eigenschwere, daß man also mit $89\frac{21}{100}$ Pfund der ersteren Säure gerade so viel ausrichtet, als mit $360\frac{38}{100}$ Pfund der letzteren.

Ein Beispiel wird dieß deutlich machen. Eine Silberauflösung in Salpetersäure wird durch Zugießen von Salzsäure vollkommen zersetzt, indem sich nämlich die Salzsäure mit dem Silberoxyd zu einer unauflöslichen Verbindung, dem Chlorsilber, vereinigt, das in weißen, käsigen Flocken niederfällt. Nimmt man nun 2 Gefäße und gießt in das eine $89\frac{21}{100}$ Loth von der Salzsäure von 1,200 Eigenschwere, in das andere dagegen $360\frac{38}{100}$ Loth der anderen Säure von 1,050 Eigenschwere, und bringt nun in beide Gefäße so lange salpetersaure Silberauflösung, als noch ein Niederschlag erfolgt, sondert beide Niederschläge durchs Filtriren, trocknet und wiegt sie, so wird man finden, daß sie beide gleich schwer sind, also beide Säuren gleich viel Silber niedergeschlagen haben. Hieraus folgt, daß $360\frac{38}{100}$ Loth einer Säure von 1,050 Eigenschwere nicht mehr Salzsäure enthalten, als $89\frac{21}{100}$ Loth einer Säure von 1,200 Eigenschwere.

Dieß Verhalten der Salzsäure gegen das Silber macht sie zu einem Mittel, die Gegenwart desselben in anderen Metallauflösungen zu erkennen, und ebenso es von anderen Metallen zu trennen. Das Silber wird nämlich, wenn es sich z. B. mit Kupfer oder Eisen zusammen in einer Auflösung befindet, durch einen Zusatz von Salzsäure abgeschieden und fällt als weißer Niederschlag zu Boden.

Beim Auflösen von Zinn, Zink rc. in Salzsäuren von verschiedener Eigenschwere richtet sich die anzuwendende Menge gleichfalls nach der Eigenschwere der Säure (S. Schwefelsäure, S. 94).

Der Fabrikant und technische Chemiker wird daher diese Tabelle mit Nutzen gebrauchen können

Die Ausmittelung der Eigenschwere einer mit Wasser

verdünnten Salzsäure geschieht ganz auf dieselbe Weise, wie es bei der Schwefelsäure angegeben worden (S. 95). Wer eine leichte Berechnung nicht scheut, kann jedoch auch des dort angegebenen 1000 Gran-Glases entbehren und sich eines jeden Arzneiglases bedienen; nur muß er dann vorher genau bestimmen, wie viel Gran destillirten Wassers ein solches Glas zu fassen im Stande ist.

Es ist schon S. 153 erwähnt, daß die Salzsäure sehr leicht den kohlensauren Kalk auflöst. Nun ist Marmor auch ein kohlensaurer Kalk, und zwar ein sehr reiner. Legt man ihn in Salzsäure, so erfolgt auch seine Auflösung unter aufbrausender Entwickelung von Kohlensäure. Dieß hört nicht eher auf, bis die Salzsäure ganz gesättigt ist und die Flüssigkeit nicht mehr röthend auf den Lackmus wirkt (S. 84). Der zurückbleibende Marmor ist zusammenhängend, hat eine ganz glatte Oberfläche und läßt sich sehr leicht abwaschen nnd abtrocknen, kann also auch leicht gewogen werden. Dieß Verhalten macht es möglich, den Marmor als ein Mittel zu gebrauchen, die Stärke der Salzsäure zu bestimmen. (In meiner Einleitung in die technische Chemie, Berlin, Sander'sche Buchhandlung, 1836, S. 288, ist dieß ausführlich abgehandelt.)

Auf Thier- und Pflanzenstoffe ist die Salzsäure von nur geringer chemischer Wirkung. Auf die meisten wirkt sie nicht zersetzend ein, denn dazu, daß ein Stoff zersetzend auf einen andern einwirke, gehört fast immer als Hauptbedingung seine eigene leichte Zersetzbarkeit. Dieß ist bei der Salzsäure nicht der Fall. Ihre Bestandtheile: Chlor und Wasserstoff, halten sich gegenseitig so fest, daß die Bestandtheile der Stoffe des Pflanzenreichs ꝛc. sie nicht zu trennen vermögen. Daher man sich denn auch dieser Säure nebst der Essigsäure vorzugsweise bedient, um Pflanzen- und Thierkörper in ihre näheren Bestandtheile zu zerlegen, eben weil sie dadurch nicht verändert werden.

Zu manchen Stoffen jedoch verhält sich die Salzsäure nicht ganz wirkungslos. So enthalten die Gewächse aus der Familie der Rubiaceen eine farblose Säure, die durch Erhitzen mit verdünnter Salzsäure blau wird. Es geschieht dieß nur durch freie Salzsäure, gerade so, wie nur freie Schwefelsäure den Zucker schwärzt (S. 85). Daher kann es als Reagens für freie Salzsäure dienen. Man verschafft sich die Rubiaceensäure am leichtesten aus Krapp (Rubia tinctorum). Von diesem wird ein kalter Aufguß bereitet, den man mit Kalkmilch versetzt. Diese schlägt die färbenden Stoffe nieder, so daß man nach einiger Ruhe eine klare Flüssigkeit erhält, die zum größern Theil aus Rubiaceensäure in Verbindung mit Kalk besteht. Sie wird mit so viel Essigsäure versetzt, um den Kalküberschuß hinwegzunehmen, und dann zur Salzsäureentdeckung gerade so angewendet, wie es S. 85 von der Zuckerauflösung zur Entdeckung der Schwefelsäure beschrieben ist.

Starke Salzsäure giebt, mit Stärke zusammengerieben, einen dicken Schleim, der rasch zu einer festen, glasartigen Masse erstarrt. Diese Masse ist klar und durchsichtig, wenn man Kartoffelstärke anwandte, undurchsichtig, milchig, wenn Weizenstärke.

Verdünnt man die Säure mit ihrem gleichen Gewichte Wasser, so bildet sich keine feste Masse, sondern blos der Schleim, und zwar so rasch, daß bei einem Zusammenreiben von

1 Loth Salzsäure und
1 Loth Wasser mit
1 Loth Kartoffelstärke,

sich schon in 2—3 Minuten alles in einen klaren Schleim verwandelt hat. Mit Weizenstärke geht es beinahe eben so rasch.

Ganz anders ist aber das Verhalten von Stärkmehlsorten, welche nicht rein sind, oder von solchen Mehlarten, in welchen die Stärke noch in ihrer natürlichen Verbindung mit den andern Stoffen befindlich ist, z. B. Weizenmehl, Reismehl, Arrowroot etc. Mischt man diese in dem obigen Verhältniß mit verdünnter Salzsäure, so erfolgt entweder gar keine Schleimbildung, wie beim Weizenmehl, oder sie tritt erst nach 20—25 Minuten ein, wie beim Reismehl und Arrowroot. Es folgt also hieraus, daß man bei einer früher eintretenden Schleimbildung auf ein Verfälschen dieser Mehlarten mit Stärke schließen kann, und daß diese um so größer ist, je früher die Schleimbildung eintritt.

Mit den Metallen bildet das Chlor Verbindungen, welche mit den Sauerstoff- und Schwefel-Metallverbindungen in eine Klasse gehören. Auch entstehen viele unter ähnlichen äußern Erscheinungen. So laufen mehrere Metalle, z. B. Eisen, Silber, Platin an, wenn man sie erhitzt in Chlorgas bringt und darin erkalten läßt.

Dieses Anlaufen hat Aehnlichkeit mit dem Anlaufen des Stahls, Messings, Kupfers, wenn man sie erhitzt und in Sauerstoffgas oder in gewöhnlicher Luft erkalten läßt. Dort verbindet sich die Metalloberfläche mit dem Chlor, hier mit dem Sauerstoff, und erscheint oft mit prächtig glänzenden Farben. Mit dem Anlaufen durch Schwefel verhält es sich eben so (S. 108).

Vom Sauerstoff und Schwefel ist es (S. 9 und 69) angeführt worden, daß sich Metalle oft unter Entwickelung von Licht und Wärme mit ihnen verbinden; auch dieß findet beim Chlor statt. Streut man fein gepulvertes Antimon in ein mit Chlorgas gefülltes Glas, so entzündet sich das Antimon augenblicklich und giebt das prächtige Schauspiel eines Feuerregens.

Die Chlormetalle können auf ähnliche Weise dargestellt werden, wie die Schwefelmetalle. Entweder dadurch, daß man die Metalle geradezu mit dem Chlor verbindet, oder daß man die Metalloxyde oder Sauerstoffmetalle mit Chlorwasserstoff oder Salzsäure zusammen bringt. Hier findet dann das Aehnliche statt, was bereits (S. 114 u. 115) von der Wirkung des Schwefelwasserstoffs auf erhitzte Metalloxyde gesagt worden: der Sauerstoff des Metalloxyds verbindet sich mit dem Wasserstoff der Salzsäure zu Wasser und das hiedurch frei gewordene Chlor vereinigt sich mit dem dadurch hergestellten Metall zum Chlormetall.

Aus diesem Grunde verwandeln sich alle in Salzsäure aufgelösten Metalle in Chlormetalle, wenn man das Wasser durch Abdampfen oder Glühen entfernt, und daher ist auch das Kochsalz ein Chlormetall, es mag nun aus dem Meere stammen oder künstlich aus Salzsäure und Natron zusammengesetzt sein. Denn das Wasser, welches sich bei der Vereinigung beider aus dem Sauerstoff des Natrons und dem Wasserstoff der Salzsäure bildet, verliert dieß Salz schon beim Krystallisiren während des Abdampfens der Auflösung.

Eins der wichtigsten Chlormetalle ist das Chlorsilber.

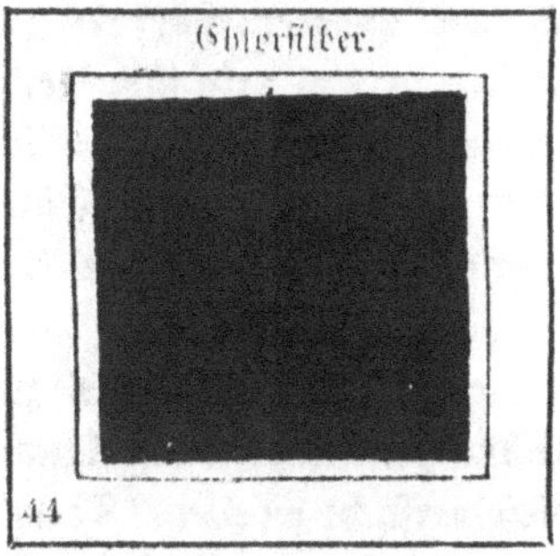

Es entsteht immer, wenn ein Silberoxydsalz mit Chlorwasserstoffsäure oder irgend einem aufgelösten Chlormetall in Berührung gebracht wird. Da es im Wasser völlig unauflöslich ist, scheidet es sich auch sehr leicht ab und erscheint dann als weißer, käseartiger Niederschlag, der aber leicht seine Farbe verliert, anfangs violett aussieht, nachher aber in die von Nr. 44 übergeht. Da man durch hinlängliches Silbersalz alles Chlor aus seiner Verbindung mit Wasserstoff oder Metall trennen und niederschlagen kann, so läßt sich aus der Menge des erhaltenen Chlorsilbers die Menge Chlor berechnen, denn es enthält das Chlorsilber auf

108 Pfund Silber
36 Pfund Chlor,
giebt 144 Pfund Chlorsilber,

so daß also bei Versuchen im Kleinen auf je 144 Gran Chlorsilber 36 Gran Chlor in Rechnung kommen.

Vom Stickstoff.

Wir haben diesen Stoff, der uns überall umgiebt, wo wir gehen, stehen und athmen, bereits vorläufig als einen Bestandtheil der Luft kennen gelernt (S. 1), und zwar als einen sehr unschuldigen, der an allem, was die Luft Chemisches thut und bewirkt, selten förderud Theil nimmt. Denn derselbe hat in dem Zustande, wo er als Luft erscheint, nur ein sehr schwaches Bestreben, sich mit anderen Körpern zu verbinden, daher er auch die Thätigkeit des mit ihm vermischten Sauerstoffgases sehr beschränkt und mäßigt. Ein Körper, der in Sauerstoffgas brennt, wird durch Eintauchen in Stickgas ausgelöscht, und eben so ersticken lebende Thiere darin.

Man sieht also, daß mit diesem Körper nicht viel zu machen ist, und daß von seiner technischen Anwendung kaum die Rede sein kann, dennoch ist dieß versucht worden. Man hat von seiner erstickenden Wirkung Gebrauch gemacht. Die Schlächter in London sollen sich nämlich dieses Gases bedienen, um die zu schlachtenden Thiere durch Erstickung zu tödten. Es wird versichert, daß dadurch das Fleisch mehr Frische bekomme, angenehmer schmecke und sich länger halte.

Ein Haupthinderniß der allgemeinen Anwendung dieser

Tödtungsart, die freilich besser und schmerzloser als die blutige ist, würde wohl die Darstellung hinlänglicher Mengen reinen Stickgases sein. Denn das Stickgas, welches man sich zu chemischen Versuchen darstellt, indem man Phosphor oder Weingeist unter einer mit Luft erfüllten und mit Wasser gesperrten Glasglocke anzündet, wodurch das Sauerstoffgas verzehrt wird und das Stickgas übrig bleibt, möchte zu kostspielig sein. Folgende Vorschrift liefert vielleicht ein zu diesem Behuf hinlänglich wohlfeiles Stickgas. Man erhitzt in einer Retorte ein Gemenge aus

10 Pfund Salpeter und
5 Pfund Salmiak

und leitet das sich entwickelnde Gas durch Kalkmilch in einen Gasbehälter.

Da diese beiden Salze Stickstoff enthalten, verbunden einerseits mit Sauerstoff, andererseits mit Wasserstoff, so erklärt sich hieraus die Möglichkeit seiner Entwickelung. Der Salpeter ist ein Sauerstoffstickstoff (Salpetersäure) in Verbindung mit Sauerstoffkalium, der Salmiak ist ein Stickstoffwasserstoff (Ammoniak) in Verbindung mit Chlorwasserstoff; indem nun also der Chlorwasserstoff sich mit dem Sauerstoffkalium zu Chlorkalium und Wasser vereinigt, so treten Sauerstoff und Wasserstoff der beiden andern Verbindungen (der Salzsäure und des Ammoniaks) gleichfalls zusammen und bilden Wasser, indeß der dadurch frei werdende Stickstoff als Gas entweicht.

Auch auf folgende Art ist es in größerer Menge darzustellen. Wird Natronsalpeter so lange im Tiegel geglüht, bis eine aufgelöste Probe stark alkalisch geworden, so ist es in salpetrigsaures Natron verwandelt. Löset man dieses im Wasser, mischt es mit Salmiakauflösung und kocht es, so entweicht unter Aufbrausen reines Stickgas. Es entsteht hier anfangs salpetrigsaures Ammoniak und Chlornatrium. Beim Kochen vereinigen sich aber die Bestandtheile des Ammoniaksalzes in anderer Art. Der Sauerstoff der salpetrigen Säure geht mit dem Wasserstoff des Ammoniaks in Verbindung; es entsteht Wasser und der Stickstoff wird frei und entweicht als Gas.

Auch dadurch, daß man den Sauerstoff aus der gewöhnlichen Luft entfernt, erhält man das Stickgas rein. Wenn Phosphor in eingeschlossener Luft entzündet wird, nimmt er allen Sauerstoff auf und Stickgas bleibt übrig. Ebenso wirkt brennender Weingeist, nur daß dann das Stickgas mit Kohlensäuregas verunreinigt wird (S. 163).

Ein Gemenge von Schwefelblumen, Eisenfeile und Wasser wirkt ebenfalls sauerstoffentziehend, wenn es mit gewöhnlicher Luft längere Zeit in Berührung gelassen wird. Da hier die Sauerstoffaufnahme schon bei gewöhnlicher Temperatur erfolgt, so kann man mittelst desselben, auf eine leicht ausführbare Weise, eine chemische Zerlegung der Luft vornehmen. Als Beispiel, wie man hiebei zu Werke geht, mag das Folgende dienen.

Man sucht eine Flasche aus, die gerade so groß ist, daß sie von 120 Loth Wasser ganz erfüllt ist, und bringt in dieselbe so viel von einem breiartigen Gemenge aus

16 Theilen Schwefelblumen,
27 Theilen Eisenfeile und Wasser,

daß es in der Flasche einen Raum von 20 Loth Wasser einnimmt, dergestalt, daß ein Raum leer oder mit Luft erfüllt bleibt, der 100 Loth Wasser zu fassen im Stande ist. Verkorkt man nun die Flasche, schüttelt sie längere Zeit mit dem darin enthaltenen breiartigen Gemenge von Eisen, Schwefel und Wasser, und öffnet sie nun umgekehrt unter Wasser: so wird man finden, daß von letzterem gerade 21 Loth hineinströmen, indeß ein Raum, der noch 79 Loth Wasser aufnehmen kann, leer bleibt. Dieser Raum enthält nun die 79 Maaße Stickgas, die in 100 Maaßen Luft enthalten waren; ihnen sind die 21 Maaße Sauerstoffgas, die vom Schwefeleisen eingesogen wurden, entzogen worden. Hieraus folgt, daß 100 Maaße Luft (abgesehen von der Kohlensäure) aus 21 Maaße Sauerstoffgas und 79 Maaß Stickgas bestehen (Vergl. S. 2).

Zu demselben Versuch kann auch feiner Bleischrot dienen. Schüttelt man diesen mit Wasser in dem Verhältniß von 17 zu 1 drei Stunden lang in einer wohlverkorkten Flasche, so wird aller Sauerstoff vom Blei aufgenommen und das Stickgas bleibt zurück.

Wie in der Luft, so findet sich der Stickstoff auch in großer Menge in sehr vielen Pflanzen- und Thierstoffen. So enthalten trockues Fleisch, Horn, Nägel, Wolle, Seide an 10 Proc. Stickstoff. Der Harn der Thiere ist auch sehr reich daran. Daher die schnelle Ammoniakbildung beim Faulen desselben. Das Ammoniak wird in diesem Fall aus einem Bestandtheil des Harns gebildet, der sehr reich an Stickstoff ist.

Bei anderen stickstoffhaltigen Stoffen bewirkt Hitze dieselbe Ammoniakbildung, wie beim Harn das Faulen, so daß man da, wo Ammoniak auftritt, mit Sicherheit auf das Vorhandensein des Stickstoffs schließen kann. Sehr geringe Mengen können dadurch ermittelt werden. Man erhitzt die auf Stickstoff zu untersuchende Pflanzen- oder Thiersubstanz in einer engen, einerseits zugeschmolzenen Glasröhre, in deren offenes Ende man ein Stückchen feuchtes Curcumapapier gesteckt hat. So wie die Dämpfe das Papier berühren und dieses roth gefärbt wird, so zeigt dieß Ammoniak, also Stickstoff an. Manchmal geschieht dieß jedoch erst dann, wenn man die durch die Hitze entwickelten Dämpfe, wenn sie sich durch Abkühlen zu Tropfen verdichtet haben, mit ein Wenig Kali- oder Kalkhydrat in Berührung bringt. In diesem Fall wurde das Ammoniak durch eine gleichzeitig entstandene Säure (meistens Essigsäure) gebunden, so daß Kali oder Kalk es erst frei macht oder in den Gaszustand versetzt, wo es auf die Curcumafarbe wirken kann. Da Kali und Kalk aber selbst die Curcuma röthen, so muß man bei ihrer Anwendung vorsichtig sein.

Ist der Stickstoff in Verbindung mit Sauerstoff: als Salpetersäure oder als ein salpetrigsaures Salz in einem Pflanzen- oder Thierstoff vorhanden, so schlägt man sicherer einen andern Prüfungsweg ein, und zwar den, der unten zum Auffinden kleiner Mengen Salpetersäure angegeben ist.

Das Stickgas hat keine Wirkung auf die Metalle. Läßt man z. B. erhitztes Kupfer oder Eisen in Stickgas erkalten, so läuft ihre blanke Oberfläche nicht an, wie es im Gegentheil im Sauerstoffgas und Chlorgas geschieht (S. 160). Dieß Verhalten kann daher dazu dienen, um zu erfahren, ob das Stickgas rein sei. Namentlich bewirkt schon ein sehr kleiner Gehalt an Sauerstoffgas das Anlaufen einer blanken Eisenfläche in der Hitze.

Das Mischungsgewicht des Stickstoffs wird durch die Zahl 14 ausgedrückt; in diesem Verhältniß verbindet er sich mit den andern Stoffen, wie dieß namentlich durch seine Verbindungen mit Sauerstoff und Wasserstoff bewiesen wird.

Verbindungen des Stickstoffs mit dem Sauerstoff.

Dadurch, daß das Stickgas unentzündlich und unverbrennlich ist, hat es Aehnlichkeit mit dem Chlorgas, so wie es auch, wie dieses, sich nur dann mit Sauerstoff verbindet, wenn es mit Potasche oder Kalk ꝛc. und Wasser in Berührung ist. Unter diesen Umständen entsteht dann ähnlich der

Chlorsäure (S. 144) ein Stickstoffsauerstoff oder eine Stickstoffsäure, die allgemein unter dem Namen Salpetersäure bekannt ist.

Wenn der Stickstoff, welcher im Fleisch, im Koth, im Harn und anderen thierischen Erzeugnissen noch in fester Gestalt enthalten ist, mit Wasser, Kalk und Luft in Berührung kommt, so saugt er aus der Luft den Sauerstoff ein und wird zur Salpetersäure. Diese Salpetersäure wird von dem gleichzeitig vorhandenen Kalk aufgenommen und bildet salpetersauren Kalk, der, ausgelaugt und mit Potasche vermischt, den Salpeter giebt.

In den sogenannten Salpeterplantagen und sonst überall, wo kalkhaltige Erden mit thierischen Abfällen der Einwirkung der Luft ausgesetzt sind, z. B. in den Viehställen, erfolgt diese Salpetersäurebildung in oft bedeutend großer Menge, und es wird namentlich in warmen Ländern die Salpeterbereitung fabrikmäßig betrieben.

Es ist hier nicht der Ort, dieß noch weitläuftiger zu erklären, da es ohnehin Bücher genug giebt, die sich damit befassen. Wir kehren daher zur Salpetersäure zurück, als derjenigen Verbindung von Stickstoff und Sauerstoff, welche in den Gewerben und Fabriken eine vorzügliche Anwendung gefunden.

Die Salpetersäure wird aus dem Salpeter bereitet. Dazu muß dieser rein sein. Namentlich müssen chlorhaltige Salze, die er meistens enthält, erst abgeschieden werden. Dieß geschieht durch Auflösen und sogenanntes Abrühren. Wenn man z. B. in

100 Pfund siedendem Wasser
74 Pfund Salpeter

auflöst, und nun unter fortwährendem Umrühren die Auflösung bis zu 12° R. erkalten läßt, so scheiden sich

54 Pfund Salpeter

in Mehlform ab, die man in hölzernen Trichtern sammelt

und mit wenig Wasser abwäscht. In der Mutterlauge und dem Waschwasser bleiben dann die fremden Salze.

Da der Salpeter ein salpetersaures Kali ist, so kann die Säure daraus nur dadurch gewonnen werden, daß man eine Säure hinzusetzt, die stärker ist, als die Salpetersäure, sich also mit dem Kali verbindet und die Salpetersäure abscheidet.

Eine solche Säure ist die Schwefelsäure. Es werden in mehreren Retorten

101 Pfund Salpeter mit
98 Pfund Schwefelsäure

übergossen und allmälig erhitzt, bis der Rückstand ruhig fließt. Hier geht die Salpetersäure in wasserhellen Tropfen in die Vorlage über. Die Schwefelsäure bleibt dagegen, mit dem Kali verbunden, in der Retorte zurück. Beim Eingießen der Schwefelsäure in die Retorte muß man sich einer Glasröhre, die oben einen Trichter hat, bedienen, sonst wird der Hals der Retorte mit Schwefelsäure und die Salpetersäure mit dieser verunreinigt. Man pflegt, wenn bereits etwas Salpetersäure übergegangen ist, die Vorlagen zu wechseln, weil, wenn der Salpeter etwa nicht rein war, die ersten Portionen der Säure es auch nicht sind.

Aus obigem Gemenge erhält man nun 67½ Pfund starke Salpetersäure von 1,500 Eigenschwere, die aus 54 Pfund Säure und 13½ Pfund Wasser zusammengesetzt sind.

Es leuchtet von selbst ein, daß solche Rechenexempel nur dann genau zutreffen, wenn man genau arbeitet, namentlich das Feuer so regiert, daß keine Salpetersäure zersetzt wird, was im Großen nicht ganz zu vermeiden ist.

In dem Augenblick, wo sich die Salpetersäure durch Erhitzen des Salpeters mit Schwefelsäure entwickelt, ist sie Dampf, und in diesem Zustand zeigt sich nur eine schwache Wirkung auf das Gußeisen. Daher kann man auch zur

Darstellung der Salpetersäure im Großen sich, wie bei der Salzsäure (S. 151), der gußeisernen Cylinder bedienen. Sie ist dann aber nicht rein.

Das in den Retorten Zurückbleibende ist saures oder zweifach-schwefelsaures Kali.

Da der Natronsalpeter oder das salpetersaure Natron jetzt viel wohlfeiler ist, als der gewöhnliche (Kali-) Salpeter, so wird er meistens zur Darstellung der Salpetersäure verwandt. Es ist dieß auch noch in sofern vortheilhafter, als das M. G. dieses Salzes viel kleiner ist, indem

85 Pfund Natronsalpeter und
98 Pfund Schwefelsäure

dieselbe Menge Salpetersäure geben, wie 101 Pfund Kalisalpeter u. s. w.

Wenn man nicht gerade eine sehr starke Salpetersäure erzielen will, so ist es zweckmäßig, die Schwefelsäure vorher mit einer bestimmten Menge Wasser zu versetzen, und zwar auf

98 Pfund Schwefelsäure
25 Pfund Wasser.

Es ist dieß in sofern von großem Nutzen, als sich zweifach-schwefelsaures Natron bilden muß, wenn der Natronsalpeter vollständig zersetzt werden soll, und diese Bildung erfolgt dann am leichtesten, wenn ein bestimmter Wasserüberschuß vorhanden ist.

Die im Großen dargestellte Salpetersäure enthält Schwefelsäure und Salzsäure. Da sie sehr wohlfeil ist, so ist es lohnender, aus ihr sich reine Salpetersäure zu bereiten, als daß man, wie S. 168 angegeben, sie aus reinem Salpeter mit Schwefelsäure darstellt.

Durch eine bloße Destillation ist diese Salpetersäure zu reinigen. Die Retorte wird bis zu drei Viertel mit 20 Pfund der Säure gefüllt und in ein Sandbad gelegt. Nun destillirt man bei mäßigem Feuer etwa 4 Pfund ab (die chlorhaltig sind) und untersucht, ob die nun noch ferner übergehende Säure die Silberauflösung ungetrübt läßt. Ist es der Fall, so legt man eine neue reine Vorlage vor und feuert so lange, bis etwa 12 Pfund übergegangen sind. Diese sind reine Salpetersäure, denn in den zurückbleibenden 4 Pfunden ist die Schwefelsäure enthalten.

Einerseits geschieht hiebei die Reinigung der Salpetersäure durch sie selbst; denn in der Hitze wirkt sie zersetzend auf die mit ihr gemengte Salzsäure ein: es entstehen Chlor und salpetrige Säure, die, vermöge ihrer Flüchtigkeit, mit den ersten 4 Pfunden Flüssigkeit übergehen.

Eine mit mehr Wasser verdünnte Salpetersäure heißt Scheidewasser, weil sie ein gutes Mittel ist, Gold und Silber von einander zu scheiden. Wenn man nämlich ein Gemisch aus

1 Theil Gold und
3 Theilen Silber

mit wässeriger Salpetersäure oder Scheidewasser übergießt (das aber keine Salzsäure oder Kochsalz enthalten darf) und es längere Zeit damit in Berührung läßt, so wird man finden, daß nach einem öfteren Aufgießen von anfangs schwächerer, dann stärkerer Säure, zuletzt ein Punkt eintritt, wo sich nichts mehr auflöst, und daß das Zurückgebliebene gerade den vierten Theil von dem angewendeten Metallgemisch beträgt. Dieses ist der 1 Theil Gold, von dem die 3 Theile Silber durchs Scheidewasser getrennt oder abgeschieden worden sind.

Gold wird nämlich vom Scheidewasser durchaus nicht angegriffen. Dieß geht so weit, daß das Gold selbst im Stande ist, geringere Mengen Silber vor der Auflösungskraft des Scheidewassers zu schützen. So kann man z. B. dem Gold, welches den vierten Theil Silber enthält, nicht völlig das Silber durch Scheidewasser entziehen; man muß ihm daher noch so viel Silber durch Schmelzen zusetzen, daß wenigstens das Verhältniß von 1 zu 3 heraus kommt, also 8. Das Scheidewasser kann also wohl Silber von Gold, aber nicht Gold von Silber scheiden.

Neuere Erfahrungen haben bei der Scheidung des Silbers vom Golde das Scheidewasser überflüssig gemacht. Man wendet anstatt desselben concentrirte Schwefelsäure an und hat dabei den Vortheil, daß sie in gußeisernen Gefäßen vorgenommen werden kann, indeß man sonst genöthigt war, in Glas zu arbeiten. Starke Schwefelsäure löst nämlich das Silber leicht bei Siedhitze auf, läßt aber das Gold zurück, welches davon ebenso wenig angegriffen wird, als das gußeiserne Gefäß.

Es ist (S. 167) gesagt worden, daß die Salpetersäure aus Stickstoff und Sauerstoff bestehe; dieß muß bewiesen werden. — Das Eisen giebt hiezu ein gutes Mittel an die Hand. Kommt es nämlich im glühenden Zustande mit dem Dampf von Salpetersäure in Berührung, so wird dieser gerade so zersetzt, wie es früher vom Wasserdampf erzählt worden ist (S. 4). Beim Wasserdampf ging der Sauerstoff an das Eisen und der Wasserstoff wurde frei, hier geht ebenfalls der Sauerstoff an das Eisen und der Stickstoff wird frei.

Man füllt, um dieß zu zeigen, in eine eiserne Röhre 108 Gran feine Eisendrehspäne, wägt die Röhre genau und macht sie in einem kleinen Windofen in der Mitte glühend. An das eine Ende der Röhre wird eine Retorte angekittet, worin sich 67½ Gran der oben (S. 168) erwähnten Salpetersäure von 1,500 Eigenschwere befinden. Das andere Ende steht mit einer im Wasser umgestürzten großen Flasche in Verbindung, um das Gas aufzufangen. Ist nun alles so vorgerichtet, so bringt man die Salpetersäure in der Retorte zum Kochen. Sie verwandelt sich dadurch in Dämpfe, und diese sind genöthigt, über das glühende Eisen zu gehen.

Hier angekommen, werden sie zersetzt. Das Eisen zieht d.n Sauerstoff an und der Stickstoff geht als Gas in die Wasserflasche.

Wenn endlich die Retorte leer geworden und das Gas sich in der Wasserflasche nicht mehr vermehrt, läßt man das Feuer ausgehen und wägt nach dem Abkühlen die Röhre mit dem Inhalte. Man wird finden, daß sie um 52 Gran an Gewicht zugenommen hat. Diese Zunahme rührt von dem Sauerstoff her, welcher in den $67\frac{1}{2}$ Gran Salpetersäure enthalten war, und zwar rühren 40 Gran Sauerstoff von den 54 Gran Säure und 12 Gran von den $13\frac{1}{2}$ Gran Wasser her, woraus die angewandten $67\frac{1}{2}$ Gran Salpetersäure (nach S. 168) bestehen. Zieht man nun 52 Gran von $67\frac{1}{2}$ Gran ab, so bleiben $15\frac{1}{2}$ Gran. Diese fehlen, denn sie sind als Stickgas und Wasserstoffgas in die Wasserflasche übergegangen.

Da wir nun schon wissen (nach S. 5 und 6), daß 9 Loth oder 9 Gran Wasser, über glühendes Eisen geleitet, nicht mehr und nicht weniger als 1 Loth oder 1 Gran Wasserstoffgas geben, so geben $13\frac{1}{2}$ Gran Wasser $1\frac{1}{2}$ Gran, und es müssen demnach jene $15\frac{1}{2}$ Gran Gas aus $1\frac{1}{2}$ Gran Wasserstoffgas und 14 Gran Stickgas bestehen, und folglich besteht die Salpetersäure, ohne Wasser gedacht, aus

14 Gran Stickstoff und
40 Gran Sauerstoff.

Dividirt man diese 40 Gran durch das Mischungsgewicht des Sauerstoffs, nämlich durch 8, so bekommt man 5. Die Salpetersäure enthält also 5 mal 8 oder 5 Mischungsgewichte Sauerstoff, also gerade so viel wie die Chlorsäure.

Hier drängt sich uns die merkwürdige Betrachtung auf, daß Wasserstoff und Kohlenstoff, die sich so gern und leicht durch Verbrennen mit dem Sauerstoff verbinden (S. 19 u. 38), doch nicht mehr als 2 Mischungsgewichte davon aufzunehmen vermögen, indeß Chlor und Stickstoff, die im Gaszustande völlig unverbrennlich sind, also das Sauerstoffgas abstoßen, dennoch unter Umständen über noch einmal so viel als jene beiden Körper aufnehmen. Dieß mag als Beweis dienen, wie viel bei der Darstellung chemischer Erzeugnisse auf gewisse Bedingungen ankommt, die unberücksichtigt oft das Entgegengesetzte von dem geben, was man eigentlich zu erzielen beabsichtigte.

Man kann wohl fragen, ob der Stickstoff, der in der Salpetersäure mit 5 Mischungsgewichten Sauerstoff verbunden ist, nicht auch Verbindungen eingehe mit 4, 3, 2 oder 1 Mischungsgewicht? Dieß geschieht allerdings und beweist auf Schönste den Satz, daß der Sauerstoff sich immer nur in dem Verhältniß von 8 mit vielen anderen Stoffen und so auch mit dem Stickstoff verbinde.

Erhitzt man 166 Gran trocknes salpetersaures Bleioxyd in einer Glasröhre, so wird alle Salpetersäure, welche in diesem Salz enthalten ist, zersetzt und es entwickeln sich 8 Gran Sauerstoffgas, die von 46 Gran rother Dämpfe begleitet sind. Diese Dämpfe sind nichts weiter als eine unvollkommene Salpetersäure, d. h. eine solche, der durchs Erhitzen mit Bleioxyd 8 Gran oder 1 Mischungsgewicht Sauerstoff entzogen worden sind. Daher heißt sie auch unvollkommene Salpetersäure oder s a l p e t r i g e S ä u r e. In ihr kommen demnach auf 1 Mischungsgewicht Stickstoff 4 Mischungsgewichte Sauerstoff; also in Zahlen ausgedrückt, sind in 46 Gran derselben

14 Gran Stickstoff und
32 Gran Sauerstoff

enthalten.

Körper, die im Stande sind, der Salpetersäure noch mehr als 8 Theile oder 1 Mischungsgewicht Sauerstoff zu entziehen, erzeugen die anderen Verbindungen des Stickstoffs mit dem Sauerstoff.

Uebergießt man z. B.

32 Gran Zink mit

219 Gran Salpetersäure von 1,21 Eigenschwere und

219 Gran Wasser,

so erfolgt ein Aufbrausen, das Zink zersetzt die Salpetersäure und entwickelt ein farbenloses, unsichtbares Gas, welches, genauen Versuchen zufolge, aus gleichen Mischungsgewichten Stickstoff und Sauerstoff besteht, oder wovon 22 Gran

14 Gran Stickstoff und

8 Gran Sauerstoff

enthalten. Hier hat das Zink also der Salpetersäure 4 Mischungsgewichte oder 32 Gran Sauerstoff entzogen.

Mann nennt dieses Gas Stickoxydulgas. Es hat Aehnlichkeit mit der gewöhnlichen Luft, die auch aus Stickstoff und Sauerstoff besteht, nur mit dem Unterschiede, daß es nicht, wie diese, zur Unterhaltung des Lebens dienen kann, obwohl ein brennendes Licht darin heller brennt, als in der Luft. Der Grund mag darin liegen, daß in der Luft Sauerstoff und Stickstoff nur gemengt und nicht verbunden sind, was aber im Gegentheil beim Stickoxydulgas der Fall ist, daher es den Lungen Mühe macht, den Sauerstoff aus diesem abzuscheiden, der in der Luft schon abgeschieden ist. Ein brennendes Licht scheint in dieser Hinsicht mehr Kraft zu besitzen, als die Lungen, da es fortbrennt.

Wenn man Salpeter, mit Schwefel gemischt, entzündet, so erhält man wieder eine andere Art von Stickstoff-Sauerstoffverbindung, die unter dem Namen Salpetergas oder Stickoxydgas bekannt ist. Dieses Gas besteht aus

14 Stickstoff und

2 mal 8 oder 16 Sauerstoff,

und hat keine Farbe, bekommt aber eine, wenn es mit der Luft in Berührung kommt, indem es sich dann in die rothen

Dämpfe der salpetrigen Säure verwandelt, wovon eben (S. 173) die Rede gewesen.

Dieses Gas ist für den Techniker wichtig, weil es die Darstellung der Schwefelsäure aus brennendem Schwefel möglich macht (S. 77), indem es dazu dient, der schwefligen Säure das eine Mischungsgewicht Sauerstoff, welches ihr noch fehlt, um vollkommene Schwefelsäure zu sein, aus der Luft zuzuführen, oder indem es die Sauerstoffung der schwefligen Säure mit Hülfe der Luft erleichtert (S. 77).

Außer diesen 4 giebt es nun noch eine 5te Verbindung des Stickstoffs mit dem Sauerstoff; sie heißt untersalpetrige Saure, weil sie ein Mischungsgewicht Sauerstoff weniger enthält, als die salpetrige Säure. Sie ist für den Techniker von keiner Bedeutung.

Diesem nach lassen sich die 5 Verbinduugen des Stickstoffs mit dem Sauerstoff als 5 verschiedene Sauerstoffungen betrachten, wo die eine sich in die andere verwandelt, wenn man ihr entweder ein Mischungsgewicht oder zwei ꝛc. Sauerstoff giebt oder nimmt, wovon folgende Uebersicht das deutlichste Beispiel giebt.

14 Stickstoff mit
8 Sauerstoff
22 Stickoxydul mit 8 Sauerstoff
30 Stickoxyd mit 8 Sauerstoff
38 untersalpetrige S.

38 untersalp. S. mit 8 Sauerstoff
46 salp. S. mit 8 Sauerstoff
54 Salpetersäure.

Der Nutzen der Salpetersäure ist beträchtlich und ihre Anwendung sehr mannigfaltig. Sie greift eine Menge Metalle an, löst sie auf und bildet mit ihnen salpetersaure Metallsalze.

Dieß geschieht nicht selten mit einer großen Heftigkeit. So geräth z. B. eine kalte Salpetersäure ins Kochen, wenn sie auf Kupfer, Zinn, Blei, Eisen gegossen wird und diese anfangen, sich darin aufzulösen. Man muß also vorsichtig sein, die Säure nur in kleinen Mengen auf die Metalle gießen, oder besser, diese in jene nach und nach eintragen, wenn man nicht die Gefäße zersprengen und seine Säure verlieren will.

Eine besondere Eigenthümlichkeit zeigt die sehr starke Salpetersäure von 1,500 Eigenschwere: sie äußert nämlich auf Zinn und Eisen gar keine Wirkung; indeß dieselbe Säure, mit Wasser verdünnt, beide Metalle sehr rasch auflöst. Es schließt sich diese Thatsache an die eben angeführte an: daß Gußeisen nicht von starker Schwefelsäure angegriffen wird, indeß die mit Wasser verdünnte es ebenfalls leicht auflöst.

Bei diesem Auflösen in verdünnter Salpetersäure wird man eine Menge rother Dämpfe gewahr werden, die einen starken, erstickenden Geruch verbreiten. Sie sind salpetrige Säure (S. 173) und entstehen dadurch, daß die Metalle einem Theil der Salpetersäure so viel Sauerstoff entziehen, daß Stickoxydgas entsteht, welches sich bei Luftberührung in salpetrige Säure verwandelt. In einem anderen Theil Salpetersäure erfolgt dann die Auflösung. Die Salpetersäure löst nämlich nur Metalle auf, die schon Sauerstoff enthalten, sie nehmen ihn daher von einem anderen Theil Salpetersäure, der dadurch zerstört wird. Blei entwickelt aus diesem Grunde rothe Dämpfe beim Auflösen in Salpetersäure, Bleioxyd oder Bleiglätte dagegen keine, weil letzteres schon ein mit Sauerstoff verbundenes Blei ist, folglich keinen mehr aufzunehmen braucht, um sich in der Salpetersäure aufzulösen. Im ersteren Fall wird demnach Salpetersäure zerstört, im letzteren nicht.

Dieß Verhalten verdient die ganze Aufmerksamkeit desjenigen, welcher salpetersaure Metallauflösungen im Großen bereitet und dadurch oft bedeutend an Salpetersäure verlieren oder sparen kann, je nachdem er darin Metalle auflöst, die schon Sauerstoff enthalten oder nicht.

Gesetzt, man wollte salpetersaures Blei machen, so kann man sich hiezu sowohl des Bleis als auch des Bleioxyds oder der Glätte bedienen. Was ist aber vortheilhafter? Glätte zu nehmen, wie sich folgendermaßen beweisen läßt. Man nehme 2 Gefäße, schütte in das eine 312 Gran Blei, in das andere 336 Bleiglätte oder Bleioxyd, gieße nun in jedes Glas 549 Gran einer Salpetersäure von 1,214 Eigenschwere; so wird man finden, daß das Blei, welches unter Entwickelung von rothen Dämpfen und Hitze stark angegriffen wird, sich, nachdem alles ruhig geworden, dennoch nicht ganz aufgelöst hat, sondern daß noch ein beträchtlicher Theil unaufgelöst zurückgeblieben ist; dieser verschwindet erst, wenn noch 183 Gran derselben Säure zugesetzt werden. Dagegen hat sich das Bleioxyd in den 549 Gran Säure vollkommen aufgelöst.

Man hat also, um 312 Gran Blei aufzulösen, 183 Gran Säure mehr gebraucht, als zum Auflösen von 336 Gran Bleioxyd oder Glätte erforderlich waren. Dampft man nun die beiden Bleisalzlösungen ab, so enthält man von beiden Auflösungen salpetersaures Blei in gleicher Menge und von gleicher Beschaffenheit. Man erleidet also einen Verlust von 25 Proc. an Salpetersäure, wenn man statt des Bleioxyds sich des Bleies zur Darstellung des salpetersauren Bleies bedient.

Was ist nun aber aus den 183 Gran Salpetersäure geworden? Sie haben dazu gedient, den 312 Gran Blei 24 Gran Sauerstoff abzugeben, und sie in 336 Gran Bleioxyd zu verwandeln, die dann in den 549 Gran Salpetersäure sich auflösten. Das Gas, welches sich in rothen Dämpfen entwickelte und davon ging, war ursprünglich Salpetergas (S. 174), entstanden aus der zersetzten Salpetersäure.

Das hier angegebene Beispiel vom Blei läßt sich noch auf viele andere Metalle anwenden, deren Auflösung in Salpetersäure in den Künsten und Gewerben gebraucht wird, z B. auf Zinn, Kupfer 2c. Kann man von diesen Metallen die Oxyde oder sogenannten Aschen rein haben, z. B. Zinnasche, Kupferhammerschlag, so thut man gut, sich dieser zum Auflösen in der Salpetersäure zu bedienen. Denn dieselbe Ersparung an Säure findet auch hier im Allgemeinen statt.

Darauf, daß die Salpetersäure das Kupfer und Eisen leicht auflöst, gründet sich das Aetzen in Kupfer und Stahl. Die Platten werden warm mit einem Aetzgrund aus

2 Loth Wachs,
2 Loth Asphalt und
1 Loth Pech

überzogen, und nach dem Erkalten wird mit einer Radirnadel die Zeichnung, welche man vertieft in das Kupfer geätzt haben will, in den Aetzgrund eingegraben, so daß an diesen Stellen das blanke Kupfer zum Vorschein kommt. Gießt man nun Salpetersäure auf die Platte (die man mit einem Wachsrand umgeben hat, damit die Säure nicht abläuft), so löst diese an den Stellen, wo der Aetzgrund weggenommen worden, das Kupfer auf, indeß sie da, wo noch Aetzgrund ist, das Kupfer nicht berührt, also auch nicht auf dasselbe einwirken kann.

Mit sehr viel Glück hat man dieß auch in neuerer Zeit zur Hervorbringung von Zeichnungen 2c. auf Stahlplatten benutzt, und das Gelingen ist um so wichtiger, weil solche Platten sich beim Abdrucken fast gar nicht abnutzen, folglich die Abdrücke immer dieselben bleiben, was bei Kupferplatten nicht der Fall ist, die bekanntlich immer stumpfer werden.

Die Stahlplatten werden ebenso mit Aetzgrund überzogen, wie die Kupferplatten, und der Aetzgrund ebenso mit der Radirnadel weggenommen, aber das Aetzen geschieht nicht mit reiner Salpetersäure, indem diese zu stark und zu schnell das Eisen angreift, sondern mit einem salpetersauren Salze, welches der Stahl zu zersetzen im Stande ist, z. B. mit salpetersaurem Kupferoxyd.

Kommt Stahl mit der Auflösung dieses Salzes in Berührung, so löst er sich in der Salpetersäure desselben auf, wodurch das Kupfer, welches es enthält, ausgeschieden wird. Dieser Umstand fordert Aufmerksamkeit bei der Anwendung, die vorzüglich darin besteht, daß man mit einem feinen Haarpinsel auf der mit der Kupferauflösung übergossenen Platte hin und her fährt, um das auf der Zeichnung niedergeschlagene Kupfer zu entfernen. Sonst würde dieses die fernere Einwirkung der Flüssigkeit verhindern.

Von der Schwefelsäure ist es (S. 97) angemerkt, daß sie Pflanzen- und Thierstoffe zerstört. Die Salpetersäure thut dieß gleichfalls, nur sind die Erscheinungen hiebei verschieden. Wenn starke Schwefelsäure mit den genannten Stoffen in Berührung kommt, färbt sie sie schwarz, Salpetersäure dagegen meistens gelb. Diese Einwirkung ist oft von starker Erhitzung, ja selbst Entzündung begleitet. Bringt man Kork oder Kohlen in den heißen Dampf von Salpetersäure, wie er sich z. B. bei der Destillation dieser Säure (S. 176) entwickelt, so entzünden sie sich mit heller Flamme. Dieß macht der Sauerstoff, den die Salpetersäure enthält (S. 176).

Die Wirkung der Salpetersäure auf Wolle hat man zum Gelbfärben derselben benutzt. In ein Gemisch von

2 Pfund Salpetersäure von 1,288 Eigenschwere und
8 Pfund Wasser werden
10 Pfund Wolle
48 Stunden lang bei 25—30° R.

eingeweicht, dann ausgedrückt und gespült. Die Farbe ist blaßgelb, wird aber orange, wenn man sie nun noch mit einer Auflösung von

2 Pfund Potasche in
8 Pfund Wasser

auf dieselbe Weise behandelt. Die Farbe kommt theurer zu stehen, als die gewöhnlichen, ist aber auch ächter.

Alle blauen Pflanzenfarben färbt die Salpetersäure roth, wie es auch Schwefelsäure und Salzsäure thun, auch selbst, wenn sie sehr mit Wasser verdünnt sind. Daher dienen diese Farben, namentlich der Lackmus, um zu erfahren, ob Flüssigkeiten sauer sind. Hievon ist jedoch der Indig ausgenommen, den schwache Salpetersäure gar nicht verändert, und starke die blaue Farbe in eine gelbe verwandelt. Hierauf gründet sich die Hervorbringung gelber Muster auf blauen, mit Indig gefärbten Tischdecken. Die Farbe besteht dann aus beiderlei Gelb: aus dem, welches die Wolle für sich und dem, welches der Indig giebt. Es wird dicker Stärkekleister kalt mit Salpetersäure vermischt und auf die gewöhnliche Weise mittelst hölzerner Druckformen das Muster auf die Decken gedruckt. Läßt man sie nun, noch ehe das Muster trocken geworden, über eine heiße Kupferplatte gehen, so erscheint das Muster schön gelb. Die Anwendung des Wasserdampfs ist hier aber der der Kupferplatte vorzuziehen. Die Decken brauchen nur 10 Minuten zu dämpfen, und die Farbe bekommt viel mehr Feuer, wird auch weicher. Bei Darstellung dieses Artikels ist große Vorsicht nöthig, weil es sich sonst ereignen kann, daß man, statt schöner Muster, Löcher bekommt. Nach der Feinheit des Tuches und der Dunkelheit der Farben richtet sich die Menge der zum Ausätzen anzuwendenden Salpetersäure.

Indigblau mit

45 Salpetersäure.

Auch Seide bekommt davon eine ächte gelbe Farbe,

besonders bei Anwendung eines gewissen Hitzgrades. Sie wird ebenso wie die Wolle bedruckt und dann nur eine sehr kurze Zeit (etwa 2 Minuten) gedämpft. Durch Eintauchen in eine schwache Natronlauge wird die Farbe dunkler.

Auch andere thierische Stoffe werden unter ähnlichen Umständen gelb gefärbt, z. B. Federn, und zwar durch höchst geringe Mengen Salpetersäure. Da nun keine andere Säure ein ähnliches Verhalten zeigt, so liegt es sehr nahe, dieß als ein Unterscheidungsmittel oder als ein Reagens auf Salpetersäure zu benutzen. Man erhitzt eine Porzellanplatte mit Dampf (zu 80° R.), bringt einen Tropfen der auf Salpetersäure zu prüfenden Flüssigkeit darauf und wirft die Spänchen von einem Federkiel auf den Tropfen. Diese nehmen schnell eine gelbe Farbe an, wenn auch nur äußerst wenig Salpetersäure vorhanden war.

Auch Salze und Salzgemische kann man auf diese Weise untersuchen, um zu erfahren, ob sie salpetersäurehaltig sind. Man löst sie in reiner Salzsäure auf und verfährt dann mit dieser Flüssigkeit, wie es so eben angegeben.

Die Salpetersäure zerstört die gelbe Farbe des Wachses, so daß sie, vorsichtig angewendet, zum Bleichen desselben dienen kann. Zu dem Ende wendet man aber nicht gewöhnliche Salpetersäure, sondern ein salpetersaures Salz und Schwefelsäure an, weil dieß langsamer und sicherer wirkt. Nach einer solchen Vorschrift soll man

16 Pfund gelbes Wachs mit
2 Pfund salpetersaurem Natron

schmelzen und nach und nach ein Gemisch aus

1 Pfund Schwefelsäure und
9 Pfund Wasser

in einem geräumigen Gefäße hinzusetzen, weil das Gemenge sehr schäumt und steigt, indem man gleichzeitig eine gelinde Wärme anwendet. Das Wachs verliert unter diesen Umständen rasch die Farbe und wird zu wiederholten Malen ausgewaschen, um die Salze und die Säure zu entfernen.

Ob ein so gebleichtes Wachs gute Wachslichte giebt, ist die große Frage, auch möchte diese Bleichart gegen die gewöhnliche viel zu theuer kommen wegen der verhältnißmäßig großen Menge salpetersauren Natrons.

Sehr wenig Salpetersäure, mit sehr viel heißem Leinöl vermischt, verwandelt dieses schnell in einen leichttrocknenden Firniß. Man darf daher auf

3500 Pfund Leinöl nur

1 Pfund Salpetersäure

in Anwendung bringen, also auf 1 Centner Oel etwa 1 Loth Säure. Die gleichförmige Mischung so ungleicher Mengen hat aber große Schwierigkeiten. Man muß daher erst die Säure mit einigen Pfunden Oel kalt mengen und dieses dann dem heißen Oel zusetzen.

Die Wirkung, welche die Salpetersäure in allen diesen Fällen auf organische, besonders Pflanzenstoffe übt, beruht darauf, daß ihnen Wasserstoff entzogen wird, der mit dem Sauerstoff der Salpetersäure sich zu Wasser vereinigt. Daher entwickelt sich neben dem Stickoxydgas kein Kohlensäuregas. Dagegen wirkt die salpetrige Säure anders. Sie oxydirt außer dem Wasserstoff auch den Kohlenstoff, und es entwickelt sich daher ein Gemenge von Stickgas und Kohlensäuregas. Bringt man daher rauchende Salpetersäure, welche eine Verbindung von Salpetersäure und salpetriger Säure ist, in Anwendung, so hat man die vereinte Wirkung beider.

Die Salpetersäure ist, wie sie im Handel vorkommt, von einer verschiedenen Stärke, d. h. sie ist mehr oder minder mit Wasser verdünnt oder geschwächt. Der Grad dieser Verdünnung kann, wie bei der Schwefelsäure und Salzsäure, durch ihr specifisches Gewicht oder die Eigenschwere ausgemittelt werden. Diese giebt den Maaßstab für ihre Stärke und Schwäche an, die wir bei den andern Säuren und so auch hier das Mischungsgewicht nennen. Die Mischungsgewichte verschieden starker oder verdünnter Säuren stehen im geraden Verhältniß mit der Verdünnung und daher im umgekehrten mit der Eigenschwere. Denn mehr Wasser macht die Säure leichter und schwächer, weniger Wasser macht sie schwerer und stärker. Im ersten Fall ist die Eigenschwere geringe, aber das Mischungsgewicht groß, im letzteren dagegen die Eigenschwere groß und das Mischungsgewicht geringe.

Diesem zufolge ist es erklärlich, wie von einer Salpetersäure, welche auf 54 Gran wasserfreier Säure $13\frac{1}{2}$ Gran Wasser enthält (S. 175), 1500 Gran in ein Glas hineingehen, welches nur 1000 Gran Wasser aufnehmen kann, indeß von einer anderen Salpetersäure, welche auf 54 Gran Säure 129 Gran Wasser enthält, nur 1214 Gran in dasselbe Glas zu bringen sind.

Die verschiedene Stärke beider Säuren wird nun durch diese Zahlen angezeigt; man nennt sie, wie dieß schon bei der Schwefelsäure (S. 93) auseinander gesetzt worden, ihre Eigenschwere, so daß also die erstere Säure

eine Eigenschwere = 1,500 und
ein Mischungsgewicht = 67,50 (oder $67\frac{1}{2}$)

hat, die letztere dagegen

eine Eigenschwere = 1,214 und
ein Mischungsgewicht = 183.

Das Mischungsgewicht beider Säuren ist darum so verschieden, weil der Wassergehalt beider so verschieden ist, und sich der der ersteren Säure zu dem der zweiten verhält, wie $13\frac{1}{2}$ zu 129, wenn man die reine, wasserfreie Säure in ihnen gleich oder zu 54 setzt. Da nun das Wasser, welches in der Salpetersäure enthalten ist, keine saure Wirkung hat, sondern nur ihre Eigenschwere vermindert, so begreift man, daß eine wässerige Säure oder eine von geringerer Eigenschwere nur dann in ihren Wirkungen einer stärkern oder einer von größerer Eigenschwere gleich kommt, wenn man davon so viel mehr anwendet, als sie mehr Wasser als diese enthält. Um dieß immer genau zu wissen, dient die folgende Tabelle, die eben so gebraucht wird, wie es bei der Schwefelsäure und Salzsäure (S. 95 und 156) angegeben ist.

Tabelle der Mischungsgewichte für Salpetersäuren von verschiedener Eigenschwere.

Eigenschwere.	Mischungsgewicht.
1,500	67,50
1,494	69,85
1,485	72,08
1,476	74,46
1,467	76,99
1,457	79,71
1,446	82,62
1,434	85,81
1,422	89,15
1,410	92,81
1,397	96,79
1,383	101,14
1,368	105,75
1,352	111,09
1,337	116,83
1,321	122,97
1,305	130,30
1,288	138,28
1,270	147,29
1,252	157,57
1,234	169,38
1,214	183,18
1,195	199,33
1,177	218,62
1,158	242,04
1,140	271,08
1,122	308,10
1,105	356,43
1,087	424,64

Einige Beispiele werden den Gebrauch dieser Tabelle aufs Klarste ins Licht setzen.

Gesetzt, man habe es mit 3 Säuren zu thun. So bestimmt man erst auf die bereits (S. 93) angegebene Weise die Eigenschwere derselben. Angenommen, diese sei bei der Säure N. 1 = 1,476; bei der Säure Nr. 2 = 1,397; bei der Säure N. 3 = 1,234. Jetzt sucht man in der Tabelle das Mischungsgewicht (M. G.) für diese 3 Säuren. Man findet für die Säure

Nr. 1 von 1,476 Eigenschwere das M. G. = 74,46,
Nr. 2 von 1,397 Eigenschwere das M. G. = 96,79,
Nr. 3 von 1,234 Eigenschwere das M. G. = 169,38.

Wodurch nun aufs bestimmteste angezeigt ist, daß man von der Säure

Nr. 1 $74\frac{46}{100}$ Pfund,
Nr. 2 $96\frac{79}{100}$ Pfund,
Nr. 3 $169\frac{38}{100}$ Pfund,

und nicht mehr und nicht weniger nöthig hat, um eine bestimmte Basis zu sättigen oder um ein Metalloxyd aufzulösen.

Eine solche Basis enthält z. B. der Marmor, der sich ebenso, wie bei der Salzsäure (S. 158), auch hier dazu eignet, den Säuregehalt einer mit Wasser versetzten Salpetersäure chemisch zu bestimmen. Sie verbindet sich mit dem Kalk desselben und treibt die Kohlensäure unter Aufbrausen aus, was eine Auflösung des Marmors zur Folge hat. Eine Säure von großer Eigenschwere, z B. die von 1,476, wird daher viel mehr Marmor auflösen, als eine von geringer, z. B. die von 1,234 Eigenschwere; und die von 1,397 Eigenschwere wird das Mittel halten. Oder mit andern Worten: man wird, um gleiche Mengen, z. B. 50 Pfund Marmor, aufzulösen, von der starken Säure (Nr. 1) nur 74 Pfund, von der schwachen (Nr. 3) 169 Pfund und von der mittleren (Nr. 2) 96 Pfund nöthig haben, wie sich dieß aus den in der Tabelle enthaltenen Zahlen ergiebt (wobei hier der Kürze wegen die Brüche weggelassen sind).

Mit Bleioxyd, Kupferoxyd und allen anderen Oxyden, welche sich, ohne zersetzend auf die Salpetersäure zu wirken, darin auflösen, findet ein ganz ähnliches Verhalten statt, wie es denn auch nicht anders sein kann.

So bequem es auch ist, die Güte einer Salpetersäure nach ihrer Eigenschwere zu bestimmen, so darf man ihr doch auch kein unbedingtes Vertrauen schenken. Betrügerische Fabrikanten können die Eigenschwere leicht vermehren, indem sie in einer schwachen Säure Salpeter auflösen. Hier ist nun eine Gegenprobe mit Marmor an ihrer Stelle. Auch kann man Etwas von einer solchen verdächtigen Säure abdampfen, wobei kein Rückstand bleiben darf, bleibt einer, so ist sie verfälscht oder verunreinigt.

Die Salpetersäure äußert auf die Metalle eine sehr bedeutende Einwirkung, und die meisten verwandelt sie unter heftigem Aufbrausen, Erhitzen und Entwickelung von rothen Dämpfen erst in Oxyde (S. 11) und dann in salpetersaure Salze. Nur Gold und Platin werden unter keiner Bedingung und bei keinem Wärme- oder Hitzgrade davon angegriffen. Geschieht es dennoch, so ist dieß nur ein Beweis, daß die Salpetersäure nicht rein, sondern mit Salzsäure gemischt ist, in welchem Fall nämlich Königswasser entsteht, welches diese beiden Metalle sehr leicht auflöst.

Uebergießt man ferner Zinn mit einer Salpetersäure von 1,400 Eigenschwere, so entwickeln sich unter starker Erhitzung eine Menge rother Dämpfe und das Zinn verwandelt sich in ein weißes Pulver (Zinnoxyd), aber man erhält keine Auflösung von salpetersaurem Zinn. Weil das Zinnoxyd, welches unter diesen Umständen durch die heftige Wechselwirkung zwischen Säure und Zinn gebildet wird, in der übrigen Salpetersäure völlig unauflöslich ist. Man muß daher, um ein gutes salpetersaures Zinn darzustellen, eine Säure von 1,130 — 1,120 Eigenschwere anwenden, und zwar muß man nicht die Säure auf das Zinn schütten, sondern das Zinn in die Säure nach und nach eintragen, weil im ersteren Fall, wo viel Zinn mit wenig Säure zusammen kommt, die Erhitzung und folglich die Einwirkung zu stark sein würde. Kommt dagegen wenig Zinn in viel Säure, wie im letzteren Fall, wo man das Zinn nach und nach einträgt, so kann sich die Wärme nicht so vermehren, weil sie sich in der Säure vertheilt.

Es ist oben bemerkt worden, daß nur das Königswasser das Gold und Platin aufzulösen im Stande sei. Dieses entsteht, wenn man

2 — 3 Pfund Salzsäure und
1 Pfund Salpetersäure

zusammen mischt, und seine Wirkung auf Gold und Platin ist um so merkwürdiger, da auch die Salzsäure für sich, gerade so wie die Salpetersäure, ohne alle Wirkung auf beide Metalle ist.

Wegen seiner Zusammensetzung nennt man das Königswasser auch Salpetersalzsäure, und seine Wirkung beruht darauf, daß es freies Chlor enthält, welches sich dadurch bildet, daß einem Theil Salzsäure durch den Sauerstoff der Salpetersäure Wasserstoff entzogen und dadurch das Chlor frei gemacht wird.

Dieses Chlor entsteht durch eine Wechselzersetzung der beiden Säuren, wie dieß schon oben, S. 176, bei der Reinigung der Salpetersäure durch Destillation, angegeben ist.

Nicht selten nehmen die Goldarbeiter zur Bereitung des Königswassers anstatt der Salzsäure Salmiak. Dieser leistet auch dieselben Dienste, kann aber gefährlich werden, wenn eine damit bereitete Goldauflösung abgedampft wird. Es bildet sich nämlich unter diesen Umständen Knallgold.

Endlich ist noch die rauchende Salpetersäure zu

erwähnen. Setzt man eine wasserhelle, starke Salpetersäure längere Zeit der Einwirkung der Sonnenstrahlen aus, so färbt sie sich roth und stößt einen rothen Dampf aus. Eine solche Säure heißt rauchende Salpetersäure und besteht aus vollkommener Salpetersäure und der (S. 176) erwähnten salpetrigen Säure. Durch Erwärmen wird nämlich diese in rothen Dämpfen ausgetrieben und die wasserhelle Salpetersäure bleibt zurück.

Der Grund dieser Veränderung ist leicht einzusehen. Die Sonnenstrahlen zersetzen einen Theil der Salpetersäure und verwandeln diesen durch Entziehung von 1 Mischungsgewicht Sauerstoff in salpetrige Säure, die nun die unzersetzte Salpetersäure roth färbt und mit Dampf erfüllt. Diese Säure wird aus 8 Salpeter und 5 Vitriolöl künstlich dargestellt.

Bisher sind die Wirkungen der Salpetersäure abgehandelt worden, welche sie im mit Wasser verbundenem Zustande ausübt. Ganz anders sind die der trocknen Säure, ohne Dazwischenkunft des Wassers. Da man aber die Salpetersäure nicht unmittelbar, sondern nur dadurch vom Wasser befreien kann, daß ein anderer Stoff, z. B. Kali, an seine Stelle tritt, so spielt dieser Stoff dabei auch eine Rolle und ändert die Wirkungen ab, die die Salpetersäure für sich allein hervorgebracht haben würde. Dieser Einfluß kommt daher im Folgenden in Betracht, wo vorzugsweise vom salpetersauren Kali die Rede ist.

Dieses Salz, welches gewöhnlich Salpeter heißt, entsteht auf die bereits (S. 167) angegebene Weise, und wird auch stets künstlich gebildet, wenn man Kali mit Salpetersäure sättigt und die Flüssigkeit krystalliren läßt.

Das salpetersaure Kali zeigt in seinem Verhalten zu anderen Körpern mit dem chlorsauren Kali die größte Aehnlichkeit. Dieß kommt daher, weil

1 M. G. oder 101 Pfund salpetersaures Kali
6 M. G. oder 48 Pfund Sauerstoff

enthalten, gerade so, wie das chlorsaure Kali (S. 145). Aber es wirkt minder rasch und minder heftig als dieses, weil es beim Reiben mit brennbaren Körpern gar nicht zersetzt wird und beim Erhitzen für sich nur 5 M. G. Sauerstoff verliert (1 M. G. bleibt im Kali zurück) und diese zugleich noch theilweise, mit dem Stickstoff verbunden, entweichen, so daß sie nicht ganz frei wirken können. Daher kann man den Salpeter ohne alle Gefahr mit Schwefel und Kohle trocken zusammen reiben, wenn nur das Feuer gehörig entfernt gehalten wird.

Eben ist angeführt worden, daß 1 M. G. oder 101 Pfund salpetersaures Kali 6 M. G. oder 48 Pfund Sauerstoff enthalten; es fragt sich, wo diese Menge Sauerstoff herkomme? Diese kommt größtentheils von der Salpetersäura, welche, wie bereits (S. 167 und 168) bewiesen worden, in

1 M. G. oder 54 Pfund
5 M. G. oder 40 Pfund Sauerstoff

enthält. Das 6te M. G. Sauerstoff ist im Kali enthalten, welches, wie wir bereits (S. 145) wissen, in

1 M. G. oder $47\frac{2}{10}$ Pfund
1 M. G. oder 8 Pfund Sauerstoff

enthält.

Hieraus ergiebt sich nun auch ganz ungezwungen das Verhältniß von Kali und Salpetersäure im salpetersauren Kali. Es besteht nämlich aus

1 M. G. oder $47\frac{2}{10}$ Pfund Kali und
1 M. G. oder 54 Pfund Salpeters., was zusammen

addirt die Summe $101\frac{2}{10}$ giebt, welche das Mischungsgewicht für das salpetersaure Kali ausdrückt und aufs genaueste anzeigt, in welchem Verhältniß man dieses Salz mit anderen Salzen, mit Säuren oder anderen Stoffen mischen muß, wenn eine vollständige chemische Zersetzung erfolgen soll.

Das Schießpulver giebt uns sogleich einen Beweis von der Nützlichkeit einer solchen Kenntniß. Ein gutes Schießpulver, nach richtigen chemischen Grundsätzen bereitet, besteht aus

1 M. G. oder 101 Loth salpetersaurem Kali,
3 M. G. oder 18 Loth Kohle und
1 M. G. oder 16 Loth Schwefel,

die nach gehörigem Pulvern gemischt und zu Schießpulver gekörnt werden.

Die Kraftentwickelung eines solchen Gemisches, wenn es im eingeschlossenen Raum entzündet wird, beruht nun darauf, daß die 18 Loth Kohle dem salpetersaurem Kali die 48 Loth Sauerstoff (S. 189) entziehen und damit 66 Loth Kohlensäure bilden. Hiedurch werden nun gleichzeitig aus den 54 Loth Salpetersäure (welchen durch die Kohle die 40 Loth Sauerstoff entzogen worden sind) 14 Loth Stickstoff frei gemacht, so daß also auf einmal von 135 Loth Schießpulver 80 Loth (66 Kohlensäure und 14 Stickstoff) aus dem festen Schießpulver sich losreißen und sich in ein Gas verwandeln, das einen mehrere tausend mal größeren Raum einnimmt, als im Pulver. Bedenkt man nun, mit welcher Schnelligkeit dieß geschieht, und erwägt zugleich, daß alles, auch die entwickelten Gase, sich in einem glühenden Zustande befindet, so wird man sich von den Kraftäußerungen dieses Gemisches einen Begriff machen können.

Der Schwefel verbindet sich bei diesem Vorgang mit dem Kalimetall und hilft den Dampf des Schießpulvers beim Abfeuern mit bilden, und eben so mit überflüssiger Kohle den schwarzen Schmutz, der die Flinte veunreinigt.

Da nicht alles Schießpulver nach den Gesetzen der chemischen Mischungen oder nach Mischungsgewichten bereitet wird, indem verschiedene Mischungen verschiedene Wirkungen hervorbringen, so ist es gut, die Art und Weise zu kennen, wie man ein Pulver auf seinen Gehalt an Salpeter, Kohle und Schwefel untersucht.

Man rührt eine genau gewogene Menge eines vorsichtig getrockneten Pulvers mit heißem Wasser an, bringt es auf ein genau gewogenes Filter von Löschpapier und gießt so lange warmes Wasser darauf, bis kein Salpeter mehr aufgelöst wird. Der schwarze Rückstand wird nun getrocknet und gewogen. Das Fehlende zeigt die Menge Salpeter an, welche im Pulver enthalten war. Jetzt kocht man den schwarzen Rückstand mit Aetzlauge, um den Schwefel aufzulösen, filtrirt wieder, wäscht die zurückbleibende Kohle wohl mit Wasser, trocknet und wiegt sie. Das Gewicht zeigt die Menge Kohle an, welche in der abgewogenen Menge Schießpulver enthalten war, das Fehlende dagegen die Menge des Schwefels.

Da schwefligsaure Salze, z. B. schwefligsaures Natron, leicht Schwefel auflösen, so kann man sich desselben auch statt der Kalilauge zum Auflösen des Schwefels bedienen. Man hat dabei den Vortheil, daß sich die so äußerst fein zertheilte Kohle leichter absetzt und durchs Filter trennen läßt. — Ob eine solche Kohle ganz entschwefelt ist, erfährt man dadurch, daß man etwas in einer engen Glasröhre erhitzt, wobei der etwa noch vorhandene Schwefel in gelben Dämpfen zum Vorschein kommen wird.

Es kommen bei Metallarbeiten Fälle vor, wo man die Metalle mit Salpeter und Potasche glüht; hier muß man sich wohl hüten, Schwefel hinzuzubringen, denn dann entsteht ein Gemisch, welches man Knallpulver nennt, weil es in der Hitze mit einem heftigen Knall verpufft.

Auch ist Vorsicht nothwendig, wenn man Metalle durch glühenden Salpeter verkalken oder oxydiren will. Selbst

Salpeter, der so lange geglüht worden, daß er kein Sauerstoffgas mehr ausgiebt, bewirkt dennoch, wenn man ein Stück Zink damit in Berührung bringt, eine heftige Verpuffung und gefahrvolles Herumschleudern der Masse.

Die Salpetersäure in salpetersaurem Kali wird durch brennbare Körper zerstört, wie dieß schon das oben angeführte Beispiel mit dem Schießpulver beweist; aber auch umgekehrt werden brennbare Körper, z. B. Kohle, Gummi, Oel 2c., dadurch ebenfalls zerstört. Hierauf beruht der Porzellan-Kupferdruck.

Es wird nämlich das Papier, worauf die Kupferabdrücke mit einer im Feuer verglasbaren Farbe (z. B. aus Kobalt, Braunstein 2c.) gemacht worden, vorher mit einer Auflösung von

6 Loth Salpeter in
60 Loth Wasser

getränkt, damit der Salpeter, beim nachherigen Brennen des Porzellans mit dem genau aufgepaßten Papier, die Kohle des Papiers vollkommen verzehre, so daß nichts als der Kupferstich (mit unverbrennbarer Farbe gedruckt) übrig bleibt. Das Kali des Salpeters dient hier zugleich als Schmelzmittel.

Auf ähnlichen Gründen stützt sich das Verfahren, welches schon die Alten kannten, Dochte ohne Rauch brennen zu machen. Man löste Salpeter in Essig und tränkte damit die Dochte. Die Sache taugt aber nichts, weil sich eine harte Kruste von Kali oben am Dochte bildet, daher ein solches Licht sehr schlecht brennt und leuchtet.

Der Salpeter dient zur Darstellung der Salpetersäure, wie bereits (S. 167) gezeigt worden, auch ist daselbst angeführt, wie man ihn zu diesem Zwecke reinigt. Um gute Salpeterkrystalle aus rohem Salpeter zu erhalten, bedient man sich eines Kunstgriffs, der vielleicht auch bei anderen Salzkrystallisationen anwendbar ist. Man löst nämlich den rohen Salpeter, statt in gewöhnlichem Wasser, in heißem Kalkwasser auf. Die Krystalle, die aus einer solchen Lauge anschießen, fallen viel größer, reiner und schöner aus. Der Kalk dient dazu, die Pflanzenstoffe, welche der rohe Salpeter enthält, abzuscheiden und niederzuschlagen.

Eine Auflösung von Salpeter in Wasser krystallisirt sehr leicht, besonders, wenn man schon gebildete Salpeterkrystalle in dieselbe bringt. Die Wirkung solcher Krystalle ist von einem solchen Umfange, daß dadurch fremde Salze, z. B. Glaubersalz, wenn damit die Salpeterauflösung verunreinigt ist, verhindert werden, sich abzuscheiden, und daher so lange aufgelöst bleiben, bis der Punkt gekommen ist, wo kein Salpeter mehr anschießt. Erst dann krystallisiren auch diese Salze.

Auch bei vielen anderen Salzen findet dieses Verhalten statt, und die Weinbauer kennen es sehr gut. Am Rhein bringt man junge Weine in Butten, auf deren Boden sich 50—60 Pfund Weinstein befinden, weil dieser die Abscheidung des Weinsteins aus dem jungen Weine bewirkt und zwar um so mehr, je mehr die Butten Weinstein enthalten. Befolgt man dieß Verfahren nicht, so bleibt der Wein viel saurer; daher läßt sich der Weinbauer um keinen Preis den Weinstein aus seinen Butten ausschlagen.

Wenn sich Salpeter in Wasser auflöst, entsteht eine bedeutende Kälte. Diese wird noch mehr vermehrt, wenn man eben so viel Salmiak hinzusetzt.

100 Pfund kaltes Wasser (von 12° R.) lösen 20 Pfund Salpeter auf. Kocht man dagegen Wasser mit einer hinlänglichen Menge Salpeter, so steigt die Hitze bis auf 91° R., und das Wasser löst so viel auf, daß 174 Pfund einer solchen Auflösung 74 Pfund Salpeter enthalten, so daß sich beim Erkalten bis auf 12° R. 54 Pfund Salpeter in Krystallen wieder abscheiden.

Eine durch Kochen gesättigte Salpeterauflösung kann

demnach dazu dienen, um Stoffe 2c. bis auf 91° R. zu erhitzen.

Das salpetersaure Natron, welches man auch Chilisalpeter, Südseesalpeter und Natronsalpeter nennt, war früher als Naturprodrukt kaum bekannt, ist dagegen jetzt ein bedeutender Handelsartikel. Er ist viel wohlfeiler im Preise als der ostindische oder Kalisalpeter, und giebt auch viel mehr aus als dieser, indem man mit

85 Pfund Natronsalpeter

dasselbe auszurichten im Stande ist, wozu

101 Pfund Kalisalpeter

erforderlich sind, denn es besteht der Natronsalpeter aus

1 M. G. oder 54 Pfund Salpetersüure und

1 M. G. oder 31 Pfund Natron;

er enthält also dieselbe Menge Salpetersäure in 85 Pfunden, die in 101 Pfund Kalisalpeter enthalten sind (vergl. S. 189).

Krystallwasser enthält dieß Salz ebenso wenig, wie der Kalisalpeter, es zieht aber aus einer feuchten Luft das Wasser an und nimmt dadurch an Gewicht zu. Kalisalpeter thut dieß nicht, es sei denn, er enthielte Natronsalpeter, wovon schon ½ Proc. hinreichend ist, eine merkliche Gewichtzunahme zu bewirken.

Hierauf hat man sehr mit Recht eine Salpeterprobe gegründet, die sich wegen ihrer Einfachheit empfiehlt, daher von Jedem leicht ausgeführt werden kann. Es wird dazu aber ein ganz reiner Kalisalpeter erfordert, den man sich entweder aus ostindischem Rohsalpeter oder aus reinem Kali und Salpetersäure direkt bereitet. Dieser dient dann bei der Prüfung eines käuflichen Salpeters als Gegenprobe.

Das Verfahren ist dieses. Beide Sorten Salpeter werden zu einem feinen Pulver zerrieben und bei 80° R. getrocknet. Hierauf wiegt man von jeder Sorte 1000 Gran ab, breitet sie in zwei gleich große flache Porzellanschalen aus, stellt sie in ein hölzernes Gefäß, auf dessen Boden sich Wasser befindet, und bedeckt es mit Leinwand und diese mit einem Deckel. Nach einigen Tagen wägt man den Inhalt beider Schalen. Ist er gleich schwer, so ist der käufliche Salpeter als rein zu betrachten. Hat er dagegen in der einen an Gewicht zugenommen, so rührt dieß vom Natronsalpeter her, und die Probe Salpeter ist um so schlechter, je größer diese Gewichtzunahme ist.

Ein Gehalt an salpetersaurem Kalk giebt sich auf gleiche Weise kund; da dieser sogar in feuchter Luft vollständig zerfließt. Also auch für das Dasein dieses Salzes gilt die obige Probe.

Beim Einkauf dieses Salzes ist auch noch die häufig vorkommende Verfälschung mit Kochsalz zu berücksichtigen. Man erfährt sein Vorhandensein und bestimmt die Menge durch salpetersaures Silberoxyd. 1000 Gran Natronsalpeter werden in Wasser aufgelöst und so lange mit der Auflösung des genannten Silbersalzes versetzt, als noch der S. 161 erwähnte weiße, käsige Niederschlag von Chlorsilber sich bildet. Dann bringt man nach einiger Ruhe den Niederschlag auf ein gewogenes Filter, wäscht ihn aus, trocknet und wägt ihn, und berechnet nach der Menge den Kochsalzgehalt, indem durch

144 Gran Chlorsilber
59 Gran Kochsalz

angezeigt sind. — Schwefelsaure Salze entdeckt und bestimmt man durch Chlorbarium (S. 87).

Bei der Bereitung der Schwefelsäure (S. 77) und zur Darstellung der Salpetersäure (S. 168), so wie beim Schmelzen der edlen Metalle und als Zusatz zum Glase und der Glasur kann der Natronsalpeter vollkommen den Kalisalpeter vertreten, nicht so beim Schießpulver. Das damit bereitete ist von viel schwächerer Wirkung. Dieß kommt daher, weil es eine 3 mal längere Zeit zum Verbrennen braucht, als Ka'isalpeter-Schießpulver. Ein Verhalten, welches dieses Salz aber dafür auch sehr anwendbar zu Feuerwerken macht. Ein Gemisch aus

5 Loth salpetersaurem Natron,
1 Loth Schwefel und
1 Loth Kohle

giebt, ans einer metallenen Röhre abgebrannt, eine schön gelbe, ins Rothe spielende Flamme.

Es wird das salpetersaure Natron gebildet, wenn man kohlensaures Natron mit Salpetersäure sättigt, wo es sich aus der Auflösung durch gelindes Abdampfen in Krystallen abscheidet.

Der salpetersaure Kalk kommt in den sogenannten Salpetererden vor, die sich in Viehställen und überall da finden, wo thierische Abgänge, mit Kalk und Luft in Berührung, faulen. Eben dasselbe ist mit dem salpetersauren Ammoniak der Fall. Durch Auslaugen und einen Zusatz von Potasche wird daraus der Salpeter dargestellt. ie Kohlensäure der Potasche fällt nämlich mit dem Kalk als kohlensaurer Kalk zu Boden und die Salpetersäure des salpetersauren Kalks bleibt mit dem Kali der Potasche in der Auflösung.

Man kann zu einer solchen Zersetzung sich auch des schwefelsauren Kali statt der Potasche bedienen; was bedeutend wohlfeiler zu stehen kommt. Nur geschieht die Zersetzung hier nicht so vollkommen, und beide Auflösungen müssen heiß sein, wenn man sie zusammen gießt.

Das M. G. des salpetersauren Kalks ist = 82; denn so viel Pfund bestehen aus

1 M. G. oder 28 Pfund Kalk und
1 M. G. oder 54 Pfund Salpetersäure,
82.

Verbindung des Stickstoffs mit dem Wasserstoff.

Ammoniak.

Wenn man eine brennende Cigarre in die Nähe einer Rose oder einer andern rothen Blume bringt, so nimmt sie eine schöne grüne Farbe an.

Gelbe Farben, z. B. die der Curcumawurzel, werden unter denselben Umständen roth. Wenn man ferner Horn, Knochen, Fleisch und andere thierische Stoffe in Retorten stark erhitz, so entwickelt sich eine braune Flüssigkeit, die gleichfalls einen Dampf giebt, der rothe und violette Blumen grün und Curcuma roth färbt.

Diese Farbenveränderungen rühren von einem Stoff her, den man Ammoniak nennt, und der in den erwähnten thierischen Stoffen nur seinen Bestandtheilen nach enthalten ist. Das Ammoniak ist nämlich ein Stickstoffwasserstoff, der, mit Sauerstoff und Kohlenstoff verbunden, die thierischen Stoffe bildet. Durchs Erhitzen wird nun eine Trennung der ursprünglichen Verbindungsweise bewirkt, und die Entstehung neuer Verbindungen ist davon die Folge. Zunächst entwickelt sich eine starkriechende Flüssigkeit, die hauptsächlich aus Wasser, Kohlensäure und Ammoniak besteht. Der Rückstand ist eine trockne, schwarze Kohle, die aus Kohlenstoff und Stickstoff besteht. Es entstehen also, indem sich der Stickstoffwasserstoff bildet, zugleich mehrere andere Stoffe, die als solche vorher nicht im Horn 2c. vorhanden waren. Aber sie müssen entstehen, wenn Wasserstoff und Stickstoff sich von den übrigen Bestandtheilen losreißen und zu Ammoniak vereinigen sollen.

Recht anschaulich wird die Bildung des Ammoniaks

aus Stickstoff und Wasserstoff durch folgende Versuche gemacht. Erhitzt man ein Gemenge aus

1 Theil Kalihydrat und
20 Theilen Eisenfeile,

so erhält man Wasserstoffgas. Erhitzt man ferner ein Gemenge aus

1 Theil Salpeter und
20 Theilen Eisenfeile,

so erhält man Stickgas. Mischt man dagegen beide Gemenge zusammen, oder erhitzt man

1 Theil Kalihydrat,
1 Theil Salpeter und
40 Theile Eisenfeile,

so erhält man nicht blos Wasserstoffgas und Stickgas, sondern noch ein drittes Gas, nämlich das Ammoniakgas, welches sich sowohl durch seinen Geruch als auch durch seine Wirkung auf die rothen und gelben Pflanzenfarben zu erkennen giebt.

Hieraus geht hervor, daß das Ammoniak ein zusammengesetzter Körper ist und aus Wasserstoff und Stickstoff gebildet wird, wenn sie unter günstigen Verhältnissen zusammen treffen. Zugleich ergiebt sich daraus, daß das Ammoniak, welches aus 2 Gasarten gebildet wird, im reinen, unverbundenen Zustande selbst als Gas erscheint. Es zeichnet sich durch einen scharfen, sehr durchdringenden Geruch aus, was um so merkwürdiger ist, da seine Bestandtheile durchaus geruchlos sind. Es ist dieß wieder ein schönes Beispiel, wie durch die chemische Verbindung ganz neue Eigenschaften hervorgerufen werden, von denen bei den noch unverbundenen Bestandtheilen keine Spur zu finden ist. Zu diesen gehört denn auch die merkwürdige Eigenschaft, allen Säuren, selbst der Schwefel- und Salzsäure, den sauren Geschmack gänzlich zu benehmen und mit ihnen Verbindungen zu bilden, die weder den

Geruch des Ammoniaks, noch den Geschmack der Säuren haben. Man nennt diese Eigenschaft eine abstumpfende, säurensättigende, und den Stoff, der sie besitzt, eine Basis, weil man ihn gleichsam als die Grundlage der daraus entstehenden, neuen Verbindung betrachtet. Diese neue Verbindung wird Salz genannt. Der Ammoniak bildet daher mit Säuren Ammoniaksalze oder ist die Basis derselben. Der Salmiak ist ein solches Salz.

Daß das Ammoniak aus Stickstoff und Wasserstoff besteht, läßt sich auch dadurch beweisen, wenn man es wieder in seine Bestandtheile zerlegt. Dieß geschieht, wenn das Ammoniak der Glühhitze ausgesetzt wird.

Leitet man nämlich 17 Gran Ammoniakgas durch eine rothglühende eiserne Röhre, welche mit Eisendraht angefüllt ist (S. 171), und fängt das dabei sich entwickelnde Gas auf, so wird man finden, daß es seinen Ammoniakgeruch gänzlich verloren hat und nach näherer Untersuchung ein Gemenge aus

14 Gran Stickgas und
3 Gran Wasserstoffgas

ist. Es giebt nämlich, mit 24 Gran Sauerstoffgas gemischt und mit gehöriger Vorsicht verbrannt, 27 Gran Wasser; und 14 Gran Stickgas bleiben übrig, weil nur das Wasserstoffgas, nicht aber das Stickgas, verbrennlich ist (S. 166).

Hieraus folgt nun, daß das Ammoniak aus

1 M. G. oder 14 Pfund Stickstoff und
3 M. G. oder 3 Pfund Wasserstoff bestehe,

was zusammen die Zahl 17 giebt.

Diese Zahl 17 ist für uns von der größten Wichtigkeit, weil sie das Mischungsgewicht des Ammoniaks ist, indem sich dasselbe nur in dem Verhältniß von 17 und nie anders mit den Säuren zu Salzen verbindet.

Dieß kommt daher, weil das Ammoniak aus den Zahlen 14 und 3 besteht, welches zusammen die Zahl 17 giebt.

Denn nicht nur die einfachen Körper, wie Sauerstoff (= 8, S. 5), Wasserstoff (= 1, S. 5), Kohlenstoff (= 6, S. 46), Schwefel (= 16, S. 7), Chlor (= 36, S. 124) und Stickstoff (= 14, S. 172) vereinigen sich immer in den bestimmten Zahlen, sondern auch ihre Zusammensetzungen thun dieß, und zwar immer mit der Zahl, die aus der Addition ihrer Bestandtheile hervorgeht. Hier folgt Eins nothwendig aus dem Andern, und wenn man die Zusammensetzung eines Körpers genau kennt, so weiß man zugleich auch die Zahl, mit welcher er sich mit einem anderen Körper, dessen Zusammensetzung man ebenfalls kennt, verbindet.

Wir haben demnach in den Zahlen, welche aus der Zusammensetzung der

Schwefelsäure = 16 und 24 = 40 (S. 77),
Salzsäure = 36 und 1 = 37 (S. 150),
Salpetersäure = 14 und 40 = 54 (S. 172),

sich ergeben, zugleich ein Maaß für das Verhältniß, in welchem sie sich mit anderen Körpern, und namentlich in unserm Falle mit dem Ammoniak, verbinden.

Man nimmt z. B. ein Wasser, welches 17 Pfund Ammoniak enthält, und setzt so lange Salzsäure hinzu, bis kein Geruch von Ammoniak mehr zu spüren ist und die Flüssigkeit ein mit Curcuma gefärbtes Papier nicht mehr braun färbt, und verdampft nun das Ganze bis zur Trockne, so erhält man 54 Pfund einer weißen, trocknen Salzmasse, also 37 Pfund mehr, als Ammoniak angewendet worden. Diese 37 Pfund Ueberschuß sind Salzsäure, die sich mit dem Ammoniak verbunden und Salmiak oder salzsaures Ammoniak gebildet hat.

Folglich gebraucht man nicht mehr und nicht weniger als 37 Salzsäure (trocken gedacht), um 17 Ammoniak in Salmiak zu verwandeln, und diese Zahl ist es eben, welche aus der Summe der Bestandtheile der Salzsäure (S. 150) hervorgeht.

Verfährt man eben so mit der Salpetersäure und setzt zu einer Flüssigkeit, welche 17 Pfund Ammoniak enthält, so lange von dieser Säure hinzu, als die Curcumafarbe nicht mehr roth gefärbt wird, so erhält man nach dem Abdampfen und Krystallisiren 80 Pfund eines weißen Salzes, also einen Ueberschuß von 63 Pfund. Diese rühren von der Salpetersäure her, welche sich mit dem Ammoniak zu salpetersaurem Ammoniak vereinigt hat. Nun ist aber die Zahl der Salpetersäure (14 Stickstoff und 40 Sauerstoff, S. 172) = 54. Diese Zahl stimmt nicht mit 63. Es sind 9 Pfund zu viel. Diese können, wenn unser Gesetz richtig sein soll, nicht Salpetersäure sein. Was sind sie nun aber?

Dieß erfährt man auf folgende Weise. Man nimmt 308 Pfund einer Salpetersäure von 1,122 Eigenschwere, die nach der Tabelle (S. 184) gerade 54 Pfund trockner Salpetersäure enthalten, vermischt sie mit einer Ammoniakflüssigkeit, die gerade 17 Pfund Ammoniak enthält, und verfährt im Abdampfen und Krystallisiren wie oben. Hier erhält man ebenfalls 80, also (17 und 54 und 9 = 80) einen Ueberschuß von 9 Pfund. Da nun in beiden Fällen der dritte Körper bloß das Wasser ist, welches mitwirkt, so können diese 9 Pfund nur vom Wasser herrühren, welches sich mit den Krystallen verbunden hat. Es ist ihr Krystallwasser. Folglich bleibt die Zahl 54 für die Salpetersäure, welche mit 17 Ammoniak sich zum salpetersauren Ammoniak verbinden.

Addirt man die Bestandtheile der Schwefelsäure (S. 77), so erhält man die Zahl 40 als das Mischungsgewicht der wasserfreien Schwefelsäure, woraus folgt, das 40 Pfund Schwefelsäure genau hinreichen müssen, um 17 Pfund Ammoniak in schwefelsaures Ammoniak zu verwandeln. Dieß ist auch wirklich der Fall. Denn mischt man

49 Pfund Schwefelsäure von 1,850 Eigenschwere mit
196 Pfund Wasser und
17 Pfund Ammoniak,

gleichfalls in Wasser aufgelöst, so erhält man nach gehörigem Abdampfen und Trocknen des Salzes gerade 66 Pfund schwefelsaures Ammoniak, die demnach aus

40 Pfund trockner Schwefelsäure,
9 Pfund Wasser und
17 Pfund Ammoniak

zusammengesetzt sind. Der Leser wird sich hiebei erinnern, daß 49 Pfund Schwefelsäure von 1,850 Eigenschwere aus 40 Pfund Schwefelsäure und 9 Pfund Wasser bestehen (S. 78). Es ergiebt sich also aus dem Verhalten der Schwefelsäure zum Ammoniak, daß ihr Mischungsgewicht (wenn man sie sich ohne Wasser denkt) = 40 ist.

Alle 3 Beispiele bestätigen sonach den Satz, daß die Summe der Bestandtheile eines zusammengesetzten Körpers auch sein Mischungsgewicht sei.

Dieß Verhalten des Ammoniaks zu den Säuren und umgekehrt nennt man, wie schon oben S. 199 angedeutet wurde, Sättigungsfähigkeit. Sie beruht auf einer Kraft, die vorzüglich die starken Säuren und die starken Laugensalze besitzen, wodurch sie sich gegenseitig genug thun, oder, wie man sagt, sättigen. Es verschwinden dadurch die alten Eigenschaften gänzlich und ganz neue entstehen, wie dieß auch schon in den obigen 3 Beispielen klar gemacht worden ist. Was Laugensalze am vollkommensten sättigt, nennt man hienach eine Säure, was Säuren am vollkommensten sättigt, eine Basis. Das Ammoniak ist eine solche Basis, deren wir künftig noch mehrere, z. B. im Kali, Natron, Kalk ꝛc., kennen lernen werden.

Da nun von verschiedenen Säuren verschiedene Mengen erfordert werden, um gleiche Mengen Ammoniak zu sättigen, so folgt, daß die Sättigungsfähigkeit der Säuren eine verschiedene sei, was eben durch das Mischungsgewicht ausgedrückt wird.

Das Ammoniak verbindet sich mit vielen Körpern. Eine sehr wichtige Verbindung für den Techniker ist die mit Wasser, die man Ammoniakflüssigkeit nennt.

Sie entsteht immer, wenn Ammoniakgas mit Wasser in Berührung kommt. Hat man z. B. im Quecksilberapparat ein Glas mit Ammoniakgas gefüllt und taucht es nun, mit dem Hals nach unten, in Wasser, so stürzt das Wasser mit großer Schnelligkeit hinein und erfüllt das Glas, als wenn es völlig luftleer wäre, und doch war es voll von Ammoniakgas! Dieß kommt daher, weil das Ammoniakgas sich sehr leicht in Wasser auflöst und sich damit verbindet. Man sagt in diesem Fall, es werde vom Wasser verschluckt.

Hierauf beruht die Darstellung der Ammoniakflüssigkeit. Es werden

53 Pfund Salmiak mit
56 Pfund Kalk, welche mit
168 Pfund Wasser

gelöscht werden, mit einander in einer gewöhnlichen Destillirblase erhitzt, die einen zinnernen Helm hat. Die Röhre, durch welche das Gas sich entwickelt, leitet man in eine Flasche, die 8 Pfund Wasser enthält und mit noch 2 anderen Flaschen durch Röhren verbunden ist, in deren jeder 23 Pfund Wasser befindlich sind. Die Röhren, welche das Gas in das Wasser leiten, müssen mit ihren Mündungen in die Flüssigkeiten eintauchen. Auf diese Weise erhält man in der ersten Flasche eine unreine, in den beiden anderen eine reine Ammoniakflüssigkeit.

Den hiebei anzuwendenden Kitt bereitet man aus gestoßenem Kalk, mit Firniß angerührt. Er widersteht der Einwirkung des Ammoniakgases, wenn man die damit verschmierten Fugen erst hat gehörig trocken werden lassen.

Das Ammoniakgas ist viel leichter als die Luft, es macht daher auch das Wasser, womit es sich verbindet, leichter und dehnt es aus. Man kann daher eine Flüssigkeit, welche Ammoniak enthält, nicht nach der Schwere, wie es bei den Säuren der Fall ist, sondern nur nach der Leichtigkeit auf ihren Gehalt an Ammoniak beurtheilen. Ein Wasser, welches mit Ammoniakgas gesättigt ist, hat eine viel geringere Eigenschwere als reines Wasser. Sie verhalten sich zu einander, wie 891 zu 1000. Das heißt: in ein Glas, welches von 1000 Gran Wasser vollkommen erfüllt wird, lassen sich nur 891 Gran einer Ammoniakflüssigkeit bringen, deren Wasser so viel Ammoniakgas enthält, als es nur aufnehmen konnte. Man drückt also in diesem Fall die Eigenschwere dieser starken Ammoniakflüssigkeit durch 0,891 aus.

Je mehr dagegen eine Ammoniakflüssigkeit sich in ihrer Eigenschwere der Eigenschwere des Wassers nähert, also je schwerer sie wird, desto schwächer ist sie, oder desto weniger Ammoniak enthält sie. So sind in einer Ammoniakflüssigkeit von 0,891 Eigenschwere auf

17 Pfund Ammoniak
43 Pfund Wasser,
60

enthalten; indeß eine andere Ammoniakflüssigkeit, die nur um 6 Theile leichter ist, als das gewöhnliche Wasser, also eine Eigenschwere von 0,994 besitzt, auf

17 Pfund Ammoniak
1261 Pfund Wasser,
1278

enthält. Woraus folgt, daß das Mischungsgewicht der Ammoniakflüssigkeit

von 0,891 Eigenschwere = 60,
von 0,994 Eigenschwere = 1278

sei, indem in 1278 Pfund der letzteren nicht mehr Ammoniak enthalten ist, als in 60 Pfund der ersteren, nämlich 17 Pfund.

Hieraus ist zur Genüge klar, daß man für die verschiedenen Mischungen des Ammoniaks mit Wasser ebenfalls eine Tabelle entwerfen kann, wie es für die Säuren (S. 156 und 184) geschehen ist. Eine solche Tabelle folgt hier; sie ist wegen häufiger Anwendung des Ammoniaks ein sehr nützliches Werkzeug für den Fabrikanten.

Tabelle der Mischungsgewichte für Ammoniakflüssigkeiten von verschiedener Eigenschwere.

Eigenschwere.	Mischungsgewicht.
0,891	60,84
0,897	61,52
0,896	62,87
0,898	63,55
0,900	64,15
0,904	67,51
0,909	71,28
0,913	75,45
0,917	80,19
0,922	85,86
0,927	91,64
0,932	98,66
0,936	106,99
0,941	116,59
0,945	128,30
0,951	142,49
0,956	160,37
0,961	183,19
0,966	213,83
0,971	256,41
0,976	320,75
0,982	427,14
0,988	641,19
0,994	1278,19

Der Gebrauch dieser Tabelle ist im Allgemeinen von dem der Säuretabellen nicht verschieden. Auch hier zeigen die verschiedenen Zahlen, welche unter der Aufschrift: Mischungsgewicht stehen, genau das Verhältniß, welches man z. B. von zwei Ammoniakflüssigkeiten von bestimmter Eigenschwere nehmen muß, um gleiche Wirkungen zu erhalten.

Es ist schon oben bemerkt worden, daß das Ammoniak den sauren Geschmack der Säuren ganz aufhebt und ihn in einen salzigen verwandelt, indem es sich damit verbindet. Gesetzt nun, es sollen 4 Portionen à $180\frac{39}{100}$ Pfund Salzsäure von 1,100 Eigenschwere mit 4 Portionen Ammoniakflüssigkeit von verschiedener Eigenschwere, nämlich von 0,900, 0,917, 0,945 und 0,982 Eigenschwere, gesättigt werden, um salzsaures Ammoniak zu bilden, wie viel gebraucht man, um jene $180\frac{39}{100}$ Pfund Salzsäure von 1,100 Eigenschwere gänzlich mit Ammoniak zu sättigen? Dieß zeigt die obige Tabelle. Wir finden in derselben bei der Eigenschwere

0,900 die Zahl 64,15,
0,917 die Zahl 80,19,
0,945 die Zahl 128,30,
0,982 die Zahl 427,14,

und diese Zahlen zeigen an, daß gerade so viel Pfund nöthig sind, um $180\frac{39}{100}$ Pfund Salzsäure von 1,100 Eigenschwere zu sättigen, nämlich von

der Flüssigkeit Nr. 1 $64\frac{15}{100}$ Pfund,
= = Nr. 2 $80\frac{19}{100}$ Pfund,
= = Nr. 3 $128\frac{30}{100}$ Pfund,
= = Nr. 4 $427\frac{14}{100}$ Pfund.

Diese Beispiele beweisen hinlänglich die nützliche Anwendung, welche man von dieser Tabelle machen kann, wenn man zugleich die Tabellen für die Säuren dabei zu Rathe zieht.

Auch bei Zerlegung von Salzen, z. B. von schwefelsaurer Thonerde, schwefelsaurem Eisenoxydul, ist diese Tabelle ein guter Rathgeber, rücksichtlich der zur Zerlegung derselben anzuwendenden Menge, indem auch hier der Satz gilt, daß 1 Mischungsgewicht Ammoniakflüssigkeit hinreicht, um die Thonerde oder das Eisenoxydul aus 1 Mischungsgewicht schwefelsaurer Thonerde oder schwefelsaurem Eisenoxydul zu scheiden.

Das Ammoniakgas, welches im Wasser aufgelöst ist, verfliegt leicht wieder und verläßt das Wasser, wenn es sich in Flaschen befindet, die nicht gut verstopft sind. Noch schneller geschieht dieß, wenn sich in der Nähe ein Stoff befindet, der eine große Neigung hat, sich mit dem Ammoniak zu verbinden. Stellt man z. B. 2 offene Weingläser, wovon das eine mit Ammoniakflüssigkeit, das andere mit Salzsäure gefüllt ist, dicht neben einander und bedeckt sie mit einer Glasglocke, so wird man nach einiger Zeit finden, daß das Glas, worin sich die Ammoniakflüssigkeit befindet, keine mehr enthält, sondern blos reines Wasser. Alles Ammoniak hat sich nämlich in das Glas hineingezogen, welches die Salzsäure enthält und hat damit Salmiak gebildet.

Es folgt hieraus, daß man Ammoniakflüssigkeit nicht in die Nähe von Säuren stellen darf, weil sie sich damit verunreinigen, wenn die Oeffnungen der Flaschen nicht sehr wohl verwahrt sind.

Wie überzeugt man sich von dem Dasein des Ammoniaks in irgend einer Flüssigkeit, wenn es mit Säuren verbunden, also geruchlos ist? Man setzt der Flüssigkeit unter gelinder Erwärmung etwas gelöschten Kalk zu, der das Ammoniak von der Säure frei und für die Nase wahrnehmbar macht. Wie aber, wenn nur höchst kleine Mengen des Ammoniaksalzes in der Flüssigkeit vorhanden sind, deren Ammoniak man nicht mehr riechen kann? Dann stellt man den Versuch in einer Glasröhre an, die durch einen wohlschließenden Kork mit einer anderen dünneren, gebogenen Glasröhre verbunden ist und in eine Auflösung von salpetersaurem Quecksilberoxydul eintaucht. Erwärmt man

nun die in der größern Röhre befindliche Flüssigkeit mit dem Kalk, so färben die aus der Glasröhre heraustretenden Gasblasen sich in der Quecksilberauflösung schwarz, wenn Ammoniak vorhanden ist; bleiben sie unverändert, so ist kein Ammoniak vorhanden. Im ersten Fall wird nämlich schwarzes Quecksilberoxydul gefällt. Die Probe ist sehr sicher.

Eines andern Mittels, die Gegenwart des Ammoniaks nachzuweisen, ist schon beim Stickstoff Erwähnung geschehen (Vergl. S. 165).

Diese Flüchtigkeit des Ammoniaks, verbunden mit der Fähigkeit, selbst die stärksten Säuren abzustumpfen oder unsauer zu machen, bietet in dem Ammoniak ein vortreffliches Mittel dar, Flecke, die auf gefärbtem Zeuge durch Säuren hervorgebracht sind, wieder auszulöschen. Alle mit Blauholz hervorgebrachten Farben, z. B. Grau, Violett, Rothbraun, Schwarz, werden durch Punsch, Citronensaft, Himbeeressig, Johannisbeeren und andere saure Früchte auf der Stelle roth. Ein wenig Ammoniakflüssigkeit vertreibt die rothe Farbe und stellt eben so schnell meistens die ursprüngliche Farbe wieder her. Nur müssen die Zeuge mit solchen Flecken nicht schon im Wasser gewesen oder gewaschen worden sein. Potasche und Soda haben zwar dieselbe Wirkung, allein sie hinterlassen selbst Flecke, weil sie nicht flüchtig sind, wie das Ammoniak, dessen Ueberschuß verdunstet.

Auch Moderflecke bringt man durch Ammoniak aus Taffent heraus. Man mische

16 Pfund Wasser mit

1 Pfund Ammoniakflüssigkeit

von 0,896 Eigenschwere, tauche das Zeug hinein, näſſe es gut und laſſe es 5 Minuten darin liegen, ziehe es dann durch kaltes Waſſer, trockne und bügle es.

Ammoniakflüssigkeit tödtet Pflanzen, die damit begoſſen werden. Läßt man Getreidekörner in Waſſer keimen und fügt nun Ammoniak hinzu, so wird man nach mehrtägiger Einwirkung finden, daß sie, in frische Erde gebracht, nicht mehr wachsen. Es zerstört also die Lebenskraft der Keime. Auch von dieser Erfahrung kann man in der Haushaltung Nutzen ziehen. Legt man nämlich Kartoffeln in eine Flüssigkeit, welche aus

10 Pfund Ammoniakauflösung und

180 Pfund Waſſer

besteht, und läßt sie darin 5 Tage lang, so haben sie, nach dem Abtrocknen, nichts von ihrem Geschmack eingebüßt, wachsen aber auch nicht mehr aus, weil das Ammoniak die Keimkraft zerstört hat. Da sich solche Kartoffeln ein Jahr lang aufbewahren laſſen, so springt der Nutzen bei der Verproviantirung der Schiffe in die Augen, die zu langen Seereisen bestimmt sind. Ganz anders wirken Ammoniaksalze, z. B. salzsaures und schwefelsaures Ammoniak, auf die Pflanzen. Diese dienen ihnen zur Nahrung, und die Wirksamkeit des Düngers scheint wirklich mit seinem Gehalt an solchen Salzen im Verhältniß zu stehen (Siehe S. 210).

Das Ammoniakgas ist keine eigentlich schädliche Gasart, die von den meisten Menschen, wenn es in nicht zu großer Menge mit der Luft vermischt ist, einige Zeit vertragen wird. Es kann daher dazu dienen, Räume, die mit sauren Dämpfen erfüllt sind, davon zu befreien. Man stellt ein

Gemenge von Kalkbrei und Salmiak in dieselben. Das Ammoniakgas verbreitet sich rasch und sucht gleichsam die sauren Dämpfe auf, sich mit ihnen zu unschädlichem Salz verbindend.

Auch Räume, z. B. Keller, welche mit Kohlensäure erfüllt sind, weil darin neuer Wein in Gährung ist, können mittelst des Ammoniakgases wieder unschädlich und zugänglich gemacht werden. — Ebenso Brunnenschachte, indem man ein Gefäß mit Kalkbrei und Salmiak hinabläßt.

Umgekehrt befreiet man Räume, die sehr mit Ammoniakdämpfen erfüllt sind, durch saure Dämpfe, z. B. essigsaure Dämpfe. Da diese aber zu theuer kommen würden, und man nach Beseitigung des Ammoniaks wieder durch den Essig belästigt wird, so ist die Anwendung von Salzsäure oder Schwefelsäure wohlfeiler und bequemer. Es bewährt sich dieß besonders gut in Pferdeställen, worüber ein Landwirthschaftkundiger Folgendes mittheilt: Es giebt ein einfaches Mittel, den Dampf in den Stallungen als düngenden Stoff zu binden und ihn crystallisirt in dem Dünger zurückzubehalten, wodurch ebenfalls nächst anderen Vortheilen auch der Düngerstoff vermehrt wird. Man setze an einigen Stellen des Stalles ziemlich breite Schalen mit etwas Salzsäure, dadurch crystallisiren sich alle sonst verdampfenden Theile des Stalldüngers und können sich nicht verflüchtigen. Es muß dadurch nicht nur der Dünger, sondern auch die Gesundheit der Thiere und Menschen gewinnen. Die gestellten Schalen können, damit nicht etwa Hausthiere verleitet werden, davon zu kosten, mit einer leichten Vergitterung von Holz oder Draht umgeben werden. Wenn man in einen Pferdestall, ohne diese Vorrichtung, hineintritt, so empfindet man gleich den Dampf, der einem entgegenschlägt, und sich besonders als beißend und fressend an den Augen zeigt, aber auch der Lunge, die ihn einathmet, höchst schädlich ist. Diese Stallungen sind oft der Aufenthaltsort und das Nachtlogis der Knechte, und also in dieser Art auch ihnen nicht dienlich. Wie viel Pferde haben die Einbüßung ihrer Augen nur allein diesem Umstande zu verdanken, und eben diesem auch manche Lungen- und andere Krankheiten. Außerdem wird aber das Futter der Pferde und des Viehes gewöhnlich über deren Ställen aufbewahrt und nur sehr selten durch dichte Decken von diesen geschieden. Es durchziehen also diese verflüchtigten Dämpfe die unteren Schichten des Futters und verderben es, indem sie sich darin festsetzen, machen es für die Thiere, die in der Regel eine feine Witterung haben, nur mit dem größten Ekel genießbar, da sie darin die verflüchtigten Stoffe ihres eigenen Düngers entdecken, und werden so die Ursache vieler Krankheiten für die Thiere, die durch das obige von mir vorgeschlagene Mittel so leicht vermieden werden können.

Derselbe Mann macht den äußerst zweckmäßigen Vorschlag, den Dünger mit kleinen Mengen Schwefelsäure zu vermischen, damit das sich sonst verflüchtigende kohlensaure Ammoniak zersetzt und gebunden werde. Er sagt darüber dieses: So viel ist auch ohne nähere Untersuchung schon aus der Erfahrung jedem Landwirth einleuchtend, daß der Dünger in den Ställen wie auf dem Hofe eine enorme Menge von düngenden Stoffen durch Verdampfung verliert. Wer nun diese Verdampfung am wirksamsten verhindern kann, würde auf diese Weise $\frac{9}{10}$ an Düngungsmitteln weniger verlieren, also immer auf negative Weise gewinnen. Diesen Zweck erreicht man am besten auf folgende Art: Man nehme für mittelmäßig große Ställe ein Pfund Schwefelsäure und gieße sie zu 100 Pfund, auch allenfalls zu mehr Wasser, doch muß man dabei die Vorsicht gebrauchen, nicht das Wasser zur Schwefelsäure (damit sie sich nicht erhitze), sondern die Schwefelsäure zum Wasser zu gießen. Mit dieser so gemischten Masse wird der Dünger in Ställen und auf Haufen besprengt, was drei wie auch mehrere Male im Jahre geschehen kann. Hiedurch wird die Erhitzung des Düngers verhindert und die dadurch sonst der Verdampfung und Verflüchtigung unterworfenen, eigentlich düngenden Ammoniak- und Salztheile bleiben in dem Dünger zurück. Die Mühe und Kosten hierbei sind, wie man sieht, nur geringe, wogegen der Nutzen sehr groß ist.

Anstatt der Schwefelsäure könnte auch der wohlfeilere Gyps, weil er ein schwefelsaurer Kalk ist, in Anwendung kommen. Allein er wirkt viel langsamer, also auch unsicherer als die Säure.

Kohlensaures Ammoniak.

Bringt man Ammoniakgas und Kohlensäuregas in ein Gefäß zusammen, so verbinden sich die beiden Gase und es entstehen weiße Nebel, die sich bald darauf als eine weiße, feste Masse an die Glaswände des Gefäßes ansetzen. Es ist nun kohlensaures Ammoniak entstanden. Es schmeckt scharf und ätzend, wie das reine Ammoniak, und riecht auch so eigenthümlich wie dieses, nur alles in einem schwächeren Grade. Daher es auch seine sonstigen Wirkungen besitzt, wie ich gleich anführen werde.

Im Großen wird dieses Salz aus Knochen- oder Hornspänen erhalten, die man in einem eisernen Cylinder erhitzt. Es geht in die Vorlagen eine braune Flüssigkeit über, die das kohlensaure Ammoniak, mit Thieröl verunreinigt, aufgelöst enthält. Auch legt es sich nicht selten an die Wände des Gefäßes als eine weiße, feste Salzkruste an.

Die Entstehung dieses Salzes durch Glühen von Knochen oder Horn ist so zu denken. In verschlossenen, eisernen Gefäßen erhitzt, erleiden die Bestandtheile der Knochen rc. eine Art von Verbrennung durch den eigenen Sauerstoff, der sich z. B. mit dem Kohlenstoff des Knochenleims oder der Hornmasse zur Kohlensäure verbindet. Gleichzeitig treten nun der Stickstoff und der Wasserstoff desselben Leims zum Ammoniak zusammen, das nun mit der zugleich entstandenen Kohlensäure sich verbindet und das kohlensaure Ammoniak darstellt, das aus der braunen Flüssigkeit, welche beim Destilliren der Knochen erzeugt wird, sich abscheidet.

In diesem unreinen Zustande wird es als Arznei gebraucht und führt den Namen empyreumatisches Hirschhornsalz, weil es früher, anstatt aus Knochen ꝛc., aus Hirschhorn gewonnen wurde.

Was jetzt unter dem Namen Hirschhornsalz im Handel vorkommt, ist ein reines kohlensaures Ammoniak, welches im Großen aus salzsaurem Ammoniak oder Salmiak und kohlensaurem Kalk dargestellt wird. Salmiakpulver wird mit seinem doppelten Gewicht Kreide gemengt und in Sublimirgefäßen erhitzt. Durch Austausch der Bestandtheile geht dann die Salzsäure an den Kalk und die Kohlensäure an das Ammoniak. Die beiden Ersteren bleiben, als nicht flüchtig, im Gefäß zurück, indeß das kohlensaure Ammoniak sich als harte, weiße Masse in den obern Räumen ansammelt.

Dieses Salz bildet einen bedeutenden Handelsartikel und ist daher nicht selten mancherlei Verfälschungen ausgesetzt, die zu kennen dem Techniker wünschenswerth sein muß.

So kommt im Handel eine Sorte vor, die sehr fest und sehr hart ist, aber um die Hälfte weniger Ammoniak enthält als die lockre Sorte. Es wird vorzüglich in England und zwar dadurch gemacht, daß man die lockere Sorte in gläserne Gefäße einstampft und sie, mit kohlensaurem Wasser befeuchtet, in den Keller stellt. Unter diesen Umständen nimmt das kohlensaure Ammoniak noch eine bedeutende Menge Kohlensäure und Wasser auf und erhartet damit.

Ebenso verliert dieß Salz durch nachlässiges Aufbewahren in nicht verschlossenen Gefäßen bedeutend an seiner Kraft; es verdunstet Ammoniak und es bleibt ein Salz zurück, welches noch einmal so viel Kohlensäure, also nur die Hälfte Ammoniak enthält als das oben angeführte.

Um nun in allen Fällen bei dem Ankauf dieses Salzes sicher zu gehen, ist eine sichere Probe seines Ammoniakgehaltes von nöthen. Das Verhalten dieses Salzes zu den Säuren giebt eine solche an die Hand.

Das kohlensaure Ammoniak sättigt nämlich die Säuren eben so gut, wie das reine Ammoniak (S. 199), nur mit dem Unterschiede, daß es hier unter Aufbrausen vor sich geht, indem die Kohlensäure durch die Säure ausgetrieben wird und als Gas entweicht. Zugleich verlieren die Säuren ihren früheren sauren Geschmack und die Eigenschaft, das blaue Lackmuspapier roth zu färben.

Die Säuren können demnach Prüfungsmittel für die Stärke und Aechtheit des kohlensauren Ammoniaks abgeben, und zwar müßte 1 Mischungsgewicht Schwefelsäure, Salzsäure oder Salpetersäure durch 1 Mischungsgewicht dieses Salzes seinen sauren Geschmack gänzlich verlieren und ihm zugleich die Eigenschaft benehmen, das blaue Lackmuspapier roth zu färben.

Das Mischungsgewicht des kohlensauren Ammoniaks ist aber nach dem Verhältniß der Bestandtheile verschieden, eben weil es, wie schon angeführt, noch mehr als 1 M. G. Kohlensäure rc. aufzunehmen vermag. Es ist also diejenige Sorte beim Einkauf vorzuziehen, die am meisten Säure zu sättigen im Stande ist.

Weil das kohlensaure Ammoniak sich, gleich dem reinen Ammoniak (S. 198), mit allen Säuren verbindet, so zersetzt es eine Menge Erd- und Metalloxydsalze, deren Erd- und Metalloxyde seiner Einwirkung weichen müssen und niederfallen, indem es sich mit den Säuren verbindet und meistens seine Kohlensäure an die niederfallenden Erd- und Metalloxyde abgiebt. Solche Salze sind unter andern der Gyps oder schwefelsaure Kalk, der Alaun oder die schwefelsaure Thonerde, der Eisenvitriol oder das schwefelsaure Eisenoxydul.

Hieraus wird der Nutzen des kohlensauren Ammoniaks ersichtlich, und er könnte noch viel größer sein, wenn der Preis dieses Salzes seine öftere Anwendung gestattete.

Denn da es die Stelle der Potasche und der Soda zur Zersetzung von Salzen und zur Darstellung kohlensaurer Erd- und Metallverbindungen meistens vollkommen ersetzen kann, so käme dem Techniker besonders der Umstand zu statten, daß er das Ammoniak sehr leicht aus der Mutterlauge wiedergewinnt, und zwar durch Kalk, wie dieß schon aus der S. 203 angegebenen Darstellungsweise der Ammoniakflüssigkeit folgt.

Die Anwendung des kohlensauren Ammoniaks in der Haushaltung ist sehr beschränkt. Es dient wegen seines Gehalts an Kohlensäure und wegen seiner Flüchtigkeit als Zusatz zum Kuchenteige, damit er beim Backen besser aufgehe. Es scheint auch hiezu anwendbarer als die Hefe, weil es keinen üblen Geschmack zurück läßt, was die Hefe, welche immer Hopfenbitter enthält, beständig thut.

Ein Pfund dieses Salzes löst sich in 3 Pfund kalten und 1 Pfund warmen Wassers vollkommen auf. Siedendes Wasser darf man nie zum Auflösen nehmen, weil sich da ein größer Theil des Salzes verflüchtigen würde.

Phosphorsaures Ammoniak.

Wenn man die kalkhaltige Phosphorsäure, welche man durch die Schwefelsäure aus weißgebrannten Knochen erhält, wie S. 58 angegeben worden, mit kohlensaurem Ammoniak sättigt, d. h. so lange davon hinzusetzt, bis ein neuer Zusatz kein Aufbrausen und keine Fällung von phosphorsaurem Kalk mehr hervorbringt, so erhält man eine Auflösung von phosphorsauren Ammoniak in Wasser. Hieraus kann durch vorsichtiges Abdampfen und Abkühlen das Salz in Krystallen erhalten werden.

Dieses Salz verliert in einer lange anhaltenden Glühhitze sein Ammoniak und hinterläßt die Phosphorsäure. Es giebt also ein Mittel ab, sich die Phosphorsäure aus den Knochen auf einem wohlfeilen Wege rein vom Kalk zu verschaffen.

Die starke Phosphorsäure wirkt nicht so zerstörend auf die Pflanzenfaser, wie die Schwefelsäure. Taucht man z. B. ein Stück Kattun in mit Wasser verdünnte Phosporsäure, ein anderes in eine eben so verdünnte Schwefelsäure, läßt beide trocknen und setzt sie nun einer Hitze von 80° R. längere Zeit aus, so wird man finden, daß der mit Phosphorsäure getränkte Kattun nichts leidet, der mit Schwefelsäure aber mürbe und leicht zerreißbar geworden ist.

Bringt man ferner beide auf die angeführte Weise getränkte und getrocknete Kattune mit der Flamme in Berührung, so brennen sie nicht, sondern verkohlen und glimmen, und zwar nur so lange, als sie mit der Flamme in Berührung sind.

Auf dieses Verhalten der Phosphorsäure, daß sie das Verbrennen hindert, ohne der Faser nachtheilig zu sein, gründet sich die Anwendung ihrer Verbindung mit dem Ammoniak, um Papier, Leinwand, Kattune, Holz gegen das Verbrennen zu schützen. Diese Stoffe werden mit einer Auflösung dieses Salzes getränkt, welches, auch nach dem Trocknen, ihr Ausbrechen in Flamme und Fortbrennen verhindert. Wenn man sie daher ins Feuer wirft, verkohlen sie langsam und kommen erst nach längerer Zeit zu einem schwachen Glühen. Beim Holz schützt es nur in so weit, als die Salzauflösung in dasselbe eingedrungen ist. Wirklich unverbrennlich kann aber auch dieser Theil nicht gemacht werden, sondern nur schwer verbrennlich oder vielmehr schwer Feuer fangend. Wie denn überhaupt ein Körper, der an und für sich verbrennlich ist, nicht durch solche Mittel unverbrennlich, d. h. unverletzbar durch starkes Feuer, gemacht werden kann.

Vier Pfund kaltes Wasser lösen 1 Pfund phosphorsaures Ammoniak vollkommen auf.

Schwefelsaures Ammoniak.

Dieses Salz erhält man als ein Nebenerzeugniß in den Steinkohlen-Gasanstalten in großer Menge. Es wird in denselben das Gas, welches Ammoniak enthält, durch Schwefelsäure geleitet und gewaschen. Das Ammoniak bleibt hiebei, mit der Schwefelsäure verbunden, zurück und stellt, gereinigt, schwefelsaures Ammoniak dar. Wie man es sonst noch erhalten kann, ist schon (S. 202) gesagt.

Wegen dieser wohlfeilen Gewinnungsart wird dieses Salz im Auslande sehr häufig gebraucht, um daraus reines Ammoniak und kohlensaures Ammoniak zu scheiden. Es wäre wünschenswerth, daß auch wir es so erzielen könnten, da der immer noch zu theure Salmiak die Anwendung des Ammoniaks zu technischen Zwecken sehr erschwert.

Das krystallisirte schwefelsaure Ammoniak besteht aus

	17 Pfund Ammoniak,	
	40 Pfund Schwefelsäure und	
	18 Pfund Krystallwasser.	Dieß giebt
als Summe	75 Pfund.	

Folglich ist 75 das Mischungsgewicht des schwefelsauren Ammoniaks, und folglich muß man dieses Salz in diesem Verhältniß (= 75) anwenden, wenn man dadurch 1 Mischungsgewicht von einem anderen Salze, z. B. Kochsalz, salzsaurem Kalk rc., zersetzen will.

Man hat auch dieses Salz als ein Schutzmittel gegen

das Verbrennen brennbarer Sachen vorgeschlagen. Allein es ist nicht rathsam, es hiezu anzuwenden. Wird es nämlich auf dem Zeuge trocken, so verdunstet ein Theil Ammoniak und es bleibt freie Schwefelsäure auf der Faser zurück, diese zerfrißt aber dieselbe und macht sie mürbe, wie ich bereits oben (S. 216) angeführt habe.

Ein Pfund schwefelsaures Ammoniak wird von 2 Pfund kalten und 1 Pfund kochenden Wassers vollkommen aufgelöst.

Salzsaures Ammoniak.

Dieses Salz wird auch Salmiak genannt und ist das bekannteste von allen Ammoniaksalzen. Es wird im Großen dadurch erhalten, daß man das bei der Destillation der Knochen gewonnene unreine kohlensaure Ammoniak in Schwefelsäure auflöst oder mit schwefelsaurem Eisen vermischt, wodurch man eine Auflösung von schwefelsaurem Ammoniak erhält. Diese wird durch Zusatz von 59 Theilen Kochsalz auf je 75 Theile des in der Auflösung befindlichen schwefelsauren Ammoniaks zersetzt, indem man das Gemisch abdampft und sublimirt. Das Ammoniak steigt mit der Salzsäure des Kochsalzes als Salmiak in die Höhe und sammelt sich im Retortenhals als eine weiße Masse an, indeß die Schwefelsäure mit dem Natron des Kochsalzes als nicht flüchtig zurück bleibt.

Wenn man reines Ammoniak oder kohlensaures Ammoniak mit Salzsäure sättigt, oder letzteres mit Chlorcalciumauflösung vermischt, so erhält man ebenfalls Salmiak (S. 200), wozu von jedem ein Mischungsgewicht erforderlich ist. Daher besteht der Salmiak aus

	17	Pfund Ammoniak und
	37	Pfund Salzsäure. Dieß giebt
als Summe	54	Pfund.

Folglich ist das Mischungsgewicht des Salmiaks 54, und

folglich muß dieses Salz in diesem Verhältniß (= 54) auch angewandt werden, wenn man mit demselben andere Salze zerlegen will.

Dieß bestätigt auch die Erfahrung. Ein M. G. kohlensaures Kali oder 69 Pfund reichen z. B. vollkommen hin, 1 M. G. oder 54 Pfund Salmiak zu zerlegen, um damit 1 M. G. kohlensaures Ammoniak und 1 M. G. Chlorkalium zu bilden.

Nur bei schwer auflöslichen Stoffen, z. B. bei Kalk und Kreide, findet eine Ausnahme, hinsichtlich der nöthigen Menge, statt, weil ihre Theile, eben wegen der Schwerlöslichkeit, nicht alle gleichmäßig in Wirksamkeit kommen. Daher gebraucht man 2 M. G. oder 56 Pfund Kalk, um aus 1 M. G. oder 54 Pfund Salmiak das Ammoniakgas abzuscheiden (S. 203). Und ebenso nimmt man 2 M. G. oder 100 Pfund Kreide, um aus 1 M. G. oder 54 Pfund Salmiak durch Sublimiren 1 M. G. kohlensaures Ammoniak zu erhalten.

Ein Pfund Salmiak löst sich in 3 Pfund kalten Wassers, unter Erzeugung einer bedeutenden Kälte, auf. Kochendes Wasser dagegen löst sein gleiches Gewicht Salmiak auf, und fährt man mit dem Erhitzen dieser Auflösung fort, so nimmt sie eine Hitze von 92° R. an. Man kann also, wenn man etwas längere Zeit hindurch bis zu 92° R. und nicht stärker erhitzen will, sich mit großer Bequemlichkeit einer durchs Kochen gesättigten Salmiaklösung bedienen, indem man es, z. B. in einer Glasröhre eingeschlossen, darin eintaucht.

Der Salmiak macht das Papier einer schnellern Verbrennung fähig. Schreibt man z B. mit einer Dinte, die

8 Loth Salmiak,
12 Loth Wasser und
4 Loth Gummi

bereitet, und hält das Papier vorsichtig über ein Kohlenfeuer, so kommen die Buchstaben, die man vorher nicht sah, durch eine leichte Verbrennung oder Verkohlung des Papiers zum Vorschein, die nun unauslöschlich sind.

Das Ammoniak bildet außer den genannten noch mit allen anderen bekannten Säuren Salze, deren Aufzählung hier aber ganz unnütz wäre, weil sie für den Techniker von keiner Bedeutung sind.

Verbindung des Stickstoffs mit dem Kohlenstoff.

Wenn man Horn, Leder oder Fleisch in einer Retorte der trockenen Destillation unterwirft, so entwickelt sich, wie schon S. 212 angegeben, eine stinkende, ammoniakhaltige Flüssigkeit, und es bleibt ein schwarzer Rückstand, welcher eine stickstoffhaltige Kohle ist, d. h. eine Verbindung von Stickstoff mit Kohlenstoff (Kohlenstickstoff).

Bringt man diese Verbindung mit geschmolzenem kohlensaurem Kali oder mit Potasche in innige Berührung, so tritt eine starke Wechselwirkung ein, in deren Folge das Kali der Potasche zerlegt und in ein ganz anderes Salz umgewandelt wird. Der glühende Kohlenstoff verbindet sich nämlich mit dem Sauerstoff des Kali und verwandelt es dadurch in Kalimetall oder Kalium, welches sich mit dem gleichzeitig vorhandenen Kohlenstickstoff zu Kohlenstickstoff-Kalium verwandelt.

Dieser Kohlenstickstoff kann mit Hülfe von Quecksilberoxyd vom Kalium abgeschieden werden und erscheint alsdann in Form eines unsichtbaren Gases von einem sehr durchdringenden Geruch, und hat den Namen Cyan oder Blaustoff erhalten, weil er mit Eisen blaue Farben bildet. Seine Verbindung mit Kalium heißt daher auch Cyankalium.

Wird dieses Cyankalium mit Eisen und Wasser bei abgehaltener Luft gekocht, so löst sich Eisen auf und es entsteht eine Verbindung von Cyaneisen und Cyankalium, die sich beim Abdampfen in gelben, tafelförmigen Krystallen abscheidet und unter dem Namen blausaures Kali im Handel vorkommt. Sein chemischer Name ist Cyaneisenkalium.

Es ist dieß ein für die Gewerbe sehr wichtiges Salz, daher es auch in chemischen Fabriken in großer Menge bereitet wird. Dieß geschieht, indem man der geschmolzenen Potasche nicht Stickstoffkohle allein, sondern gleichzeitig auch Eisen zusetzt, und die Schmelzung nicht in irdenen Gefäßen oder Tiegeln, sondern in gußeisernen vornimmt. Unter diesen Umständen bildet sich dann schon in der flüssigen Masse eine Verbindung von Cyaneisen mit Cyankalium. Sie ist mit einem großen Ueberschuß an Potasche in der sogenannten Schmelzung enthalten. Diese wird im Wasser aufgelöst, geklärt und eingekocht, wo sich alsdann das Cyaneisenkalium in Krystallen abscheidet. Die Mutterlauge enthält die überschüssige Potasche.

Da fertiges Cyaneisenkalium, mit etwa ein Drittel Potasche gemengt, in einen rothglühenden Tiegel eingetragen, unter Abscheidung des Eisens in eisenfreies Cyankalium verwandelt wird, so hat der Herr Professor Liebig den scheinbar richtigen Schluß gemacht: es bilde sich beim Glühen von Stickstoffkohle, Potasche und Eisen bloß Cyankalium, und Cyaneisenkalium entstehe erst beim Auflösen der Schmelzung in Wasser, indem nun erst eine Einwirkung auf das Eisen und seine Auflösung erfolge.

Im Kleinen mag dieß der Fall sein; im Großen ist es nicht so. Das Pulver einer regelrecht, in Eisen gemachten Schmelze von

400 Pfund Potasche,
400 Pfund Hornkohle und
10 Pfund Eisen

ist nicht, wie es Liebig angiebt, durch Auswaschen mit Branntwein in zwei Theile zu theilen, wovon der eine flüssige das Cyankalium in Auflösung enthalten soll und der unauflösliche Rückstand das Eisen, so daß man erst durch Vermischen und Erhitzen beider Cyaneisenkalium bekommt. Es findet vielmehr das Gegentheil statt.

Bringt man nämlich die gepulverte Schmelze in einen Trichter und gießt so lange Branntwein (oder gleiche Theile starken Brennspiritus und Wasser) auf, bis dieser nichts mehr auflöst, so hat man zwei Flüssigkeiten, eine schwere und eine leichte. Die schwere Flüssigkeit ist Potaschenauflösung; die leichte enthält nur etwas Cyankalium. Dagegen giebt der ausgewaschene schwarze Rückstand beim Auslaugen mit heißem Wasser Cyaneisenkalium, und zwar in derselben Menge, wie man es aus der Schmelze auf gewöhnlichem Wege auch erhält.

Es folgt hieraus, daß das Cyaneisenkalium (welches im Branntwein unauflöslich ist) schon fertig gebildet in der Schmelze enthalten sein muß und nicht erst dadurch entsteht, daß das Cyankalium beim Auflösen in Wasser Eisen auflöst. Wäre diesem so, so müßten die Auslaugepfannen, welche von Eisenblech sind, sehr angegriffen werden, was nicht geschieht, da sie 10 und mehr Jahre halten und nur durch Verbrennen unbrauchbar werden.

Dieses Salz, welches man gewöhnlich eisenblausaures Kali zu nennen pflegt, zeigt ein ganz besonderes Verhalten gegen die Eisensalze. Mit einem Eisenoxydulsalz, z. B. grünem Eisenvitriol, giebt es einen weißen, mit einem Eisenoxydsalz, z. B. gelb gebranntem Eisenvitriol, aber einen dunkelblauen Niederschlag. Letzterer ist die weltbekannte Farbe, welche unter dem Namen Berliner-

und **Pariserblau** im Handel vorkommt. Das Berlinerblau ist ein Pariserblau, welches mit Thonerde vermischt, also dadurch heller gefärbt ist.

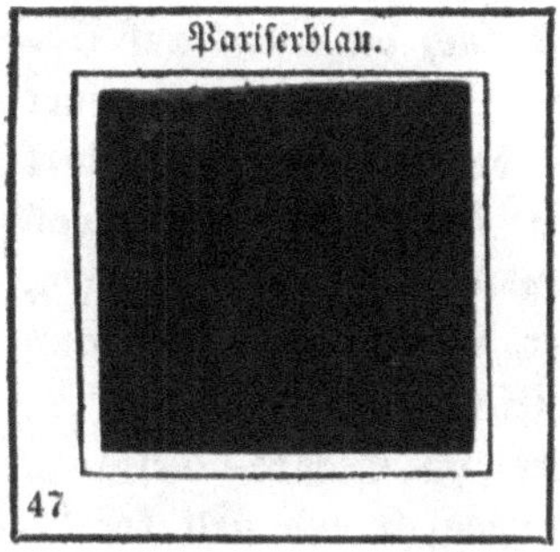

Pariserblau.

47

Das Pariserblau wird dadurch erhalten, daß man die klare Auflösung eines Eisenoxydsalzes mit einer klaren Auflösung von eisenblausaurem Kali so lange vermischt, als sich noch ein Niederschlag bildet. Der Niederschlag wird nach gehörigem Auswaschen mit Wasser an der Luft getrocknet und hat dann die Farbe Nr. 47.

Diese Farbe ist viel schöner als der Indig, und gegen die Sonneneinwirkung, so wie gegen die Säuren ächter als derselbe. Daher sie vielfältige Anwendung findet, die noch bedeutender sein würde, wenn sie auch gegen Potasche und andere Laugensalze dasselbe Verhalten wie gegen die Säuren zeigte.

Dieß ist aber leider nicht der Fall. Geringe Mengen Ammoniak machen die Farbe freilich schöner und ziehen sie ins Veilchenblaue, größere Mengen aber zerstören sie. In einem noch stärkern Grade geschieht diese Zerstörung der Farbe durch Potasche und Natron. Schüttet man in die warme Auflösung derselben gestoßenes Pariserblau, so verwandelt sich das **Dunkelblaue** desselben sogleich in ein **Gelb** und fällt als gelber Niederschlag zu Boden. Er ist Eisenoxyd und die überstehende gelbe Flüssigkeit eisenblausaures Kali oder Natron. Löst man das niedergefallene Eisenoxyd wieder in eine Säure auf und mischt man diese Auflösung wieder mit jener gelben Flüssigkeit, so erhält man auf der Stelle die früher angewandte Menge Pariserblau wieder. Es erhält demnach ein durch Laugensalz entfärbtes Blau durch Zusatz von einer Säure seine Farbe wieder, wenn nämlich nichts von der Flüssigkeit verschüttet worden war.

Wie die Laugensalze, so wirkt auch die Seife auf Pariser- und Berlinerblau. Wird ein Stück Kattun mit einer durch Stärke verdickten Eisenbeize bedruckt und nach dem Trocknen und gehörigen Reinigen durch eine mit etwas Säure versetzte Auflösung von eisenblausaurem Kali gezogen, so erscheint das Muster mit schöner, blauer Farbe und kann Jahre lang der Sonne ausgesetzt sein, ohne zu verbleichen. Dagegen ist eine einmalige Wäsche im Stande dieses zu thun. Die Seife, welche aus Laugensalz und Fett besteht, wirkt nämlich ganz so, wie die Laugensalze. Es entsteht eisenblausaures Kali, welches mit dem Waschwasser weggespült wird, und Eisenoxyd bleibt in Verbindung mit dem Fett der zersetzten Seife auf dem Kattun zurück. Das früher blau gefärbte Muster erscheint sonach jetzt gelb gefärbt.

Taucht man ein so entfärbtes Stück Kattun in eine Säure, so erscheint die Farbe nicht wieder, weil das eisenblausaure Kali nicht mehr vorhanden, sondern mit dem Waschwasser weggespült worden. Seine Farbe kann also auf diese Weise nicht wieder hergestellt werden, was nur dann geschieht, wenn man der Säure eisenblausaures Kali zusetzt und nun den Kattun einige Male darin herumzieht und dann in reinem Wasser auswäscht.

Die gewöhnliche Schreib-Dinte besteht aus Eisenvitriolauflösung, die durch Abkochung von Galläpfeln schwarz gefärbt ist. Diese Farbe verbleicht mit der Zeit dergestalt, daß nach Jahrhunderten die Schrift unleserlich geworden und nichts weiter als ein gelber Schimmer übrig geblieben ist.

Da in diesen Fällen nur das Färbende der Galläpfel, nicht aber das Eisenoxyd aus dem Eisenvitriol zerstört worden, so kann man die verbleichte Schrift wieder sichtbar machen, wenn man das Papier mit einer Auflösung von eisenblausaurem Kali bestreicht, der etwas Salzsäure zugesetzt worden. Die Schrift erscheint alsdann dunkelblau, wenn nämlich die verbleichte Dinte eine solche war, die Eisenvitriol oder ein anderes Eisensalz enthielt.

Hiebei ist jedoch zu bemerken, daß man diese Verfahrungsart, verbleichte Schrift wieder sichtbar zu machen, nur bei solchen Handschriften anwenden darf, deren längere Aufbewahrung nicht von Werth ist. Denn dieselben werden dadurch verdorben, indem auch die Stellen, wo keine Schrift ist, mit der Zeit eine blaue Farbe annehmen. Eine Flüssigkeit, die diese nachtheilige Wirkung nicht hat, werde ich später beim Eisenvitriol oder dem schwefelsauren Eisenoxydul beschreiben.

Auch zum Blaufärben der Wolle hat man das eisenblausaure Kali angewandt, und es sind eine Menge Rezepte bekannt gemacht, von denen das eine immer noch besser zum Ziele führen soll, als das andere. Nach mehreren erhält man ein schönes, sattes Dunkelblau, das aber auch auf der Wolle den Fehler hat, der dieser Farbe überhaupt anklebt, daß sie in Berührung mit Laugensalzen verbleicht. Selbst Harn nimmt diese Farbe hinweg. Es ist daher schwerlich zu glauben, daß diese Farbe je den Indig verdrängen werde, um so weniger, da der Indig weit mehr färbende Kraft besitzt, so daß sich mit dem weit theureren Indig dennoch wohlfeiler färben läßt, als mit dem eisenblausauren Kali.

Dieß gilt jedoch nur von den ganz dunkel schwarzblauen Farben auf Wollentuch. Ein Anderes ist es mit dem Hellblau auf Wolle, welches nicht durch die warme Indigküpe, sondern nur durch essigsauren Indig zu erhalten ist. Dieses ist aber ziemlich unächt und in den hellen Abstufungen nicht so schön wie das mit eisenblausaurem Kali. Daher wird dieses Salz jetzt in großer Menge zur Darstellung hellblauer Farben verwandt.

der Seide, welche in essigsaurem Eisen gebeizt worden, ertheilt das eisenblausaure Kali auch eine sehr schöne blaue Farbe. Sie ist unter dem Namen Bleu de Raymond bekannt, besitzt aber die zwar sehr auffallende, doch gerade nicht zu lobende Eigenschaft, da schnell zu verbleichen, wo sie von den Sonnenstrahlen getroffen wird; so daß ein Damenüberrock oft nach einem zweistündigen Spaziergang im Sonnenschein zur Hälfte weiß oder blaßblau, zur Hälfte dagegen dunkelblau erscheint. Das Merkwürdige hiebei ist, daß Dunkelheit die Farbe wieder herstellt, so daß man z. B. nach einem zweitägigen Hängen in einem dunkeln Kleiderschrank nicht im Stande ist, dem Kleide seine frühere Veränderung anzusehen.

Verbindung des Kohlenstickstoffs mit dem Wasserstoff.

Eine solche Verbindung ist die Cyanwasserstoffsäure, auch Blausäure genannt. Sie entsteht, wenn man Ammoniakgas über Kohle leitet, welche in einer stark glühenden Porzellanröhre befindlich ist. Es vereinigen sich dann der Stickstoff und Wasserstoff des Ammoniaks (S. 197) mit dem Kohlenstoff der Kohle und bilden eine klare, wasserhelle Flüssigkeit. Sie hat einen bittern, scharfen Geschmack, riecht nach bittern Mandeln und wirkt schon in kleinen Mengen als ein schnell tödtendes Gift.

Wenn man Cyankaliumauflösung, die geruchlos ist, mit Schwefelsäure vermischt, so bemerkt man auf der Stelle einen Geruch nach Blausäure, und beim Destilliren bekommt man solche auch wirklich in der Vorlage. Das Cyan wird nämlich unter diesen Umständen vom Kalium getrennt, indem sich dieß mit dem Sauerstoff des Wassers zu Sauerstoffkalium oder Kali vereinigt, welches mit der Schwefelsäure zu schwefelsaurem Kali in Verbindung tritt. Der gleichzeitig frei werdende Wasserstoff (des Wassers) vereinigt sich nun mit dem Cyan zur Cyanwasserstoffsäure oder Blausäure.

Aehnlich dem Cyankalium verhält sich das Cyaneisenkalium, wenn es mit verdünnter Schwefelsäure in einer Retorte erhitzt wird; es entwickelt sich Blausäure, indeß Kalium und Eisen in Verbindung mit Sauerstoff und Schwefelsäure als Rückstand bleiben. Die Blausäure, welche als Arznei dient, wird daher aus diesem Salze bereitet. Man befestigt an den Hals einer sogenannten Tubulatretorte eine knieförmig gebogene Glasröhre, legt die Retorte in ein Gefäß mit Wasser und steckt die Glasröhre in eine Flasche, welche 4 Pfund Wasser enthält und in einem Gefäße steht, worin Wasser und Eis befindlich sind. Nun schüttet man durch den Tubulus der Retorte das Pulver von

2 Pfund Cyaneisenkalium und
ein kaltes Gemisch von
1 Pfund Schwefelsäure und
2 Pfund Wasser,

und erhitzt das Wasserbad so lange, als in die vorgelegte Flasche noch Blausäure übergeht. Diese wird von dem verschlagenen Wasser aufgenommen. Man hat daher nun eine Auflösung von Blausäure in Wasser, die mit der größten Sorgfalt gehandhabt werden muß, weil sie ein äußerst schnell tödtendes Gift ist, so daß schon ein starkes Daranriechen schädlich werden kann.

Verbindung des Stickstoffs mit dem Chlor.

Ehe ich diesen Abschnitt vom Stickstoff schließe, muß ich noch eine merkwürdige, höchst gefährliche Verbindung erwähnen, welche der Stickstoff mit dem Chlor bildet. Es ist der Chlorstickstoff. Die Kenntniß desselben hat für uns weiter keinen Nutzen, als Unglück zu verhüten, welches er in den Händen des Unerfahrenen anrichten kann.

Es könnte leicht jemanden einfallen, der die Wirkungen des Chlors durch eigene Versuche kennen lernen wollte, es in die Auflösung irgend eines Ammoniaksalzes (z. B. des schwefelsauren, phosphorsauren, salzsauren oder salpetersauren Ammoniaks) strömen zu lassen. Geschieht aber dieß, so entsteht diese gefährliche Verbindung von Chlor und dem Stickstoff des Ammoniaks, die sich in wachsgelben, ölartigen Tropfen auf der Oberfläche der Flüssigkeit sammelt, und die bei der geringsten Veranlassung, z. B. bei Berührung mit Campher, Leinöl, Baumöl, Terpentinöl und vielen anderen Stoffen aufs heftigste verpufft und die Gefäße mit großer Gewalt zertrümmert. Zwei Gran Chlorstickstoff bewirken einen stärkern Knall, als ein Flintenschuß. Ein berühmter französischer Chemiker entdeckte diese Verbindung zuerst, und die erste Freude darüber mußte er sogleich mit dem Verluste eines Auges büßen. — Man kann demnach bei Darstellung der Chlorverbindungen nicht vorsichtig genug sein, namentlich muß man darauf sehen, daß das Natron, welches man zur Bereitung der Chlorsoda (S. 140) anwendet, keinen Salmiak oder vielmehr kein kohlensaures Ammoniak enthält, welche, wenn nicht absichtlich, doch einmal durch Zufall darunter sein und

Anlaß zu Bildung dieser gefährlichen Verbindung geben könnten.

Da der Chlorstickstoff gar keiner technischen Benutzung fähig ist, so thut derjenige, welcher mit chemischen Versuchen nicht ganz genau vertraut ist, am besten, sich mit der Darstellung desselben nicht zu befassen.

Aus obigem folgt für den Techniker die Regel, daß Chlor und Ammoniak, so wie Chlor und Ammoniaksalze, ja selbst ammoniakhaltige Metallsalze, z. B. der Eisen-, Zink- und Kupfersalmiak, nie zusammen gebracht werden dürfen.

Vom Kali.

Das Kali ist ein Laugensalz, wie das Ammoniak (S. 202), färbt, wie dieses, die rothen Blumenfarben grün und die Curcuma roth, das durch Säuren geröthete Lackmus wieder blau und macht den Hauptbestandtheil der gewöhnlichen Potasche aus. Diese ist nämlich eine Verbindung von Kali mit Kohlensäure, welche aber gewöhnlich noch mit anderen Salzen verunreinigt ist.

Um das kohlensaure Kali aus der Potasche zu gewinnen, muß dieselbe erst gereinigt werden. Dieß geschieht, wenn man sie mit gleich viel kaltem Wasser übergießt, öfter umrührt, bis alles zum Brei geworden ist, und dann mehrere Tage ruhig stehen läßt. Die fremden Salze scheiden sich hiedurch aus und die klare Flüssigkeit ist gereinigte Potasche. Sie wird abgegossen und der Rest durch einen leinenen Spitzbeutel abfiltrirt. Beide Flüssigkeiten werden dann in einem blanken, eisernen Kessel bis zur Trockne eingesotten.

Das reinste kohlensaure Kali erhält man aus gereinigtem Weinstein, den man in einem silbernen Tiegel glüht, mit Wasser auszieht und das klare Flüssige abdampft. Zum gewöhnlichen Gebrauch kommt aber ein solches zu hoch zu stehen.

Durch Kalk wird das Kali der Potasche von der Kohlensäure befreiet, indem man

100 Pfund Potasche,
1200 Pfund Wasser,
40 Pfund gebrannten Kalk, der zuvor mit
200 Pfund heißem Wasser

zum Brei gelöscht worden, in einem bedeckten eisernen Gefäße eine Stunde lang kocht. Darauf läßt man das Feuer ausgehen und die Flüssigkeit in dem wohlbedeckten eisernen Gefäße sich klären. Sie ist eine Auflösung von Kali in Wasser und wird gewöhnlich Aetzlauge genannt. Kocht man sie in einem eisernen Gefäße zur Trockne ein, so erhält man das trockne Kali, welches auch Aetzkali oder Kalihydrat genannt wird.

Das trockene, wohlgeglühte Aetzkali ist nämlich ein weißer, harter Körper, der aus 1 Mischungsgewicht Kali und 1 Mischungsgewicht Wasser besteht. Es sind nämlich in demselben

47,2 Pfund Kali mit
9 Pfund Wasser vereinigt, was

zusammen die Zahl 56,2 giebt.

Diese Zahl ist das für das Aetzkali, was die Zahlen 40, 37 und 54 für die Schwefelsäure, Salzsäure und Salpetersäure sind, und was die Zahl 17 fürs Ammoniak ist (S. 199); denn sie zeigt das Mischungsgewicht oder das Verhältniß an, in welchem das Kali sich mit anderen Stoffen, z. B. mit Säuren, verbindet. Will man

1 M. G. der 3 genannten Säuren mit Kali sättigen, so gebraucht man dazu nicht mehr und nicht weniger als 56,2 (oder $56\frac{2}{10}$) Kali, dessen 9 Wasser dabei abgeschieden werden, so daß die übrigen 47,2 (oder $47\frac{2}{10}$) reines Kali sich nun mit den genannten Säuren zu Salzen vereinigen, welche man Kalisalze nennt. Dieß findet mit allen Säuren statt, so daß alle Kalisalze das Kali in dem Verhältniß von 47,2 enthalten und diese Zahl demnach das Mischungsgewicht für das wasserfreie Kali ist.

Der Beweis hiefür kann ebenso geführt werden, wie er S. 198—200 beim Ammoniak geführt worden. Wie kommt aber das wasserfreie Kali zu der Mischungszahl 47,2? Das Kali ist, wie das Ammoniak, ein zusammengesetzter Körper und diese Zahl ist die Summe seiner zusammenaddirten Bestandtheile. Es giebt nämlich ein Metall von zinnweißer Farbe, Kalimetall oder Kalium genannt, welches, verbrannt oder mit Sauerstoff verbunden, das Kali darstellt, so daß das Kali ein Sauerstoffkalium ist. Nun hat man durch Versuche gefunden, daß

$39\frac{2}{10}$ Gran Kalimetall mit
8 Gran Sauerstoff verbunden,
sich in $47\frac{2}{10}$ Gran Kali verwandeln;

so daß also genau 8 Gran Sauerstoff hinreichend sind, um die metallische Natur des Kaliums in die salzige des Kali zu verändern. Da nun die Sauerstoffzahl 8 der Maaßstab für die Mischungsgewichte der andern Stoffe ist (S. 5), so folgt, daß 47,2 das Mischungsgewicht des Kali sei, indem diese genau 8 Sauerstoff enthalten. Kommen hiezu nun noch 9 Wasser, welche dem nach S. 230 dargestellten Kali nicht durch Glühen entzogen werden können, so erhalten wir für das Aetzkali oder Kalihydrat das Mischungsgewicht = 56,2. In diesem Verhältniß muß also stets das Aetzkali angewandt werden, wenn man damit Säuren sättigen oder Salze zerlegen will.

Wenn man das Kali mit Kohle in einem Gefäß von Schmiedeeisen bis zum Weißglühen erhitzt, so wird ihm der Sauerstoff durch die Kohle entzogen und das Kali in Kalimetall verwandelt. Es hat die höchst merkwürdige Eigenschaft, in Berührung mit Wasser zu brennen. Es zieht nämlich den Sauerstoff mit einer solchen Heftigkeit aus dem Wasser an, daß die dabei frei werdende Hitze hinreicht, das sich zugleich entwickelnde Wasserstoffgas zu entzünden. Da das Kalimetall von keinem Nutzen für den Techniker ist und seine Darstellung einen sehr geübten Chemiker erfordert, so übergehe ich hier die nähere Angabe seiner Bereitung.

Wenn man etwas trocknes Kali in einer flachen Schale an die Luft stellt, so wird es nach einiger Zeit flüssig. Es zieht in diesem Fall Wasser aus der Luft an und verbindet sich damit. Denn das Kali besitzt ein starkes Bestreben, das Wasser anderen Körpern zu entziehen und in sich aufzunehmen. Gleichzeitig nimmt das Kali Kohlensäure aus der Luft auf und wird dadurch wieder theilweise zu Potasche. Daher kann es nur in vollen, sehr gut verschlossenen Gefäßen, worin es heiß geschüttet worden, aufbewahrt werden.

Die Auflösung von Kali in Wasser heißt Lauge. Sie kann stark und schwach sein, weil sich das Kali in fast allen Verhältnissen mit dem Wasser mischen läßt. Eine solche Lauge darf weder in eichenen noch kupfernen Gefäßen aufbewahrt werden; denn von ersteren wird sie braun und von letzteren löst sie Kupfer auf. Am besten sind Gefäße aus starkem Fichtenholz oder Eisen.

Da man zum gewöhnlichen Gebrauch sich die Lauge, nach der S. 230 angegebenen Verfahrungsart, meist frisch bereitet, und sie als Lauge, nicht aber als trocknes Salz verbraucht, so ist es für die Fabrikanten sehr wichtig, jedesmal den Gehalt einer Lauge an Kali genau zu wissen. Dieß erfährt er auch hier durch die Eigenschwere, und zwar ist ein kalihaltiges Wasser oder eine Lauge um so schwerer, je größer ihr Gehalt an Kali ist, und umgekehrt um so leichter, je weniger darin vorhanden ist.

Die Bestimmung der Eigenschwere geschieht hier eben so, wie es bereits (S. 90 und 156) angegeben. Nur muß man darauf achten, daß die Kalilauge durchs Klären schon von allen Kalktheilen befreiet sei; auch muß eine gereinigte Potasche (S. 230) zu ihrer Bereitung angewendet worden sein. Denn enthielt diese viele fremde Salze, so gehen sie auch mit in die Kalilauge über und vermehren deren Eigenschwere, ohne zu ihrer Stärke etwas beizutragen. Wer dieß nicht berücksichtigt, würde leicht in den Fall kommen, seine Lauge für stärker zu halten, als sie wirkich ist.

Tabelle der Mischungsgewichte für Verbindungen von Kali mit Wasser von verschiedener Eigenschwere.

Eigenschwere.	Mischungsgewicht.
2,000	65,19
1,420	74,21
1,390	83,09
1,360	92,18
1,330	101,07
1,280	110,02
1,230	119,19
1,190	128,26
1,150	137,20
1,110	145,38
1,060	160,56
1,030	179,47

Die Anwendungsart dieser Tabelle ist ganz gleich mit derjenigen, welche bei der Tabelle für das Ammoniak (S. 205) angegeben worden.

So begierig, wie das Kali das Wasser an sich zieht, so sehr hält es dasselbe auch zurück. Daher ist die Hitze sehr groß, welche ein wässeriges Aetzkali annimmt, nämlich 252° R., d. i. über 3 mal so heiß als kochendes Wasser. Will man dagegen irgend etwas bis zu diesem Grade erhitzen, so ist eine durch langes Kochen gesättigte Kalilauge, die eine Eigenschwere von 2,000 hat, hiezu anwendbar.

Geringere Hitzgrade erhält man mit Kalilauge, welche weniger Kali, also mehr Wasser enthalten. So nimmt eine Lauge von 1,390 Eigenschwere eine Hitze von 145° R., eine andere von 1,280 Eingenschwere eine Hitze von 108° R. an. Allein sie eignen sich nicht zur Anwendung eines bestimmten Hitzgrades, weil dieser nicht, wie der der gesättigten Lauge, länger anhaltend ist, sondern sich, je nachdem das Wasser durchs Kochen verdunstet, ändert; die Laugen werden stärker und dadurch natürlich auch heißer.

Auf thierische Körper wirkt die Kalilauge auflösend, namentlich auf Wolle, Haare rc. Dagegen werden Leinwand und Baumwolle, wenn die Einwirkung nur nicht übertrieben lange geschieht, gar nicht davon verändert. Da man sich nun öfter zum Einweichen der Wäsche einer schwachen Kalilauge bedient, so hat man sehr darauf zu sehen, daß sich darunter keine wollene Zeuge befinden, man würde sie sonst nachher vergebens suchen, oder in einem Zustande wieder erhalten, wo sie mehr einem Schleime als einem Gewebe gleichen.

Da wollene Zeuge wegen des hohen Preises der Wolle nicht selten mit Baumwolle verfälscht werden, so kann dieß verschiedene Verhalten beider dazu dienen, einer solchen Verfälschung auf die Spur zu kommen. Man löst

2 Loth Aetzkali in
16 Loth Wasser auf,

oder nimmt 18 Loth einer Kalilauge von 1,010 Eigenschwere und kocht damit ein Abschnitzel des zu prüfenden Zeugs eine Stunde lang. Bestand es blos aus Wolle, so wird es in dieser Zeit gänzlich verschwunden, nämlich aufgelöst sein; bleiben dagegen Fäden oder Gewebe zurück, so wird man schon am Aeußeren erkennen, ob es Leinen oder Baumwolle ist.

Folgende Mischung, deren Hauptwirkung dem darin enthaltenen Kali gehört, dient zum Enthaaren der Hasenbälge:

64 Loth gebrannten Kalk werden mit
320 Loth Wasser gelöscht, und hiezu
16 Loth Potasche und
8 Loth Kochsalz gesetzt,

das Ganze wohl umgerührt und zum Bestreichen der Hasenbälge angewandt. Es reicht für hundert Bälge hin und muß eine Wärme von 18° R. haben. Die Bälge werden einzeln angestrichen, und wenn dieß mit dem hundertsten geschehen ist, so ist der erste zum Enthaaren schon geeignet, was mit den Händen geschieht.

Derselben auflösenden Eigenschaft des Kali ist die Wirkung folgenden Mittels zum Wegätzen der Warzen zuzuschreiben. Man mischt

1 Loth Kali,
1 Loth gebrannten Kalk,
2 Loth Seife

mit so viel Weingeist zusammen, daß es einen dicken Brei bildet, und bestreicht damit die Warze. Diese Mischung bewirkt sehr schnell eine Entzündung und Eiterung. Man muß beim Auftragen derselben auf die Warze vorsichtig sein, damit nichts auf gesunde Theile komme, denn auch diese können dadurch zur Entzündung und Eiterung gebracht werden.

Es ist schon bemerkt, daß das Kali die Pflanzenfaser nicht aufzulösen vermag, aber die mit derselben verbundenen Pflanzenstoffe löst es sehr leicht auf. Daher ist die Kalilauge ein sehr wichtiges Mittel, die Leinwand zum Bleichen geschickt zu machen, indem sie ihr eine Menge Stoffe entzieht, die durch bloßes Wasser nicht entzogen werden können.

Die Lauge wird in diesen Fällen im mit Wasser sehr verdünnten Zustande angewandt; daher man sich auch zu ihrer Darstellung öfter der Holzasche als der Potasche bedient, weil erstere viel wohlfeiler ist und die zum Auslaugen derselben nöthige Wassermenge hier nicht schadet. Man gebraucht auf

10000 Pfund guter Holzasche
80—100 Pfund Kalk,

um die darin enthaltene Potasche in Kali oder in Aetzkalilauge umzuwandeln.

Es ist hier nicht der Ort, die Anwendung einer solchen Bleichlauge behufs der Leinwandbleiche näher auseinanderzusetzen; statt dessen wird hier folgende Bemerkung nicht überflüssig sein.

Die Farbe der rohen Leinwand hängt nicht von einem, sondern von mehreren Stoffen ab, die ein verschiedenes Verhalten zeigen, indem einige sich leichter in Laugensalzen, z. B. Kalilauge, andere dagegen sich leichter in Säuren auflösen. Daher ist ein abwechselndes Behandeln mit Kalilauge und mit Schwefelsäure nothwendig, um alles von der Leinwandfaser Trennbare abzuscheiden. Man wendet zu diesem Behufe eine Lauge an, die auf

1000 Pfund Wasser
10 Pfund Kali

enthält, und läßt sie jedes Mal 4 Stunden damit kochen. Ebenso ist das Verhältniß der Schwefelsäure zum Wasser. Man setzt eine solche Behandlung abwechselnd mit dem

Auslegen auf die Bleiche so lange fort, als die Laugen noch eine Farbe annehmen.

Kohlensaures Kali.

Nimmt man von einer gut bereiteten Kalilauge (S. 230) 2 Theile, sezt den einen Theil in einem flachen Porzellanschälchen an die freie Luft, bewahrt dagegen den andern in einem wohl verschlossenen Glase und mischt beide nach 24 Stunden mit Salzsäure, so wird man Folgendes bemerken. Die Lauge, welche sich in dem Glase befand, mischt sich ganz ruhig, ohne irgend eine bemerkbare Veränderung zu erleiden, mit der Salzsäure, dagegen die in dem offenen Schälchen beim Zusatz der Säure stark schäumt und aufbraust. Dieses Aufbrausen ist das Entweichen der Kohlensäure, welche die Lauge aus der Luft eingesogen hat, und welche durch die Salzsäure ausgetrieben wird. Das Kali wird also an der Luft kohlensauer.

Ganz so, wie dieses kohlensaure Kali, verhält sich die Potasche gegen die Salzsäure, indem sie denn auch nichts weiter ist, als ein kohlensaures Kali, das nur, wie es im Handel vorkommt, mehr oder minder mit fremden Salzen verunreinigt ist.

Das kohlensaure Kali wirkt, wie das reine Kali, auf die Pflanzenfarben, es färbt die rothen grün, die gelbe Curcuma braunroth, das durch Säuren geröthete Lackmus wieder blau.

Wenn man gewöhnliche Holzasche mit Wasser auslaugt und die klare Flüssigkeit bis zur Trockenheit versiedet, so erhält man das, was man im Allgemeinen Potasche nennt, woraus es begreiflich wird, daß die Asche, z. B. beim Bleichen, Seifensieden ꝛc., die Stelle der Potasche vertreten kann.

Nicht jede Asche ist gleich reichhaltig an Potasche. In

Torfasche findet sich z. B. keine Spur. Pflanzen, welche nicht holzig sind, geben die meiste und die reichhaltigste Asche. Aus demselben Grunde geben Sträucher mehr als Bäume, Blätter mehr als die Zweige, Zweige mehr als der Stamm. Von allen bis jetzt untersuchten Pflanzen liefert der Wermuth die meiste Potasche, nämlich aus

10000 Pfund Asche lassen sich
748 Pfund Potasche

durch Auslaugen und Einsieden gewinnen. Eben so viel Asche

von Buchsbaum giebt 78 Pfund,
von Eichenholz giebt 111 Pfund,
von Fichtenholz giebt 132 Pfund,
von Buchenholz giebt 219 Pfund,

so daß es also ein Vorurtheil ist, wenn man glaubt, je härter das Holz, desto reicher sei dessen Asche an Potasche.

Das kohlensaure Kali besteht, wie schon der Name sagt, und wie bereits oben angedeutet ist, aus Kohlensäure und aus Kali, aber in welchem Verhältniß? Dieß läßt sich durch folgenden Versuch ermitteln.

Schüttet man in eine Flasche, deren Gewicht man genau kennt,

$69\frac{2}{10}$ Gran reines kohlens. Kali (S. 230) und
100 Gran Wasser,

und gießt nun nach und nach, unter öfterem Umschütteln, $138\frac{28}{100}$ Gran einer Salpetersäure von 1,288 Eigenschwere hinzu und wiegt, wenn keine Gasblasen mehr aufsteigen, die Flasche mit ihrem Inhalte auf einer genauen Wage, so wird man finden, daß an der Summe des abgewogenen Salzes, des Wassers und der Säure ($69\frac{2}{10}$, 100 und $138\frac{28}{100} = 307\frac{48}{100}$) 22 Gran fehlen. Diese fehlenden 22 Gran sind Kohlensäure, die in dem kohlensauren Kali enthalten waren, aber durch den Zusatz der Salpetersäure, die sich an der Stelle der Kohlensäure mit dem Kali vereinigte, als Gas sich entwickelten und davon gingen.

Da die Kohlensäure etwas Wasserdampf mit fortnimmt, so ist das Ergebniß dieses Versuchs nicht ganz genau, man kann sich aber dadurch von seiner Richtigkeit überzeugen, daß man die Flüssigkeit in der Flasche bis zur Trockne abdampft. Es bleibt in diesem Fall salpetersaures Kali oder Salpeter zurück, und zwar genau $101\frac{2}{10}$ Gran. Da nun das Mischungsgewicht

des Kali 47,2 (S. 231), das
der Salpetersäure 54 (S. 175) ist, was
zusammen addirt die Summe 101,2 giebt, so folgt, daß die 69,2 kohlensaures Kali aus

47,2 Kali und
22 Kohlensäure bestehen und
die Zahl 69,2

das Mischungsgewicht des kohlensauren Kali ist, und daß man folglich dieses Salz stets in diesem Verhältniß anwenden muß, um andere, durch dasselbe zersetzbare Salze zu zersetzen. Hierin liegt auch der Grund, warum die $138\frac{28}{100}$ Gran Salpetersäure von 1,288 Eigenschwere völlig hinreichend sind, alle Kohlensäure (nämlich 22 Gran) aus $69\frac{2}{10}$ Gran kohlensauren Kali auszutreiben und alles darin enthaltene Kali (nämlich $47\frac{2}{10}$ Gran) in Salpeter zu verwandeln; denn diese Menge Säure enthält gerade 1 Mischungsgewicht (nämlich 54 Gran) wasserfreie Salpetersäure.

Wie man die Potasche reinigt, ist schon oben (S. 230) gelehrt worden; daher soll jetzt gezeigt werden, wie man sie auf ihre Reinheit prüft oder wie man den wahren Gehalt einer Potasche an kohlensaurem Kali erfährt. Löst man 1 M. G. reines kohlensaures Kali (wie es z. B. aus dem Weinstein durch Glühen gewonnen wird) oder

$69\frac{2}{10}$ Gran in
300 Gran Wasser

auf, vermischt diese Auflösung mit ein wenig Curcumafarbe, wodurch sie braunroth wird, und setzt nun nach und nach unter Umrühren 1 M. G. Schwefelsäure von 1,850 Eigenschwere oder

49 Gran, die mit

300 Gran Wasser

verdünnt worden, hinzu, so wird man finden, daß, nachdem das Aufbrausen oder das Entweichen der Kohlensäure aufgehört hat, die Kaliflüssigkeit ihre rothbraune Farbe verloren und eine gelbe angenommen hat. Dieß geschieht aber nicht eher vollkommen, als bis der letzte Tropfen Schwefelsäure hinzugesetzt worden, und ist ein Beweis, daß die $69\frac{2}{10}$ Gran kohlensaures Kali durch die 49 Gran Schwefelsäure zerlegt und in schwefelsaures Kali umgewandelt worden sind. 49 Gran Schwefelsäure von 1,850 Eigenschwere sind also ein Maaß für 69,2 kohlensaures Kali, und können daher zur Prüfung einer jeden Potasche auf ihren Gehalt an kohlensaurem Kali angewandt werden. Man verfährt hiebei folgendermaßen:

Man wägt genau 49 Gran Schwefelsäure von 1,850 Eigenschwere ab, mischt sie in einem geräumigen gläsernen Gefäße mit 300 Gran Wasser und setzt der Mischung so viel klare Lackmusauflösung zu, daß sie deutlich roth gefärbt erscheint. Nun wägt man eben so genau $69\frac{2}{10}$ Gran Potasche ab, die man prüfen will, mischt sie mit 300 Gran Wasser und setzt sie nach und nach zur Schwefelsäure hinzu. Man wird ein Aufbrausen, aber kein gänzliches Verschwinden der rothen, durchs Lackmus hervorgebrachten Farbe gewahr werden. Ein Beweis, daß in der abgewogenen Menge Potasche nicht kohlensaures Kali genug vorhanden war, um alle Schwefelsäure zu sättigen. Man wägt also noch einmal $69\frac{2}{10}$ Gran Potasche ab, mischt sie wieder mit 300 Gran Wasser und setzt nun von diesem Gemisch, welches im Ganzen $369\frac{2}{10}$ Gran wiegt, so viel nach und nach zur Schwefelsäure hinzu, als hinlänglich ist, um ihre rothe Lackmusfarbe in die blaue zu verwandeln. Ist dieß geschehen, so hält man mit dem Zusetzen inne, wägt die noch rückständige Potaschenauflösung, berechnet ihren Gehalt an Potasche und zieht diesen von $69\frac{2}{10}$ ab; die Summe, welche man in diesem Fall erhält, ist genau die Menge der fremden Beimischungen, womit die Potasche verunreinigt ist. Alles, was man also über $69\frac{2}{10}$ Potasche gebraucht, um 49 Schwefelsäure von 1,850 Eigenschwere zu sättigen, ist Unreinigkeit oder nicht kohlensaures Kali in derselben.

Zu beachten ist hiebei noch, daß die Potasche, wie das Kali, begierig das Wasser aus der Luft anzieht und feucht wird. Man darf daher eine zu untersuchende Probe nicht zu lange an freier Luft liegen lassen, sonst kann man in den Irthum verfallen, das eingesogene Wasser auf Rechnung fremder Vermischung zu schreiben.

Eine sehr schnell auszuführende Potaschenprobe giebt der S. 238 angeführte Versuch an die Hand, wo beim Sättigen der Potasche mit einer Säure, in Folge des Entweichens der Kohlensäure, ein bestimmter Gewichtverlust statt findet. Da nun in der Potasche 1 M. G. Kali mit 1 M. G. Kohlensäure verbunden ist, so läßt sich aus der Menge der entwichenen Kohlensäure der Kaligehalt nach dem Verhältniß berechnen, daß

22 Gran Kohlensäure
47 Gran Kali

entsprechend sind. Man stellt die Probe so an: Man wägt 100 Gran Potasche ab und gießt in ein geräumiges Becherglas 3—4 Loth reine verdünnte Salzsäure, stellt es auf eine genaue Waage und tarirt es zugleich mit der auf dem Papier befindlichen Potasche. Nun schüttet man die Potasche nach und nach in die Säure und ermittelt, wenn Alles aufgelöst ist und das Brausen aufgehört hat, den Gewichtverlust. Dieser rührt von der entwichenen Kohlensäure her und beträgt bei einer guten Potasche 20 — 22 Gran, wodurch also ein Gehalt von 43 — 47 Kali angezeigt ist.

Es ist bei Anstellung dieses Versuchs nicht zu vergessen, das Papier, worauf die Potasche abgewogen worden, vor der Gewichtverlustbestimmung wieder auf die Waage zu legen, da es mit tarirt ist. Noch besser ist es, es in die Säure zu werfen, weil gewöhnlich etwas Potasche daran hängen bleibt.

Die ungemeine Schnelligkeit und Sicherheit, mit welcher diese Potaschenprobe ausgeführt werden kann, giebt ihr den Vorzug vor allen anderen. — Wenn man die letzten Antheile Potasche in die Säure gethan und das Aufbrausen aufgehört hat, so ist auch der Versuch beendet. Zwar enthält die Flüssigkeit noch etwas Kohlensäure aufgelöst, welche nicht mit in Rechnung gebracht werden kann. Dafür ist aber auch mit der davon gegangenen Kohlensäure zugleich Wasserdampf entwichen, so daß sich dieß so ziemlich ausgleichen wird. Bei Proben in technischer Beziehung kommt es übrigens auf eine so große Genauigkeit nicht an.

In seinen Eigenschaften und Wirkungen verhält sich das kohlensaure Kali so zum reinen Kali, wie sich das kohlensaure Ammoniak zum reinen Ammoniak (S. 214) verhält. Es sättigt, wie dieses, die Säuren und benimmt ihnen die Eigenschaft, die blaue Lackmusfarbe roth zu färben; zersetzt die Auflösungen der Erd- und Metalloxyde in Säuren, indem es sich mit diesen verbindet und die hiedurch abgeschiedenen Erd- und Metalloxyde meistens in Verbindung mit der Kohlensäure niederfallen.

Dieses Verhalten macht das kohlensaure Kali für den Techniker zu einem sehr wichtigen Körper, denn die Darstellung einer Menge Farben und anderer Erzeugnisse beruht hierauf.

Eine Tabelle über den Gehalt seiner wässerigen Auflösung wird hier gewiß am rechten Orte sein.

Tabelle der Mischungsgewichte für wässerige Auflösungen kohlensauren Kalis von verschiedener Eigenschwere.

Eigenschwere.	Mischungsgewicht.
1,580	185,03
1,560	189,58
1,540	195,48
1,520	202,93
1,500	211,62
1,480	217,61
1,460	223,94
1,440	231,43
1,420	238,62
1,400	247,14
1,380	256,29
1,360	266,15
1,340	282,45
1,320	304,84
1,300	332,69
1,280	351,27
1,260	370,05
1,240	395,43
1,220	424,54
1,200	458,27
1,180	512,58
1,160	576,66
1,140	652,83
1,120	736,17
1,100	843,90
1,080	1049,02
1,060	1410,20
1,040	2117,93
1,020	4070,58

In dieser Tabelle kommen Zahlen vor von einer Größe, wie sie in den andern Tabellen nicht anzutreffen sind. Dieß rührt von dem großen Mischungsgewicht (= 69,2) her, welches das kohlensaure Kali hat, indeß die Säuren und Laugensalze, für welche die bereits angeführten Tabellen berechnet sind, viel kleinere Mischungsgewichte haben. Eine Auflösung von kohlensaurem Kali von 1,040 Eigenschwere enthält auf

$69\frac{2}{10}$ Pfund kohlensauren Kali
$2048\frac{733}{1000}$ Pfund Wasser, folglich ist
die Summe $2117\frac{933}{1000}$ Pfund

das Mischungsgewicht für eine, so mit Wasser verdünnte Auflösung. Ein Gleiches gilt von allen in der Tabelle aufgeführten Mischungsgewichten: sie drücken das Verhältniß von Wasser zu $69\frac{2}{10}$ kohlensaurem Kali aus und sind in ihren Wirkungen auf Säuren genau der Wirkung von $69\frac{2}{10}$ kohlensaurem Kali gleich; daher ist denn auch der Enderfolg immer derselbe, man mag nun eine Lauge anwenden, von welcher Eigenschwere man will, wenn man nur die nöthige Menge, also das richtige Mischungsgewicht nimmt. Um hierin immer das richtige Verhältniß zu treffen, dient die obige Tabelle.

Gesetzt, man sei in dem Besitze einer großen Menge von Potaschenauflösung, die aber so sehr mit Wasser verdünnt ist, daß sie nur zum Niederschlagen von Erd- oder Metalloxyden zu gebrauchen ist, so bedient man sich ihrer zu diesem Zweck folgendermaßen.

Wenn es in Schriften vorkommt, aus dem Alaun die Thonerde, aus dem Eisenvitriol das Eisenoxydul, aus dem Kupfervitriol das Kupferoxyd mittelst kohlensauren Kalis oder Potasche darzustellen, so heißt es gewöhnlich: man wägt so und so viel Alaun, Eisen- oder Kupfervitriol ab, löst sie in Wasser auf und setzt nun so lange eine Auflösung von kohlensaurem Kali oder Potasche hinzu, als noch ein Niederschlag erfolgt. Wer lothweise diese Stoffe mischt, mag nach einer solchen Vorschrift arbeiten, aber der Fabrikant, der es mit Zentnern zu thun hat, darf nie so aufs Ungewisse hinein die Stoffe zusammen mischen. Er muß seiner Sache gewiß sein, um so mehr, da er das Geschäft unkundigen Arbeitern übertragen muß.

Es wird dem zufolge die Eigenschwere der kohlensauren Kaliauflösung genau bestimmt. Ist dieß geschehen, so giebt die Tabelle das Mischungsgewicht an, und der Fabrikant weiß nun mit Bestimmtheit, wie viel er davon anzuwenden hat, um die Wirkung von 1 M. G. trocknem kohlensauren Kali hervorzubringen. Gesetzt, es sei die Eigenschwere einer Auflösung von kohlensaurem Kali im Wasser = 1,060, so findet man neben dieser Zahl in der Tabelle die Zahl 1410,20 als Mischungsgewicht angegeben, woraus folgt, daß die erwähnte Auflösung in diesem Verhältniß anzuwenden ist, um aus 1 M. G. schwefelsaurer Thonerde, oder aus 1 M. G. schwefelsaurem Eisenoxydul, oder aus 1 M. G. schwefelsaurem Kupferoxyd die Thonerde, das Eisenoxydul oder das Kupferoxyd abzuscheiden und niederzuschlagen. Nur derjenige, welcher sich gewöhnt, auf diese Weise im Großen zu arbeiten, erhält nicht nur immer ein und dasselbe Produkt, sondern ist auch jederzeit im Stande, genau die Selbstkosten seiner chemischen Erzeugnisse zu berechnen.

Die oben erwähnte Eigenschaft der Potasche, erdige und metallische Salze zu zersetzen, ist zur Reinigung eines Wassers anzuwenden, welches Kalk- und Eisensalze aufgelöst enthält. Zu

1400 Pfund Wasser mischt man
1—2 Pfund reine Potasche,

rührt alles wohl durch einander und läßt es 24 Stunden in Ruhe. Kalk und Eisenoxyd sammeln sich am Boden des Gefäßes und das Wasser ist rein und klar. Da es nur etwas schwefelsaures Kali enthält, so kann es im Nothfall ohne Schaden auch zum Trinken dienen; auf alle Fälle ist es aber zum Reinigen der Wäsche so gut wie das weichste Wasser.

Wenn man reines Wasser in einem offenen Gefäße siedet, so behält es bis zum letzten Tropfen dieselbe Hitze, nämlich 80° R. Nicht so verhält es sich, wenn darin kohlensaures Kali aufgelöst ist. Hier wird bei längerem Sieden die Flüssigkeit immer heißer, bis endlich ein Punkt kommt, wo die Hitze länger unveränderlich ist und 112° R. beträgt. Dieß ist nämlich die Hitze, welche eine mit kohlensaurem Kali gesättigte Auflösung enthält. Will man daher irgend einen Stoff bis zu diesem Punkt (112° R.) erhitzen, so bringt man ihn in eine unten zugeschmolzene Glasröhre, taucht diese in die Potaschenlauge und bringt sie nach und nach zum Sieden. Schon im Frühern sind mehrere Hitzgrade angegeben, welche gesättigte Salzlösungen annehmen (S. 193). Ihre Beachtung ist dem Techniker von Wichtigkeit, weil er das bloße Feuer nie so in die Gewalt bekommen kann, um einen bestimmten Hitzgrad auf längere Zeit hervorzubringen.

Es ist schon (S. 232) bemerkt worden, daß trocknes Kali an der Luft flüssig wird, indem es Wasser aus derselben aufnimmt und sich darin auflöst. Auf dieselbe Weise verhält sich das kohlensaure Kali, es ist fast eben so wassersüchtig wie jenes. Aber nicht blos der Luft, sondern auch anderen wasserhaltigen Körpern entzieht dasselbe das Wasser, z. B. dem Weingeist. Schüttet man ganz trocknes, geglühtes kohlensaures Kali in Weingeist, so wird es flüssig und der Weingeist zeigt sich gegen den sogenannten Spiritusprober um mehrere Grade stärker, d. h. minder wasserhaltig.

Dieses Verhalten ist von Firnißfabrikanten benutzt worden, um sich schnell einen starken Weingeist zum Auflösen der Harze zu verschaffen. Ein solcher Weingeist taugt aber nicht zu einem guten Firniß, denn er ist immer potaschenhaltig, wenn man ihn nicht noch einmal destillirt, und selbst wenn auch letzteres geschehen ist, so zeigt schon der scharfe Nachgeschmack, welchen er besitzt, die erlittene Veränderuug. Auch hat die Erfahrung bewiesen, daß ein über Potasche abgezogener Weingeist Firnisse giebt, die nach dem Aufstreichen sehr bald Risse bekommen.

Sollte Jemand, der von dieser nachtheiligen Einwirkung der Potasche auf den Weingeist nicht unterrichtet war, eine größere Menge Weingeist über Potasche abgezogen haben, so kann er ihn dadurch wieder herstellen, daß er ihn über gestoßenen Alaun noch einmal abzieht.

Auf die thierischen Körper wirkt das kohlensaure Kali nicht so heftig, wie das reine Kali, aber doch noch stark genug, um denjenigen alle Vorsicht anzuempfehlen, welche z. B. wollene Tuche damit walken, Bettfedern damit reinigen, Seide damit entschälen wollen. Namentlich ist der hiebei anzuwendende Wärmegrad zu berücksichtigen.

Obwohl von erfahrenen Bleichern behauptet wird, eine mit Kalk gekochte Potaschenlauge (also eine Aetzlauge, S. 230) sei im Stande, aus der rohen Leinwand $\frac{1}{4}$ Farbenstoff mehr auszuziehen, als eine entsprechende Menge Potaschenlauge, so wird dennoch letztere sehr häufig zum Beuchen der Leinwand angewandt. Der Hauptnutzen, den ihre Anwendung gewährt, besteht darin, daß sie zwar anhaltend, aber minder heftig wirkt, und darum der Haltbarkeit der Leinwandfaser auf keinen Fall nachtheilig wird. Uebrigens findet auch hier die bereits (S. 236) erwähnte abwechselnde Anwendung von Säure und Lauge statt.

Das kohlensaure Kali ist ein vortreffliches Schmelzmittel, ein Mittel, die Oxyde herzustellen und ihre Metalle schnell in Fluß zu bringen. Da es zu diesem Behuf keine schwefelsauren Salze enthalten darf, die gewöhnlich in der Potasche anzutreffen sind, so stellt man es sich durch Glühen des Weinsteins dar und nennt dann dieses noch mit Kohle vermengte kohlensaure Kali schwarzen Fluß. Erst nachdem man die Erfahrung gemacht hatte, daß durch ein heftiges Glühen von Potasche mit Kohle sich ein metallischer Körper, nämlich das Kalimetall (S. 231) entwickelt, bemerkte man auch, daß dieses sich mit den durch den schwarzen Fluß hergestellten Metallen verbindet und sie in ihren Eigenschaften sehr verändert. Glüht man z. B. Antimon-, Blei- oder Zinnoxyd mit schwarzem Fluß in einem Tiegel bei einer Hitze, die stärker ist, als zur Wiederherstellung der Metalle nothwendig war, so fangen die Metalle, wenn sie abgekühlt sind und längere Zeit an der Luft gelegen haben, von freien Stücken an sich zu erhitzen (oft bis zu 70—80° R.) und entwickeln, in Wasser getaucht, unter Aufwallen Wasserstoffgas. Natürlich sind solche Metalle zu dem beabsichtigten Zwecke nicht zu gebrauchen, man hat sich also bei ihrer Darstellung mit dem Hitzgrade in Acht zu nehmen.

Schwefelsaures Kali.

Wenn man

1 M. G. oder 101 Pfund Salpeter mit
2 M. G. oder 98 Pfund Schwefelsäure

von 1,850 Eigenschwere behufs der Bereitung der Salpetersäure (S. 168) destillirt, so bleibt in der Retorte ein weißes, saures Salz zurück, daß aus

1 M. G. oder 47,2 Pfund Kali und
2 M. G. oder 80 Pfund trockner Schwefelsäure

nebst 5 Pfund Wasser besteht und saures schwefelsaures Kali heißt. Löst man

132 Pfund dieses Salzes mit
396 Pfund Wasser

auf, so scheidet sich in der Kälte eine Verbindung von

1 M. G. oder 47,2 Pfund Kali mit
1 M. G. oder 40 Pfund Schwefelsäure

ab, die man schwefelsaures Kali nennt, indeß 1 M. G. Schwefelsäure in Verbindung mit etwas schwefelsaurem Kali in der Mutterlauge bleibt.

Addirt man die oben angegebenen Bestandtheile des schwefelsauren Kali zusammen, so erhält man als Summe die Zahl 87,2; diese ist folglich sein Mischungsgewicht, und in diesem Verhältniß ($= 87\frac{2}{10}$) muß es folglich auch angewandt werden, wenn man 1 M. G. irgend eines anderen zersetzbaren Salzes dadurch zersetzen will, z. B. salpetersauren Baryt, Chlorcalcium ꝛc.

Einige Salze, namentlich essigsaures Kali und essigsaures Bleioxyd machen hierin eine Ausnahme. Mischt man z. B.

1 M. G. oder 190 Pfund Bleizucker mit
1 M. G. oder 87 Pfund schwefelsaurem Kali,

beide für sich in Wasser aufgelöst, zusammen, so wird nicht alles Bleioxyd des Bleizuckers durch die Schwefelsäure des schwefelsauren Kali niedergeschlagen, sondern ein Theil bleibt aufgelöst. Seine vollkommene Niederschlagung geschieht erst durch ein anhaltendes Kochen, oder dadurch, daß man noch mehr schwefelsaures Kali hinzusetzt.

Auch der holzsaure oder essigsaure Kalk wird, im richtigen Verhältniß mit dem schwefelsauren Kali gemischt, nicht völlig in Gyps und essigsaures Kali zersetzt.

Dieß sind Ausnahmen, die darauf beruhen, daß sich Doppelsalze bilden, indem ein Salz das andere fest hält und sein Niederfallen oder Herauskrystallisiren hindert.

Die Ursache solcher unvollkommenen Zersetzungen liegt auch oft in der Art, wie die Salzauflösungen zusammen gemischt werden; so ist es z. B. nicht gleichgültig, ob man die Auflösung des essigsauren Bleis in die des schwefelsauren Kali oder umgekehrt gießt, denn im ersteren Fall kommt wenig essigsaures Blei mit viel schwefelsaurem Kali, im letzteren wenig schwefelsaures Kali mit viel essigsaurem Blei in Berührung, was allerdings die gewöhnlichen Gesetze bei der Zersetzung zweier Salze abändern kann.

Um diesem großen Uebelstande abzuhelfen, thut man am besten, weder die Auflösung des einen noch die des anderen Salzes in die Auflösung des einen oder des anderen Salzes zu gießen, sondern sie so zu mischen, daß immer nur gleiche Mischungsgewichte mit einander in Berührung kommen und nie ein Ueberschuß des einen Salzes mit dem des andern oder umgekehrt zusammen kommt. Dieß erreicht man dadurch, daß man die Auflösungen, welche man zusammen mischen will, mit so viel Wasser versetzt, daß sie in gleich großen Gefäßen gleiche Räume einnehmen und man sie durch gleich große, mit Hähnen versehene Röhren durch mehrere feine, über einander gelegte Drahtgitter fließen läßt, damit sie sich genau und innig mischen und so, wenigstens in vielen Fällen, vollständig zersetzen. Ich habe diesen Kunstgriff bereits mehreren Fabrikanten mitgetheilt, die mir den guten Erfolg bestätigt haben.

Eigentlich sollten alle Niederschläge im Großen auf diese Weise gemacht werden; man würde bedeutend an Zeit und Gefäßen sparen, indem hiemit zugleich ein Filtrirapparat verbunden werden könnte, der das durch die Röhren Abfließende filtrirte und das durch die Zersetzung daraus Abgeschiedene absonderte.

Vermöge der Schwefelsäure, welche im schwefelsauren Kali enthalten ist, giebt seine Auflösung, mit Auflösungen von Barytsalzen gemischt, auf der Stelle weiße Färbungen und Niederschläge von schwefelsaurem Baryt; es dient also dazu, den Baryt von anderen Stoffen zu trennen und ihn namentlich vom Kalk zu unterscheiden, denn dieser setzt, wenn er vorhanden ist, erst längere Zeit nach dem Zusammensetzen kleine Krystalle von schwefelsaurem Kalk oder Gyps ab.

Durch seinen Gehalt an Kali dient das schwefelsaure Kali zum Glasmachen. Denn Kali und Kiesel sind die Hauptbestandtheile des Glases.

100 Pfund geglühter Kies-Sand,
60 Pfund schwefelsaures Kali,
18 Pfund zerfallener Kalk und
8 Pfund Holzkohlenpulver

werden wohl mit einander gemengt und geradezu, ohne das Gemenge erst vorher iu den Frittofen zu bringen, in den Glastiegel eingetragen. Da die Masse sehr schäumt, so müssen die Tiegel beim ersten Eintragen nicht ganz gefüllt werden.

Mit der schwefelsauren Thonerde verbindet sich das schwefelsaure Kali zu einem schwer auflöslichen Doppelsalze, das, wenn man starke Auflösungen von beiden zusammengießt, als ein weißes Pulver niederfällt und Alaunmehl heißt, indem es durch Auflösen in Wasser und Krystallisiren den Alaun giebt. Auf diesem Verhalten des schwefelsauren Kali zur schwefelsauren Thonerde beruht die Scheidung der schwefelsauren Thonerde von schwefelsaurem Eisen in den Alaunfabriken.

Durch Glühen mit Kohle wird die Schwefelsäure des schwefelsauren Kali zersetzt und zu Schwefel hergestellt. Glüht man nämlich

1 M. G. oder 87 Pfund schwefelsaures Kali mit
4 M. G. oder 24 Pfund Kohle

in einem wohlbedeckten Tiegel, so erhält man ein Salz, welches sich leicht im Wasser auflöst, aber Bleisalze nicht mehr weiß, wie es die Schwefelsäure thut, sondern schwarz niederschlägt. Dieser schwarze Niederschlag ist Schwefelblei, S. 70, Nr. 21, und liefert den Beweis, daß die Schwefelsäure durch die Kohle ihren Sauerstoff verloren hat und zu Schwefel geworden ist. Säuren entwickeln aus dem Salze, welches Schwefelkalium ist, Schwefelwasserstoff (S. 155).

Eine Anwendung, die man von diesem Salze im Großen versucht hat, ist die zum Beuchen und Bleichen der Garne anstatt der Potasche. Da man es aber in ziemlich starker Auflösung, nämlich 1 Pfund zu 8 Pfund Wasser, anzuwenden hat, so wird seine Anwendung wohl keine Vorzüge vor Potasche haben.

Als Beweis, wie sehr man das Verhältniß der Stoffe zu berücksichtigen hat, die man auf einander einwirken läßt, diene Folgendes.

Wenn man 1 M. G. schwefelsaures Kali mit 4 M. G. Kohle glüht, so erhält man das eben angeführte Schwefelkalium; nimmt man dagegen 4 M. G mehr oder 8 M. G. Kohle auf 1 M. G. schwefels. Kali, also 48 Pfd. auf 87 Pfd., u. glüht etwas davon in einem wohlverschlossenen Tiegel oder in einem in Sand gestellten Arzneiglase, so erhält man nicht jenes leicht in Wasser lösliche Salz, sondern ein schwarzes Pulver, das, so wie es nur an die Luft kommt, sich schnell entzündet und zu schwefelsaurem Kali verbrennt. Dieß für die Feinde der Wage und diejenigen, welche glauben möchten, ein Bischen Kohle mehr oder weniger schade nicht.

Chlorkalium.

Von der Bildung und Gewinnung dieses Salzes, welches auch salzsaures Kali genannt wird, ist schon S. 144 gehandelt worden. Es kommt als ein Bestandtheil der Salzsoolen vor und wird in ziemlich großer Menge gewonnen, auch enthält die Natronlauge derjenigen Seifensieder, welche mit Kalilauge sieden, Chlorkalium. Es wird hier aus dem

Chlornatrium (Kochsalz) gebildet, welches man der Kaliseife zusetzt, um sie in harte Natronseife zu verwandeln.

Das Bestandtheilverhältniß des Chlorkaliums ist:

1 M. G. oder 36 Pfund Chlor und
1 M. G. oder 39 Pfund Kalium
giebt 75 Pfund Chlorkalium.

Seine Hauptverwendung ist zur Alaunbereitung, wozu es sich aber nicht so gut eignet, wie das schwefelsaure Kali, weil, indem das Kalium in den Alaun übergeht, sich Salzsäure abscheidet, die in die Mutterlauge übergeht und ihr Zugutmachen sehr erschwert.

Das Chlorkalium schmeckt nicht ganz wie Kochsalz, äußert aber dieselbe fäulnißwidrige Kraft. Daher bedient man sich der sogenannten Unterlauge der Seifensieder zum Einsalzen der Häute. Sie werden angefeuchtet, mit der Lauge gesalzen und auf einander gelegt, daß sie zum Schwitzen kommen, in welchem Fall sie sich dann leicht abhaaren lassen.

In 100 Pfund einer durch Kochen bereiteten Auflösung dieses Salzes sind 30 Pfund trocknes Salz enthalten, und sie besitzt eine Hitze von 85° R.

Vom Natron.

Das Natron wird im Englischen Soda, im Französischen Soude genannt. Was im Handel Soda heißt, ist ein unreines kohlensaures Natron, es entspricht daher der Potasche (S. 237).

Das Natron schließt sich zunächst an das Kali an und stimmt in seinen wesentlichen Eigenschaften ganz mit denen des Kali überein. Es sättigt, wie dieses, die Säuren und bildet mit ihnen Salze, wie z. B. schwefelsaures und salpetersaures Natron. Es färbt, wie Kali, rothe Blumen grün, die Curcuma braunroth, das durch Säuren rothgefärbte Lackmus blau. Es ist ferner eben so wie das Kali zusammengesetzt und besteht aus 2 verschiedenen Stoffen, nämlich dem Natronmetall oder dem Natrium und dem Sauerstoff; es ist ein Sauerstoffnatrium, und zwar in dem Verhältniß von

1 M. G. oder 23 Pfund Natrium und
1 M. G. oder 8 Pfund Sauerstoff, so daß also
die Zahl 31

das Mischungsgewicht des wasserfreien Natrons ist, und folglich alle Verbindungen, welche das Natron mit den Säuren und andern Körpern eingegangen, dasselbe in dem Verhältniß von 31 enthalten.

Das Natron wird aus dem Kochsalz gewonnen, welches aus

23 Pfund Natrium und
36 Pfund Chlor besteht, und folglich 1 M. G.
von 59 hat,

woraus nach Abscheidung des Chlors 31 Pfund wasserfreies Natron erhalten werden können.

Die Trenunng des Natriums vom Chlor oder die Darstellung des Natrons aus dem Kochsalz ist mit Schwierigkeiten verbunden und geschieht im Großen durch Umwege. Man ist genöthigt, das Chlor aus dem Kochsalz durch Erhitzen mit Schwefelsäure abzuscheiden, wodurch man, wie bereits (S. 151) angegeben, Salzsäure und schwefelsaures Natron erhält. Dieses schwefelsaure Natron wird nun mit Kohle und Kalk geglüht, wodurch die Schwefelsäure zerstört und in Schwefel verwandelt wird, welchen der Kalk aufnimmt. Das Natron wird von dem Schwefelkalk durch Aussetzen an die Luft und Auflösen der verwitterten Masse in Wasser geschieden und aus der Auflösung durch Abdampfen und Krystallisiren gewonnen.

Man erhält auf diesem Wege das Natron nicht rein, sondern mit Kohlensäure verbunden. Diese wird, gerade so wie beim kohlensauren Kali, erst durch Kochen mit Kalk abgeschieden. Es werden auf

143 Pfund krystallisirtes kohlensaures Natron
42 Pfund gebrannter Kalk und
1200 Pfund Wasser

genommen und damit so verfahren, wie es bei der Darstellung des Kali aus dem kohlensauren Kali (S. 230) angegeben worden.

Das so erhaltene Natron heißt Aetznatron oder Natronhydrat. Es stellt geglüht einen weißen, undurchsichtigen Körper dar und besteht aus

1 M. G. oder 31 Pfund Natron und
1 M. G. oder 9 Pfund Wasser,
also in Summa 40 Pfund.

Dieß Wasser kann dem Aetznatron, wie dem Aetzkali, nicht durch Glühen entzogen werden.

Wenn demnach das reine Natron ein Mischungsgewicht = 31 hat, so kommt zu dieser Zahl in dem Aetznatron noch die Zahl 9 für das Wasser, welches sie enthält, hinzu, so daß das Mischungsgewicht derselben = 40 ist; man also mit 40 Pfund Aetznatron eben so viel auszurichten im Stande ist, als mit $56\frac{2}{10}$ Pfd. Aetzkali. Wenn man daher, um eine Säure zu sättigen, oder um Seife zu sieden, sich statt des Aetzkali des Aetznatrons bedienen will, so kann man von dem letzteren 16 Pfund weniger nehmen und versichert sein, daß der Erfolg ganz derselbe ist, wie bei der Anwendung des Aetzkali.

Das Natron hat, wie bereits gesagt, viel Aehnlichkeit

mit dem Kali, daher man sich seiner meistens mit demselben Erfolg bedienen kann, je nachdem man es rücksichtlich des Preises vortheilhaft findet. Nur in einem Fall kann das Natron nicht die Stelle der Potasche vertreten, dieß ist bei der Erzeugung der Cyansalze. Glüht man nämlich Hornspäne, statt mit Potasche, mit Natron, so erhält man nur höchst wenig Cyansalz. In diesem Fall ist also die Potasche vorzuziehen.

Das Aetznatron wird flüssig in feuchter Luft nnd verbindet sich überhaupt leicht mit dem Wasser. Eine solche Verbindung heißt Natronlauge. Eine durch Kochen bereitete, mit Natron gesättigte Lauge hat eine Hitze von 172° R. Dieser bedeutende Wärmegrad giebt ein Mittel an die Hand, die Hitze der Wasserdämpfe (die von gewöhnlichem Wasser nur 80° beträgt) zu vermehren, wenn man statt des Wassers bei der Dampferzeugung sich der Aetznatronlauge bedient.

Das Natron verbindet sich, wie das Kali, mit Oel und Fett zur Seife, und hier zeigt sich ein bedeutender Unterschied beider Laugensalze. Mit demselben Oel und Fett nämlich, womit das Kali nur weiche, schmierige Seifen giebt, erzeugt das Natron harte und feste Seifen. Hierauf beruht der Zusatz von Kochsalz zur gewöhnlichen Kaliseife, um sie hart zu machen. Es wird in diesem Fall ein Theil Seife vom Kochsalz zersetzt; sein Natron geht an das Fett und bildet Natron- oder Sodaseife, indeß das Chlor desselben vom Kali aufgenommen wird.

Kohlensaures Natron.

Man nennt dieses Salz auch Soda und stellt es, wie bereits (S. 254) angegeben, künstlich aus dem Kochsalz dar.

Das kohlensaure Natron verhält sich zum kohlensauren Kali, wie sich das Aetznatron zum Aetzkali verhält. Beide besitzen ganz ähnliche Eigenschaften und zeigen ein ähnliches chemisches Verhalten. Was daher vom kohlensauren Kali (S. 237—248) gesagt worden, gilt auch von dem kohlensauren Natron, nur daß das Zahlenverhältniß ein anderes ist, wie sich von selbst versteht, denn letzteres hat ein von ersterem verschiedenes Mischungsgewicht.

In dem kohlensauren Natron sind nämlich

1 M. G. oder 31 Pfund Natron und

1 M. G. oder 22 Pfund Kohlensäure mit einander verbunden und geben 53 als Mischungsgewicht für dasselbe. Man spart also auch von diesem Salze 16 Pfund, wenn man es statt des kohlensauren Kali zum Sättigen von Säuren oder zum Zerlegen von Metallsalzen anwendet (vergl. S. 244).

Die chemischen Fabriken Englands liefern uns dieses Salz in diesem wasserfreien Zustande. Das gewöhnlich im Handel vorkommende ist krystallisirtes kohlensaures Natron, das beinahe noch einmal so viel Krystallwasser als Salz enthält, denn es besteht aus

1 M. G. oder 53 Pfund kohlensaurem Natron und

10 M. G. oder 90 Pfund Wasser, bekommt also

die Zahl 143

zum Mischungsgewicht; so daß man mit 143 Pfund krystallisirtem kohlensauren Natron nicht mehr Säure sättigen und nicht mehr Metallsalze ꝛc. zerlegen kann, als mit 69 Pfund trocknem kohlensaurem Kali, und man folglich von ersterem 74 Pfund mehr gebraucht, um dieselbe Wirkung hervorzubringen.

Man muß sich dieß Verhältniß wohl merken, um nicht durch den scheinbar wohlfeilen Preis des krystallisirten kohlensauren Natrons irre geführt zu werden. Es enthält zu viel Wasser, was ohne alle Wirkung ist, und man doch beim Einkauf mitbezahlen muß. Soll das krystallisirte kohlensaure Natron mit Vortheil in den Fabriken, statt des kohlensauren Kali, Anwendung finden, so dürfen 143 Pfund wenigstens nicht theurer zu stehen kommen, als 86 Pfund gute Potasche, vorausgesetzt, daß diese 80 Proc. reines kohlensaures Kali enthält.

Ist die Potasche sehr schlecht und enthält nur 50 Proc. reines kohlensaures Kali, so ist das Verhältniß wie 143 kohlensaures Natron zu 138 Potasche.

Einen wesentlichen Unterschied zwischen kohlensaurem Kali und kohlensaurem Natron begründet das Verhalten zur feuchten Luft. Ersteres zieht nämlich daraus Wasser an und wird naß, flüssig. Letzteres dagegen nicht, es trocknet vielmehr, wenn man Krystalle längere Zeit in Berührung mit der Luft liegen läßt, zu einem weißen Pulver aus, oder verwittert, wie man zu sagen pflegt. Aus diesem Grunde giebt man bei vielen Anwendungen dem kohlensauren Natron den Vorzug vor dem Kali.

Wenn man daher zum Reinigen des Holzes, z. B. der Fußböden, sich der Potasche bedient, so hat man viel Mühe und viel Wasser anzuwenden, um die Potasche aus dem Holze und dasselbe trocken zu bekommen. Bei der Anwendung von kohlensaurem Natron geht dieß sehr leicht.

Das Seewasser enthält ein Salz, welches eben so, wie die Potasche, aus der Luft Wasser anzieht, es ist die salzsaure Bittererde. Daher bleibt in Seewasser gewaschenes Zeug immer feucht. Dieß wird durch einen Zusatz von kohlensaurem Natron zum Seewasser beseitigt. Es schlägt die Bittererde nieder. Setzt man etwas mehr zu, als gerade zum Fällen der Bittererde nöthig ist, so wäscht man mit einem solchen Wasser eben so rein ohne Seife, als mit gewöhnlichem mit Seife. Man sollte also zur See, statt der Seife, kohlensaures Natron mitnehmen.

Das Natron dient zum Glasmachen und giebt mit Kiesel und Kalk ein sehr schönes Glas; man wendet aber zu diesem Zweck meist das schwefelsaure Natron an.

Pflanzen, die an und in der See wachsen, geben nach dem Verbrennen eine Asche, welche kohlensaures Natron enthält. Die Pflanzen scheiden dieses Natron aus dem Meersalz, und mehrere unter ihnen (z. B. Glaux maritima) dünsten die Salzsäure aus und behalten das Natron zurück.

Zehn Pfund krystallisirtes kohlensaures Natron lösen sich in 20 Pfund kaltem nnd in noch weniger als 10 Pfund kochendem Wasser auf.

In neuerer Zeit hat man angefangen, sich des krystallisirten kohlensauren Natrons sehr häufig in der Hauswirthschaft zu bedienen, daher ist es denn auch ein Gegenstand des Detailhandels geworden. Es ist auch der sogenannten trocknen Soda vorzuziehen, weil es einen immer gleichen Gehalt an Natron hat, und ihn auch behält, sofern man die Verdunstung des Krystallwassers durch Aufbewahren in verschlossenen Gefäßen verhindert. Thut man dieß nicht, so zerfällt das Salz zu einem weißen Pulver, welches Zerfallen man Verwittern nennt. Dieses Wasser kann jedoch durch vorsichtiges Befeuchten wieder ersetzt werden; dann bilden sich von Neuem Krystalle. Daher kommt es, daß, wenn man z. B. 1 Pfund zu feinem Pulver zerfallenes Natronsalz mit 1 Pfund Wasser mischt, auf der Stelle ein fester, krystallinischer Körper entsteht, der sich nur durch die verworrene Krystallisation von dem käuflichen, regelmäßig krystallisirten unterscheidet.

Bei der Wäsche ist dieses Natronsalz von sehr guter Wirkung. Man pflegt es in heißem Wasser aufzulösen und von dieser Auflösung dem Waschwasser zuzusetzen.

Am besten wendet man das Natronsalz in Verbindung mit Seife selbst an, indem man z. B.

5 Pfund Sodaseife in
12 Pfund Wasser

durch Erhitzen auflöst und nun eine Auflösung von

2 Pfund krystallisirtem kohlensauren Natron in
4 Pfund kochendem Wasser

hinzusetzt und tüchtig umrührt. Diese Mischung erstarrt nun beim Erkalten zu einer festen Masse, die in Stücke zerschnitten, anstatt der Seife, zum Waschen dient. Lange aufbewahren kann man sie nicht (wenigstens nicht in unbedeckten Gefäßen), weil das Wasser an der Luft verdunstet und das Natronsalz in nadelförmigen Krystallen auswächst.

Wollene Zeuge, die mit einer solchen Seife gewaschen werden, laufen weniger ein, als mit gewöhnlicher. Noch besser aber ist es, diese mit bloßer Natronsalzauflösung, ohne alle Seife, zu waschen; dann laufen sie gar nicht ein. Man verfährt dabei eben so, als wenn man mit einer Seifenauflösung wäscht, indem man nach Befinden der Umstände mehr oder weniger von der Natronauflösung zu dem Waschwasser zugießt und auch wohl die Waschung zum zweiten Male mit frischer Auflösung wiederholt.

Wird Zucker so stark erhitzt, daß er Blasen wirft und sich bräunt, so entsteht der sogenannte Caramel, womit man Liqueure und Rum färbt. Es ist schwer, den rechten Punkt zu treffen, wo der Caramel gut ist, und besonders solchen darzustellen, der sich in starkem Spiritus auflöst, ohne sich später wieder abzuscheiden. Durch einen Zusatz von Natron erhält man immer ein gleichförmiges Produkt, wenn man z. B.

32 Pfund Zucker mit
1 Pfund krystallisirtem kohlensauren Natron,

beides im gepulverten Zustande, mengt und nun das Erhitzen langsam und vorsichtig bewerkstelligt. Dieser Caramel löst sich in Spiritus von jeder Stärke. Schädliche Eigenschaften werden ihm durch das Natron nicht mitgetheilt.

Wenn man in eine Auflösung von

143 Pfund krystallisirtem kohlensauren Natron
22 Pfund Kohlensäure

leitet, so werden diese vollkommen davon aufgenommen, und es bildet sich ein Salz, welches doppeltkohlensaures Natron heißt. Es enthält 2 M. G. Kohlensäure und dient zur Darstellung künstlicher Mineralwasser und dem Brausepulver.

Im Großen wird es so dargestellt, daß man über an der Luft zerfallenes kohlensaures Natron Kohlensäuregas leitet, welches begierig davon eingesaugt wird.

Phosphorsaures Natron.

Dieses Salz erhält man aus der Phosphorsäure der Knochen (S. 58) durch Sättigen derselben mit kohlensaurem Natron. Es krystallisirt aus der Auflösung in Verbindung mit einer großen Menge Wasser. Es kommen nämlich auf

1 M. G. oder 67 Pfund phosphors. Natron
12 M. G. oder 108 Pfund Wasser, so daß
demnach 175

das Mischungsgewicht des krystallisirten phosphorsauren Natrons ist. Es bildet, mit Erd- und Metallsalzen vermischt, Niederschläge von phosphorsauren Erden und Metalloxyden, und die eben angegebene Zahl (175) zeigt an, wie viel man anzuwenden hat, um solche Verbindungen darzustellen.

Es wäre zu wünschen, daß dieselben, namentlich von unsern Töpfern, mehr in Anwendung gebracht würden, denn sie geben sehr beständige, oft schön gefärbte, leicht schmelzbare Gläser, die zu verschiedenen Glasuren um so anwendbarer sind, weil sie der Gesundheit keinen Nachtheil bringen. Bei den Metallen wird von denselben die Rede sein.

Vier Pfund kaltes und 2 Pfund heißes Wasser lösen 1 Pfund krystallisirtes phosphorsaures Natron auf.

Schwefelsaures Natron.

Wird gewöhnlich Glaubersalz genannt. Man erhält es bei der Zersetzung des Kochsalzes durch Schwefelsäure (S. 151) als Rückstand in der Retorte. Es besteht aus

1 M. G. oder 31 Pfund Natron und
1 M. G. oder 40 Pfund Schwefelsäure,

hat also ein M. G. = 71.

In diesem Zustande kommt es jedoch nicht im Handel vor, sondern ebenfalls, wie das kohlensaure und phosphorsaure Natron, mit einer großen Menge Wasser verbunden. Es sind nämlich im krystallisirten Glaubersalz

1 M. G. oder 71 Pfund schwefelsaures Natron und
10 M. G. oder 90 Pfund Wasser enthalten, so daß
die Zahl 161

das M. G. für das krystallisirte schwefelsaure Natron ist. Es müssen demnach 161 Pfund genommen werden, um 1 M. G. eines anderen Salzes, z. B. um 69 Pfund kohlensaures Kali in schwefelsaures Kali und kohlensaures Natron zu zerlegen.

An trockner Luft verliert dieß Salz nach und nach sein Wasser und verwittert zu einem weißen Pulver. Mit diesem Fortgehen des Wassers wird zugleich das Salz stärker, reichhaltiger und es ändert sich sein Mischungsgewicht. Man muß also in Fällen, wo es auf die Menge des anzuwendenden Glaubersalzes ankommt, dasselbe im krystallisirten, unverwitterten Zustande anwenden, oder es so trocknen, daß es all sein Wasser verliert, in welchem Fall dann das M. G., wie bereits angeführt, 71 ist.

Die Anwendung dieses Salzes ist besonders groß zur künstlichen Darstellung des Natrons, wie S. 254 gesagt worden.

Durch Glühen von

1 M. G oder 71 Pfund trocknen Glaubersalzes mit
4 M. G. oder 24 Pfund Kohle

wird die Schwefelsäure in Schwefel, das Natron in Natrium (S. 254) verwandelt, und es bleibt im Tiegel die Verbindung beider, welche man Schwefelnatrium nennt. Es bildet, im Wasser aufgelöst und mit Metallauflösungen vermischt, weiße, gelbe, braune, schwarze ꝛc. Niederschläge von Schwefelmetallen (vergl. S. 113).

Neuerdings hat man die Anwendung des Schwefelnatriums zum Bleichen empfohlen, weil es, wie die Potasche, dem rohen Zeuge eine Menge Schmutz und Farbstoff zu entziehen im Stande ist. Für denjenigen, der das Glaubersalz kaufen muß, möchte seine Anwendung nicht vortheilhaft sein, wohl aber für den, der das Chlor selbst bereitet und den aus schwefelsaurem Natron und schwefelsaurem Manganoxydul bestehenden Rückstand (S. 124) nicht anders vortheilhaft anzuwenden weiß. Er mischt den trocknen Rückstand mit Kohle und glüht ihn. Es entsteht dann Schwefelnatrium und Schwefelmangan. Letzteres ist im Wasser unlöslich und bleibt daher beim Auflösen des ersteren zurück.

Durch Glühen mit Kohle und Kieselerde wird gleichfalls das Glaubersalz zersetzt. Der Sauerstoff und der Schwefel werden ausgetrieben nnd das Natron bleibt in Verbindung mit der Kieselerde als Glas zurück. Das Glaubersalz kann also die Potasche wie das Natron beim Glasmachen ersetzen. Folgende Mischung giebt ein sehr schönes Glas:

100 Pfund trocknes Glaubersalz,
12 Pfund Kalkstaub,
19 Pfund Kohlenpulver,
225 Pfund Sand,
200 Pfund altes Glas.

In der Haushaltung gewährt das Glaubersalz wenig Nutzen. Es soll das Wachsthum junger Obstbäume befördern. Man streut im März 6—8 Pfund um die jungen Bäume. Der Regen löst es nach und nach auf und bringt es in die Erde.

Mit der Auflöslichkeit dieses Salzes in Wasser hat es eine eigene Bewandtniß. 100 Pfund eiskaltes Wasser (von 0° R.) lösen 5 Pfund wasserfreies Salz auf; die Menge nimmt zu mit der Wärme, aber nur bis zu 26° R., wo 100 Pfund Wasser 50 Pfund wasserfreies Salz aufnehmen; fährt man nun fort diese Auflösung zu erhitzen, ohne daß etwas verdunsten kann, so scheidet sich ein Theil des bereits aufgelösten Salzes wieder aus, so daß eine siedende Auflösung, welche eine Hitze von 81° R. hat, nur noch auf 100 Pfund Wasser 42 Pfund wasserfreies Salz enthält, also 8 Pfund weniger als bei einer Hitze, welche 55° R. geringer ist. Es ist daher hier nicht so, wie bei anderen Salzen, deren kochend bereitete Auflösungen am meisten Salz aufgelöst enthalten.

Chlornatrium.

So nennt man jetzt das weltbekannte Kochsalz, indeß es früher von den Chemikern salzsaures Natron genannt wurde. Den letzteren Namen erhielt es darum, weil es, mit Schwefelsäure und Wasser erhitzt, Salzsäure ausgiebt und Natron in Verbindung mit Schwefelsäure im Rückstand bleibt.

Ungeachtet dieses Verhaltens ist aber im Kochsalz weder Salzsäure noch Natron enthalten, sondern nur ihre Grundlagen: Chlor und Natrium, die erst dadurch, daß die Bestandtheile des Wassers sich mit ihnen verbinden, zu Chlorwasserstoff oder Salzsäure und zu Sauerstoffnatrium oder Natron werden, was nur dadurch möglich wird, daß sie von einander getrennt werden, wie dieß denn mit Hülfe der Schwefelsäure und des Wassers geschieht. Das Bestandtheilverhältniß des Kochsalzes ist

1 M. G. oder 23 Pfund Natrium und
1 M. G. oder 36 Pfund Chlor.

Es hat also die Zahl 59 zum M. G.

Das Meer enthält eine ungeheure Menge Kochsalz, und in den Salzsoolen quillt es aus der Erde, in welcher sich an vielen Stellen große Salzlager befinden. Oft sind die Soolen sehr reichhaltig an Salz; so enthält

die Lüneburger in 100 Pfund 25 Pfund Salz,
die Hallische in 100 Pfund 21 Pfund Salz,
die Schönebecker in 100 Pfund 13 Pfund Salz;

dagegen hat das Meerwasser in 100 Pfund nur 3½ Pfund Salz.

Es wird hieraus durch Gradiren und Einsieden gewonnen, was hier nicht weiter gelehrt werden kann.

Ein reines, gut getrocknetes Kochsalz enthält kein Wasser. Das im Handel vorkommende ist dagegen gewöhnlich wasserhaltig nnd feucht. Will man es daher zu chemischen Zwecken anwenden und von seinem Mischungsgewicht (= 59) Gebrauch machen, so muß es zuvor gut getrocknet sein, oder man muß seinen Wassergehalt ausmitteln, dadurch, daß man eine bestimmte Menge trocknet und wägt, und dann so viel mehr nehmen, als der Wassergehalt beträgt.

Zum Theil rührt das Feuchtsein des Kochsalzes von fremden Beimischungen, namentlich von der salzsauren Bittererde, her, die ihm einen bittern Geschmack ertheilt. Um es davon zu reinigen, füllt man 100 Pfund Salz in einen hölzernen Trichter, der unten leicht mit Stroh verstopft ist, und gießt dann mittelst einer Gießkanne eine kochende Auflösung von

10 Pfund Kochsalz in
25 Pfund Wasser

darauf und läßt das Salz gehörig abtropfen. 25 Pfund

kochendes Wasser können nicht mehr als 10 Pfund Kochsalz auflösen; die auf die 100 Pfund Salz gegossene Auflösung ist daher schon mit Kochsalz gesättigt, und nimmt von jenem nur die leichter löslichen bittern Salze (die salzsaure Bittererde ꝛc.) auf und fließt damit ab.

Das Kochsalz wird durch schwefelsaures Ammoniak zersetzt. Hierauf beruht die Darstellung des Salmiaks. Man mengt

1 M. G. oder 59 Pfund Kochsalz mit

1 M. G. oder 75 Pfund schwefelsaurem Ammoniak

und erhitzt es in einem Kolben. Die Salzsäure aus dem Kochsalz steigt mit dem Ammoniak als Salmiak in die Höhe (sublimirt sich), dagegen bleibt die Schwefelsäure des schwefelsauren Ammoniaks, mit dem Natron des zerlegten Kochsalzes verbunden, im Kolben als schwefelsaures Natron zurück.

Mehrere andere schwefelsaure Salze zerlegen gleichfalls das Kochsalz, aber unter anderen Umständen, so z. B. das schwefelsaure Eisenoxydul. Wird dieß, nachdem es vorher durch Erhitzen von seinem Krystallwasser befreiet worden, mit Kochsalz in einer Retorte erhitzt, so geht zwar Salzsäure über, aber nicht alle, und die Einwirkung hört bald auf. Läßt man aber jetzt W a s s e r d a m p f über die M a s s e h i n s t r e i c h e n, so entwickelt sich die Salzsäure von neuem, und fährt man damit fort, so wird aus allem Kochsalz die Salzsäure ausgetrieben.

Hierauf gründet sich die in England übliche Zersetzungsart des Kochsalzes mittelst Eisenvitriols. Es geschieht in einem Flammenofen dergestalt, daß die Flamme über das Gemisch von Kochsalz und Eisenvitriol hinstreicht. Die Flamme färbt sich violett von der sich entwickelnden Salzsäure, und das Natron des Kochsalzes bleibt mit der Schwefelsäure verbunden und dem Eisenoxyd vermengt zurück. Hier wirken Gluthitze und Wasserdampf zugleich ein, denn die Flamme ist ein glühender Wasserdampf.

Auch der Alaun zersetzt das Kochsalz und giebt mit Salpeter das Goldfärbesalz der Goldarbeiter, welches aus

7 Pfund Kochsalz,
5 Pfund Alaun und
8 Pfund Salpeter

besteht. Werden die Goldarbeiten mit Wasser, worin dieses Salzgemenge aufgelöst ist, gekocht, so entsteht aus der Salpetersäure des Salpeters und der Salzsäure des Kochsalzes etwas Königswasser, wodurch Gold aufgelöst und durch das in der Goldarbeit enthaltene Kupfer wieder auf der Oberfläche niedergeschlagen wird.

Vermöge des in dem Kochsalz enthaltenen Natrons verglast es die Thongeschirre, wenn es in den Ofen, worin sich diese in Glut befinden, geworfen wird. Die Salzsäure geht hiebei in die Luft.

Auch zum Reinigen des Eisens beim Ausschmelzen in Hochöfen ist das Kochsalz von Nutzen. Es sind auf

350 Pfund Roheisen
7 Pfund Salz

hinlänglich, das in dem Augenblick in den Ofen geworfen wird, wo das Eisen anfängt niederzusitzen oder zu schmelzen.

Eiskaltes Wasser (0° R.) löst etwas mehr vom Kochsalz auf, als kaltes Wasser (12° R.); es ist das Verhältniß zwischen 36 und 35 Pfund Salz auf 100 Pfund Wasser. Auch steht mit dem Heißwerden des Wassers die Auflöslichkeit des Salzes nicht im Verhältniß. So nehmen 100 Pfund Wasser von 48° R. 37 Pfund auf, und 140 Pfund einer durch Kochen bereiteten Auflösung, die eine Hitze von 87° R. hat, enthalten nur 40 Pfund Salz. Vom Eis- bis zum Siedpunkt (von 0° — 80° R.) ist also der Unterschied der Löslichkeit nicht mehr als 4.

Diese große Auflöslichkeit des Salzes in kaltem Wasser

ist von besonderer Wichtigkeit für seine Anwendung zum Einsalzen und Einpökeln. Die Kochsalzlake ist dadurch beim Wechsel von Wärme und Kälte nicht jenen Veränderungen ausgesetzt, welche andere Salzauflösungen erfahren, die schon ein geringes Kälterwerden schwächer macht, indem sich Salz in Krystallen abscheidet. Hiezu kommt die besondere Neigung, welche das Kochsalz besitzt, sich so innig mit den thierischen Stoffen zu verbinden, daß es sein Bestreben, zu krystallisiren, fast aufgiebt und die Thierfaser nicht als Salz, sondern mehr als ein salziger Saft durchdringt, daher das Feucht- und Saftigbleiben gesalzener Fische ꝛc., selbst wenn man sie lufttrocken gemacht hat.

Es ist jedoch nicht gleichgültig, wie stark die Salzlake ist, welcher man sich zum Einsalzen bedient, besonders um nicht unnöthiger Weise Salz zu verschwenden. Eine Lake, welche aus

28 Pfund Kochsalz und
72 Pfund Wasser

besteht und eine Eigenschwere von 1,196 besitzt, bildet eine Flüssigkeit von solcher Stärke, daß thierische Nahrungsmittel in allen Weltgegenden und selbst bei der höchsten Wärme darin unverändert erhalten werden können.

Die englische Salzbeize, die dem Fleische zugleich eine schöne rothe Farbe mittheilt, besteht aus

192 Pfund Kochsalz,
3 Pfund Salpeter und
32 Pfund Zucker, in
600 Pfund Wasser

durch Kochen aufgelöst und abgeschäumt. Nach dem Erkalten kommt das Fleisch hinein und wird mit Steinen beschwert. Der Salpeter macht zwar das Fleisch hart, aber der Zucker mildert dieß wieder.

Diese Salzbeize kann zum zweiten Mal gebraucht werden, wenn man sie von neuem aufkocht und abschäumt.

Da der todte menschliche Körper, in Rücksicht auf Veränderlichkeit, ganz denselben Gesetzen, wie die Thierkörper, unterworfen ist, so sind auch die Mittel dagegen gleich, und daher lassen sich anatomische Präparate sehr gut in einer Kochsalzauflösung aufbewahren. Sie müssen aber durch 3 — 4tägiges Wässern in schwachem Salzwasser von allem Blute nnd dergl. gereinigt sein. Man legt sie dann in eine Salzauflösung, welche aus

36 Pfund Kochsalz und
100 Pfund Wasser

besteht, und erneuert diese so oft, als sie noch trübe wird. Bleibt endlich die Salzauflösung klar, so wird das Glas verschlossen, um das Verdunsten des Wassers zu verhindern. Bevor aber dieses geschieht, vermischt man je 60 Pfund der Auflösung noch mit 3 Pfund Wasser, um das Herauskrystallisiren des Kochsalzes zu verhindern. Die gebrauchten und trübe gewordenen Salzlaugen können durch ein Aufkochen mit Kohlenpulver und Abschäumen wieder klar und brauchbar gemacht werden.

Auch thierische Körper von schleimiger, gallertartiger Beschaffenheit, wie z. B. Mollusken, lassen sich auf diese Weise aufbewahren, wenn man der Salzauflösung Weinstein zusetzt, oder, noch besser, wenn man in Weingeist von 70° so viel Kochsalz auflöst, als er auflösen kann. Die Mollusken erhalten sich in dieser Flüssigkeit, auch bleibt ihnen vollkommen ihre frühere Form.

Selbst Holz gewinnt durch Einsalzen an Dauer und ist nicht jener innern Veränderung, dem sogenannten Verrotten, ausgesetzt. Besonders ist dieß anwendbar bei Holz zum Schiffbau. In Boston hat man schon mehrere Schiffe mit eingesalzenem Holze gebaut. Freilich ist dieß nur da anwendbar, wo das Salz sehr wohlfeil, das Holz dagegen theuer ist, denn man braucht viel Salz. Die Brigg

Argus von Boston, welche 6000 Zentner trägt, erforderte allein 1600 Zentner Kochsalz zum Einsalzen.

Die Wichtigkeit des Salzes für die Dauer der menschlichen Gesundheit kennt ein Jeder. Eine Besatzung muß die Festung übergeben, wenn es ihr bei einem Ueberfluß an Nahrung an Salz gebricht. Die meisten Menschen sind von Jugend auf so an dieses Gewürz gewöhnt, daß sie es nicht entbehren können.

Auch bei Thieren ist das Salz von einem wohlthätigen Einfluß, was sich schon daraus schließen läßt, daß sie es gerne nehmen. Bei der Viehmast kommt es darauf an, daß viel Nahrung verdauet oder in Fleich und Blut verwandelt werde. Das Salz zeigt sich hier von bedeutender Wirkung, es befördert die Verdauung und somit auch das Fettwerden. Selbst bloßes Stroh wird, mit Salz vermischt, zu einer nährenden Speise. Es ist in England durch Versuche im Großen ausgemacht worden, daß

114 Pfund Stroh, eingeweicht, gebrüht, und mit
2 Pfund Salz

vermischt, dem Rindvieh gegeben, 300 Pfund Rüben in ihrer nährenden Wirkung gleich kommen.

Kühe, welche Salz unter das Futter bekommen, geben nicht nur reichlicher Milch und Butter, sondern die Milch verliert auch jenen Rübengeschmack, den sie stets mit sich führt, wenn die Kühe mit Rüben gefüttert werden.

Bei Schafen, welche mit dem Futter Salz bekommen, wird die Wolle wesentlich verbessert.

Nicht minder vortheilhaft wirkt das Salz auf die Pflanzen, besonders auf die Samenbildung derselben, so daß der Samenertrag größer ist, als bei ungesalzenem Erdreich, und sich nach Versuchen in England verhielt bei

Sellerie,	wie 4 zu	3,
Brockoli,	wie 22 zu	19,
gelben Rüben,	wie 21 zu	19.

Hiebei ist aber sehr die Menge des dem Boden beizumengenden Salzes zu beachten; denn zu viel Salz macht ihn unfruchtbar. Ein gutes Verhältniß ist

1 Scheffel Salz auf
1 Morgen Acker.

Wenn man Weizen vor dem Säen mit starkem Salzwasser befeuchtet, so kommt kein Rost in denselben. Auch Pflanzen, die am Mehlthau leiden, können durch Salz davon geheilt werden. Mit einer Auflösung von

10 Pfund Salz in
80 Pfund Wasser

werden sie besprengt. Am besten geschieht dieß an Tagen, die nicht zu heiß sind.

Wird Salz auf Wiesen gestreut, die sehr unergiebig wegen des darauf wachsenden Mooses sind, so vertilgt es das letztere und der Ertrag von Heu wird bedeutend erhöhet.

Selbst den Tänzern muß dieses Salz nützlich werden, in Tanzsälen gestreut, verhütet es das Stauben. Salzstreuen ist daher dem Sprengen mit Wasser vorzuziehen.

Schließlich ist das Verhalten der Kochsalzauflösung zu den Metallen wohl zu bemerken, um sich vor Unglück und Schaden zu bewahren. Auf Silber und Gold ist sie ohne Einfluß, sobald diese rein sind; bei einem Kupfergehalt jedoch wird dieses aufgelöst, wie denn Kupfer für sich sowohl in der Kälte als auch beim Sieden davon so bedeutend angegriffen wird, daß das Salz giftige Eigenschaften bekommt.

Messing verhält sich ebenso. Wird z. B. ein blanker messingener Kessel, mit Kochsalzauflösung befeuchtet, hingestellt, so findet man ihn nach einiger Zeit mit einem grünen Anflug von Chlorkupfer überzogen.

Zink und Blei werden gleichfalls sehr angegriffen und von der Salzauflösung aufgelöst.

Mit Eisen geschieht es nicht minder; daß aber dessen

ungeachtet unser in eisernen Pfannen gesottenes Kochsalz kein Eisen enthält, rührt daher, daß der sogenante Pfannenstein das Eisen vor der direkten Berührung mit der Soole schützt, und daß das Eisen, welches sich wirklich auflöst, in der Mutterlauge bleibt. — Nicht selten findet man aber in dem käuflichen Salz dicke Stücke, die an einer Seite sehr gelb gefärbt sind. Diese Farbe rührt vom Eisen her und deutet auch auf den Ursprung dieser Stücke: sie haben sich nämlich von der Pfanne losgelöst und sind mit unter das Salz gekommen. In einer Tonne Salz finden sich häufig 1—2 Pfund solcher eisenhaltiger Stücke, und es ist sehr Unrecht, daß man das Salz nicht durch Sieben davon befreiet, da sie ohnehin nicht einmal Kochsalz sind, sondern größtentheils aus Gyps und Eisen bestehen. In Wasser löst sich dieses Eisen zwar nicht auf, wer aber ein solches Stück für wirkliches Salz hält und es an saure Speisen thut, kann sie sich damit verderben, indem sich nun eine Eisenauflösung bildet.

Zinn wird am wenigsten angegriffen, und das, was das Salz aufnimmt, ist nicht schädlich. Soll demnach doch einmal Kochsalzauflösung in einem Metallgefäß gekocht werden, so muß es von Zinn oder gut verzinnt sein.

Vom Baryt.

Es giebt ein Mineral, welches Schwerspath heißt und aus

76,6 Pfund Baryt und
40 Pfund Schwefelsäure besteht.

Werden diese 116,6 Pfund mit
24 Pfund Kohle

in einem Kohlentiegel heftig geglüht, so entsteht eine Verbindung, welche man Schwefelbarium nennt, weil sie aus dem Schwefel der durch die Kohle zerlegten Schwefelsäure und einem Metall besteht, welches im Baryt enthalten ist und Barium heißt.

Wird dieses Schwefelbarium in Salpetersäure aufgelöst, so entwickelt sich Schwefelwasserstoffgas und die Auflösung enthält salpetersauren Baryt, welcher durch Abdampfen und Abkühlen in weißen Krystallen anschießt.

Aus diesem Salze kann man nun den Baryt im reinen Zustande dadurch darstellen, daß man es in einem Thon- oder Porzellantiegel so lange glüht, als sich noch Dämpfe und Gasarten entwickeln. Es bleibt dann eine graulich-weiße Masse, der reine Baryt zurück, der sehr ätzend schmeckt, sich in Wasser leicht auflöst, mit Kali und Natron sehr viel Aehnlichkeit hat, nämlich die Pflanzenfarben verändert, wie diese, die Säuren sättigt, nur mit dem bedeutenden Unterschied, daß er außer der Aetzkraft noch eine giftige Wirkung besitzt.

Der Baryt ist ein Sauerstoffbarium und besteht aus

68,6 Pfund Barium und
8 Pfund Sauerstoff, hat also
die Zahl 76,6

zum Mischungsgewicht und zerlegt demnach, in diesem Verhältniß angewandt, genau ein M. G. irgend eines schwefelsauren Salzes, z. B.

1 M. G. oder 75 Pfund schwefels. Ammoniak (S. 217),
1 M. G. oder 87,2 Pfund schwefels. Kali (S. 248),
1 M. G. oder 161,3 Pfund schwefels. Natron (S. 262),

so daß alle Schwefelsäure, die in der angeführten Menge dieser Salze enthalten ist, mit dem Baryt als ein weißes Pulver, welches schwefelsaurer Baryt heißt (vergl.

S. 67, Nr. 17), niederfällt und Ammoniak, Kali und Natron in dem Wasser aufgelöst bleiben. Der Baryt besitzt nämlich ein besonderes Bestreben, sich mit der Schwefelsäure zu vereinigen, und dieß ist so groß, daß er sie selbst dem Kali zu entziehen vermag. Er dient daher als ein Mittel, die Schwefelsäure in irgend einer Flüssigkeit zu entdecken und auszuscheiden, was in Form eines weißen Pulvers oder Niederschlags geschieht. Dieß findet um so mehr Anwendung, da Salpetersäure und Salzsäure nicht durch Baryt niedergeschlagen werden, und Niederschläge, welche der Baryt mit anderen Säuren hervorbringt, sich in Salpetersäure auflösen, was mit dem schwefelsauren Baryt nicht der Fall ist.

Man sieht hieraus, daß die Chemie in dem Baryt einen Körper von ausgezeichneter Wirksamkeit besitzt, und daß er namentlich zur Darstellung der Laugensalze aus ihren schwefelsauren Verbindungen dienen kann. Leider stellen sich aber seiner Anwendung im Großen 2 Haupthindernisse entgegen, nämlich 1) seine Giftigkeit nud 2) sein zu großes Mischungsgewicht.

Ferner ist der Baryt nur mit Vortheil ans dem Schwerspath oder dem schwefelsauren Baryt darzustellen. Dieser hat aber ein M. G. = 116,6, erfordert also zu seiner Zersetzung mehr Brennmaterial, größere Gefäße und mehr Zeit zum Auslaugen und Aussüßen der Niederschläge, als andere ähnliche Verbindungen, dazu kommt, daß seine Zersetzung in Schwefelbarium mittelst Kohle im Großen schwierig erfolgt und einen bedeutenden Hitzgrad erfordert.

Diese Umstände bestimmen mich, bei der ausführlichen Erörterung der Eigenschaften dieses Stoffes nicht zu verweilen, und zu solchen Gegenständen überzugehen, die für die chemische Gewerbskunde von größerer Wichtigkeit sind. Doch ist zuvor noch des Chlorbariums zu erwähnen.

Der Chlorbarium wird erhalten, wenn man

116 Pfund Schwerspath,
56 Pfund Chlorcalcium,
20 Pfund Eisenfeile und
20 Pfund Kohlenpulver

wohl vermengt und so lange roth glühet, als sich noch Gas entwickelt. Die Masse wird schnell mit heißem Wasser ausgelaugt und filtrirt. Eine Auflösung von Chlorbarium läuft durch und schwefelsaurer Kalk bleibt auf dem Filter zurück. Durch Abdampfen und Krystallisiren wird das Salz in Krystallen dargestellt. Diese Krystalle lösen sich in reinem Wasser vollkommen klar auf; enthält aber das Wasser auch nur eine sehr geringe Menge Schwefelsäure, so entsteht weiße Trübung und Niederschlag. Es wird von den Barytsalzen am häufigsten zur Entdeckung der Schwefelsäure in Flüssigkeiten angewandt.

Die Bestandtheile des krystallisirten Chlorbariums sind:

1 M. G. oder 68,6 Pfund Barium,
1 M. G. oder 36 Pfund Chlor und
2 M. G. oder 18 Pfund Wasser,
giebt zusammen 122,6

als M. G. für das krystallisirte Chlorbarium, woraus folgt, daß 122 Pfund desselben nicht mehr Schwefelsäure abscheiden, als 1 M. G. oder $76\frac{6}{10}$ Pfund reiner Baryt für sich abzuscheiden vermögen, denn Chlor und Wasser sind hier ohne Einfluß

Dieses Salz eignet sich zur Darstellung von Chlorverbindungen aus schwefelsauren Salzen, man mischt gleiche M. G. zusammen. Vermischt man Auflösungen von

1 M. G. oder 122 Pfund Chlorbarium mit
1 M. G. oder 85 Pfund Natronsalpeter,

so zerlegen sich beide in salpetersauren Baryt und Kochsalz. Es ist dieß die wohlfeilste Art, den salpetersauren Baryt darzustellen.

Vom Strontian.

Der Strontian hat in seinem chemischen Verhalten mit dem Baryt die größte Aehnlichkeit, und verdient um so mehr die Beachtung des technischen Chemikers, weil er alle guten Eigenschaften des Baryts, aber nicht seine schlechten besitzt. Er zerlegt eben so vollkommen die schwefelsauren Laugensalze, wie dieser, ist aber nicht giftig und hat ein Mischungsgewicht, das um 24 geringer ist als das des Baryts.

Der Strontian ist nämlich, wie der Baryt, ein mit Sauerstoff verbundenes Metall, welches man Strontium nennt. und zwar enthält er auf

8 Pfund Sauerstoff
44 Pfund Strontium, so daß also
die Zahl 52

sein Mischungsgewicht ist, und man mit 52 Pfund Strontian eben so viel Schwefelsäure fällen und eben so viel schwefelsaure Salze zersetzen kann, wie mit 76 Pfund Baryt. Ein Verhältniß, das im Großen sehr in Betracht kommt.

Leider ist es aber für jetzt nicht möglich, hievon eine Nutzanwendung im Großen zu machen, indem der Strontian noch nicht in so bedeutender Menge aufgefunden ist, wie es eine fabrikmäßige Benutzung erfordert. Man findet ihn nur in geringer Menge an wenigen Orten, besonders in Verbindung mit Schwefelsäure, als schwefelsauren Strontian, der unter dem Namen Cölestin im Mineralienhandel vorkommt.

Der Strontian wird aus dem Cölestin auf dieselbe Weise gewonnen, wie der Baryt aus dem Schwerspath

(S. 272 ff.); auch werden das salpetersaure und salzsaure Salz auf die nämliche Weise dargestellt, wie es beim salpetersauren und salzsauren Baryt (S. 273 und 275) angegeben worden, nur mit dem Unterschiede, daß das Zahlenverhältniß anders ist, weil, wie gesagt, das M. G. des Baryts von dem des Strontians um 24 abweicht; daher denn auch der Cölestin, welcher aus

1 M. G. oder 52 Pfund Strontian und
1 M. G. oder 40 Pfund Schwefelsäure besteht,
nur ein M. G. = 92 hat,

und demnach in diesem Verhältniß mit 24 Pfund Kohle geglüht werden muß, wenn man ihn in Schwefelstrontium verwandeln will.

Mit Salpetersäure gemischt, löst sich das Schwefelstrontium auf, es geht der Schwefel als Schwefelwasserstoffgas davon und salpetersaurer Strontian bleibt in der Auflösung zurück, der sich nach dem Abdampfen in Krystallen abscheidet. Sie bestehen aus

1 M. G. oder 52 Pfund Strontian und
1 M. G. oder 54 Pfund Salpetersäure,
hat also die Zahl 106 zum Mischungsgewicht.

Mit brennbaren Körpern vermischt und entzündet, ertheilt dieses Salz der Flamme eine schöne rothe Farbe. Da dieß der Baryt nicht thut, so dient es dazu, beide von einander zu unterscheiden.

Auf Pariser Theatern bedient man sich folgender Mischung, um ein schönes rothes Feuer hervorzubringen:

40 Pfund salpetersaurer Strontian,
13 Pfund Schwefel,
5 Pfund chlorsaures Kali,
4 Pfund Schwefelspießglanz.

Das chlorsaure Kali muß für sich gepulvert und dann vorsichtig (vergl. S. 146) unter die anderen Bestandtheile gemengt werden.

Andere Anwendungen hat man noch nicht von den Strontiansalzen gemacht, was besonders ihrem hohen Preise zuzuschreiben ist. Der schwefelsaure Strontian ist als ein Flußmittel beim Hartlöthen vorgeschlagen. Er soll hier, wo eine bedeutende Hitze einwirkt, bessere Dienste leisten, als der Borax.

Vom Kalk.

Von den bisher abgehandelten Laugensalzen übertrifft an Nützlichkeit und Fülle der Anwendung keines den Kalk. Sein häufiges Vorkommen in den Kalksteingebirgen, die Leichtigkeit, mit der man ihn, durch bloßes Brennen, zu Gute machen kann, und seine Wohlfeilheit, die hievon eine nothwendige Folge hat, tragen natürlich das Ihrige dazu bei. Der Hauptgrund liegt aber in den ausgezeichneten chemischen Eigenschaften, die dieser Körper besitzt, und deren richtige Erkenntniß und Anwendung auf unendlich viele Zweige des Gewerbfleißes von Einfluß ist. Ich glaube daher, daß meine Leser es gerne sehen, wenn ich ihnen vom Kalk recht viel erzähle.

Wenn man ein Stück gewöhnlichen Kalksteins mit Wasser kocht, so bleibt er unverändert, sowohl in Rücksicht auf Farbe, als auch auf Zusammenhang; er bleibt Kalkstein und theilt auch dem Wasser nichts mit, was sich darin auflöste.

Ganz anders sind dagegen die Erscheinungen mit einem Kalkstein, den man zuvor eine Stunde lang in einem Tiegel zwischen Kohlen hat glühen lassen. Dieser bringt, mit kaltem Wasser übergossen, dasselbe zum Kochen, quillt dabei gewaltig auf und verwandelt sich in einen weißen Brei. Wenn man ferner Kalkstein zu Pulver reibt, mit Wasser zu einem Brei anrührt, und nun etwas Salzsäure auf diesen Brei gießt, so entsteht ein heftiges Aufbrausen, indeß sich der Kalkstein in der Säure auflöst. Unternimmt man dasselbe mit dem eben erwähnten weißen Brei des gebrannten Kalksteins und fügt Salzsäure hinzu, so erfolgt zwar auch eine Auflösung desselben, aber ganz ruhig und ohne alles Aufbrausen.

Dieses verschiedene Verhalten des Kalksteins im ungebrannten und im gebrannten Zustande deutet darauf hin, daß durch die Hitze aus demselben irgend etwas muß ausgetrieben worden sein, was ihn früher unveränderlich durch Wasser machte, und was die Ursache von dem Aufbrausen mit der Salzsäure war. Dieses Etwas ist Kohlensäure, die der Kalkstein enthält, der ein kohlensaurer Kalk ist. In der Glühhitze wird die Kohlensäure ausgetrieben und der Kalk bleibt ohne Kohlensäure zurück. In diesem Zustande erhitzt er sich mit dem Wasser, bildet damit einen Brei und löst, bei mehr Wasser, sich klar darin auf. Man nennt dieß das Löschen des gebrannten Kalks, und die Verbindungen von Kalk mit Wasser zum Kalkbrei nennt man Aetzkalk oder Kalkhydrat. Mit weniger Wasser löscht sich der Kalk auch, aber es entsteht dann kein Brei, sondern ein trocknes Pulver, welches man trocknes Kalkhydrat nennt. Durch Zusatz von mehr Wasser zum Kalkbrei entsteht die Kalkmilch, die durch Abklären das Kalkwasser giebt.

Den gebrannten Kalk nennt man auch lebendigen Kalk, und insofern er noch kein Wasser eingesogen hat, ungelöschten Kalk. Wo in dieser Abhandlung bloß die Benennung „Kalk" vorkommt, ist immer der gebrannte, ungelöschte Kalk gemeint. Er ist, wie Kali, Natron, Baryt und Strontian, ein zusammengesetzter Körper, bestehend aus einem Metall: Calcium, welches durch Sauerstoff verbrannt oder oxydirt ist. Er ist ein Sauerstoffcalcium. Das Calcium hat ein so kleines Mischungsgewicht, daß

20 Pfund Calcium hinreichend sind,
8 Pfund Sauerstoff völlig aufzunehmen
und 28 Pfund reinen Kalk

zu bilden, dessen M G. demnach = 28 ist.

Vergleicht man demnach dieses Mischungsgewicht = 28
mit dem Mischungsgewichte des Kali = 47,2,
des Natrons = 31,
des Baryts = 76,2,
des Strontians = 52,

so wird schon hieraus zur Genüge klar, wie sehr das des Kalks seine Anwendung im Großen erleichtert, indem man z. B. zur Sättigung einer Säure durch Kalk mit 1 Zentner ausreicht, indeß man von dem Kali 1½ und vom Baryt gar 3 Zentner gebraucht, um dieselbe Wirkung hervorzubringen.

Das Brennen des Kalks geschieht in eignen Kalköfen und hat keine Schwierigkeiten, wenn man nur das Feuer langsam und gleichmäßig einwirken läßt. Ein schneller Hitzgrad ist sehr schädlich und giebt meistens den sogenannten todtgebrannten Kalk, der sich nicht mehr vollkommen im Wasser löscht. Da das Brennen nichts weiter ist, als ein Austreiben der Kohlensäure aus dem Kalkstein, und da diese nur dann vollkommen ausgetrieben wird, wenn Wasserdampf zugleich mit fortgeht, so schadet ein schnelles Erhitzen dadurch, daß das Wasser eher als die Kohlensäure ausgetrieben wird, in welchem Fall sie dann im Kalkstein zurückbleibt.

Aus diesem Grunde ist es vortheilhaft, Kalk mit Ziegeln zusammen in einem Ofen zu brennen, und zwar so, daß erst das Feuer auf die Ziegel und dann auf den Kalk trifft, so daß die aus den Ziegeln sich entbindenden Wasserdämpfe zugleich die Entwickelung der Kohlensäure aus dem Kalk befördern.

Eine gleichzeitig anhaltende Hitze ist aber eine Hauptbedingung beim Kalkbrennen. Es ist eine alte, häufig bestätigte Erfahrung, daß Kalk, der einmal während des Brennens erkaltet ist, sich nicht mehr gahr brennen läßt. Ein solcher halbgebrannter Kalk löscht sich nicht im Wasser, besitzt aber die Eigenschaft, darin zu erharten. Auf solche Weise ist es möglich, der Kreide (die auch ein kohlensaurer Kalk ist) eine größere Härte zu ertheilen, wenn man sie unvollkommen brennt und dann in Wasser taucht.

Der gebrannte Kalk findet meistens nur in Verbindung mit Wasser als gelöschter oder Aetzkalk Anwendung, und zwar als Kalkbrei, z. B. zum Mörtel, als Kalkmilch, z. B. zum Waschen des Leuchtgases, oder als Kalkwasser. Die letztere Verbindung ist in Wasser aufgelöster Kalk, die beiden ersteren aber sind Kalkhydrat, gemengt mit Kalkwasser. Ihre Wirkungen sind im Allgemeinen denen der Kali- oder Natronlauge (S. 232 ff. und 256) gleich, sie sättigen die Säuren und verändern die Pflanzenfarben, wie diese (S. 234 ff.).

Das Kalkwasser ist eigentlich das, was der Kali- oder Natronlauge entspricht, weil es, wie diese, das Laugensalz in vollkommener Auflösung enthält. Aber es unterscheidet sich von ihnen durch seine geringe Stärke, indem der Kalk so schwer auflöslich im Wasser ist, daß

1280 Pfund kochendes Wasser nur
1 Pfund Kalk

aufzulösen vermögen, indeß man in derselben Menge Wassers 2560 Pfund Aetzkali auflösen kann.

Beim Auflösen des Kalks im Wasser findet der merkwürdige Umstand statt, daß die Auflöslichkeit zunimmt mit der Kälte und abnimmt mit der Wärme des

Wassers, daher ein eiskaltes Wasser (von 0° R.) fast noch einmal so viel Kalk auflöst, als kochendes; es reichen nämlich

656 Pfund eiskaltes Wasser hin, um
1 Pfund Kalk

vollkommen aufzulösen. Beim Erwärmen dieser Auflösung scheidet sich daher ein Theil Kalk wieder ab, so daß z. B. ein bei gewöhnlicher Stubenwärme (12° R.) bereitetes Kalkwasser nur

1 Pfund Kalk in
753 Pfund Wasser

enthält. Es bedarf kaum des Erinnerns, wie sehr dieß der Beachtung der Färber, besonders aber der Zuckersieder werth ist, die gewöhnlich glauben, daß nur ein mit kochendem Wasser bereitetes Kalkwasser die hinlängliche Stärke besitze.

Um nicht mißverstanden zu werden, muß ich noch bemerken, daß das Löschen des Kalks und sein Auflösen in Wasser zweierlei ist. Wenn nämlich dem Letzteren, dem Auflösen, die Kälte am förderlichsten ist, so ist es im Gegentheil dem Ersteren, dem Löschen, die Hitze. Große Mengen Kalk erhitzen sich auch mit dem kältesten Wasser stark genug, um sich vollkommen zu löschen, aber mit kleineren Mengen geschieht es nur durch Anwendung von heißem Wasser. Da nun der Kalk erst gelöscht sein muß, ehe er sich in Wasser auflöst, so muß man kleinere Mengen nicht von vorne herein mit kaltem Wasser behandeln, sondern sie erst mit heißem Wasser löschen und dann erst, nach dem Erkalten, das kalte Wasser zum Auflösen anwenden.

Taucht man ein Stück gebrannten Kalk in Wasser und zieht es schnell wieder heraus, so erhitzt es sich nach einiger Zeit und zerfällt zu einem trocknen, weißen Pulver. Man nennt dieß einen zu Staub gelöschten Kalk. So trocken dieser Staub auch scheint, so hat er doch Wasser aufgenommen, welches er so fest hält, daß er es bei einem Erhitzen bis zu 80° R. nicht als Dampf von sich läßt. Es ist dieß das schon S. 279 erwähnte trockne Kalkhydrat.

Dieselbe Veränderung erleidet der Kalk auch, wenn er in feuchter Luft oder sonst an feuchten Orten rc. liegt; er zieht ihre Feuchtigkeit an und zerfällt zu Staub. Der Kalk kann also für kleine Räume zum Austrocknen dienen. Man hat ihn daher auch in Pulvermühlen gebraucht, um die Feuchtigkeit zu beseitigen, jedoch gefunden, daß er hier sehr gefährlich werden kann, und ohne das zu leisten, was man wünscht, da er verhältnißmäßig zu wenig Wasser aufnimmt.

Die bereits erwähnte Hitze, welche der Kalk in Berührung mit Wasser hervorbringt, ist nämlich so bedeutend, daß sie nicht nur, wie allgemein bekannt, Eier hart siedet, sondern auch Schießpulver entzündet. Es ist dieß durch genaue Versuche erwiesen.

Man nahm 6 Pfund gebrannten Kalk, hielt ihn so lange in Wasser eingetaucht, bis man mit der Hand eine beginnende Erwärmung fühlte, und legte ihn dann in ein Becken. Kurz darauf entwickelten sich Wasserdämpfe, und als diese aufhörten, streute man Schießpulver darauf. Es entzündete sich fast jedesmal. Auch Pulver in einer oben offenen Glasröhre eingeschlossen und in solchen Kalk gesteckt, entzündete sich mit lebhaftem Verpuffen. Da es sich nun in Pulvermagazinen leicht ereignen kann, daß Wasser zum Kalk kommt, so ist seine Anwendung als Austrocknungsmittel nicht rathsam.

Entzündungen durch das Erhitzen des Kalks mit Wasser sind auch sonst schon vorgekommen. So hat man Beispiele, daß mit Stroh gefütterte Wagen, die gebrannten Kalk geladen hatten, in Brand geriethen, als der Kalk während der Nacht im Freien durch einen Regen war gelöscht worden.

Gegen Licht und Wärme zeigt der Kalk ein sehr auffallendes Verhalten. Bläst man mit einem Löthrohr die, bei Tage fast unsichtbare, Weingeistflamme auf ein Stückchen Kalk, so entsteht ein so helles Licht, daß es die Augen kaum ertragen können. Bedient man sich unter denselben Umständen eines Stroms von Sauerstoffgas und bläst diesen in die Weingeistflamme und auf den Kalk, so wird das Licht 80 mal stärker, als das der Argand'schen Lampen, und ist noch in einer Entfernung von 24 deutschen Meilen zu sehen. Man hat dieß auf Leuchtthürmen zu Seesignalen gebraucht.

An einer jeden Lichtflamme kann man sich im Kleinen den Anblick dieses starken Lichtes verschaffen. Es reicht dazu schon der Kalkgehalt der Asche eines gewöhnlichen Schwefelhölzchens hin. Man läßt ein solches Hölzchen zur Hälfte abbrennen, und bringt nun die am verbrannten Theil haftende Asche vorsichtig (damit sie nicht verfliege) in den äußeren Rand der Lichtflamme (wo es am heißesten ist). Die Asche zieht sich nun zu einem kleinen Stäubchen zusammen, das aber ein ungemein helles, glänzendes Licht verbreitet. Kleine, ganz unwägbare Mengen Kalk, z. B. der einer Tannennadel, sind auf diese Weise mittelst der Flamme erkenn- und sichtbar zu machen, so daß man in diesem Fall die Flamme ein Reagens auf Kalk nennen kann. Man wird künftig mit ihrer Hülfe den Kalkgehalt vieler Pflanzen und Pflanzenorgane nachweisen können, der bisher den Forschungen entgangen ist. — Sehr reich an Kalk sind die Färbeholze: Fernambuc und Blauholz; mit einem Splitterchen von diesen läßt sich daher auch der eben beschriebene Versuch am leichtesten anstellen.

Wie der Kalk in diesem Fall das Licht verstärkt, so soll er, nach anderen Erfahrungen, auch die Wärme der brennenden Steinkohlen verstärken, und zwar um das Doppelte, wenn man in einem Ofen über dem Feuer noch einen Rost anbringt und darauf Kalkstein legt. Man kann den Kalk alle 24 Stunden herausnehmen und erhält auf diese Weise gebrannten Kalk, oder man kann ihn auch unbeschadet der Wirkung einen Monat lang liegen lassen.

Die Wirkung des Kalks in diesem Fall ist schwer zu erklären. Auch habe ich selbst keine Erfahrungen darüber. Auf alle Fälle verdient aber die Angabe im Großen geprüft zu werden, um so mehr, da man gefunden hat, daß bei Gegenwart des Kalks zwei Drittel des Kohlendampfs sich verzehren, sich also in Flamme und Hitze verwandeln.

Hiemit stehen die Erfahrungen in Verbindung, die man in Amerika über die Verstärkung der Kraft des Schießpulvers beim Steinsprengen durch Zusatz von Kalk gemacht hat. Ein Gemenge aus

2 Loth Schießpulver und
1 Loth gepulverten Kalk

wirkte eben so stark, wie 3 Loth Schießpulver ohne Kalk. Hiebei ist jedoch zu bemerken, daß man erst jedesmal kurz vor dem Gebrauch den Kalk pulvern, mit dem Schießpulver mischen und in verschlossenen Gefäßen aufbewahren muß, sonst ist die Wirkung schwächer, wie dieß z. B. eine Mischung zeigte, die man den Tag zuvor bereitet hatte.

Größere Mengen Kalk lassen sich nicht ohne Nachtheil für Augen und Lungen im Mörser zerstoßen; auch erfordert das Pulvern desselben, wenn es darauf ankommt, daß er keine Feuchtigkeit aus der Luft anziehe, eine eigene Vorrichtung. Sie besteht in einem Cylinder oder einem Fasse, wodurch eine Axe geht, und in welchem der Kalk zugleich mit Kugeln von Gußeisen herumgedreht wird.

Im Kleinen kann man sich wasserfreien, gepulverten Kalk dadurch verschaffen, daß man den an der Luft zu Staub zerfallenen Kalk in einem Tiegel roth glüht. Hier wird das Wasser nebst der Kohlensäure, welche der Kalk aus der Luft aufgenommen hat, wieder ausgetrieben.

Die Wohlfeilheit des Kalks und sein eben erwähntes Bestreben, das Wasser anzuziehen, hat seine Anwendung zum Entwässern des Weingeistes veranlaßt. Er wirkt hier aber eben so nachtheilig, wie die Potasche (vergl. S. 246), daher ist zu seiner Anwendung nicht zu rathen.

Wenn man Kalkmilch und Kalkwasser in einem unbedeckten Gefäß der freien Einwirkung der Luft preis giebt, so bedecken sie sich mit einer weißen Haut, die, mit Säuren in Berührung gebracht, heftig aufbraust und ein Gas entwickelt, das Kohlensäuregas ist (S. 40). Der Kalk saugt dasselbe aus der Luft ein und bildet damit kohlensauren Kalk, S. 40, Nr. 15. Dieß geschieht überall, wo er mit Kohlensäure in Berührung kommt, daher er ein vortreffliches Mittel abgiebt, Gasarten, namentlich das Steinkohlengas, welches zur Beleuchtung dient, von Kohlensäure zu reinigen, indem man es durch Kalkmilch gehen läßt.

Diesem Bestreben des Kalks, die Kohlensäure fast überall, wo er sie findet, einzusaugen und in sich aufzunehmen, ist es zuzuschreiben, daß er die Potasche und das Natron ätzend macht, indem er ihnen die Kohlensäure entzieht (S. 230 und 255).

Nicht selten enthalten Brunnenwässer Eisen, das durch die Kohlensäure darin aufgelöst ist; es taugt in diesem Fall nicht zum Papiermachen 2c., weil ein solches Wasser gelb färbt. Kalk dient hier sehr gut als Reinigungsmittel. Man bringt das Wasser in große Kufen, mischt es mit etwas Kalkmilch und läßt es die Nacht über stehen. Es klärt sich, indem das Eisen zu Boden fällt.

Kocht man unter schnellem Umrühren

1 Loth Knochenkohle mit
10 Loth Kalkwasser

nur eine Minute lang, so verschwindet aller Kalk aus dem Wasser und schlägt sich au die Kohle nieder. Dieß Verhalten hat man bei der Darstellung des Runkelrübenzuckers benutzt. Wenn dieser nämlich mit Kalk versetzt worden, so bildet sich beim Einkochen durch die Einwirkung des Kalks ein zäher Schleim, der oft die ganze Masse in Schaum verwandelt und die Krystallisation hindert. Ein Zusatz von Knochenkohle leistet hier die besten Dienste; der Schaum legt sich und das Sieden geht wieder ruhig fort.

Der Kalk löst durch Kochen mit Schwefel und Wasser den Schwefel leicht und reichlich auf und giebt eine Schwefelcalciumauflösung, indem man

16 Pfund Schwefel,
30 Pfund Kalk und
150 Pfund Wasser

im eisernen Kessel eine Stunde lang kocht, dann den Kessel bedeckt und die Flüssigkeit sich klären läßt. Sie wird abgezapft und der Satz noch 2 mal, jedesmal mit 80 Pfund Wasser, ausgewaschen. Alle 3 Flüssigkeiten werden nun zusammengemischt.

Man hat sich dieser Schwefelcalciumauflösung zum Büken der Kattune und Leinwand, anstatt der Kalilauge, bedienen wollen. Die Erfahrung hat aber ihre Nutzlosigkeit in dieser Hinsicht bewiesen.

Sehr gut eignet sie sich aber dazu, Schwefelmetalle im Großen darzustellen, oder auch Salzauflösungen von solchen Metallen zu befreien, die durch Schwefel leicht fällbar sind. So kann man dadurch schwefelsaures Manganoxydul vom Kupfer befreien. Auch hat man vorgeschlagen, sich ihrer zu bedienen, um schwefelsaure Thonerde eisenfrei zu machen. Es gelingt aber nicht gut im Großen, besser ist es, in diesem Fall das Cyaneisenkalium anzuwenden.

Mit der Kieselerde bildet der Kalk durch Hülfe des Wassers Verbindungen, welche steinhart werden und Mörtel heißen; es wird beim Kiesel davon die Rede sein.

Der Einfluß, welchen der Kalk auf Metalle äußert, ist

von keiner Bedeutung. Dadurch, daß er alles Saure sättigt und unschädlich macht, und alles Feuchte trocknet, dient er als ein Mittel gegen das Rosten von Eisen- und Stahlwaaren. Tränkt man Papier oder Leinwand mit Kalkmilch und wickelt nach dem gehörigen Trocknen die Waare darin ein, so bleiben sie selbst in feuchten Gewölben vor dem Rost bewahrt.

Wenn man Eisen in Kalkmilch legt, so rostet es gleichfalls nicht. Auch verhindert der Kalk das Verbrennen oder Oxydiren des Eisens im Feuer. Daher taucht man die gehauenen Feilen, welche man härten will, vorher in Kalkmilch und läßt diese daran trocknen. Der Kalk füllt die Höhlungen zwischen den Zähnen der Feile aus und schützt sie so gegen die Zerstörung im Feuer.

Das S. 279 erwähnte Kalkpulver wird besonders gebraucht, um haltbare Kitte darzustellen. Ein ganz vorzüglicher dieser Art ist folgender aus getrocknetem Käse oder Quark und Kalkpulver.

Der aus saurer Milch abgeschiedene Quark wird gut ausgewaschen und so scharf getrocknet, daß er sich auf einer Kaffeemühle zermahlen läßt. 100 Loth frischer Quark geben 30 Loth getrockneten. Nach dem Mahlen wird er noch einmal getrocknet und dann reibt man

9 Loth trocknen Quark mit
1 Loth Kalkpulver

in einer Reibeschale aufs Genaueste zusammen und bewahrt es in einer verstopften Flasche. Dieses Gemisch hält sich sehr lange, besonders wenn man etwas Campher zusetzt, um die Maden abzuhalten. Zum Gebrauch rührt man es mit etwas Wasser zu einem Brei an und kittet damit. Dieser Kitt läßt sich bequem anwenden, denn er erhartet nicht so schnell, wie der mit frischem Quark bereitete, und hält, einmal erhartet, so fest, daß selbst heißer Wasserdampf ihn nicht auflöst. Ein Zusatz von Glaspulver soll diesen Kitt noch verbessern.

Mit den Vorschriften zu den Kitten geht es wie mit denen zu den Firnissen, sie sind ohne Zahl, aber auch nicht selten ohne Sinn und Verstand. Meistens beruhen sie darauf, daß der Kalk mit dem Käse, oder dem Quark der Milch und mit dem Eiweiß zu einer festen Masse erhartet. Gewöhnlich wendet man aber den Quark und das Eiweiß im frischen Zustande an, wo sie mit dem Kalk zu schnell erharten und daher nur eine Anwendung im Kleinen zulassen. Von solcher Art ist folgender Anstrich für Holz:

4 Loth frischer Quark,
4 Loth Kalkpulver,
8 Loth Sand,

mit so viel Wasser vermengt, daß es sich bequem aufstreichen läßt. Hier darf man immer nur wenig auf einmal zusammen mischen, weil das Erharten sehr schnell erfolgt.

Auch mit Fetten, namentlich mit dem Thran, giebt der Kalk sehr fest werdende Verbindungen, die besonders unter dem Wasser erharten. Man stellt die Thrankalkverbindung am zweckmäßigsten dar, wenn man den Kalk so lange in Wasser eintaucht, bis man eine Erwärmung bemerkt, ihn dann herausnimmt und zu Staub zerfallen läßt. Der Staub wird gesiebt und mit Fischthran zur Farbe angerührt. Diese Mischung dient in Spanien als Schiffsbekleidung und haftet ungemein fest am Holze. Sie dient vorzüglich dazu, die Röhrenwürmer, welche so vielen Schaden anrichten, vom Holze abzuhalten.

Wie der Thran verhält sich das Leinöl, wenn man die Mischung auf dieselbe Weise macht. Eine solche, von der Dicke eines zähen Breies, eignet sich ganz vortrefflich, um Sprünge und Risse, welche gläserne Retorten während der Arbeit bekommen, zu verstopfen. Weil die Retorten heiß sind, so kann man begreiflicher Weise hier keine wässerigen Kitte anwenden.

Darauf, daß der Kalk sich leicht mit fetten Stoffen verbindet, beruht der Vorschlag zum Reinigen der Bettfedern. Man löscht

1 Pfund Kalk mit
60 Pfund Wasser

und weicht, wenn es erkaltet ist, die Federn 3—4 Tage darin ein. Dann wirft man sie auf ein Sieb, läßt die Flüssigkeit abtropfen, wäscht sie mit reinem Wasser und trocknet sie auf Netzen. Die Federn bekommen aber in diesem Fall stets einen Ueberzug von kohlensaurem Kalk, daher ist es viel besser, sich einer schwachen, lauwarmen Auflösung von kohlensaurem Natron zu bedienen.

Auf mehrere thierische Körper wirkt der Kalk auflösend, z. B. auf Wolle, auf die Oberhaut der Felle ꝛc. Dieß macht ihn den Gerbern wichtig zum Vorbereiten der Häute. Er dient nämlich, die Oberhaut derselben, welche das Eindringen der Lohe in das Leder verhindert, aufzulockern und aufzulösen. Geschieht eine solche Vorbereitung mit dem Kalk nicht, so dringt die Lohe nur von einer, nämlich von der Fleischseite, in die Häute ein.

Der Kalk befördert in einem hohen Grade, mit Hülfe der Feuchtigkeit, das Vermodern von Pflanzenstoffen, z. B. Kräutern, Reisern, Torf ꝛc., und verwandelt sie in schwarze Erde. Hieraus erklärt sich der Nutzen des Kalks als Düngungsmittel auf saurem und moorigem Boden.

Aus demselben Grunde dient der Kalk zum Reinigen der Rinden alter Baumstämme. Man bestreicht die Rinde mit Kalkmilch. Alles Moos und alle Insekten werden zerstört; die äußere, alte Rinde fällt ab und eine neue, glatte, gesunde Rinde kommt zum Vorschein. Dieß findet selbst bei Bäumen, die über 20 Jahr alt sind, Anwendung. Bei sehr jungen Bäumen ist natürlich vorsichtig mit der Anwendung dieses Mittels zu verfahren. Hier wird man Kalkwasser statt der Kalkmilch anwenden müssen.

Tränkt man ein Stückchen ungebleichten Kattun oder rohe Leinwand mit Kalkwasser, legt es einige Tage an die Sonne und wiederholt dieß Tränken 3—4 mal, so erhält das Zeug eine außerordentliche Weiße, wird aber so mürbe, daß es sich mit den Fingern zerzupfen läßt. Diese äußerst nachtheilige Einwirkung des Kalks wird vorzugsweise mit durch das Sonnenlicht bedingt, denn ein mehrmaliges Kochen der Zeuge mit Kalkmilch ist ihnen bei Weitem nicht so nachtheilig. Wirken dagegen Kalk und Licht zusammen, so erfolgt die angeführte schnelle Veränderung.

Was hier das helle Sonnenlicht schnell thut, das bewirkt das Tageslicht und längeres Liegen auch, aber langsamer. Daher Leinwand, bei deren Bleichen Kalk angewandt worden, nach längerer Zeit mürbe wird, wenn sie sich auch gleich nach dem Bleichen sehr stark und fest zeigte. Der ihr noch anhangende Kalk zerfrißt sie. Es ist also sehr darauf zu sehen, daß eine solche Leinwand erst durch Schwefelsäure oder Salzsäure genommen werde, um den Kalk aufzulösen und wegzuschaffen, ehe man sie in den Handel bringt.

Wünscht man zu wissen, ob eine zum Verkauf ausgebotene Leinwand kalkhaltig sei, was nicht selten der Fall ist, weil sie dadurch ein weißeres Ansehen bekommt, so braucht man nur ein Abschnitzel davon vorsichtig in Essig einzutauchen; zeigt sich dann ein Zischen und Aufbrausen, so hat die Leinwand noch Kalk, der auf derselben zu kohlensaurem Kalk geworden ist.

Man hat in Frankreich die Beobachtung gemacht, daß Kalk ein Mittel ist gegen die Klauenseuche der Schafe. Man wendet Kalkmilch an, welche sich in flachen hölzernen Gefäßen 4 Zoll hoch befindet, die in der Oeffnung einer Umzäunung so angebracht sind, daß die Thiere beim Durchgehen hineintreten müssen.

Kohlensaurer Kalk.

Was im gewöhnlichen Leben unter dem Namen von Kalkstein, Kreide und Marmor vorkommt, ist kohlensaurer Kalk oder eine Verbindung von Kohlensäure mit Kalk. Man erkennt ihn vorzüglich daran, daß er, mit Salz- oder Salpetersäure übergossen, sich unter heftigem Aufbrausen auflöst. Das Aufbrausen ist nämlich ein Beweis von dem Vorhandensein der Kohlensäure, welche durch die Salpetersäure rc. verjagt wird. Um nun auch gewiß zu sein, daß das, was die Salpetersäure aufgelöst hat, Kalk ist, so setzt man etwas Schwefelsäure hinzu, die nach einiger Zeit kleine weiße Krystalle von Gyps abscheiden wird. Dasselbe geschieht durch schwefelsaure Salze.

Das sicherste Erkennungsmittel ist aber das Brennen. Durch dieses wird die Kohlensäure ausgetrieben und der reine Kalk bleibt zurück, den man leicht an seinem Verhalten zum Wasser, wie es bereits (S. 279) beschrieben ist, erkennen kann.

Unternimmt man aber dieses Brennen im Kleinen, und zwar in einem Tiegel und bei raschem Feuer, so geschieht es oft, daß der kohlensaure Kalk fast unverändert bleibt, indem er statt aller, wie es sein sollte, nur höchst wenig Kohlensäure verliert, zusammen sintert und nach dem Erkalten, mit Wasser übergossen, sich weder erhitzt noch löscht. Bei dem ohne Tiegel, zwischen glühenden Kohlen gebrannten kohlensauren Kalk geschieht dieß nicht. Der Grund dieses verschiedenen Verhaltens ist bereits (S. 280) angegeben.

Das Verhältniß, in welchem Kohlensäure und Kalk in diesem Salze mit einander verbunden sind, ist, wie das aller chemischen Verbindungen, ein bestimmtes und läßt sich vorher bestimmen, da wir schon aus dem Früheren wissen, daß

das M. G. des Kalks = 28 und
das M. G. der Kohlensäure = 22 ist,

die, zusammen verbunden, 1 M. G. oder = 50 kohlensauren Kalk geben. Wirklich hat derselbe ein solches und muß daher stets in dem Verhältniß von 50 angewandt werden, wenn man Säuren damit sättigen oder Salze damit zerlegen will.

Dieß M. G. (50) gilt aber nur von dem reinen kohlensauren Kalk, wie er in der Natur selten und höchstens nur in einigen Marmorsorten vorkommt. Die Kreide und der Kalkstein enthalten gewöhnlich Beimischungen von Kiesel-, Thon- und Bittererde. Man reichte also mit diesen nicht aus, wenn man sie in dem Verhältniß von 50 anwenden wollte. Es müssen daher Kreide oder Kalkstein, die man im Großen anwenden will, vorher untersucht werden, um ihren wahren Gehalt an kohlensaurem Kalk zu erfahren.

Dieß geschieht, wenn man z. B. 50 Gran eines wohlgepulverten Kalksteins oder einer fein zerriebenen Kreide in einem Arzneiglase mit etwa 6 Loth eines recht starken Essigs vorsichtig vermischt, damit es nicht überbrause, es öfter schüttelt und so lange in Berührung läßt, als noch eine Einwirkung statt findet. Hat diese aufgehört, so gießt man das Klare ab und bringt den unaufgelösten Satz auf ein Filter, wäscht ihn mit Wasser, trocknet und wägt ihn, indem man zugleich ein anderes, eben so großes Filter auf die Wageschale legt. Das Gewicht zeigt das an, womit Kalkstein und Kreide verunreinigt sind, das Fehlende dagegen den kohlensauren Kalk, der sich im Essig aufgelöst hat. Gesetzt, der auf dem Filter zurückgebliebene Satz wöge 5 Gran, so zeigen diese 45 Gran kohlensauren Kalk an, welche in der untersuchten Kreide oder dem Kalkstein enthalten sind; man muß daher von diesen, um die Wirkung von 50 Pfund reinen kohlensauren Kalks zu haben, 56 Loth anwenden.

Man kann auch bei der Prüfung des Kalksteins dieselbe Probe in Anwendung bringen, die bereits S. 241 für das kohlensaure Kali vorgeschlagen. Da nämlich der größere Theil desjenigen, was im Kalkstein Kalk ist, sich in Verbindung mit Kohlensäure befindet, und zwar in dem Verhältniß von

22 Pfund Kohlensäure auf
28 Pfund Kalk,

so kann die Menge von Kohlensäure, welche sich beim Uebergießen des Kalksteins mit einer Säure entwickelt, als Maaß für den darin enthaltenen Kalk dienen. Die Säure muß eine solche sein, die den Kalkstein leicht zerlegt, z. B. Salz- oder Salpetersäure mit drei Theilen Wasser verdünnt. Um sich von der Genauigkeit dieser Prüfungsweise zu überzeugen, wäge man

50 Gran Marmorpulver

ab und tarire es gleichzeitig mit einem Becherglase, welches etwa 4 Loth reine, mit Wasser verdünnte Salzsäure enthält. Nun schütte man nach und nach den Marmor in die Säure und bestimme, wenn die Einwirkung aufgehört hat, den Gewichtverlust, der durch das Entweichen der Kohlensäure entstanden ist. Man wird finden, daß

22 Gran Kohlensäure

fehlen, also die ganze Menge, welche in 50 Gran Marmor enthalten ist. Nach diesem Verhältniß ist denn nun auch der Kalkgehalt der verschiedenen Kalksteine, Mergelarten rc., zu berechnen.

In den meisten Fällen reicht man mit einer solchen Probe aus, die, wie man sieht, keine großen Schwierigkeiten hat. Sie wird nur dadurch unsicher, wenn zugleich kohlensaure Bittererde im Kalkstein enthalten ist. Eine andere, besonders für den Kalkstein anwendbare, den man z. B. prüfen will, ob er zum Brennen tauge, ist diese. Man gießt nach und nach auf 100 Gran gepulverten Kalkstein so lange Salpetersäure, als bei einem neuen Zugießen noch ein Aufbrausen erfolgt, setzt nun 100 Gran mit Wasser verdünnte Schwefelsäure zu der klaren, abfiltrirten Auflösung und sammelt den Gyps, welcher sich nach 24 Stunden niedergeschlagen hat, auf ein Filter, süßt ihn etwas aus, trocknet und wägt ihn. Ein guter Kalkstein muß hier wenigstens 90 Gran Gyps geben. Erhält man mehr, so ist er um so besser und kalkreicher.

Der Kalkstein dient, wie bereits angegeben, zur Darstellung des gebrannten Kalks, so wie als Zusatz beim Ausschmelzen des Eisens aus dem Erze in Hochöfen.

Zum Bauen wird mancher harte Kalkstein angewandt. Aber bei Chausseen darf man ihn nicht anwenden, theils wegen des den Augen schädlichen Staubes, und theils wegen der blendenden Weiße, welche solche Chausseen im Sonnenschein haben.

Der Marmor dient, wie bekannt, hauptsächlich zu Bildsäulen und Denkmälern. Obgleich er kohlensaurer Kalk ist und er selbst von der schwachen Essigsäure zerstört, d. h. aufgelöst wird, so zeigt er sich doch, der Luft und den Veränderungen der Witterung ausgesetzt, unveränderlicher und verwittert weniger als der Granit.

Kreide und Kalkstein zeigen, wie der reine Kalk, ein besonderes Bestreben, sich mit den Säuren zu verbinden. Daher ihre Anwendung zum Einsaugen und Abstumpfen schädlicher Säuren. Der sogenannte saure Boden wird durch ein Vermischen mit Kreide verbessert. Auch setzt man dem Branntweingut, bevor man es destillirt, etwas Kreide zu, namentlich wo man kupferne Röhren anwendet. Diese werden dann nicht so leicht angegriffen.

Der kohlensaure Kalk löst sich in wässeriger Kohlensäure auf. Läßt man in Kalkwasser Kohlensäure strömen, so entsteht anfangs ein Niederschlag von kohlensaurem Kalk, der aber, wenn noch mehr Kohlensäure hinzukommt, wieder aufgelöst wird. Der saure kohlensaure Kalk ist also im Wasser auflöslich. Als solcher ist er im Brunnenwasser enthalten, das dadurch die Eigenschaft eines sogenannten harten Wassers bekommt.

Wird eine solche Auflösung erhitzt, so entwickelt sich die Kohlensäure, welche den kohlensauren Kalk aufgelöst enthielt, als Gas, und letzterer fällt als weißes Pulver zu Boden. Hiedurch entsteht der sogenannte Kesselstein. Man kann sonach durch Kochen ein hartes Wasser vom Kalk frei, also weich machen.

Hiebei ist jedoch zu bemerken, daß dieß nicht bei jedem harten Wasser hilft. Denn wird es durch aufgelösten Gyps hart, so hilft das Kochen nichts, weil er dadurch nicht niedergeschlagen wird. Hier dient ein geringer Zusatz von kohlensaurem Natron.

Werden Wein- oder Biergläser mit Brunnenwasser gespült, so haben sie, nachdem sie trocken geworden, ein unklares, schmutziges Ansehen. Dieß kommt daher, daß das Wasser, nach dem Verdunsten, das darin enthaltene Kalksalz als ein weißes Pulver auf dem Glase zurückläßt. Man darf daher solche Gläser nicht von selbst trocken werden lassen, sondern muß sie mit einem Tuche so lange reiben, bis sie trocken sind.

Ein Wasser, welches sauren kohlensauren Kalk enthält, ist, statt des gewöhnlichen Flußwassers, zum Brauen und Brennen angewandt, viel besser und vortheilhafter befunden worden. So soll es namentlich die saure Gährung hemmen und den Branntweingehalt um das Doppelte vermehren. Wenn dieß auch übertrieben ist, so läßt sich doch eine gute Wirkung davon erwarten.

Manche harten Wässer enthalten so viel sauren kohlensauren Kalk, daß sie die Röhren, wodurch sie geleitet werden, nach und nach verstopfen, indem sich der Kalk an die Wände der Röhren niederschlägt und ansetzt. Man hat gefunden, daß verschiedene Metalle, woraus die Wasserleitungsröhren gefertigt sind, eine verschiedene Wirkung gegen den im Wasser gelösten sauren kohlensauren Kalk äußern und verschiedene Mengen davon niederschlagen. Sind z. B. die Röhren, worin das Wasser fließt, von Blei und man bringt ein Stück Eisen hinein, so wird nur dieses mit einer Kalkrinde überzogen, indeß das Blei davon befreiet bleibt. Ist dagegen das Eisen nicht vorhanden, so überzieht sich das Blei mit dem Kalk.

Man hat von dieser, gewiß sehr interessanten Erfahrung bereits Anwendung im Großen gemacht, um das Verstopfen bleierner Röhren zu verhindern. Man steckt in einer Entfernung von 16—20 Fuß eiserne Pfropfen in die Röhren, die tief in dieselben hineingehen und so eingepaßt sind, daß sie sich mit Leichtigkeit herausnehmen lassen. In diesem Fall bleibt das Blei rein, alles Erdige setzt sich an die eisernen Pfropfen, die man von Zeit zu Zeit herausnimmt und reinigt.

Phosphorsaurer Kalk.

Wenn man Knochen brennt, so werden sie erst schwarz und dann weiß. Die weiß gebrannten Knochen (Knochen- oder Beinasche) bestehen größtentheils aus phosphorsaurem Kalk, aus welchem sich durch Schwefelsäure die Phosphorsäure abscheiden läßt, wie S. 58 beschrieben worden.

Außer dieser Anwendung zur Darstellung der Phosphorsäure ist von dieser Verbindung noch nicht der Gebrauch gemacht worden, den ihre Eigenschaften zulassen. Es wäre sehr zu wünschen, daß dieselbe, die überall zu haben ist, wo Fleisch gegessen wird, einmal die Aufmerksamkeit eines geschickten Töpfers auf sich zöge, der Geduld und Geld genug hätte, ihre Anwendbarkeit als Glasur und Schmelzmittel im Großen zu prüfen.

Ueberhaupt eignen sich die Knochen sehr dazu, um auf ihrer Verarbeitung ein Geschäft zu gründen, da sie außer phosphorsaurem Kalk auch noch Fett und Leim enthalten. Die möglichst verkleinerten Knochen werden mit Wasser gekocht und das dabei sich abscheidende Fett wird abgenommen. Man erhält 3, 4, auch mehr Proc. Fett. Durch Einkochen der Brühe wird ein ziemlich guter Leim erhalten. Der Rückstand ist phosphorsaurer und kohlensaurer Kalk, welcher noch so viel thierische Substanz enthält, daß er beim Brennen in verschlossenen Gefäßen ein Beinschwarz giebt, welches sowohl für Zuckersieder als auch sonst zu gebrauchen ist. Es wird hiebei kohlensaures Ammoniak gewonnen. Beinschwarz giebt, mit Schwefelsäure behandelt, sauren phosphorsauren Kalk, der zur Darstellung des Phosphors dient. Der Gyps, welcher sich hiebei abscheidet, kann mit dem kohlensauren Ammoniak auf schwefelsaures Ammoniak verarbeitet werden.

Flußsaurer Kalk.

Wird gewöhnlich Flußspath genannt und besteht aus der Flußsäure und dem Kalk (S. 65). Die Flußsäure löst sehr schnell das Glas auf und dient daher zum Aetzen desselben. Wenn man

1 Loth gepulverten Flußspath und
2 Loth Schwefelsäure

in einer bleiernen Büchse erwärmt und auf die Oeffnung eine Glasplatte legt, die mit Aetzgrund überzogen und worin mit der Nadirnadel Zeichnungen gemacht worden sind, so findet man nach einiger Zeit, wenn der Aetzgrund hinweggenommen worden, die Zeichnung ins Glas eingefressen. Die Flußsäure ist nämlich flüchtig und wirkt hier so auf das Glas, wie die Salpetersäure auf das Kupfer (S. 178). Durch den Aetzgrund kann sie aber, wie diese, nicht durchdringen, daher bleibt das Glas an diesen Stellen unverändert.

Man hat sich hiebei sehr in Acht zu nehmen, daß man nicht den Dampf der Flußsäure einathme, denn er wirkt sehr schädlich auf die Lungen.

Eine noch bessere Art, die Flußsäure zum Glasätzen anzuwenden, besteht darin, daß man fein gepulverte Flußspathkrystalle mit verdünnter Schwefelsäure zum Brei anrührt und diesen Brei auf das zu ätzende Glas aufträgt. Man mengt sie in dem Verhältniß von

2 Pfund Flußspathpulver mit
2 Pfund Schwefelsäure und
1 Pfund Wasser

und läßt diesen Brei 12 Stunden lang auf das Glas einwirken, ohne Wärme anzuwenden. — Das Gemisch von Schwefelsäure mit Wasser muß erst wieder erkaltet sein, ehe man es mit dem Flußspath in Berührung bringt.

Nachdem unsere Glasschleifereien so ungemein große Fortschritte gemacht haben, wird selten mehr von obiger Art in Glas zu graviren Gebrauch gemacht.

Schwefelsaurer Kalk.

Diese Verbindung ist unter dem Namen Gyps bekannt genug und findet sich in großer Menge in der Natur. Marienglas und Alabaster sind ebenfalls Gypsarten, die sich nur durch die Form und hinsichtlich der Durchsichtigkeit unterscheiden. Der Gyps besteht aus

1 M. G. oder 28 Pfund Kalk,
1 M. G. oder 40 Pfund Schwefelsäure und
2 M. G. oder 18 Pfund Wasser, daher
das M. G. des Gypses = 86 ist.

Wird der Gyps gebrannt, so verliert er sein Wasser und erhält nun die besondere Eigenschaft, daß er wieder, mit Wasser zu einem Brei angeführt, zu einem festen Körper erhartet. Er dient daher zum Gießen von Figuren, zum schnellen Verkleben und dergl. Gleiche Maaße Gyps und Wasser bilden im Allgemeinen das beste Verhältniß. Durch einen Zusatz von einem Drittel Sand, oder Kalk und Sand, wird die Verbindung härter, aber auch schwerer; zum Stucco werden solche Zusätze nöthig.

Damit der Gyps in dieser Hinsicht sein Möglichstes leiste, darf er nur gelinde gebrannt sein. Ein zu stark gebrannter Gyps erhartet nur höchst langsam mit dem Wasser.

Der Gyps löst sich nur sehr schwer in Wasser auf. Um
1 Pfund Gyps aufzulösen, werden
380 Pfund kaltes (12° R.) und
385 Pfund kochendes Wasser
erfordert. Diese geringe Menge ist aber doch hinlänglich, weiches Wasser in hartes zu verwandeln und namentlich beim Färben nachtheilige Wirkungen zu äußern.

Wenn ein gypshaltiges Wasser keinen Abfluß hat, so fault es und stößt einen Geruch nach faulen Eiern aus, der von dem Schwefelwasserstoffgas herrührt, welches sich aus dem Schwefel der, durch Pflanzenstoffe während der Gährung zersetzten, Schwefelsäure bildet. Ein solches Wasser kann durch einen Zusatz von
4—8 Loth Chlornatron (vergl. S. 264) auf
500 Quart Wasser
wieder rein, geruchlos und vollkommen trinkbar gemacht werden.

Auch durch Glühen mit Kohle wird die Schwefelsäure des Gypses (gerade wie die des Schwerspaths und des Strontians, S. 273 und 277) zersetzt und in Schwefel verwandelt, und zugleich der Kalk in Calcium (S. 280), so daß also Schwefelcalcium zurück bleibt. Diese Verbindung bildet sich sehr oft auf Brandstellen, wo Gypswände mit glühenden Kohlen in Berührung kommen, und macht sich dann durch blaue Schwefelflammen bemerkbar.

Das kohlensaure Ammoniak, so wie man es bei der Destillation der Knochen gewinnt (S. 212), zersetzt den in Wasser eingerührten Gyps; es entsteht schwefelsaures Ammoniak und kohlensaurer Kalk. Letzterer erscheint als ein weißes Pulver. Das schwefelsaure Ammoniak dagegen bildet eine Auflösung und dient zur Darstellung des Salmiaks (S. 218).

Der Gyps ist von sehr bedeutender Einwirkung auf das Wachsthum der Pflanzen. Namentlich hat es sich sehr nützlich beim Kleebau erwiesen, wenn man die sich entwickelnden Kleepflanzen damit bepuderte.

Auch auf Kartoffeln ist der Gyps von besonderer Wirkung. Wenn thierischer Dünger sie mehr ins Kraut treibt, so befördert dagegen der Gyps, dem Erdreich beigemischt, mehr die Entwickelung der Knollen. In England werden zu diesem Behufe die Kartoffeln vor dem Legen angefeuchtet und in Gypspulver gewälzt. Auch bestreut man noch später die jungen Kartoffelpflanzen mit Gyps.

Zu den abenteuerlichen Vorschlägen in der technischen Chemie gehört auch der, die große Menge Schwefelsäure, welche der Gyps enthält (46 Proc.), dadurch abzuscheiden, daß man ihn in eisernen Gefäßen, mit Kohle vermengt, einer starken Glühhitze aussetzt, wodurch, unter Entwickelung von Kohlensäure, Schwefelcalcium zurückbleibt. Dieses wird nun in Wasser eingerührt und durch Hineinleiten von kohlensaurem Gas zersetzt, indem sich, unter Bildung von kohlensaurem Kalk, Schwefelwasserstoffgas entwickelt. Dieses wird in einen ofenartigen Behälter, der mit einer Bleikammer in Verbindung steht, geleitet und entzündet, wodurch Wasser und schweflige Säure gebildet werden u. s. w. Anstatt daß man also sonst in solchen Oefen Schwefel verbrennt, soll hier Schwefelwasserstoff verbrannt werden. Dieß läßt sich hören und wäre auch sehr gut, wenn der Schwefelwasserstoff nur nicht gar zu theuer käme. Die Kohlensäure zur Zersetzung des Schwefelcalciums erhält man hier zwar als Nebenprodukt, aber wie theuer wird sie erkauft durch die Nothwendigkeit, in verschlossenen Gefäßen zu arbeiten, die bei der zur Zersetzung des Gypses nöthigen Hitze viel Feuermaterial erfordern und sehr bald verbrennen.

Chlorcalcium.

Dieses Salz wird gebildet, wenn man Kalk oder Kreide in Salzsäure auflöst. Außerdem entsteht es bei der Darstellung des Ammoniaks aus Salmiak und Kalk, daher wurde es früher salzsaurer Kalk genannt (S. 203). Jetzt nennt man es Chlorcalcium, weil es aus

20 Pfund Calcium und
36 Pfund Chlor besteht, wodurch es

ein M. G. von 56 bekommt.

Nur das geglühte Chlorcalcium hat ein M. G. = 56; denn nur dieses ist wasserfrei. Bringt man es mit feuchter Luft in Berührung, so zieht es schnell Wasser an und verwandelt sich in flüssiges Chlorcalcium. Ja selbst sehr starkem Weingeist entzieht es noch das Wasser. Daher dient es zur Darstellung des wasserfreien Alkohols, um Copal 2c. aufzulösen, und es ist hier der Potasche und dem Kalk vorzuziehen (vergl. S. 246). Seine Auflöslichkeit in Weingeist unterstützt seine Wirkung auf das Wasser in demselben.

Will man Etwas längere Zeit feucht und dadurch geschmeidig erhalten, so kann hiezu das Chlorcalcium angewandt werden, das niemals austrocknet. Daher sein Nutzen als Zusatz zur Weberschlichte. Man mischt

24 Pfund Weberschlichte mit
6—8 Pfund Chlorcalcium,

je nachdem es trockne oder feuchte Witterung ist, und ertheilt dadurch dem Garn eine große Haltbarkeit und Geschmeidigkeit beim Weben.

Sollte das Chlorcalcium nicht zum Anfeuchten des Flachses beim Spinnen desselben auf der Maschine anwendbar sein?

Auch Luftarten trocknet das geglühte Chlorcalcium aus und entzieht ihnen das Wasser. Zu diesem Behufe muß es aber nicht zusammengeflossen, sondeen locker sein. Man erhält es so, für Versuche im Kleinen, wenn man es über einer Weingeistlampe entwässert; hier ist die Hitze nicht so stark, daß es zusammenfließen könnte.

Wollte man mit Chlorcalcium feuchte Oerter austrocknen, so dürfte man es nicht so hinstreuen, wie es wohl mit dem gebrannten Kalk geschehen kann, sondern man muß es in flachen Gefäßen hinstellen und diese nur halb damit anfüllen, denn sonst könnte das sich bildende flüssige Chlorcalcium keinen Raum haben und überlaufen.

So begierig das Chlorcalcium das Wasser an sich zieht, eben so fest hält es dasselbe zurück. Daher nimmt eine Auflösung, welche in 159 Pfund 59 Pfund Chlorcalcium enthält, eine Hitze von 87° R. an, und kann daher sehr gut statt des Wassers zum sogenannten Marienbad gebraucht werden.

Aus einer gesättigten Auflösung in Wasser scheidet sich das Chlorcalcium in Krystallen ab, die, mit Schnee gemischt, eine große Kälte hervorbringen. Werden nämlich

13 Pfund krystall. Chlorcalcium mit
13 Pfund Schnee

bei sehr strenger Kälte (20° R.) schnell gemischt, so entsteht eine solche Kälte, daß dadurch 56 Pfund Quecksilber zum Gefrieren gebracht werden können.

In der neueren Zeit hat man die Beobachtung gemacht, daß das Chlorcalcium, in sehr geringer Menge angewandt, ein vortreffliches Beförderungsmittel des Pflanzenwuchses ist. Begießt man z. B. das Land mit einer Auflösung von

2 Pfund Chorcalcium in
100 Pfund Wasser

einmal vor und einmal nach dem Pflanzen oder Säen, so ist der Ertrag bedeutend größer, als wenn dieß nicht geschieht. Besonders soll der Unterschied bei den Kartoffeln sehr groß sein.

Das Chlorcalcium zerlegt alle schwefelsauren Erd- und Metallsalze, wenn eine Auflösung desselben mit Auflösungen von diesen vermischt wird: es schlägt sich schwefelsaurer Kalk oder Gyps nieder und die Erde oder das Metall bleiben, mit dem Chlor verbunden, in der Auflösung. Ein M. G. Chlorcalcium (= 56) ist hinlänglich, um ein M. G. irgend eines schwefelsauren Salzes zu zersetzen. Hiebei ist jedoch zu bemerken, daß die neue Chlorverbindung, welche man auf diese Weise bekommt, viel Gyps aufgelöst enthält.

Von der Bittererde.

Sie wird auch Talkerde und Magnesia genannt. Ihre chemischen Eigenschaften gehören nicht zu den ausgezeichneten, daher denn auch ihr Nutzen für Gewerbe und Fabriken von sehr geringer Bedeutung.

Wie die Laugensalze, Kali, Natron, Kalk ꝛc., so sind auch die Erden Körper, welche aus einem Metall und dem Sauerstoff bestehen. Das Bittererdemetall heißt Magnium oder Talcium. Es hat das sehr kleine

M. G. = 12 und giebt mit
8 Sauerstoff die Bittererde,

deren M. G. demnach 20 ist.

Die reine Bittererde ist ein leichtes, weißes Pulver. Sie wird aus der kohlensauren Bittererde, wie der reine Kalk aus dem kohlensauren Kalk, durch Glühen dargestellt. Die Hitze treibt nämlich die Kohlensäure aus.

Sie löst sich im Wasser nur in höchst geringen Mengen auf, ist aber, wie der Kalk (S. 281), auflöslicher in kaltem als in kochendem Wasser. Man gebraucht nämlich auf

1 Pfund Bittererde
5142 Pfund kaltes Wasser (von 14° R.) und
36000 Pfund kochendes Wasser

zur völligen Auflösung.

Diese kalte Auflösung, so schwach sie auch ist, wirkt doch auf sehr viele Pflanzenfarben ein und giebt ihnen eigenthümliche Abstufungen in Hell und Dunkel, die man mit Kalk oder Kali nicht hervorbringen kann, daher ist sie den Schönfärbern zu empfehlen.

Im Feuer zeigt sich die Bittererde äußerst schwer schmelzbar, sie dient daher als Zusatz zu Thonarten, welche einen Kalkgehalt haben, und dadurch zu leichtflüssig sind, um sie strengflüssiger und feuerbeständiger zu machen. So bildet man die Masse zu den Glasschmelztiegeln aus

1 Theil Bittererde und
2 Theilen Thonerde,

die sich in der Glasschmelzhitze ganz vortrefflich hält.

Durch gewöhnliche Tiegel dringt das Bleiglas beim

Schmelzen hindurch; dagegen Tiegel, welche man aus einer Masse von

2 Theilen Bittererde und
1 Theil Thonerde,

mit Kalkwasser angerührt, geformt und gebrannt hat, so dicht sind, daß es nicht geschehen kann.

Kohlensaure Bittererde.

Die Bittererde verbindet sich mit den Säuren zu Salzen. So bildet sie z. B. mit der Kohlensäure eine weiße, pulverförmige Verbindung, die kohlensaure Bittererde, welche man gewöhnlich Magnesia nennt.

Sie wird künstlich dargestellt, indem man

1 M. G. oder 123 Pfund kryst. schwefels. Bittererde mit
1 M. G. oder 69 Pfund kohlens. Kali oder
1 M. G. oder 143 Pfund kryst. kohlens Natron,

die beide vorher in hinlänglichem Wasser gelöst worden, auf die S. 250 angegebene Art zusammenmischt. Die kohlensaure Bittererde erscheint hier als ein weißer Niederschlag, den man durchs Filter abscheidet, mit Wasser aussüßt und trocknet. Sie löst sich, wie andere kohlensaure Salze, unter Aufbrausen in Säuren auf.

Die Bittererde findet sich sehr häufig mit anderen Erdarten vermengt, und soll namentlich in einer Verbindung mit Kalk, welche man **Bitterkalk** nennt, nach der Erfahrung von englischen Landwirthen, sehr schädlich auf die Pflanzen einwirken.

Man zog hieraus den Schluß, daß die Bittererde überhaupt den Pflanzen nachtheilig sei, was sich aber keinesweges bestätigt hat. So kommt z. B. im Erzgebirge viel Bittererde vor, und die Aecker sind dort sehr fruchtbar.

Auch habe ich selbst die sehr empfindliche Pflanze, welche man Mimosa pudica nennt, mit einer Auflösung von essigsaurer Bittererde begossen, sie mehrere Monate lang beobachtet und nicht gefunden, daß es ihr nachtheilig war. Es versteht sich, daß man zu solchen Versuchen nur geringe Mengen, aber längere Zeit hindurch anwenden muß; denn beobachtet man dieses nicht, so kann man mit jeder Salzauflösung jede Pflanze tödten.

In England wurde vor einigen Jahren die kohlensaure Bittererde als ein Mittel empfohlen, um das aus ausgewachsenem Getreide bereitete Brot zu verbessern. Man sollte

20—40 Gran kohlens. Bittererde unter
1 Pfund Mehl

mischen und dann wie gewöhnlich zum Brot verarbeiten. Neuere Erfahrungen haben dieß nicht bestätigt, die Bittererde thut nichts weiter, als daß sie die Säure, welche etwa bei der Brotgährung sich bildete, abstumpft.

Schwefelsaure Bittererde.

Kommt in vielen Salzquellen vor uud heißt im Allgemeinen Bittersalz. Das, welches man zu kaufen erhält, erscheint gewöhnlich in nadelförmigen Krystallen, die an warmer Luft weiß beschlagen, indem sie unter Verlust von etwas Krystallwasser verwittern.

Die Zusammensetzung dieses Salzes ist

1 M. G. oder 20 Pfund Bittererde,
1 M. G. oder 40 Pfund Schwefelsäure und
7 M. G. oder 63 Pfund Wasser,

daher sein M. G. 123 ist.

Seine Anwendung beschränkt sich bis jetzt vorzugsweise auf die bereits (S. 306) angegebene Darstellung der kohlensauren Bittererde, es kann aber wegen seiner Wohlfeilheit und wegen der ausgezeichneten Eigenschaft der kohlensauren Bittererde, mit den Farbstoffen des Pflanzenreichs schön gefärbte Lacke zu bilden, künftig von Wichtigkeit werden. Bis jetzt läßt sich über diese Anwendungsart noch nichts Bestimmtes aussprechen, weil es an genauen Versuchen hierüber fehlt.

Chlormagnium.

Findet sich in den Salzsoolen und im Meerwasser und bleibt, nach dem Versieden der ersteren zu Salz, in der Mutterlauge zurück. Dieses Salz wird auch salzsaure Bittererde genannt und ist dem Chlorcalcium sehr ähnlich, es zerfließt, wie dieses, an der Luft und löst sich auch in Weingeist auf, nur daß es sich nicht, wie das Chlorcalcium, glühen läßt, ohne zersetzt zu werden, indem es durch die Hitze Chlor in Form von Salzsäure verliert.

Vermischt man die Auflösung dieses Salzes mit einer Auflösung von kohlensaurem Ammoniak, so fällt kohlensaure Bittererde als ein weißes Pulver nieder und salzsaures Ammoniak bleibt aufgelöst. Es wird daher zur Darstellung der kohlensauren Bittererde und zur Salmiakbereitung gebraucht.

Gegen das schwefelsaure Natron zeigt die salzsaure Bittererde ein ganz verschiedenes Verhalten, je nachdem man Wärme oder Kälte darauf einwirken läßt. Mischt man nämlich gesättigte Auflösungen beider zusammen und dampft sie bei nicht über 40° R. Wärme ab, so bildet sich Chlornatrium (Kochsalz) und fällt in Krystallen zu Boden, indeß aus der übrigen Flüssigkeit schwefelsaure Bittererde in Krystallen anschießt.

Ganz das Umgekehrte geschieht aber in der Kälte. Wenn man nämlich zwei heiße Auflösungen von

123 Pfund schwefelsaurer Bittererde in
90 Pfund Wasser,

und

59 Pfund Kochsalz in
130 Pfund Wasser,

zusammenmischt und dann gefrieren läßt, so krystallisirt schwefelsaures Natron und salzsaure Bittererde bleibt in der Mutterlauge.

Wie man die salzsaure Bittererde aus dem Seewasser abscheidet, um mit diesem Wasser waschen zu können, ohne daß die Seife gerinnt, ist schon oben (S. 258) angegeben worden.

Von der Thonerde.

Wenn man zu einer Auflösung von

474 Gran Alaun in
1800 Gran heißem Wasser

eine Auflösung von

429 Gran kohlensaurer Soda in
1200 Gran heißem Wasser

vorsichtig mischt, so entsteht unter einem Aufbrausen von Kohlensäure ein **weißer Niederschlag**, der, ausgewaschen und getrocknet, ein weißes Pulver giebt. Dieses Pulver ist die Thonerde, welche, mit Schwefelsäure verbunden, im Alaun enthalten war nnd daher auch **Alaunerde** genannt wird.

Das Natron vereinigt sich hier mit der Schwefelsäure und scheidet dadurch die Thonerde aus; diese aber verbindet sich nicht mit der Kohlensäure, daher geht diese beim Mischen des kohlensauren Natrons mit der Alaunauflösung unter Aufbrausen davon.

Die so erhaltene Thonerde enthält noch etwas Schwefelsäure, die ihr nicht durch Auswaschen und Auskochen mit Wasser entzogen werden kann. Dieses geschieht nur durch Auflösen in Salzsäure, Niederschlagen durch kohlensaures Natron und Auswaschen mit reinem Wasser. Nach dem Trocknen und Glühen stellt die so erhaltene Thonerde ein weißes Pulver dar, und beträgt, wenn man mit Aufmerksamkeit und Genauigkeit verfuhr, 51 Gran.

Also, um 474 Gran Alaun zu zerlegen, gebraucht man 429 Gran kohlensaures Natron, und erhält dann doch nicht mehr als 51 Gran Thonerde.

Mit dieser Zahl steht das Bestandtheilverhältniß der Thonerde in Verbindung. Ihre Grundlage ist nämlich, wie bei den andern Stoffen, auch ein Metall, welches man Alumium nennt und das, mit Sauerstoff verbunden, die Thonerde giebt, welche sonach ein Sauerstoffalumium ist.

Das Mischungsgewicht des Alumiums ist = 13,5; es müßten sich demnach

$13\frac{1}{2}$ Pfund Alumium mit
1 M. G. oder 8 Pfund Sauerstoff
zu $21\frac{1}{2}$ Pfund Thonerde

verbinden, welches jedoch nicht der Fall ist; vielmehr ist die Thonerde eines jener Metalle, von welchen schon S. 15 unter der Benennung Anderthalb-Sauerstoffmetalle geredet worden. Es sind nämlich

2 M. G. oder 27 Pfund Alumium mit
3 M. G. oder 24 Pfund Sauerstoff
zu 51 Pfund Thonerde

verbunden, so daß die Thonerde ein M. G. = 51 hat. In diesem Verhältniß ist nun auch die Thonerde in dem Salz enthalten, welches sie mit Schwefelsäure und schwefelsaurem Kali bildet und Alaun heißt, wie weiter unten gezeigt ist.

Die Thonerde kommt in der Natur im reinen Zustande als eine weiße Erde vor, die jedoch meistens mit Eisen und anderen Stoffen vermischt und dadurch gefärbt ist.

Ihr häufigstes Vorkommen ist im Thon, der zugleich auch Kieselerde enthält. Er besitzt die Eigenschaft, mit Wasser angeknetet, eine sehr bildsame Masse zu bilden und sich im Feuer steinhart zu brennen. Es beruht hierauf die Darstellung unseres Töpfergeschirrs und des Porzellans.

Der Thon, welcher einen Hauptbestandtheil des Porzellans ausmacht, muß nicht nur weiß sein, sondern sich auch, ohne zu schmelzen oder zu verglasen, weiß brennen. Durch einen Zusatz von Quarz oder Kieselerde, Feldspath, Gyps und Kalk erhält er sodann erst die Eigenschaft, im Feuer zusammen zu sintern und in den halbverglasten Zustand des Porzellans überzugehen.

Zum Steingut wird ebenfalls ein Thon erfordert, der feuerfest ist. Um irgend einen Thon auf seine Tauglichkeit zu Steingut zu prüfen, mischt man

20 Loth desselben mit
4 Loth Feuersteinpulver

und hinlänglichem Wasser, formt etwas aus der Masse, läßt sie trocken werden und brennt sie. Die Probe muß

1) am Stahle Funken geben,
2) blasenfrei und ohne Risse sein,
3) nicht verzogen und unverglast sein.

Gut gebrannte und mit Glasur versehene Thongefäße lassen keine Flüssigkeiten durch, wohl aber Gasarten, ja selbst Quecksilberdämpfe. Besonders ist dieß bei Thonretorten und Thonröhren der Fall, in denen man solche Stoffe glüht, welche durch Glühen Gas entwickeln, z. B. Braunstein, Quecksilberoxyd. Es geht hiebei nicht nur das sich entwickelnde Sauerstoffgas durch die mittelst der Hitze mehr erweiterten Zwischenräume der Thonmasse hindurch, sondern die äußere Luft dringt auch von außen hinein und verunreinigt das Gas.

Da man nun im Großen unmöglich die Thonretorten ꝛc. durch Glasretorten ersetzen kann, weil sie nicht nur zu theuer, sondern auch zu leicht schmelzbar sind, so ist es gut, ein Mittel zu kennen, welches die Thonretorten ꝛc. dichter und undurchdringlicher macht. Dieß besteht darin, daß man

4 Pfund Borax in
20 Pfund Wasser

auflöst und hiezu so viel gelöschten Kalk mischt, daß es die Dicke einer Malerfarbe erhält. Hiemit werden die Thonretorten überstrichen und gelinde gebrannt. Der Ueberzug verglast leicht im Feuer und verstopft die Zwischenräume.

Unsern Hausfrauen wird es nicht unangenehm sein, es hier bestätigt zu finden, daß sie ganz recht thun, sich vorzugsweise der thönernen Kochgeschirre (der Töpfe) statt der metallenen zu bedienen; denn in ersteren werden die Speisen eher gahr, als in letzteren. In einem Thontopf wird nämlich das Wasser heißer, als in einem Topf von Eisen oder Kupfer, worin es schon bei 79° R. zum Kochen kommt, indeß dieß in einem Thontopf erst bei 80° R. geschieht.

Der Thon zieht sich schon beim Trocknen, aber noch mehr beim Brennen zusammen, daher ist es schwer, Thonplatten von ebener Oberfläche herzustellen. Sie werfen sich gewöhnlich und müssen erst gerade geschliffen werden.

Aus demselben Grunde werden Thonarbeiten kleiner und schwinden im Feuer. Hierauf gründet sich die Hitzemessung des Wedgwood nach der mehr oder minder starken Zusammenziehung, welche Thonwürfel in einer mehr oder minder starken Hitze erleiden. In früherer Zeit bediente man sich häufig dieser Würfel, jetzt hat man aber eingesehen, daß sie sehr trügerisch sind, indem Thon, der einer gelinden Hitze, aber längere Zeit ausgesetzt war, sich beinahe um eben so viel zusammen zieht, wie der, welcher einer sehr starken Hitze eine kurze Zeit über ausgesetzt war.

Gebrannter Thon läßt sich in geschmolzenes Glas einschließen, ohne daß dieses beim Erkalten zerspringt. Wählt man hiezu einen recht weißen Thon, so giebt die Spiegelung des Glases der matten Thonfläche ein silberähnliches Ansehen, so daß man wirklich glauben sollte, es sei Silber darin eingeschlossen (was aber nicht möglich ist, da das Silber bei der Hitze des schmelzenden Glases selbst schmilzt). Ein geschickter und fleißiger Bildhauer könnte, in Verbindung mit einem Glasbläser, sehr hübsche Sachen zu Stande bringen. Frankreich liefert solche bereits von vorzüglicher Schönheit.

Mit der Kohle geht der Thon eine schöne, schwarze Verbindung ein. Umhüllt man nämlich von innen und außen lufttrockne Gefäße aus feuerfestem Thon mit einem Gemisch aus

6 Pfund Holzkohle,
2 Pfund Steinkohle (abgeschwefelter) und
1 Pfund Blutkohle

in einem Gefäß aus feuerfestem Thon, das mit einem übergreifenden Deckel fest verschlossen ist, und feuert 3 Stunden lang gelinde, dann stärker, so erhält die Waare eine sehr große Härte und eine angenehme schwarze Farbe. Es verbindet sich hier ein Theil Kohle mit der Oberfläche der Thongefäße.

Schwefelsaure Thonerde. — Alaun.

Die schwefelsaure Thonerde wird in Alaunwerken erzeugt und besteht aus

1 M. G. oder 51 Pfund Thonerde und
3 M. G. oder 120 Pfund Schwefelsäure,

und hat demnach ein M. G. = 171.

Sie ist nur schwierig für sich darzustellen, da sie nicht gut zu krystallisiren ist, und kommt daher hauptsächlich nur in Verbindung mit schwefelsaurem Kali als Alaun in den Handel. Der Alaun ist nämlich ein Doppelsalz, bestehend aus

1 M. G. oder 171 Pfund schwefels. Thonerde,
1 M. G. oder 87 Pfund schwefels. Kali und
24 M. G. oder 216 Pfund Wasser, welches
die Summe 474

als M. G. für den Alaun giebt.

Dieses große M. G. des Alauns wird gewiß Jedem auffallen, der es mit den M. G. anderer Salze vergleicht. Es kommt, wie die Zusammensetzung des Alauns beweist, daher, daß auf

87 Pfund schwefelsaures Kali
171 Pfund schwefelsaure Thonerde

erforderlich sind, um den Alaun zu bilden, und daß dieser beim Krystallisiren eine so große Menge Wassers, nämlich 24 M. G. oder 216 Pfund, aufnimmt und festhält. Es sind sonach in 474 Pfund Alaun 4 M. G. oder 160 Pfund trockne Schwefelsäure enthalten, die nur durch 4 M. G. eines anderen Stoffs, z. B. des Baryts, abgeschieden werden können. Dasselbe findet mit dem salzsauren und dem salpetersauren Baryt statt, so wie mit jedem anderen Salze, das im Stande ist, dem Alaun die Schwefelsäure vollkommen zu entziehen; es sind 4 M. G. davon erforderlich, um 1 M. G. Alaun zu zersetzen.

Da nun aber den Fabrikanten, welcher Alaun anwendet, weder das schwefelsaure Kali noch das Wasser interessirt, welches der Alaun enthält, sondern nur die 3 M. G. Schwefelsäure, welche in der schwefelsauren

Thonerde enthalten sind, so hat er es auch nur mit diesen zu thun, und braucht sich daher gar nicht um die anderen Bestandtheile des Alauns zu bekümmern, wenn er nur weiß, wie er diese am vortheilhaftesten im Alaun benutzen oder aus demselben abscheiden kann.

Dieß geschieht, wenn man auf ein M. G. Alaun oder 474 Pfund desselben 3 M. G. des zur Zersetzung bestimmten Salzes nimmt, oder auch die 474 Pfund Alaun durch 3 dividirt, was 158 Pfund giebt, worin demnach nur ein M. G. Schwefelsäure, mit Thonerde verbunden, enthalten ist, und also 158 Pfund Alaun nur 1 M. G. Kali, Natron und Ammoniak erfordern, um daraus alle Thonerde zu fällen, und man gleichfalls nur 1 M. G. salpetersauren oder salzsauren Baryt gebraucht, um die schwefelsaure Thonerde in salpetersaure oder salzsaure Thonerde umzuwandeln. Es bleibt in diesem Fall $\frac{1}{3}$ M. G. oder die 29 Pfund schwefelsaures Kali unzerlegt zum Vortheil des Fabrikanten.

Hieraus wird zugleich klar, wie man sich auf die zweckmäßigste Weise zum technischen Gebrauch sowohl die Thonerde für sich, als auch die salpetersaure und salzsaure Thonerde darstellt.

In den Kattunfabriken wird die essigsaure Thonerde in sehr großer Menge als Beize für rothe und gelbe Farben gebraucht. Man stellt sie gewöhnlich dar, indem man eine Auflösung von Alaun mit einer Auflösung von essigsaurem Blei (Bleizucker) vermischt. Es fällt schwefelsaures Bleioxyd nieder und essigsaure Thonerde bleibt aufgelöst. Da die Farbe schöner ausfällt, wenn diese essigsaure Thonerde noch unzersetzten Alaun enthält, nnd wenn man durch einen Natronzusatz einen Theil der Säure sättigt oder abstumpft, so nimmt man mehr Alaun, als zur Zersetzung des Bleizuckers erforderlich ist, und setzt außerdem eine bestimmte Menge Soda hinzu.

Nach folgender Vorschrift erhält man eine sehr starke Rothbeize für die rothen Krappfarben, so wie für den Walzendruck:

150 Pfund Alaun,
15 Pfund kryst. kohlensaures Natron,
200 Pfund heißes Wasser,

gemischt mit

150 Pfund essigsaurem Blei und
175 Pfund Wasser,

und läßt es wohl bedeckt stehen und sich klären.

Eine minder starke Beize für Gelb und andere Böden erhält man aus

100 Pfund Alaun,
10 Pfund kryst. kohlensaures Natron,
200 Pfund Wasser,

gemischt mit

75 Pfund essigsaurem Blei und
175 Pfund Wasser.

Der in beiden Fällen sich am Boden ablagernde Satz von schwefelsaurem Blei wird nach dem Gebrauch der darüber stehenden essigsauren Thonerdeauflösung mit 200 Pfd. Wasser übergossen, wohl durch einander gerührt und nach dem Klären abgezapft. In diesem Wasser wird, zur Ansetzung einer neuen Beize, der Alaun und das Natron aufgelöst, damit man nichts unnöthiger Weise verliere.

Die Verbindung der Krappsäure mit der Thonerde stellt auf dem geölten Kattun das prächtige Türkischroth dar, aber nur dann, wenn der hiezu gebrauchte Alaun völlig eisenfrei war. Enthielt er Eisen, so entbehrt das Roth seiner Nüanze ins Scharlach und zeigt einen Stich ins Braune. Auch bei reinen gelben Farben ist ein eisenfreier Alaun eine Hauptbedingung.

Der Alaun, welchen die jetzigen Alaunwerke liefern, ist meistens in so weit frei von Eisen, daß er den genannten Zwecken entspricht. Wo dieß nicht der Fall ist, reinigt man ihn auf folgende Weise vom Eisen. Es werden

100 Pfund Alaun in
300 Pfund Wasser

durch Kochen aufgelöst und dann so lange gerührt, bis das Ganze erkaltet ist. Es fällt ein eisenfreier Alaun als Mehl nieder und in der Flüssigkeit bleibt ein Theil Alaun mit dem Eisen aufgelöst. Diese Flüssigkeit wird entweder zum sogenannten ordinären Roth oder auch zum Braunfärben gebraucht.

Alle die Pflanzensäuren, welche mit den Laugensalzen blaue oder grüne Verbindungen geben, scheidet der Alaun aus diesen Verbindungen aus und sie erscheinen dann roth. Daher röthet der Alaun das Lackmuspapier gerade so wie die Säuren.

Mit Weinstein bildet der Alaun eine leicht auflösliche Verbindung, die sehr sauer schmeckt und auch auf viele Erden und Metalloxyde so auflösend wie eine Säure wirkt. So kann man sich eines Gemenges aus

2 Pfund reinem Weinstein und
1 Pfund Alaun

mit Vortheil statt des Kleesalzes bedienen, um Dinten- und Rostflecke aus der Wäsche herauszubringen, ohne daß die Wäsche dabei leidet.

Kocht man Abschnitzel von Leinwand, Kattun, Seide und Wolle in derselben Alaunauflösung eine Stunde lang, wäscht sie gut aus und behandelt sie nun mit der gelben Krappsäure oder mit dem durch Auswaschen mit kaltem Wasser wohl gereinigten Krapp, so färbt die Leinwand sich fast gar nicht, die Wolle dagegen wird dunkelroth, die Seide gleichfalls, aber blässer; der Kattun erhält blos eine schwache Rosafarbe.

Hieraus folgt, daß die Wollen- und Seidenfaser sehr viel Alaun aufnehmen, die Baumwollenfaser wenig und die Leinenfaser fast gar keinen. Daher bedient man sich zum Beizen der letzteren der bereits erwähnten essigsauren Thonerde, die, mit Stärke verdickt und aufgedruckt oder geklotzt, im Trocknen einen Theil Essigsäure fahren läßt, so daß eine Verbindung von Thonerde, Essigsäure und etwas Stärke, auch nach dem Auswaschen in der Leinen- und Baumwollenfaser zurückbleibt, die nun mit dem Krapp gesättigte, rothe Farben giebt.

Oben (S. 310) ist bemerkt worden, daß die Thonerde, welche man mit kohlensaurem Natron aus einer Alaunauflösung niederschlägt, einen Theil Schwefelsäure an sich behält und damit niederfällt. Dieß Verhalten zeigt die Thonerde auch gegen die Pflanzensäuren, welche gefärbte Verbindungen geben. Löst man z. B. die Krappsäure in Alaunauflösung durch Erhitzen auf und fügt nun Potaschen- oder Sodaauflösung hinzu, so fällt die Thonerde im schön roth gefärbten Zustande nieder und die Flüssigkeit hat ihre rothe Farbe gänzlich verloren. Alle Krappsäure ist in Verbindung mit der Thonerde ausgeschieden. Auf diese Weise verhalten sich alle Pflanzenfarben und es beruht darauf die Darstellung der Farbenlacke, welche der Hauptsache nach pflanzensaure Thonerde sind, die je nach der Eigenthümlichkeit der Pflanzensäure eine eigenthümliche Farbe haben.

Dieses Bestreben der Thonerde, mit Pflanzenstoffen unauflösliche Verbindungen zu bilden, hat man auch zum Raffiniren des Zuckers anzuwenden gewußt. Man setzt dem siedenden Zuckersaft die aus dem Alaun durch ein Laugensalz frisch gefällte Thonerde hinzu, sie verbindet sich mit dem Färbenden und scheidet sich entweder als Schaum oder Bodensatz ab.

Der Alaun löst sich leicht in kochendem, aber nur

schwierig in kaltem Wasser auf. So nehmen 13 Pfund kaltes Wasser (von 10° R.) nur 1 Pfund Alaun auf, indeß der Alaun, wenn man ihn so, wie er ist, ohne allen Wasserzusatz in einem kupfernen Kasserol erhitzt, in seinem eigenen Krystallwasser sich auflöst und flüssig wird.

Von der Kieselerde.

Die Kieselerde macht den Helpttheil des festen Erdkörpers aus, indem der Granit, der Sandstein und eine Menge Mineralien daraus bestehen. Am reinsten findet man sie als Quarz, Bergkrystall und Feuerstein, die durch ihre Härte und dadurch, daß sie am Stahle Funken geben, sich hinlänglich von anderen Steinen, z. B. dem Kalkstein, unterscheiden.

Von den gewöhnlichen Säuren wirkt keine auf die Kieselerde, oder, was dasselbe ist, auf zu Pulver gestoßenen Quarz oder Feuerstein, wodurch sie sich also sehr von der Bittererde unterscheidet.

Auch Laugensalze zeigen keine Einwirkung, wenn man z. B. Quarzpulver oder weißen Sand mit einer wässerigen Auflösung derselben kocht. Beim Glühen verhält es sich dagegen anders. Glüht man nämlich in einem Passauer Tiegel ein Gemenge aus

45 Pfund weißem Sand,
30 Pfund Potasche und
3 Pfund Kohlenpulver

und gießt es, wenn es ruhig fließt, auf eine Eisenplatte aus, so erhält man eine durchsichtige, harte, klingende Masse, die aussieht wie Glas, und eine Verbindung ist von Kieselerde und Kali. Man nennt sie kieselsaures Kali.

Wenn man das auf diese Weise erhaltene kieselsaure Kali zu einem feinen Pulver zerstößt und unter beständigem Umrühren 4 — 6 Stunden lang mit 400 Pfund Wasser kocht, so löst es sich vollkommen in dem Wasser auf, und kann nach hinlänglichem Verdunsten des überflüssigen Wassers zu einer syrupartigen Flüssigkeit gebracht werden. Als solche bildet sie, auf Holz gestrichen, einen glänzenden, firnißartigen Ueberzug, der sich durch Wasser nicht abwaschen läßt und das damit Ueberstrichene vor dem Verbrennen schützt.

Da diese Verbindung, im Großen dargestellt, nicht sehr theuer zu stehen kommt, und sie auch wirklich ein vortreffliches Schutzmittel gegen das in Brandgerathen brennbarer Körper ist, so verdient sie Aufmerksamkeit, die ihr auch bereits dadurch geworden ist, daß man sie in den Handel bringt und unter dem Namen Wasserglas verkauft. Die Anwendung ist folgende.

Das Holz wird mehrere Male damit überstrichen. Das erste Mal geschieht es mit einer nicht zu stark eingekochten Auflösung für sich allein. Dann setzt man derselben Kreide, Thon, Knochenerde oder Glaspulver zu und überstreicht das Holz noch mehrere Male damit. Nach jedem Anstrich müssen 24 Stunden vergehen, damit er gehörig trocken sei, wenn ein neuer gemacht wird. Mischt man statt der Kreide rc. das gepulverte Wasserglas selbst unter die zum Anstrich bestimmte Auflösung, so wird der Ueberzug noch besser und haltbarer.

Für den Seekrieg ist es wichtig, ein Papier zu den Patronen zu haben, das sich nicht entzündet. Man erhält ein solches durch Eintauchen in die Wasserglasauflösung. Es wird dadurch so feuerfest, daß es, vom Feuer berührt, zur Kohle wird, die nicht fortglimmt, sondern sogleich verlöscht.

Säuren zersetzen die Auflösung des Wasserglases; sie verbinden sich mit dem Kali und schlagen die Kieselerde in Gestalt einer weißen, gallertartigen Masse nieder. Es dürfen also keine sauren Dinge mit der Wasserglasauflösung, die man zum Anstreichen gebrauchen will, in Berührung kommen.

Wenn man die eben zur Darstellung des Wasserglases angegebene Menge von Potasche und Sand dahin abändert, daß auf

30 Pfund Potasche
60 Pfund Sand

kommen und mit dem Glühen, so wie oben angegeben, verfährt, so erhält man gleichfalls eine Verbindung von Kieselerde mit Kali oder ein kieselsaures Kali, welches aber von dem obigen sich dadurch unterscheidet, daß das Wasser kaum mehr darauf einwirkt und nur eine sehr geringe Menge durch sehr langes Kochen auflöst. Es ist nämlich wirkliches Glas.

In den Glashütten wird aber ein solches Glas nicht verarbeitet, weil es zu sehr der Veränderung unterworfen ist. Man setzt ihm beim Schmelzen Kalk, Thon, Bleioxyd zu, wodurch es nicht nur leichter schmelzbar, reiner und klarer, sondern auch luft- und wasserbeständiger wird.

Ein gutes Glas muß die Prüfung mit Schwefelsäure aushalten. Zwei Glassorten, die man gegen einander prüfen will, legt man 24 Stunden in Schwefelsäure oder erwärmt sie damit mehrere Stunden lang in einem Porzellangefäß. Schlechte Glassorten findet man nach dem Herausnehmen und Abwaschen zerfressen, die guten bleiben im Gegentheil unverändert.

Das Glas wird am meisten geschätzt, je reiner und farbloser es ist. Beim Krystall- und Spiegelglase wird man die Unterschiede leicht gewahr, nicht so bei Spiegeln selbst. Um beim Spiegeleinkauf sicher zu sein, daß der Spiegel aus einem die farbigen Lichter rein zurückstrahlenden Glase bestehe, stellt man sich mit einem weißen Tuch in der Hand davor. Erscheint das Tuch, im Spiegel gesehen, eben so weiß, wie außerhalb, so ist der Spiegel gut.

Nicht immer ist das Glas von der Art, daß es allen Einflüssen widersteht. So giebt es Fensterglas, daß durch die Sonneneinwirkung trübe oder undurchsichtig wird und ein mannigfaltiges Farbenspiel zeigt. Der Grund liegt darin, daß die Oberfläche des Glases verwittert und sich in kleinen Schuppen ablöst. Durch ein Abschleifen mit Bimsstein kann man solche farbig und blind gewordenen Fensterscheiben völlig wieder herstellen.

Ein denkender Glasmacher kann mit Hülfe der Chemie und Physik noch manche Verbesserungen in seiner Kunst einführen. So hat man beobachtet, daß geschmolzenes Glas, wenn es unter einem heftigen Druck langsam erkaltet, eine höchst glänzende, metallartige Politur annimmt.

Auch hat unser gewöhnliches Glas noch lange nicht die Geschmeidigkeit, der es durch zweckmäßige Behandlung theilhaftig werden kann. Das gehörige Abkühlen des glühenden Glases ist hier besonders von Einfluß; denn ein schlecht gekühltes Glas ist spröde und verträgt keinen schnellen Wechsel von Hitze und Kälte. Durch folgendes Verfahren kann man ein solches Glas minder spröde machen.

Man packt es, mit Stroh umwickelt, in einen Topf, gießt kaltes Wasser darauf, setzt den Topf ans Feuer, so daß er sich langsam erwärmt und endlich zum Kochen kommt. Dann läßt man das Feuer ausgehen und den Topf eben so langsam erkalten. Auf diese Weise behandelte Flaschen und Gläser erlangen eine solche Zähigkeit, daß sie den Wechsel von eiskaltem und kochendem Wasser aushalten können, ohne zu zerspringen. Es versteht sich, daß sie nicht zu dick von Glas sein müssen.

Auch die Glascylinder zu den Argand'schen Lampen kann man auf dieselbe Weise durch Auskochen so geschmeidigen, daß sie dem Springen minder unterworfen sind. Hier hat aber oft das Zerspringen seinen Grund in der ungleichen Dicke des Glases. Diesem hilft man durch Auskochen nicht ab, wohl aber dadurch, daß man unten mit einem Glaserdemant einen kleinen Einschnitt macht.

Die großen Glasscheiben der Elektrisirmaschinen bekommen nicht selten Sprünge. Man beugt ihrer weitern Verbreitung dadurch vor, daß man da, wo der Sprung aufhört, ein Loch bohrt. Dieß verhindert sein Fortschreiten, und große Glasscheiben können dadurch vor dem gänzlichen Zerspringen gerettet werden.

Auch mit Kalk läßt sich die Kieselerde statt der Potasche zu einem Glase zusammenschmelzen, nur ist in diesem Fall eine länger dauernde und stärkere Hitze nöthig.

Zur feinern und festern Töpferwaare nimmt man Thon mit gepulvertem Feuerstein vermischt. Diese Mischung hat das Eigene, daß, wenn man sie 24 Stunden sich selbst überläßt, sie dadurch für den Töpfer unbrauchbar wird, daß sich die Kieselerde zu Sandkörnchen vereinigt. Man muß also von einer solchen Mischung nicht mehr anfertigen, als man in einem Tage zu verarbeiten im Stande ist.

Mit dem Kalkbrei vermischt, bildet die Kieselerde eine nach dem Trocknen erhartende und mit der Zeit sehr fest werdende Verbindung, den Mörtel. Die Kunst, einen guten Mörtel darzustellen, beruht einestheils auf der Wahl eines guten Sandes, der von einem gleichmäßigen Korn, aber nicht zu feinkörnig sein muß; hauptsächlich aber auf einem gut gebrannten Kalk und auf dessen Löschen mit Wasser. Mit zu viel Wasser gelöscht, ersäuft der Kalk und verliert an Bindekraft. Namentlich muß der zu Wasserbauten mit möglichst wenig Wasser gelöscht und sehr sorgfältig mit dem Sande vermischt werden, in welchem Fall man sich nicht, wie gewöhnlich, der Krücke, sondern der Keule bedienen muß.

Das Verhältniß des Sandes zum Kalk richtet sich nach der Güte beider. Im Allgemeinen kann man auf 1 Theil Kalk 2 Theile Sand dem Raume nach als das beste Verhältniß annehmen.

Die Schlacken aus Glashütten, Schmelzwerken rc., die recht verglast sind, geben, gepulvert mit $\frac{1}{3}$ Kalk, einen sehr schönen Mörtel.

Aus einem Mineral, welches man Lapis Lazuli nennt, und das zum größten Theil aus Kiesel- und Thonerde besteht, wird durch Pulvern und Schlemmen die schöne blaue Farbe, Ultramarin genannt, geschieden. Sie ist sehr kostbar und daher manchen Verfälschungen unterworfen, die der Käufer kennen muß.

Das Ultramarin kann verfälscht sein:

1) mit Bergblau oder kohlensaurem Kupfer. In diesem Fall wird es beim Erhitzen auf einem Platinblech sogleich grünlich und endlich schwarz, indeß reines Ultramarin unverändert bleibt.

2) mit Berlinerblau. Enthält es dieses, so wird es durchs Erhitzen auf dem Platinblech dunkler, nimmt durch Kochen mit Kalilauge ein bräunliche Farbe an, indeß reines Ultramarin von Kalilauge nicht verändert wird.

3) mit Indig. Beim Erhitzen in einer Glasröhre entwickelt sich ein purpurfarbener Dampf, was beim reinen Ultramarin nicht statt findet.

4) mit Schmalte und Kobaltblau. Das ächte Ultramarin wird durch Kochen mit Sal-

petersäure entfärbt, Schmalte und Kobaltblau aber nicht.

Die Kieselerde hat ein Mischungsgewicht = 16. Der Techniker findet jedoch selten Gelegenheit, davon Gebrauch zu machen.

Vom Chrom.

Das Chrom ist ein Metall, welches man erst in neuerer Zeit in solcher Menge aufgefunden hat, daß seine Anwendung in den Künsten möglich geworden ist.

Man bedient sich hier besonders der Verbindungen des Chroms mit dem Sauerstoff, nämlich des grünen Chromoxyds und der Chromsäure, und zwar letzterer in Verbindung mit Kali, die chromsaures Kali heißt.

Das Chrom findet sich vorzugsweise im Chromeisenstein, woraus man durch Glühen mit Salpeter und Potasche das chromsaure Kali und aus diesem das grüne Chromoxyd darstellt. Zur Darstellung des ersteren aus dem gepochten und geschlemmten schlesischen Chromeisenstein ist folgendes Verhältniß das zweckmäßigste.

120 Pfund Chromeisenstein,
40 Pfund Salpeter und
20 Pfund Potasche

werden wohl gemengt und in einmal gebrannten, unglasurten Thontöpfen, die 6—8 Pfund fassen, in einem Flammenofen 16 — 18 Stunden lang gebrannt. Die ersten 4 — 6 Stunden wird gelinde gefeuert. Dann verstärkt man das Feuer bis zum vollkommenen Rothglühen.

Man erhält hier nach gehöriger Abkühlung eine braun

gefärbte Masse, die, mit Wasser übergossen, eine gelbe Auflösung von chromsaurem Kali giebt und nach einem gelinden Abdampfen eben so gefärbte Krystalle liefert, die in den Handel gebracht werden.

Das chromsaure Kali besteht aus

1 M. G. oder 47,2 Pfund Kali und
1 M. G. oder 52 Pfund Chromsäure,

hat also ein M. G. von 99,2 und muß in diesem Verhältniß angewandt werden, wenn man z. B. chromsaure Metallverbindungen durch Vermischung der Auflösung des chromsauren Kali mit den Auflösungen von Metallsalzen darstellen will.

Bis dahin ist es nur eine, die im Großen dargestellt und sehr häufig gebraucht wird, nämlich das chromsaure Bleioxyd, welches unter dem Namen Chromgelb bekannt ist.

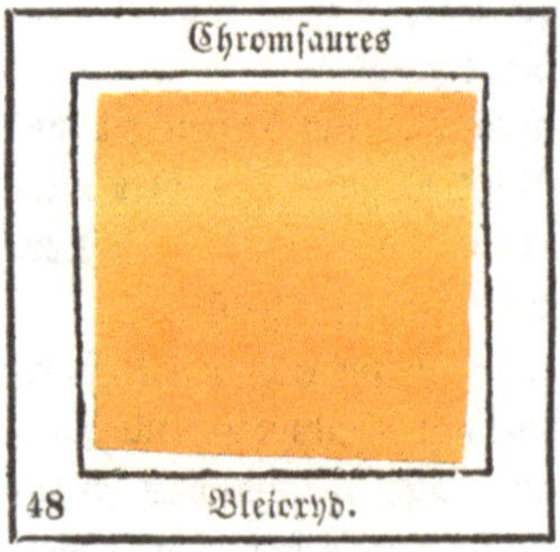

Man stellt diese schöne Farbe dar, indem man eine Auflösung von

166 Pfund salpetersaurem Bleioxyd in
1800 Pfund Wasser

mit einer Auflösung von

99 Pfund chromsaurem Kali in
300 Pfund Wasser

auf die S. 250 angegebene Art zusammen mischt. Die Chromsäure fällt mit dem Bleioxyd als Chromgelb zu Boden, indeß die Salpetersäure in Verbindung mit dem Kali in der Auflösung bleibt. Man kann sich statt des salpetersauren Bleies auch des essigsauren (des Bleizuckers) bedienen, in welchem Fall aber 190 Pfund auf 99 Pfund chromsaures Kali genommen werden müssen. Wünscht man der Farbe einen Stich ins Röthliche zu geben, so setzt man der Auflösung des chromsauren Kali, bevor man sie zum Niederschlagen anwendet, etwas klare Aetzkalilauge zu. Das Auswaschen des chromgelben Niederschlags muß mit reinem Wasser geschehen.

Vermischt man die Auflösung von 2 M. G. chromsaurem Kali mit 1 M. G. Salpetersäure, so geht die Farbe aus dem Gelben ins Orange über, und nach einiger Zeit scheiden sich eben so gefärbte Krystalle ab, die ein saures chromsaures Kali sind, indem es noch einmal so viel Chromsäure enthält, als das gelbe Salz; es besteht nämlich aus

1 M. G. oder 47,2 Pfund Kali und
2 M. G. oder 104 Pfund Chromsäure,

hat also ein M. G. von 151,2.

Dieses Salz, welches im Gegensatz zu dem gelben chromsauren Kali rothes chromsaures Kali genannt wird, wird jetzt häufig gebraucht und seine Anwendung ist vortheilhaft, weil 1 M. G. oder 151 Pfund desselben eben so viel zu leisten im Stande sind, als 2 M. G. oder 198 Pfund gelbes chromsaures Kali. Denn in beiden Salzen wirkt nur die Chromsäure, die, wie das Obige lehrt, im rothen chromsauren Kali in einem viel größern Verhältniß vorhanden ist. Auch ist dieß Salz weniger Verfälschungen ausgesetzt. Wenn demnach 151 Pfund rothes chromsaures Kali nicht mehr kosten als 198 Pfund gelbes chromsaures Kali, so ist es vortheilhafter, das rothe anzuwenden.

Wenn man ein Gemisch aus

4 Pfund rothem chromsaurem Kali,
4 Pfund Salmiak und
3 Pfund kohlensaurem Kali

in einem Schmelztiegel glüht, so erhält man eine grüne Masse, die aus grünem Chromoxyd und Chlorkalium besteht. Entfernt man letzteres durch Aufweichen der Mass in Wasser und gehöriges Auswaschen, so erhält man das grüne Chromoxyd.

Grünes

49 Chromoxyd.

Es dient besonders zur Porzellanmalerei und hat viele Vorzüge vor dem früher zu demselben Zwecke angewandten Kupfergrün. Das grüne Chromoxyd läßt sich nämlich mit allen übrigen Mineralfarben mischen. Es verändert sich, aufs Porzellan aufgetragen, nicht im Feuer, was mit dem Kupfergrün sehr oft der Fall ist, indem es leicht schwarz aus dem Ofen kommt.

Das grüne Chromoxyd löst sich in Säuren auf und bildet damit dunkelgrün gefärbte Salze. Es ist mir nicht gelungen, diese ächte grüne Farbe auf Kattun und Leinwand so zu befestigen, daß sie sich nicht herunter waschen läßt und mit der Tiefe erscheint, wie Nr. 49.

Vom Mangan.

Dieses Metall verdient hier nur in so fern erwähnt zu werden, als es in Verbindung mit Sauerstoff den bekannten

Braunstein darstellt, der in der Natur sehr häufig vorkommt. Dieser Braunstein ist ein Zweifach-Sauerstoffmangan, wie sich schon aus seinem Verhalten zur Schwefelsäure ergiebt.

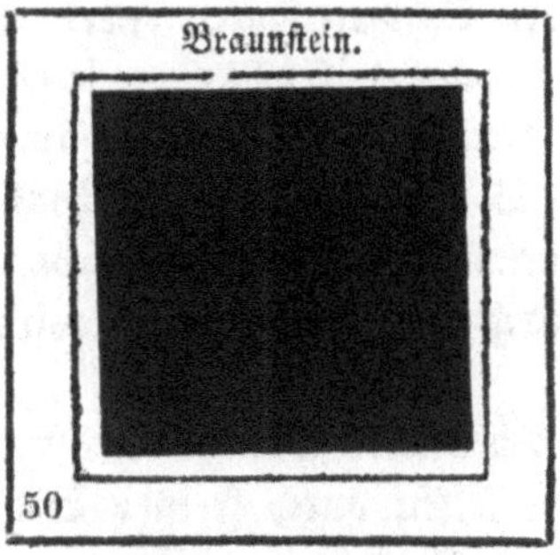

Wenn man

44½ Pfund reinen Braunstein mit
49 Pfund Schwefels. von 1,850 Eigenschwere

erhitzt, so entwickeln sich

8 Pfund Sauerstoffgas, und
36½ Pfund Manganoxydul

bleiben in Verbindung mit der Schwefelsäure zurück. Hieraus folgt, daß der Braunstein aus

36,5 Manganoxydul und
8 Sauerstoff besteht, was
die Zahl 44,5

als M. G. für den Braunstein giebt.

Das Manganoxydul ist eine Verbindung von

1 M. G. oder 28,5 Pfund Mangan und
1 M. G. oder 8 Pfund Sauerstoff,

so daß also im Braunstein auf 1 M. G. Mangan (=28,5) 2 M. G. (= 16) Sauerstoff kommen.

Dieser Sauerstoffgehalt des Braunsteins und der Umstand, daß er 1 M. G. desselben durch die Behandlung mit Säuren fahren läßt, indem er sich in Manganoxydul verwandelt, machen ihn, besonders für die Chlorbereitung, zu einem sehr wichtigen Körper.

Bringt man Braunstein mit Salzsäure, unter Erwärmung, in Berührung, so wird zwar auch Sauerstoff abgeschieden, wie bei Anwendung der Schwefelsäure, aber er entwickelt sich nicht, sondern es erscheint Chlor an seiner Statt. Dieß hat seinen Grund darin, daß die Salzsäure ein Chlorwasserstoff (vergl. S. 150) ist, dessen Wasserstoff, in Berührung mit Sauerstoff, sich zu Wasser verbindet, so daß das Chlor dadurch in Freiheit gesetzt wird und sich entwickelt.

Da der Chlorfabrikant eine bedeutende Menge Braunstein verbraucht, und dieser nicht selten durch fremde Beimischungen verunreinigt ist, so wird die Angabe einer Braunsteinprobe hier am rechten Orte sein.

Eine solche Probe beruht auf der verschiedenen Menge Chlor, welche verschiedene Sorten Braunstein mit gleichen Mengen Salzsäure zu entwickeln im Stande sind. Man erwärmt sehr fein gepulverten Braunstein und Salzsäure in dem eben angegebenen Verhältniß von 1 M. G. zu 2 M. G. in einer Gasentbindungsflasche so lange, als sich noch Chlor entwickelt, und läßt das Chlor durch heißes Wasser hindurch in eine kalte Flüssigkeit treten, welche auf

380 Pfund Wasser
28 Pfund Kalk

enthält. Das Chlor löst den Kalk auf und es entsteht flüssiger Chlorkalk.

War des Braunstein rein, so wird man finden, daß mit der letzten Gasblase der Chlors auch das letzte Theilchen Kalk in der Flüssigkeit verschwunden und diese ganz klar geworden sein wird. Dieß ist jedoch niemals der Fall, weil der käufliche Braunstein immer fremde Beimischungen bei sich führt. Die Menge dieser ist um so größer, je weniger Chlor er mit Salzsäure zu entwickeln im Stande ist, was man aus der Menge des unaufgelöst gebliebenen Kalkes abschätzen kann.

Es versteht sich von selbst, daß man sich zu dieser

Probe eines gut gebrannten Kalks bediene, von dessen Reinheit oder Kalkgehalt man sich durch die Kalkprobe überzeugt hat.

Noch ist zu bemerken, daß ein guter Braunstein, mit starkem Essig übergossen, nicht aufbrausen darf. Geschieht es, so enthält er kohlensauren Kalk, der durch die Menge Säure, die er aufnimmt, nachtheilig bei der Chlorbereitung wirkt.

Das eben Angeführte soll hauptsächlich nur zum Verständniß dienen, worauf es bei einer Braunsteinprobe eigentlich ankommt, die, wollte man sie nach der obigen Vorschrift wirkich ausführen, schon viel Umsicht, Zeit und zweckmäßige Apparate erfordert, die nicht Jedermann zu Gebote stehen. Besonders zeitraubend und umständlich ist es, die Menge des vom Chlor nicht aufgelösten Kalkrückstandes zu bestimmen, weil er breiartig ist, also erst auf einem Filter ausgewaschen und getrocknet werden muß, ehe man ihn wägen kann. Könnte man also, anstatt des Kalks, einen andern und zwar fest zusammenhängenden Körper anwenden, auf den das Chlor, welches sich aus dem Braunstein mit Hülfe von Salzsäure entwickelt, leicht auflösend wirkt, so würde man eine leicht ausführbare Braunsteinprobe erhalten. Dieß wird durch die Anwendung des Kupfers möglich, das schon in der Kälte sich sehr leicht und rasch mit dem Chlor verbindet. Wenn man demnach

44½ Gran Braunsteinpulver und
200 Gran dünnes Kupferblech in einer Glasretorte mit
400 Gran Salzs. von 1,120 Eigenschwere

übergießt und fleißig schüttelt, so wird das sich bildende Chlor sogleich vom Kupfer aufgenommen unter Bildung von Chlorkupfer, wodurch eine dunkelgrüne Flüssigkeit entsteht. Wenn diese Veränderung eingetreten ist, setzt man die Retorte aufrecht in ein Sandbad und kocht so lange, bis die dunkle Farbe der Flüssigkeit hell und klar wird und sich nicht mehr ändert. Nun läßt man es erkalten, wäscht das Kupfer ab, trocknet und wägt es. Der Verlust, den das Kupfer erlitten, zeigt die Menge Chlor an, die der Braunstein entwickelt hat, und folglich auch seinen Werth für den Chlorfabrikanten. Gesetzt, das der Prüfung unterworfene Mineral wäre chemisch rein gewesen, so würden die zum Versuch verwandten

44½ Gran Braunstein einen Verlust von
64 Gran Kupfer bewirkt haben, wodurch das Entstehen von
36 Gran Chlor

bedingt gewesen wäre. Es folgt demnach hieraus, daß sich die Berechnung über den Werth des Braunsteins, nach angestelltem Versuch, darauf gründen müsse, daß

64 Gran Kupferverlust
44½ Gran chemisch reinem Braunstein

entsprechend sind, daher man beim Einkauf dieses Minerals am besten thut, den Kaufvertrag so abzuschließen, daß der Kaufmann nur die wirklich darin enthaltenen Braunstein-Procente bezahlt erhält.

Nach der S. 134 gegebenen Chlorkalkprobe bewirken Eisenoxyd und Anderthalb-Chloreisen, ebenso wie der Braunstein, ein Auflösen des Kupfers in Salzsäure. Wenn also der Braunstein viel Eisenoxyd enthält, so muß die Menge desselben durch einen zweiten Versuch bestimmt und von dem im ersten Versuch ermittelten Braunsteingehalt in Abzug gebracht werden. Man muß demnach noch einmal 44½ Gran desselben Braunsteins mit ebenso viel Salzsäure und Kupfer behandeln, nur mit dem Unterschiede, daß man gleich von vorn herein Hitze anwendet und das Kupfer erst dann mit der Salzsäure und dem Braunstein in Berührung bringt, wenn die Wechselwirkung zwischen beiden aufgehört hat. Es kommt hier nämlich darauf an, die kupferauflösende

Wirkung, welche vom Braunstein herrührt, zu beseitigen, und die allein zu haben, die das Eisenoxyd bedingt. Dieß bewirkt man durch Erhitzen des zu prüfenden Braunsteins mit Salzsäure vor dem Kupferzusatz. Dadurch wird alles Zweifach-Sauerstoffmangan, unter Chlorentwickelung, in Einfach-Chlormangan verwandelt, welches nicht mehr auf Kupfer wirkt. Wird daher nun dieses der Flüssigkeit zugesetzt und gekocht, so löst sich eine dem vorhandenen Eisenoxyd entsprechende Menge Kupfer auf, und es müssen für jede

64 Gran Kupferverlust
78 Gran Eisenoxyd

berechnet und von der Menge reinen Braunsteins in Abzug gebracht werden, welche das Ergebniß des ersten Versuchs war.

Dem Glas und den Glasuren ertheilt der Braunstein eine violette Farbe. Schmelzt man

1 Loth Braunstein,
8 Loth Glaspulver und
2 Loth Soda

in einem hessischen Tiegel zusammen, gießt die Masse ins Wasser und pulvert sie, so erhält man eine Amethystfarbe für Porzellan.

Der Sauerstoffgehalt des Braunsteins ist die Veranlassung zu dem Vorschlag gewesen, ihn anderen Metallen bei der Auflösung in Säuren zuzusetzen, um dieselbe zu befördern, z. B. bei der Bereitung des Zinnsalzes. Dieser Zusatz ist aber sehr schädlich, weil das Zinnsalz mit Mangansalz verunreinigt wird und schmutzige Farben liefert.

Vom Arsenik.

Das bekannte Gift Arsenicum oder weißer Arsenik ist ein mit Sauerstoff verbundenes Arsenikmetall und heißt daher auch weißes Arsenikoxyd.

Es löst sich in Wasser nur in sehr geringer Menge und schwierig auf, dagegen in Kalilauge sehr leicht und reichlich, indem es das Kali wie eine Säure sättigt. Aus diesem Grunde nennt man dasselbe auch unvollkommene Arseniksäure oder arsenige Säure, und daher die Verbindung mit Kali arsenigsaures Kali.

Das arsenigsaure Kali wird besonders in Kattunfabriken gebraucht, um auf dem Kattun ein ächtes Kupfergrün (arsenigsaures Kupferoxyd) hervorzubringen. Es wird eine Auflösung von Kupferammoniak, mit Gummi verdickt, aufgedruckt und der Kattun nach dem Trocknen durch eine lauwarme Auflösung von arsenigsaurem Kali genommen, wodurch dann arsenigsaures Kupferoxyd auf dem Kattun gebildet wird.

Arsenigsaures

51 Kupferoxyd.

Nur in der Hand eines gewissenhaften und umsichtigen Fabrikanten wird diese Verfahrungsart zu einer unschädlichen. Denn das arsenigsaure Kali ist ein sehr heftig wirkendes Gift, das den Kattun, welcher vollständig damit getränkt und nicht sehr sorgfältig wieder ausgewaschen wurde, für alle die, welche ihn tragen, vergiftet.

Das arsenigsaure Kupferoxyd macht auch einen Hauptbestandtheil des Schweinfurter-, Wiener- und des Mineralgrüns aus, daher beim Umgang mit diesen Farben Vorsicht nöthig ist. Besonders gerathen Arbeiter in Gefahr, welche Stubenwände abkratzen und reinigen müssen, die mit diesen Farben bemalt sind. Der trockne Staub vergiftet sie langsam. Solche Wände dürfen daher nur unter gehöriger Anfeuchtung abgekratzt werden. Auch ist hier das S. 153 angegebene Verfahren, zur Reinigung von Mauerwerk die Salzsäure anzuwenden, zu empfehlen.

Es giebt noch eine Menge Zusammensetzungen, die durch ihren Gehalt an Arsenik schädlich werden können, besonders wenn man sie dazu anwendet, Pelzwerk, Tuche ꝛc. vor Motten zu bewahren. Hieher gehört besonders die vielfach angepriesene sogenannte Becoeur'sche Arsenikseife, aus

20 Pfund Seife,
20 Pfund arseniger Säure,
7 Pfund kohlensaurem Kali,
3 Pfund Kampher und
2 Pfund Kalk

bestehend, die dazu dienen soll, ausgestopfte Thiere in den Museen vor den Insekten zu bewahren. Diesem Zweck entspricht diese Seife nun zwar vollkommen, indem sie ein arsenikhaltiges Gas aushaucht, was die Insekten tödtet, aber sie ist auch den Menschen äußerst schädlich. Grund genug, sie nicht anzuwenden.

Durch folgende Mischung erreicht man dasselbe, ohne sich der Gefahr einer Vergiftung auszusetzen.

Man bereitet eine Seife aus Kalilauge und Fischthran, setzt Kampher und Moschus zu und bestreicht damit die Felle. Papier, mit dieser Seife getränkt und zwischen Pelzwerk gelegt, schützt vollkommen vor Motten.

Es kommt im Handel ein weißer Arsenik vor, welcher schon gemahlen ist, was seine Anwendung sehr erleichter, da das Pulvern in einem Mörser, wegen des giftigen Staubes, gefährlich ist. Beim Ankauf eines solchen gemahlenen Arseniks hat man darauf zu sehen, daß er nicht mit Gyps und Schwerspath verfälscht sei. Hievon versichert man sich, wenn man einen kleinen Theil mit erwärmter Aetzkalilauge in Berührung bringt. Löst er sich vollkommen darin auf, so ist der Arsenik als rein zu betrachten. Das unaufgelöst Zurückbleibende ist dagegen fremde Beimischung.

In England bedient man sich des weißen Arseniks zum Härten des Stahls. Man kocht

2 Pfund Hammelfett,
2 Pfund Schweinefett und
4 Loth weißen Arsenik

bis zur Verdampfung aller Feuchtigkeit. Zum Gebrauch wird die Mischung geschmolzen und, wie das Wasser, zum Ablöschen des Stahls gebraucht. Es dringt hiebei etwas Arsenik in den Stahl und bringt eine sehr große Härte hervor.

Bei der Anwendung dieses Gemisches hat man sich sehr vor den aufsteigenden Dämpfen zu hüten, die arsenikhaltig, also giftig sind.

Wenn man die arsenige Säure mit Königswasser erhitzt, so verwandelt sie sich durch Aufnahme von Sauerstoff in Arseniksäure, eine farblose, leicht in Wasser auflösliche, sehr giftige Säure Sie wird nur in den Kattunfabriken, in Verbindung mit Kali (arseniksaures Kali), zum sogenannten Weißpapp gebraucht, kann aber vollständig durch das minder schädliche Chlorzink ersetzt werden.

Mit dem Schwefel verbindet sich das Arsenikmetall in verschiedenen Verhältnissen. Zwei dieser Verbindungen kommen im Handel vor, sie heißen rother Schwefelarsenik oder Realgar und gelber Schwefelarsenik oder Operment. Sie dienen unter dem Namen Königsgelb 2c., wegen ihrer Schönheit und Haltbarkeit, vorzüglich als Malerfarbe, sind aber giftig und darum mit Vorsicht anzuwenden (vergl. S. 67 Nr. 18 und S. 112 Nr. 32).

Der rothe wie der gelbe Schwefelarsenik löst sich leicht in Ammoniak auf. Taucht man in diese Auflösung ein Stück Kattun, so erscheint es nach dem Trocknen und Verdunsten des Ammoniaks mit oranger oder gelber Farbe, die gegen Luft und Licht sehr ächt ist. Da aber der Kattun mit einer solchen Farbe buchstäblich vergiftet wird, so kann nur ein sehr unwissender oder gewissenloser Färber sich derselben zum Färben bedienen.

Ganz dasselbe gilt von folgender Zusammensetzung, welche sogar ohne Weiteres in mehreren deutschen Handbüchern der Chemie empfohlen wird. Es werden

1 Pfund Schwefel,
2 Pfund weißer Arsenik und
5 Pfund Potasche

in einem Tiegel roth geglüht, dann in Wasser gelöst, filtrirt und mit Schwefelsäure gefällt. Der gelbe Niederschlag löst sich in Ammoniak auf und diese Auflösung wird zur Färbung vorgeschlagen.

Ein Schießpulver, welches statt der Kohle rothen Schwefelarsenik enthält, brennt mit der hellsten kaum zu ertragenden Flamme. Es dient daher zu Signalen. Als man eine hölzerne Büchse (von 10 Zoll Durchmesser und 4 Zoll Höhe) mit einem Gemisch aus

20 Loth rothem Arsenik,
240 Loth Salpeter und
70 Loth Schwefelblumen

gefüllt und angezündet hatte, war das Licht bei neblig trübem Wetter mit bloßen Augen noch auf 10 Meilen weit zu sehen.

Da Schwefel und Arsenik so häufig zusammen vorkommen, so ist nicht selten der Schwefel arsenikhaltig. Um hierüber Gewißheit zu erhalten, erhitzt man den Schwefel, wohl gepulvert, mit Salzsäure, filtrirt und verdunstet die Masse zur Trockne und zieht sie dann mit Weingeist aus. War Arsenik im Schwefel, so enthält die Auflösung denselben in Verbindung mit Salzsäure. Aus der wässerigen Auflösung schlägt dann Zink den Arsenik in dunkelfarbigen Metallschuppen nieder, die, auf glühende Kohlen gestreut, nach Knoblauch riechen.

Läßt man in eine solche arsenikhaltige Salzsäure Schwefelwasserstoffgas strömen, so entsteht der gelbe Niederschlag vom Schwefelarsenik, S. 112 Nr. 32.

Vom Antimon.

Das Antimon oder Spießglanz ist, in Verbindung mit Schwefel, in dem Grauspießglanzerz enthalten. Dieses giebt nämlich durch Ausschmelzen das graue Schwefelantimon (antimonium crudum), woraus durch Abscheiden des Schwefels das Antimon erhalten wird.

Graues

52 Schwefelantimon.

Mischt man

10 Pfund Schwefelantimon,
6 Pfund Hammerschlag,
4 Pfund kohlensaures Kali,
1 Pfund Kohle

und schmelzt diese Masse mit der gehörigen Vorsicht (weil sie stark schäumt), so erhält man 7 Pfund Antimon.

Das Antimon wird mehr in der Medicin als in der Technik gebraucht. Der bekannte Brechweinstein, welcher eine Auflösung von Antimonoxyd in Weinstein ist, verdankt dem Antimon seine brechenerregende Wirkung. Man muß also mit dem Zusatz des Antimons zu Metallmischungen, welche zu Gefäßen für den Hausbedarf bestimmt sind, vorsichtig sein, sonst erhalten namentlich saure Speisen und Getränke von dem Antimon schädliche Eigenschaften.

Das Antimon besitzt die für die Buchdruckerkunst so wichtige Eigenschaft, dem Blei eine solche Härte zu ertheilen, daß es zum Schriftgießen tauglich wird. Man mischt beide in dem Verhältniß von 1 Antimon zu 8 bis 16 Blei.

Der Schriftgießer hat aber vorzüglich darauf zu sehen, daß er ein Antimon anwende, welches frei von Arsenik ist. Denn Lettern, welche mit einem arsenikhaltigen Antimon dargestellt sind, verbreiten durch das häufige Reiben eine Atmosphäre von giftigem Staube, welches den Setzern Coliken und Augenkrankheiten zuzieht.

In Säuren löst sich das Antimon nur schwierig auf; daher es denn auch nur wenig solche Salze bildet, wie die anderen Metalle.

Mit dem Chlor bildet das Antimon eine dicke Flüssigkeit, welche unter dem Namen Spießglanzbutter bekannt ist. Man stellt sie dar, indem man

3 Pfund Schwefelantimon,
4 Pfund Kochsalz und
4 Pfund gebrannten Eisenvitriol

in einer Retorte destillirt. Das Chlorantimon oder die Spießglanzbutter geht in die Vorlage über.

Sie wird schon durch bloßes Vermischen mit Wasser

zersetzt, indem das Antimon sich in Verbindung mit Sauerstoff und Chlor als ein weißes Pulver niederschlägt, welches *Algarothpulver* genannt wird. Es ist dieß eine Verbindung von Sauerstoffantimon und Chlorantimon. Durchs Erhitzen geht das Chlorantimon fort und das Sauerstoffantimon oder *Antimonoxyd* bleibt zurück.

Bewirkt man die Zerlegung des Chlorantimons, anstatt mit Wasser, mit Schwefelwasserstoffgas, indem man dieß in die etwas verdünnte Auflösung hineinströmen läßt, so fällt, anstatt des Sauerstoff- und Chlorantimons, *Schwefelantimon* durch Austausch der Bestandtheile nieder: das Chlor des Chlorantimons bildet mit dem Wasserstoff des Schwefelwasserstoffs Salzsäure und das Antimon des Chlorantimons geht mit dem Schwefel des Schwefelwasserstoffs in Verbindung.

Bringt man die Spießglanzbutter mit Eisen in Berührung, so scheidet sich das Antimon als ein *schwarzbraunes Pulver* ab. Hierauf beruht das Bräunen der Flintenläufe, indem man die Spießglanzbutter mit einem Pinsel aufträgt. Da das Eisen in demselben Augenblick, wo es mit der Flüssigkeit in Berührung kommt, das Antimon als schwarzes Pulver abscheidet, so wird zum Aufstreichen eine geübte Hand erfordert, damit die Bräunung des Flintenlaufs gleichförmig erfolge.

Vom Wismuth.

Dieses Metall ist, wie alle vorhergehenden, für den Techniker von nicht großer Bedeutung, da weder seine Eigenschaften noch sein Vorkommen eine umfassende Anwendung zulassen.

Das im Handel vorkommende Wismuth ist nicht selten mit Arsenik und anderen Metallen verunreinigt. Um es davon zu befreien, muß es in Salpetersäure aufgelöst und die klar abgegossene Auflösung mit 20 mal so viel Wasser vermischt werden. Man erhält in diesem Fall ein weißes Pulver, welches nach dem Auswaschen und Trocknen durch gelindes Glühen in einem Kohlentiegel wieder zu metallischem Wismuth hergestellt wird.

Wenn sich Wismuth in Salpetersäure auflöst, so geschieht es unter Entwickelung von rothen, salpetrigsauren Dämpfen; ein Beweis, daß das Wismuth einem Theil der Salpetersäure Sauerstoff entzieht, sich in Sauerstoffwismuth oder Wismuthoxyd verwandelt, welches sich dann in einem anderen Theil noch unzersetzter Salpetersäure zu salpetersaurem Wismuth auflöst. Jenes eben erwähnte Pulver ist demnach ein Wismuthoxyd, welches schon durch bloßen Wasserzusatz aus der salpetersauren Auflösung abgeschieden werden kann.

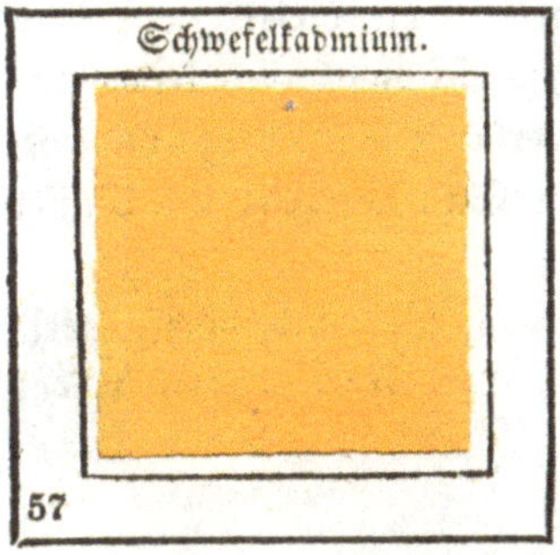

Dieses durch Wasser niedergeschlagene Wismuthoxyd enthält noch etwas Salpetersäure fest verbunden und besitzt eine blendend weiße Farbe, wie Nr. 55 beweist. Es wird als solche sehr geschätzt und gebraucht und hat im Handel den Namen Wismuthweiß oder spanisch Weiß.

Das Wismuthweiß wird immer erhalten, wenn man salpetersaure Wismuthauflösung und Wasser mischt; allein es ist nicht gleichgültig, ob man dieses in jene oder jene in dieses schüttet. Man erhält es nämlich nur dann recht weiß, leicht und locker, wenn man die Wismuthauflösung nach und nach (in einem dünnen Strahl) in umgerührtes Wasser gießt, nicht aber dieses in jene.

Wenn man Wismuthpulver mit trocknem Chlor in Berührung bringt, so entzündet es sich mit blaßblauem Lichte. Das Chlor verschwindet und es hinterbleibt eine bräunlich weiße, sehr leicht schmelzbare Masse, nämlich Chlorwismuth, das auf

1 M. G. oder 36 Pfund Chlor
71 Pfund Wismuth

enthält, woraus folgt, daß das M. G. des Wismuths = 71 ist.

Man findet selten Gelegenheit, von dieser Zahl Gebrauch zu machen, weil die meisten Wismuthsalze keine Anwendung finden und das salpetersaure Wismuth nur bei einem sehr großen Ueberschuß von Salpetersäure im Wasser auflöslich ist.

Mit Zinn und Blei giebt das Wismuth höchst merkwürdige Verbindungen, die sehr der Aufmerksamkeit des Künstlers werth sind.

Schmelzt man

1 M. G. oder 71 Loth Wismuth und
1 M. G. oder 104 Loth Blei

zusammen, so erhält man ein Gemisch, welches erst bei 130° R. flüssig wird. Schmelzt man ferner

1 M.G. oder 71 Loth Wismuth und
1 M.G. oder 59 Loth Zinn

zusammen, so erhält man ein Gemisch, welches bei 108° R. flüssig wird. Schmelzt man dagegen beide Gemische oder

2 M.G. oder 142 Loth Wismuth,
1 M.G. oder 104 Loth Blei und
1 M.G. oder 59 Loth Zinn

zusammen, so erhält man ein Gemisch, welches nicht, wie es eigentlich sein sollte, bei 119° R., sondern bei 79° R. flüssig wird, also noch einen Grad weniger braucht, als bei welchem Wasser zum Kochen kommt!

Man nennt dieses Gemisch das leichtflüssige Metall. Je nachdem man das Verhältniß von Zinn und Blei zum Wismuth verändert, erhält man Gemische, welche schwerer schmelzbar sind, als das angegebene, und man hat es in seiner Gewalt, ganze Reihen darzustellen, die nach dem verschiedenen Grad der Schmelzbarkeit auf einander folgen. Man hat dergleichen wirklich gemacht und mit großem Nutzen als Sicherheitsventile bei Dampfkesseln benutzt.

Die gewöhnlichen Ventile gewähren nämlich, wegen folgenden merkwürdigen Verhaltens des Wassers in der Weißglühhitze, nicht immer vollkommene Sicherheit.

Läßt man Wasser tropfenweise in einen weißglühenden Platintiegel fallen, so kann man ihn füllen, ohne daß das Wasser schnell verdampft, was dagegen in einem minder heißen Tiegel geschieht. Das Wasser ist unter jenen Umständen bald ruhig, bald nimmt es eine drehende Bewegung an, aber niemals nimmt man Dämpfe wahr. Entfernt man nun den Tiegel vom Feuer, so geräth das Wasser, sobald der Tiegel bis zum Dunkelrothglühen abgekühlt ist, plötzlich in heftiges Kochen und verwandelt sich gänzlich in Dampf.

Da nun also Wasser in so starker Hitze aufhört, Dampf zu geben, so wird, wenn bei einem Dampfkessel durch zu starkes Heizen dieser Fall einmal eintritt, die Sicherheitsklappe oder das Ventil nicht mehr gehoben werden und der Kessel wird zerspringen, sobald die Hitze wieder etwas nachläßt, weil sich nun eine so große Menge Dampf auf einmal entwickelt, daß die Oeffnung des Ventils zu klein ist. Hier ist es nun, wo man die sehr zweckmäßige Anwendung der leicht schmelzbaren Metallgemische gemacht hat.

Diese Metallgemische werden in offene, kreisförmige Gehäuse, welche am Dampfkessel angebracht und nach innen mit 2—3 Schraubengängen versehen sind, gegossen. Sie bewirken durch ihr früheres Schmelzen, daß der Kessel nie jene Hitze erreichen kann, wobei das Wasser nicht mehr verdampft. Man setze z. B. die Hitze, zu welcher man den Dampf im Kessel bringen will, = 110° R., so füllt man ein größeres und ein kleineres Gehäuse am Kessel mit zwei verschiedenen Gemischen aus, nämlich das kleinere mit einem, welches bei 120° R., das größere mit einem, welches bei 130° R. schmilzt, damit der Dampf schneller und häufiger entweichen kann, wenn die Oeffnung im kleineren Gehäuse (nachdem das Metall herausgeschmolzen) nicht zureichen sollte.

Man hat jedoch gefunden, daß das kleinere Gehäuse immer hinreichte, denn, wenn das darin enthaltene Metall geschmolzen war, so konnte man die Hitze im Kessel nie mehr so hoch bringen, daß auch das im größeren Gehäuse enthaltene Metall geschmolzen wäre.

Das leichtflüssige Metall, nach der Zusammensetzung, wie es oben (S. 343) angegeben, schmilzt, wie bereits gesagt, noch eher, als Wasser siedet (bei 79° R.). Wenn man daher eine Stange in siedendes Wasser hält, so zerfließt sie wie Wachs, sammelt sich auf dem Boden des Gefäßes und giebt, nach dem Erkalten zu einer harten Masse, einen genauen Abdruck dieses Bodens mit allen seinen Unebenheiten oder Hervorragungen.

Dieß Verhalten hat man benutzt, um Abgüsse in Holzformen zu machen, da man hier keine Gefahr läuft, diese durch das geschmolzene Metall zu verbrennen.

Sollen diese Abgüsse gelingen, so muß man sich vor Luftblasen hüten, die besonders dann entstehen, wenn das geschmolzene Metall zu heiß in die Form gegossen wird. Man muß daher das Metall, nachdem es geschmolzen ist, so lange stehen lassen, bis es am Raude anfängt zu erharten; dann erst gießt man das noch flüssige in die erwärmte Form.

In Oesterreich soll man sich des leichtflüssigen Metalls statt des Bleies zur Befestigung der Steinmassen bedienen, welche das Gestell der Statuen bilden. Dieß kann nur da von Nutzen sein, wo die Steine den Hitzgrad des geschmolzenen Bleies nicht zu ertragen vermögen, denn das leichtflüssige Metall kommt, wegen des großen Wismuthgehalts, um ein sehr Bedeutendes theurer zu stehen, als das Blei. Eine noch wohlfeilere Befestigungsart ist die mit einem Gemenge von Schwefel und Sand, wie schon S. 68 angegeben ist.

Vom Zink.

Dieses allgemein bekannte Metall besitzt eine Menge nützlicher Eigenschaften, wodurch es dem Gewerbsmann und Fabrikanten ungemein wichtig wird.

In einem offenen Tiegel bis zum Sieden erhitzt, entzündet es sich mit blendender, bläulichweißer Flamme und verbrennt zu schönen, weißen Flocken, die sich theils in die Luft erheben, theils im Tiegel zurück bleiben. Man nennt sie Zinkblumen. Sie sind ein mit Sauerstoff verbundenes Zink, also ein Zinkoxyd.

Genauen Versuchen zufolge bestehen 40 Pfund eines solchen Zinkoxyds aus

8 Pfund Sauerstoff und
32 Pfund Zink,

woraus folgt, daß die Zahl 32 das Mischungsgewicht des Zinks ist.

Auch durch das Verhalten des Zinks zu den Säuren wird dieses M. G. bestätigt. Wenn man z. B.

32 Loth reines Zink mit
49 Loth Schwefels. von 1,850 Eigenschwere und
300 Loth Wasser

in einem hinlänglich großen Gefäße zusammen bringt, so verschwindet unter heftigem Aufbrausen alles Zink und alle Schwefelsäure verliert ihren sauren Geschmack; es entsteht nämlich ein schwefelsaures Zinkoxyd, worin die 32 Loth Zink durch die Schwefelsäure aufgelöst und die 49 Loth Schwefelsäure durch Zink vollkommen gesättigt worden sind. Da nun 49 das M. G. der Schwefelsäure von 1,850 Eigenschwere ist (vergl. S. 93), so folgt, das 32 das M. G. des Zinks ist, denn gerade so viel wird erfordert, um 1 M. G. Schwefelsäure zu sättigen.

Die Luftblasen, welche beim Auflösen des Zinks in wässeriger Schwefelsäure unter der Form eines heftigen Aufbrausens aufsteigen, sind Wasserstoffgas, das von der

Zersetzung des Wassers herrührt, welche das Zink in Berührung mit Schwefelsäure bewirkt.

Das Zink an und für sich kann sich nämlich nicht in Schwefelsäure auflösen, es muß sich zuvor in Sauerstoffzink oder Zinkoxyd verwandeln. Hiezu gebraucht es Sauerstoff. Der Schwefel hält seinen Sauerstoff in der Schwefelsäure zu fest, als daß das Zink im Stande wäre, ihm denselben zu entziehen. Leichter giebt ihn dagegen das Wasser her, wenn Zink und Schwefelsäure zugleich darauf einwirken. Das Wasserstoffgas hat also seinen Ursprung aus dem zersetzten Wasser, dessen Sauerstoff mit dem Zink Zinkoxyd bildet, welches sich in der Schwefelsäure auflöst. Da

1 M. G. oder 32 Loth Zink nur
1 M. G. oder 8 Loth Sauerstoff

beim Verbrennen aufnimmt (S. 346), um weißes Zinkoxyd zu bilden, so wird es auch bei der Zersetzung des Wassers im vorliegenden Fall nur 1 M. G. oder 9 Loth Wasser zersetzen und sich dessen Sauerstoff aneignen, indeß 1 M. G. oder 1 Loth Wasserstoffgas sich entwickelt. Man überzeugt sich hievon, wenn man das nach obiger Angabe erhaltene schwefelsaure Zinkoxyd mit 1 M. G. kohlensaurer Kalilauge (vergl. S. 244) vermischt, den weißen Niederschlag gut auswäscht, trocknet und glüht. Man wird, wenn nichts verloren ging, 40 Loth Zinkoxyd erhalten, also gerade 8 Loth mehr, als das zum Auflösen angewandte Zink betrug. Dieser Ueberschuß von 8 Loth kommt auf Rechnung des mit dem Zink verbundenen Sauerstoffs.

Gegen Salzsäure verhält sich das Zink nicht ganz so wie gegen Schwefelsäure. Es entwickelt sich zwar ebenfalls Wasserstoffgas, indem das Zink sich auflöst, allein dieses Gas kommt nicht vom Wasser, sondern von der Salzsäure her, die durchs Zink in ihre beiden Bestandtheile: Wasserstoff und Chlor, zerlegt wird, indem das Zink sich mit dem

Chlor zu Chlorzink vereinigt und in der Flüssigkeit aufgelöst bleibt.

Ein Anderes ist es aber mit der Salpetersäure. Das Zink zersetzt diese Säure und entzieht ihr den Sauerstoff; daher entwickeln sich bei Berührung beider rothe Dämpfe von salpetriger Säure. Bei einer Bereitung des salpetersauren Zinkoxyds im Großen muß daher, um den großen Verlust an Säure zu vermeiden, wie bei der Bereitung des salpetersauren Bleies verfahren werden (vergl. S. 177).

Wenn es nun mit dem M. G. des Zinks = 32 seine Richtigkeit hat, so wird sich dieß auch in dem Verhalten zu anderen Metallen bewähren. Das Zink scheidet nämlich die meisten Metalle aus ihren Auflösungen ab, indem es sich mit den Säuren, welche diese Metalle in Auflösung erhalten, verbindet.

Die Menge des Zinks, welche in diesen Fällen erfordert wird, um eine bestimmte Menge eines anderen Metalls, z. B. des Zinns, Bleies, Silbers rc., aus seiner Auflösung in Säure zu scheiden, richtet sich genau nach den M. G. dieser Metalle.

Da nun das Mischungsgewicht

des Zinns = 59,
des Bleies = 104,
des Silbers = 108,
des Zinks = 32

ist, so gebraucht man nur 32 Loth Zink, um aus

1 M. G. salzsaurem Zinnoxydul 59 Loth Zinn,
1 M. G. salpeters. Bleioxyd 104 Loth Blei,
1 M. G. salpeters. Silberoxyd 108 Loth Silber

abzuscheiden.

Man sieht hieraus, wie wichtig es ist, sich die Verhonnißzahlen der Körper oder ihre M. G. genau zu merken.

Bei Metallauflösungen, die mehr als ein M. G. Säure enthalten, z. B. beim salpetersauren Wismuthoxyd, findet jedoch dieß Zahlenverhältniß des Zinks keine Anwendung. Bestände die salpetersaure Wismuthauflösung aus gleichen M. G. Salpetersäure und Wismuth, so würde 1 M. G. oder 32 Loth Zink hinreichend sein, um 1 M. G. oder 71 Loth Wismuth daraus abzuscheiden. Da sie aber viele freie Salpetersäure enthält, so wird eine entsprechende Menge Zink mehr erfordert, die sich mit dieser freien Salpetersäure verbindet.

Dasselbe findet bei anderen sauren Metallauflösungen statt, wenn man sie mit Zink in Berührung bringt.

Das Zink rostet an der Luft, aber dieser Rost blättert nicht ab, wie beim Eisen, sondern bleibt fest mit der Oberfläche des Metalls verbunden. Der eigne Rostüberzug des Zinks thut also dem ferneren Rosten Einhalt.

Dieß ist Veranlassung zur Anwendung des Zinks zum Dachdecken gewesen. Es ist, so vortheilhaft dieß auch bei der Wohlfeilheit und Haltbarkeit des Zinks sein mag, doch nicht dazu zu rathen, weil das Zink zu leicht schmelzbar und verbrennlich ist, und daher bei Feuersbrünsten die Glut in einem hohen Grade vermehrt.

Sehr zweckmäßig können aber Zinkplatten, wegen ihrer Beständigkeit in freier Luft, zu Schildern an Straßenecken, besonders aber in botanischen Gärten zum Aufmalen der Pflanzennamen benutzt werden. Ein Schild von Eisenblech, es mag nun noch so gut gefirnißt sein, stößt in einigen Jahren durch den sich bildenden Rost die Farbe mit der Schrift ab, so daß die Schilder braun und die Namen unleserlich werden. Zinkschilder thun dieß nicht und verdienen daher den Vorzug vor eisernen.

Wenn man Zink, Zinn, Blei, Kupfer und Silber, ohne daß sie sich unter einander berühren, in verdünnte Salpetersäure bringt, so lösen sie sich darin auf, was aber nicht geschieht, sobald ein jedes dieser Metalle zugleich mit dem Zink in Berührung kommt. In diesem Fall löst sich nur das Zink allein auf und die anderen Metalle bleiben so lange von der Salpetersäure verschont, als noch Zink zum Auflösen für dieselbe vorhanden ist.

Auch bei der Anwendung anderer Säuren, z. B. der Schwefelsäure, Salzsäure rc., äußert das Zink dieselbe schützende Wirkung. Ebenso lösen sich Gold und Platin nicht in Königswasser auf, wenn sie zugleich mit Zink in Berührung sind. Das Zink macht gleichsam die anderen Metalle säurefest oder unangreifbar durch die Säure.

Welchen Vortheil man aus diesem merkwürdigen Verhalten für das gemeine Leben ziehen kann, werden wir gleich sehen.

Der Sauerstoff der Luft ist die Ursache, daß Metalle und Metallgemische, wie Stahl, Zinn, Kupfer, Messing rc., an der Luft ihren Glanz verlieren und anlaufen oder rosten. Sind sie dagegen mit einem Stück Zink in Berührung, so rostet dieß an ihrer Statt und sie bleiben blank. Man kann daher den Messing an Uhren, astronomischen Instrumenten rc. vor dem Rosten schützen, wenn man an irgend eine schickliche Stelle ein Stück Zink löthet. Auch bleiben schneidende Stahlinstrumente vor dem Rosten geschützt, wenn man den Griff derselben von Zink macht, oder sie in Gehäusen von Zink aufbewahrt.

Eben so können mit Kupfer und Blei gedeckte Dächer und mit Kupfer beschlagene Schiffe Jahrhunderte lang unverändert in Luft und Seewasser erhalten werden, wenn man sie an schicklichen Stellen mit Zink in Berührung bringt und Sorge trägt, daß es sogleich durch neues ersetzt werde, wenn es zerfressen oder aufgelöst worden.

Man ist so weit gegangen, von dieser schützenden Kraft des Zinks auch bei kupfernen Kochgeschirren Gebrauch zu machen, aber sehr voreilig, indem hier nur ein Gift durch ein anderes verdrängt wird. Freilich ist es ganz richtig, daß ein kupfernes Kasserol, in welchem sich ein Zinkstreifen angelöthet befindet, den Speisen, selbst sauren, kein Kupfer mittheilt, aber, wohl gemerkt, nur dann, wenn die Speisen zugleich mit dem Zink in genaue Berührung kommen. Ein Zinkstreifen, außerhalb angelöthet, würde ohne alle Wirkung sein. Wo nun aber saure Speisen mit dem Zink in Berührung kommen, da wird dieses aufgelöst und die Speisen werden mit Zink vergiftet. Es kann also von einer Anwendung dieses Schutzmittels in der Küche nicht die Rede sein.

Erhitzt man Zinkfeile mit Schwefel, so verdampft letzterer, ehe die Verbindung eintritt. Enthielt das Zink, welches man anwendete, fremde Metalle, z. B. Eisen, Arsenik ꝛc., so findet man einen Theil Schwefel mit diesen verbunden und als Schlacke zurückbleibend.

Hierauf gründet sich eine Verfahrungsart, das Zink von fremden Metallen zu reinigen. Man rührt unter schmelzendes Zink mittelst eines Holzstabes mit Fett gemengten Schwefel zu wiederholten Malen. Die fremden Metalle scheiden sich in Verbindung mit dem Schwefel ab. Ein so gereinigtes Zink taugt zwar zu vielen Zwecken, aber es hat doch etwas Schwefel aufgenommen, was in manchen Fallen nachtheiliger ist, als die fremden Metalle, welche es enthielt.

In der Natur kommt Schwefelzink vor, man nennt ihn Blende. Er dient zur Darstellung des schwefelsauren Zinkoxyds oder des sogenannten Zinkvitriols. Die Blende wird nämlich geröstet, wodurch der Schwefel zu Schwefelsäure, das Zink zu Zinkoxyd verbrennt, welche beide dann, durch Auslaugen mit Wasser vereinigt, das schwefelsaure Zinkoxyd geben. Außerdem erhält man dieses Salz durch Auflösen von Zink in wässeriger Schwefelsäure und Krystallisiren der durch mäßiges Abdampfen verstärkten Auflösung.

Der im Handel vorkommende Zinkvitriol enthält viel fremde Metalle, besonders Kadmium, Kupfer, Eisen und Mangan. Die beiden ersteren scheidet man dadurch ab, daß man in die Auflösung blanke Zinkstangen stellt oder sie damit erhitzt. Eisen und Mangan werden durch Chlorkalkauflösung niedergeschlagen. Die Krystalle, welche man jetzt nach gehörigem Abdampfen erhält, sind reines schwefelsaures Zink. Das Verhältniß der Bestandtheile ist

1 M. G. oder 40 Pfund Zinkoxyd,
1 M. G. oder 40 Pfund Schwefelsäure und
7 M. G. oder 63 Pfund Wasser, und folglich
die Zahl 143 das M. G.

Da nun die Zinkvitriolauflösung, wie alle Auflösungen der schwefelsauren Metallsalze, durch Auflösungen von kohlensaurem Kali und kohlensaurem Natron zerlegt wird, indem sie sich mit dem M. G. Schwefelsäure verbinden und das Zinkoxyd abscheiden, so muß auch ein M. G. dieser beiden Laugensalze vollkommen hinreichen, um 1 M. G. oder 143 Pfund Zinkvitriol zu zerlegen.

Ganz strenge ist dieß hier jedoch nicht der Fall, denn ein Theil Zinkoxyd hält etwas Schwefelsäure zurück und fällt damit nieder, die ihm nur durch einen Ueberschuß von dem kohlensauren Laugensalz entzogen werden kann.

Auch bildet sich unter diesen Umständen kein vollkommen kohlensaures Zinkoxyd, sondern der größte Theil der Kohlensäure des Laugensalzes entweicht unter Aufbrausen, und nur ein kleiner Theil fällt mit dem Zinkoxyd nieder.

Der Zinkvitriol wird vorzugsweise auf das darin enthaltene Zinkoxyd benutzt, aber lange noch nicht so häufig, als es dasselbe verdient. Es giebt wegen seiner Lockerheit und weißen Farbe ein gutes Mittel ab, sehr dunkle Farben, z. B. Berlinerblau, zu verdünnen und leichter zu machen, ohne der Reinheit derselben Eintrag zu thun.

Ein solches Gemisch ist unter dem Namen Mineralblau im Handel. Es wird gewöhnlich so dargestellt, daß man eine Auflösung von

8 Pfund Zinkvitriol,
1 Pfund Eisenvitriol und
50 Pfund Wasser

mit einer Auflösung von eisenblausaurem Kali niederschlägt, den Niederschlag gut auswäscht und trocknet.

Diese Art der Darstellung ist nicht vortheilhaft, weil eine Menge eisenblausaures Kali unnützer Weise vergeudet wird. Es fällt das Zinkoxyd mit weißer Farbe, was durch das viel wohlfeilere kohlensaure Natron auch bewerkstelligt werden kann. Man thut daher am besten, den Zink- und Eisenvitriol, jeden für sich, in Wasser aufzulösen, ersteren mit kohlensaurem Natron und letzteren mit eisenblausaurem Kali zu fällen und dann die Flüssigkeiten mit ihren Niederschlägen zu vermischen. Man hat darauf zu sehen, daß kein kohlensaures Natron im Ueberschuß vorhanden sei, was man durch Eintauchen von Curcumapapier ausmittelt, und auch nicht der Fall ist, wenn man gleiche M. G. anwendete.

Mit den Farbsäuren der Pflanzen bildet das Zinkoxyd gefärbte Verbindungen, wenn man ihre Auflösung mit einer Auflösung von Zinkvitriol mischt und vorsichtig mit einem kohlensauren Laugensalz niederschlägt.

Das schwefelsaure Zinkoxyd äußert, eingenommen, eine sehr heftige, Erbrechen erregende Wirkung. Schon sehr kleine Mengen verursachen Uebelkeit und dergl. Es ist daher unbegreiflich, wie deutsche Zeitschriften es einem Engländer nachempfehlen können, dieses Salz zum Raffiniren des Zuckers anzuwenden. Man soll den Rohzucker in Kalkwasser auflösen und dann auf jede 100 Pfund des aufgelösten Zuckers 8 Loth Zinkvitriol, in möglichst wenig Wasser gelöst, hinzusetzen. Wenn es auch richtig ist, daß hier Gyps und Zinkoxyd gebildet werden, die mit den im Rohzucker enthaltenen sauren Farbstoffen sich verbinden und niederfallen, so darf doch eine Fabrik, die ein so unentbehrliches Nahrungsmittel, wie den Zucker, bearbeitet und zu Gute macht, sich nie solcher Mittel bedienen, die durch einen kleinen Fehlgriff, rücksichtlich der Menge, dasselbe vergiften können.

Zehn Pfund krystallisirter Zinkvitriol lösen sich in 20 Pfund kaltem Wasser vollkommen auf.

Wenn man Zink in Salzsäure auflöst, so bildet sich wasserhaltiges Chlorzink, das durch Abdampfen gallertartig wird, ohne zu krystallisiren, und sich beim Erhitzen in einer Glasröhre in weiße Nadeln verwandelt, welche Chlorzink sind. Dasselbe besteht aus

1 M. G. oder 32 Pfund Zink und
1 M. G. oder 36 Pfund Chlor.

Es wird beim Kattundruck zum sogenannten Reservepapp gebraucht; sonst ist der Nutzen dieses Salzes sehr untergeordnet und seine Anwendung, wegen seiner Schädlichkeit, sehr beschränkt. Beim Löthen dient es sehr gut statt des Salmiaks.

Mit Leimauflösung giebt es ein Gemisch, welches an der Luft nicht trocknet, sondern klebrig bleibt, wie Vogelleim. Man hat es daher statt des Vogelleims empfohlen, aber sehr mit Unrecht, denn ein Regen wäscht es von den Zweigen ab, so wie das schädliche Zinksalz die Vögel verunreinigt.

Das Zusammenschmelzen des Zinks mit anderen Metallen erfordert große Vorsicht, weil die Verbindung bei mehreren unter heftigen Verpuffungen erfolgt, uud die Flüchtigkeit des Zinks der Vereinigung mit schwerer schmelzbaren Metallen hinderlich ist.

So kann man eine Verbindung von Eisen mit Zink nur dadurch bewerkstelligen, daß man Eisen mit flüssigem

Zink längere Zeit in Berührung läßt, und zwar bei einer Hitze, welche die Schmelzhitze des Zinks nicht bedeutend übersteigt. Ist dagegen die Hitze stärker, so wird die gebildete Verbindung wieder zersetzt. Leider ist dieselbe sehr spröde und veränderlich an der Luft, gewährt also, trotz ihrer Wohlfeilheit, keinen Nutzen für die Gewerbe.

Auch die Vereinigung des Zinks mit Blei und Zinn erfolgt nicht so ohne Weiteres vollkommen. Erst muß das Blei geschmolzen, dann das Zinn hinzugesetzt und ausgegossen werden. Diese Mischung trägt man nun stückweise in geschmolzenes Zink. Durch dieses Verfahren geschieht die Vereinigung am besten und ohne großen Verlust.

Mit dem Kupfer bildet das Zink den bekannten Messing. Man hat bei seiner Bereitung sehr darauf zu sehen, daß das Zink nicht bleihaltig sei, denn Blei schadet der Farbe und dem Glanze dieser Mischung sehr.

Vom Kadmium.

Dieses Metall ist fast ein beständiger Begleiter des Zinks, hat in vielen Stücken Aehnlichkeit mit demselben, unterscheidet sich aber sehr auffallend dadurch vom Zink, daß seine Auflösung in Säuren durch Schwefelwasserstoff nicht, wie dieses, weiß, sondern gelb und orange niedergeschlagen wird.

Auf diesem Verhalten beruht die Darstellung des Kadmiums und seine Scheidung vom Zink. Man löst das kadmiumhaltige Zink in verdünnter Schwefelsäure auf und schlägt aus der mit Säure im Ueberschuß versetzten Auflösung das Kadmium durch hineingeleitetes Schwefelwasserstoffgas als Schwefelkadmium nieder.

Schwefelkadmium.
57

Dieses Schwefelkadmium wird in starker Salzsäure aufgelöst, zur Trockne verdampft und wieder in Wasser aufgenommen. Aus dieser wässerigen Auflösung von Chlorkadmium scheidet reines Zink das Kadmium ab, indem das Zink sich an seiner Statt in dem Chlor auflöst. 32 Pfund Zink scheiden solchergestalt 56 Pfund Kadmium aus. Da nun 32 das M. G. des Zinks, und 1 M. G. desselben nicht mehr als 1 M. G. Kadmium auszuscheiden vermag, so folgt nothwendig, daß das M. G. des Kadmiums = 56 sein muß.

Das Kadmium verwandelt sich in der Hitze früher in Dämpfe als das Zink. Daher gewinnt man es auch bei der Destillation des Zinks, indem ein sehr kadmiumreiches Zink zuerst übergeht.

Der theure Preis und die Veränderlichkeit des Kadmiums an der Luft, so wie seine Leichtauflöslichkeit in Säure, steht seiner technischen Anwendung im Wege.

Vom orangenfarbenen Schwefelkadmium läßt sich einmal eine Anwendung erwarten, es fehlt aber hierüber bis jetzt noch an Erfahrungen. Die Darstellungsart ist bereits oben angegeben. Es hat einen Vorzug vor dem ebenso gefärbten chromsauren Bleioxyd, Nr. 48, daß es durch Schwefelwasserstoff nicht schwarz wird.

Vom Zinn.

Reines Zinn hat eine fast silberweiße Farbe. Je bläulicher und gräulicher es aussieht, desto mehr enthält es Kupfer, Blei, Eisen oder Antimon.

Ein Arsenikgehalt macht das Zinn weißer, aber auch härter und spröder.

Ein unreines Zinn knistert nicht so laut zwischen den Zähnen, als ein reines.

Zeigt das Zinn nach dem Schmelzen und Ausgießen eine reine polirte Oberfläche, so ist es frei von Kupfer, Blei und Eisen, welche die Oberfläche matt und fleckig machen.

Um sich auf chemischem Wege von der Reinheit des Zinns oder seinem Gehalt an fremden Metallen zu überzeugen, löst man etwas in Königswasser auf, verdünnt die Auflösung mit Wasser und versetzt sie mit einer Auflösung von eisenblausaurem Kali. Es deutet

ein blauer Niederschlag auf Eisen,
ein purpurfarbener " auf Kupfer,
ein veilchenblauer " auf Kupfer und Eisen,

denn der mit reinem Zinn ist weiß.

Bewirkt schwefelsaure Natronauflösung einen weißen Niederschlag, so zeigt dieß einen Bleigehalt des Zinns an.

Nicht selten ist das Zinn arsenikhaltig. Es hinterläßt in diesem Fall nach dem Auflösen in Salzsäure ein schwarzes Pulver, daß auf glühenden Kohlen mit einem Knoblauchgeruch verdampft. Auch ist dann das sich beim Auflösen entwickelnde Wasserstoffgas mit Arsenikwasserstoffgas vermischt, was man daran erkennt, daß es, aus einer engen

Röhre ausströmend, mit hellerer Flamme brennt, als Wasserstoffgas, und an kalte Körper, die man in ihre Nähe bringt, metallisches Arsenik in glänzend schwarzgrauer Farbe absetzt.

Das Zinn löst sich zwar in Salz- und Salpetersäure leicht auf, ist aber dennoch sehr luftbeständig und überzieht sich nicht mit einer grauen Haut, wie Blei, Wismuth 2c. Auch sind geringe Beimischungen des Zinns zu Speisen minder schädlich, als die von Kupfer oder Blei. Ebenso wirken Fett und Oel, welche sich so leicht mit dem Kupfer und Blei verbinden, nicht sehr auflösend auf das Zinn.

Dieß Verhalten ist die Ursache seiner Anwendung zu verzinnten und zinnernen Kochgeschirren und anderen Gefäßen.

Nach genauen Versuchen wirken die Auflösungen von folgenden Salzen selbst bei mehrstündigem Kochen nicht auf Gefäße, welche aus reinem englischen Kronzinn verfertigt oder damit verzinnt sind: schwefelsaures, salzsaures, salpetersaures, boraxsaures, phosphorsaures und kohlensaures Natron, salpetersaures und kohlensaures Kali, schwefelsaure Bittererde und salzsaurer Baryt.

Man kann daher die Auflösung dieser Salze unbeschadet ihrer Reinheit in verzinnten Gefäßen abdampfen. Dagegen darf es mit den folgenden nicht geschehen, indem sie mehr oder minder stark das Zinn aufzulösen vermögen. Diese sind: schwefelsaures Kali, salzsaures Ammoniak, essigsaures Natron und Alaun. Letzterer wirkt am meisten auflösend auf das Zinn.

Mengt man Zinn- und Bleifeile unter einander und gießt Essig darauf, so wird neben dem Zinn auch Blei aufgelöst, selbst dann noch, wenn die Menge des Zinns sich zu der des Bleies wie 20 zu 1 verhält.

Schmelzt man dagegen beide zusammen, so löst

der Essig kein Blei auf, selbst dann nicht, wenn auch die Menge des Zinns sich zu der des Bleies wie 20 zu 20 verhält.

Diese Erfahrung zeigt deutlich, daß es mit einem Bleigehalt des zum Verzinnen angewendeten Zinns keine so große Gefahr hat, insofern von einem wirklichen Auflösen des Bleies die Rede ist. Allein es ist ja nicht das Blei, welches sich buchstäblich in den Speisen auflöst, das Schädliche bei einer bleihaltigen Verzinnung, sondern das, welches durch das Umrühren der Speisen während des Kochens mit metallenen, ja selbst hölzernen Löffeln abgekratzt wird. Denn eine jede Verzinnung nutzt sich ab durch den Gebrauch und muß erneuert werden. Wie viel hiebei auch auf Rechnung des Scheuerns beim Reinigen kommen mag, so wird es gewiß jeder, der mit der Kochkunst einigermaßen vertraut ist, zugeben, daß sie auch mit in die Speisen, wenn auch nicht im aufgelösten Zustande, übergegangen. Es ist also immer schädlich, ein bleihaltiges Zinn zum Verzinnen anzuwenden.

Nicht immer treibt die Gewinnsucht zur Anwendung eines bleihaltigen Zinns, sondern oft auch die Erleichterung, welche es beim Verzinnen gewährt. Ein bleihaltiges Zinn ist dünnflüssiger und erstarrt später, als reines Zinn, auch rinnt es von dem Eisenblech, das man verzinnen will, nicht so leicht herunter. Es erleichtert also das Verzinnen. Aber eine solche Verzinnung, die anfangs bläulich ist, wird bald grau und schmutzig.

Das gesetzlich vorgeschriebene Verhältniß von Blei und Zinn zum Zinngießen heißt dreistempliges Zinn und besteht aus

5 Pfund Zinn und
1 Pfund Blei.

Ein zinkhaltiges Zinn giebt eine weißere, hellere Verzinnung, als ein bleihaltiges. Allein sie bildet keine glatte, sondern eine rauhe Oberfläche und verliert sehr bald den Glanz, weil das Zink an der Luft anläuft.

Die englischen Verzinnungen, besonders die der Eisenwaaren, zeichnen sich durch eine glänzend silberweiße Farbe aus. Ein bestimmter Zusatz von Wismuth soll dieß bewirken, indem seine röthliche Farbe die gewöhnlich bläuliche des Zinns aufhebt und eine silberweiße erscheinen läßt.

Folgende Zusammensetzung giebt eine andere englische Verzinnung, die härter und glänzender als die gewöhnliche, aber auch gefährlicher ist, und daher nur zu Leuchtern und dergl. empfohlen werden kann. Es werden

5 Pfund Zinn,
1 Pfund Zink,
1 Pfund Wismuth,
1 Pfund Messing

nach den Regeln der Kunst zusammengeschmolzen. Man hat darauf zu sehen, daß keines der angewandten Metalle Blei enthalte, denn es ist dem Glanze schädlich.

Folgendes Gemisch zur Verzinnung ist denkenden Künstlern sehr zur Prüfung zu empfehlen. Es werden

2 Pfund Eisenfeile und
16 Pfund Zinn

unter einer Bedeckung von Glaspulver zusammengeschmolzen. Dieß Gemisch soll eine Verzinnung gewähren, welche 4 mal so lange dauert und einer weit höheren Politur fähig ist, als die gewöhnliche. Aber man braucht, was wohl zu merken, zum Verzinnen eine viel größere Hitze, als bei nicht eisenhaltigem Zinn, indem das Gemisch erst durch eine Hitze, welche sich der Rothgluth nähert, geschmolzen werden kann.

Die größte Schwierigkeit, welche man hiebei zu überwinden hat, ist die Darstellung eines gleichförmigen Gemisches von Eisen und Zinn.

Die Scharlachfärber bedienen sich der Kessel, welche ganz aus Zinn bestehen und bei einiger Vorsicht dem freien Feuer ausgesetzt werden können. Nur muß man darauf achten, daß ein solcher Kessel nicht von glühenden Kohlen berührt werde, sonst schmilzt er an dieser Stelle.

Das Zinn läßt sich vermöge seiner Weichheit zu Blechen auswalzen von der Dicke eines tausendstel Zolls. Man nennt sie Stanniol.

Die Hauptanwendung des Stanniols ist zur Verquickung des Spiegelglases oder zum Belegen der Spiegel. Nicht jede Sorte taugt hiezu gleich gut. Es kommt eine Sorte Stanniol im Handel vor, die ein gerieseltes, körniges Ansehen hat und zum Spiegelbelegen besser ist, als die mit glatter, hellglänzender Oberfläche; das Quecksilber haftet besser daran und verbindet sich leichter damit.

Man hat in Frankreich gefunden, daß das Stanniol zur Spiegelbelegung nicht aus reinem Zinn zu sein braucht; daß unreines, so wie es gewöhnlich im Handel vorkommt, sogar besser ist als reines, indem das überflüssige Quecksilber früher abläuft.

Das Zinn hat ein M. G. = 59, wie sich deutlich aus seinen Verbindungen mit dem Sauerstoff und dem Chlor ergiebt.

Mit dem Sauerstoff bildet nämlich das Zinn zwei verschiedene Verbindungen, sie heißen Zinnoxydul und Zinnoxyd.

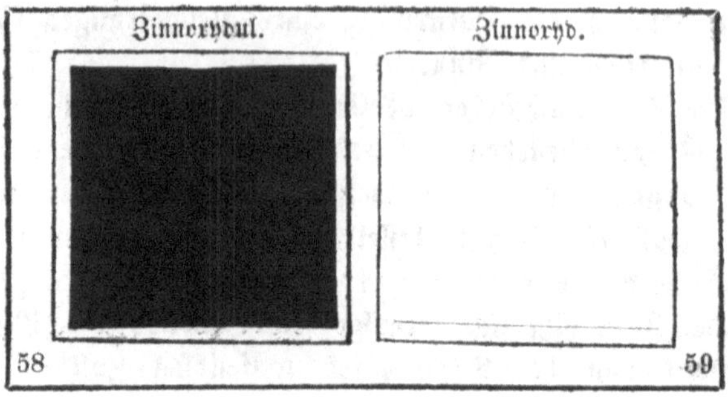

Sie unterscheiden sich durch den Sauerstoffgehalt, indem das Zinnorydul ein Einfach-Sauerstoffzinn, das Zinnoryd dagegen ein Zweifach-Sauerstoffzinn ist. Es enthält nämlich

Zinnorydul:
1 M. G. oder 8 Pfund Sauerstoff auf
1 M. G. oder 59 Pfund Zinn;

Zinnoryd:
2 M. G. oder 16 Pfund Sauerstoff auf
1 M. G. oder 59 Pfund Zinn.

Daher kann, durch Geben oder Entziehen von Sauerstoff, Eins ins Andere verwandelt werden.

Durch die nähere Betrachtung des Verhaltens der Salpetersäure zum Zinn wird die Bildung seiner beiden Sauerstoffverbindungen klar werden. Eine mit viel Wasser verdünnte Salpetersäure löst in der Kälte das Zinn langsam auf, und es bildet sich salpetersaures Zinnorydul, indem ein Theil Salpetersäure, den Sauerstoff dazu hergebend, zerlegt wird. Erhitzt man nun diese Auflösung, so wird noch ein anderer Theil Salpetersäure zerlegt und es entsteht salpetersaures Zinnoryd.

Die Verbindungen, welche das Zinn mit dem Chlor eingeht, entsprechen diesen Sauerstoffverbindungen. Es giebt ein Einfach-Chlorzinn und ein Zweifach-Chlorzinn. Das Einfach-Chlorzinn, welches aus

1 M. G. oder 36 Pfund Chlor und

1 M. G. oder 59 Pfund Zinn

zusammengesetzt ist, entsteht, wenn man z. B.

6 Pfund Zinnspähne mit

12 Pfund Salzsäure von 1,140 Eigenschwere

übergießt, anfangs gelinde, dann stärker und zuletzt bis zum Kochen erhitzt. Es geschieht unter Entwickelung von Wasserstoffgas. Nach dem Erkalten der Auflösung scheiden sich Krystalle ab, die Einfach-Chlorzinn sind, in Verbindung mit Wasser. Sonst nannte man es krystallisirtes salzsaures Zinnoxydul. Im Handel ist es unter dem Namen Zinnsalz bekannt.

Da beim Erhitzen von Zinn mit Salzsäure in offenen Gefäßen ein Entweichen, also ein Verlust von Salzsäure unvermeidlich ist, so bewerkstelligt man die Bereitung des Zinnsalzes am zweckmäßigsten in einer Retorte mit Vorlage und gießt die von Zeit zu Zeit überdestillirte Salzsäure wieder auf das Zinn zurück.

Im Großen ist jedoch eine Anwendung von Retorten mit Schwierigkeiten verbunden, und es ist sehr zweckmäßig beim Auflösen größerer Mengen Zinns in Salzsäure zugleich den Sauerstoff der Luft mit einwirken zu lassen, der die Sauerstoffung des Zinns und folglich auch seine Auflösung in Salzsäure befördert.

Man stellt zu diesem Ende 5 Gefäße, welche mit Zinnspähnen gefüllt sind, treppenartig über einander und füllt das oberste Gefäß mit Salzsäure an. Nach 2 Stunden zieht man durch einen Heber oder einen Hahn die Salzsäure ab und läßt sie in das zweite darunter stehende Gefäß laufen. Wiederum nach 2 Stunden kommt die Salzsäure ins dritte, endlich ins vierte und zuletzt ins fünfte Gefäß und von diesem wieder zurück ins erste und so weiter.

Hiebei bleibt das mit der Salzsäure befeuchtete Zinn in jedem Gefäß 8 Stunden lang der Sauerstoffeinwirkung der Luft ausgesetzt, oxydirt sich und löst sich dann um so leichter in der von neuem aufgegossenen Säure. Ist die Säure gehörig mit Zinn gesättigt, so verdampft man die Auflösung in einem zinnernen Kessel über einigen Zinnspähnen bis auf den vierten Theil und läßt durch Erkalten in einem wohlbedeckten Gefäße das Zinnsalz herauskrystallisiren.

Da das Zinn meistens Arsenik enthält und dieser theilweise mit dem Wasserstoffgas als Arsenikwasserstoffgas entweicht, so hat man sich beim Auflösen des Zinns in Salzsäure vor dem Einathmen dieses stinkigen Gases zu hüten.

Das Zweifach-Chlorzinn, welches auf

59 Pfund Zinn

2 mal 36 Pfund Chlor

enthält, bildet sich, wenn das Einfach-Chlorzinn Gelegenheit hat, noch mehr Chlor aufzunehmen Dieß geschieht unter andern, wenn man es, in Salzsäure aufgelöst, längere Zeit mit Sauerstoff, z. B. mit dem der Luft, in Berührung bringt. Es verbindet sich alsdann der Sauerstoff der Luft mit dem Wasserstoff der Salzsäure zu Wasser und das dadurch frei werdende Chlor tritt mit dem Einfach-Chlorzinn zu Zweifach-Chlorzinn in Verbindung, welches man dann in wässeriger Auflösung erhält.

Es kann auch dadurch dargestellt werden, daß man in die wässerige Auflösung des Einfach-Chlorzinns Chlorgas bis zur Uebersättigung strömen läßt.

Wenn man Zinn in dünn gewalzten Blättchen in Chlorgas bringt, so entzündet es sich mit rothem Lichte und es entsteht, als farblose, dünne Flüssigkeit, ein Chlorzinn, welches ebenfalls ein Zweifach-Chlorzinn ist, nämlich

2 M. G. oder 72 Loth Chlor auf

1 M. G. oder 59 Loth Zinn

enthält, aber sich dadurch unterscheidet, daß es wasserfrei ist. Es ist flüssig und stößt an der Luft weiße erstickende Nebel aus, indem es mit dem Wasser der Luft eine weiße krystallinische Verbindung bildet, daher es auch, mit dem dritten Theil Wasser vermischt, zu einer festen Masse erstarrt.

Wenn man Einfach-Chlorzinn mit Königswasser erhitzt oder Zinn in Königswasser auflöst, so erhält man dieselbe Verbindung mit Wasser

Beide hier erwähnten Zinnsalze werden zum Scharlachfärben gebraucht, jedoch zieht man jetzt, wo man sich des Lac Dye's statt der Cochenille bedient, das salzsaure Zinnoxydul vor.

Starke Salpetersäure wirkt auf das Zinn mit großer Heftigkeit ein und verwandelt es in Zinnoxyd. Dieses Zinnoxyd unterscheidet sich von dem, welches man durch Fällen einer Zweifach-Chlorzinnauflösung mittelst Kali oder Natronauflösung erhält, dadurch, daß es sowohl in Salpetersäure als auch in anderen Säuren unauflöslich ist, daher man auf diesem Wege kein salpetersaures Zinnoxyd darstellen kann. Es muß mit verdünnter Salpetersäure bereitet werden.

In Schwefelsäure löst sich das Zinn nur schwierig auf und man erhält kein für den Färber brauchbares schwefelsaures Zinnsalz. Dennoch bedarf er eines solchen in Fällen, wo er Zinnsalz und Alaun zugleich, z. B. beim Ansieden der Wolle auf Gelb 2c., anwenden will. Das Einfach-Chlorzinn wird nämlich vom Alaun zersetzt und als schwefelsaures Zinnoxydul niedergeschlagen. Enthält es dagegen eine hinlängliche Menge Schwefelsäure, so geschieht es nicht.

Man wendet daher schwefelsaures Chlorzinn an, welches man durch Vermischen von 1 M. G. Zinnsalzauflösung mit $\frac{1}{2}$ M. G. verdünnter Schwefelsäure darstellt.

Mit anderen Metallen geht das Zinn meistens sehr

leicht Verbindungen ein, die zu verschiedenen Zwecken benutzt werden.

Seine Verbindung mit Blei und Wismuth zur Darstellung des leichtflüssigen Metalls ist bereits (S. 340) erwähnt worden. Aendert man das Verhältniß dieser drei Metalle zu einander so ab, daß auf

1 M. G. oder 104 Pfund Blei
2 M. G. oder 118 Pfund Zinn und
3 M. G. oder 213 Pfund Wismuth

kommen, so erhält man ein Schlagloth zum Zinnlöthen, das beim Erkalten eine festere Masse bildet und nicht so leicht krystallisirt, als das S. 343 erwähnte leichtflüssige Metallgemisch.

Auf dem bekannten verzinnten Eisenblech befindet sich das Zinn in einem eigenen Zustande der Krystallisation, welche durch abwechselnde Behandlung mit Königswasser und Kalilauge sichtbar gemacht wird. Es ist unter dem Namen Moiré métallique bekannt.

Nicht jedes verzinnte Eisenblech giebt eine gleich schöne Krystallisation, es kommt hier besonders auf die fremden Beimischungen des Zinns und auf die Art der Verzinnung an.

Taucht man, um das Eisenblech zu verzinnen, dasselbe in ein Zinnbad, welches aus

200 Pfund reinem Zinn,
3 Pfund Kupfer und
1 Pfund Arsenik

zusammengesetzt ist, so erhält man durch nachheriges Behandeln mit Säure und Lauge die möglichst schöne Krystallisation des Moiré métallique.

Seine vollkommene Darstellung geschieht durch 7 auf einander folgende Operationen:

1) Einlegen in Aetzkalilauge und Abwaschen,
2) Einlegen in Königswasser und Abwaschen,

3) Einlegen in Aetzkalilauge und Abwaschen,
4) schnelles Durchziehen durch Salpetersäure und Abwäschen,
5) Einlegen in Aetzkalilauge und Abwaschen,
6) Einlegen in Königswasser uud Abwaschen,
7) Einlegen in Aetzlauge und Abwaschen.

Es kommt nämlich darauf an, daß nach einem jeden Einlegen in Königswasser das entstandene Zinnoxyd durch die Aetzkalilauge ganz entfernt werde, weil sonst Flecken entstehen. Der Nutzen eines schnellen Durchziehens durch Salpetersäure besteht darin, daß der unangenehme Metallschimmer, welcher durch eine eigene Spiegelung unter gewissen Winkeln die Figuren unsichtbar macht, abgestumpft werde.

Mit dem Blei giebt das Zinn Gemische, die einen größeren Raum einnehmen, als Zinn und Blei für sich allein. Die geringste Ausdehnung erleidet ein Gemisch, welches aus

2 M. G. oder 118 Pfund Zinn und
1 M. G. oder 104 Pfund Blei

bereitet wird. Dann nimmt die Ausdehnung fortwährend zu, je mehr man von diesem Verhältniß durch Zinn- oder Bleizusatz abweicht.

Das Zinn wird durch Antimonzusatz härter und schwieriger angreifbar von der Salzsäure. Ein Gemisch aus

10 Pfund Zinn und
1 Pfund Antimon

hat eine silberweiße Farbe und dient zur Darstellung von Leuchtern, Knöpfen, ja selbst Trinkgeschirren, und behält seinen Glanz an der Luft. Durch einen größeren Zusatz von Antimon wird das Gemisch spröder Ein Bleigehalt ist dieser Zusammensetzung sehr schädlich, weil sie dadurch spröde und mit der Zeit glanzlos wird.

Vom Blei.

Das Mischungsgewicht des Bleies ist = 104. Erhitzt man nämlich so viele Pfund bei Berührung der Luft bis zum Verdampfen, so verbrennt es mit weißem Lichte zu gelbem Bleioxyd, das 8 Pfund mehr wiegt als das Blei, welches man anwandte. Die 8 Pfund sind Sauerstoff, welche das Blei beim Verbrennen aufnahm, so daß das gelbe Bleioxyd aus

1 M. G. oder 104 Pfund Blei und
1 M. G. oder 8 Pfund Sauerstoff besteht
und die Zahl 112

zum Mischungsgewicht hat.

Bei dieser Darstellungsart des gelben Bleioxyds ist jedoch ein Verlust unvermeidlich und es läßt sich durch dieselbe nicht genau die Menge Sauerstoff ausmitteln, welche das Blei aufnimmt. Es hat aber dennoch damit seine Richtigkeit, weil 104 Gran Blei, auf einem anderen Wege in Oxyd verwandelt, z. B. durch Auflösen in Salpetersäure, Abdampfen der Auflösung und Glühen des salpetersauren Bleies, 112 Gran Bleioxyd geben, das von dem durchs Verbrennen erhaltenen gar nicht verschieden ist. Denn der Sauerstoff der Salpetersäure oxydirt das Blei ebenso, wie der Sauerstoff der Luft.

Zu diesen Versuchen wird reines Blei erfordert, was das im Handel vorkommende nicht immer ist. Man erhält ein solches durch Glühen des bekannten Bleizuckers in einem bedeckten Tiegel mit dem 8ten Theil Harz vermischt. Die Essigsäure des Bleizuckers wird hier zerstört und der Sauerstoff wird dem entstandenen Bleioxyd durch die Kohle des Harzes entzogen, so daß reines Blei im Tiegel zurückbleibt.

Das gelbe Bleioxyd wird im Handel Glätte genannt, und dient zur Darstellung der Bleisalze, indem es sich leicht mit den Säuren verbindet und darin auflöst. Auch vereinigt es sich durch Schmelzen mit den Erden und bildet verschiedene Gläser, Glasuren und Schmelze.

Werden 3 M. G. oder 336 Pfund gelbes Bleioxyd längere Zeit beim freien Zutritt der Luft bis zum Dunkelrothglühen erhitzt, so nehmen sie noch 1 M. G. oder 8 Pfund Sauerstoff auf und erscheinen nun als scharlachrothes Pulver, welches rothes Bleioxyd oder Mennige heißt. Die Mennige besteht demnach aus

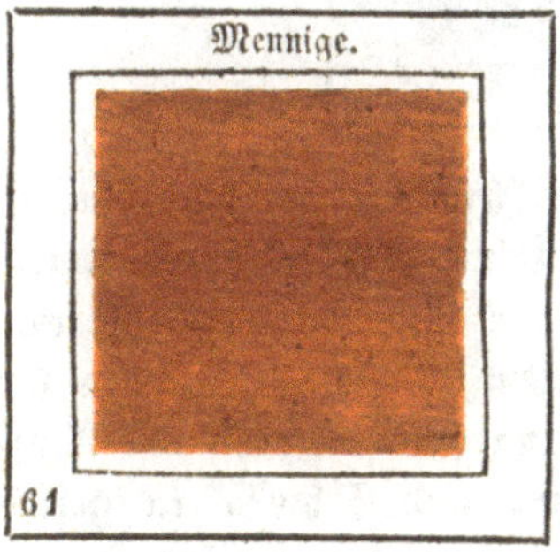

3 M. G. oder 312 Pfund Blei und
4 M. G. oder 32 Pfund Sauerstoff.

und hat also ein M. G. = 344.

Aus dem rothen Bleioxyd oder der Mennige läßt sich noch ein drittes, nämlich das braune Bleioxyd, darstellen, wenn man sie mit Säuren behandelt. Bringt man nämlich 1 M. G. oder 344 Pfund Mennige mit 2 M. G. verdünnter Salpetersäure zusammen, so löst diese

2 M. G. oder 208 Pfund Blei, verbunden mit
2 M. G. oder 16 Pfund Sauerstoff,
also 224 Pfund gelbes Bleioxyd

auf, bildet damit salpetersaures Bleioxyd und hinterläßt

1 M.G. oder 104 Pfund Blei, verbunden mit
2 M.G. oder 16 Pfund Sauerstoff,
also 120 Pfund eines braunen Pulvers, welches **braunes Bleioxyd** ist.

Es bedarf nicht immer des Feuers, um das Blei in Bleioxyd zu verwandeln. Schon reines Wasser thut es durch Anziehen der Sauerstoffs aus der Luft. Uebergießt man blanke Bleistückchen mit destillirtem Wasser, so bilden sich weiße Flocken, die eine Verbindung von Bleioxyd mit Wasser sind und sich durch Trocknen und Erhitzen in gelbes Bleioxyd verwandeln. Auch das über den weißen Flocken stehende klare Wasser enthält Bleioxyd aufgelöst, wovon man sich durch die schwarzbraune Färbung mittelst Schwefelwasserstoff überzeugen kann.

Sehr merkwürdig ist es, daß nur **reines Wasser**, nicht aber Brunnenwasser, welches gewöhnlich **Salze aufgelöst** enthält, diese Wirkung auf das Blei äußert. Ein höchst geringer Gypsgehalt des Wassers reicht schon hin, dieser Veränderung des Bleies entgegen zu wirken.

Hieraus folgt, daß eher Regenwasser, welches sich auf Bleidächern und Bleirinnen sammelt, bleihaltig sein kann, als Brunnen- und Flußwasser, welches durch bleierne Röhren geleitet wird.

Noch mehr, als reines Wasser, wirken Essigsäure und Kohlensäure auf das Blei. Befestigt man z. B. an die innere Seite des Deckels eines Gährungsbottichs, worin sich Branntweingut befindet, eine Bleiplatte, so wird man sie nach 24 Stunden so zerfressen finden, daß sich mehrere Lothe kohlensaures Bleioxyd abkratzen lassen. Man sieht hieraus, wie unzweckmäßig es sein würde, sich bleierner Kühlröhren beim Branntweinbrennen zu bedienen.

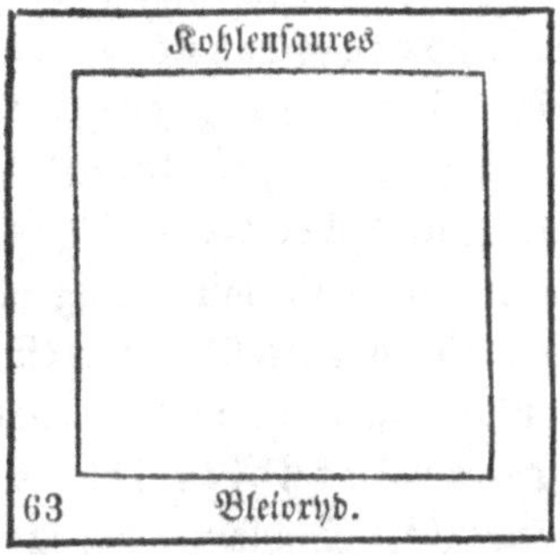

Es beruht hierauf die Darstellung des bekannten Bleiweißes, welches im Handel unter dem Namen holländisches Bleiweiß bekannt ist.

Da die Gegenwart der Essigsäure nur dazu dient, das Blei zu bestimmen, sich rasch mit dem Sauerstoff der Luft und der Kohlensäure zu verbinden, so kann auch Bleiweiß aus Sauerstoffblei oder Bleioxyd gebildet werden, wenn man es in den Zustand versetzt, wo es Kohlensäure aufzunehmen im Stande ist. Dieß geschieht durch Wasser, welches ein Wenig Essigsäure enthält, oder durch Wasser, worin Bleizucker aufgelöst ist, da sich ohnehin sogleich Bleizucker bildet, wenn Essigsäure mit Bleioxyd zusammen kommt. Werden z. B.

100 Pfund Bleiglätte und
1 Pfund Bleizucker

mit so viel Wasser, als zur Breiform nöthig ist, in einer Mühlenvorrichtung in Bewegung gesetzt und darüber Kohlensäuregas geleitet, so wird nach und nach, und zwar in kurzer Zeit, alle Glätte in Bleiweiß verwandelt.

Das im Handel vorkommende Bleiweiß ist nicht selten mit Kreide verfälscht. Durch folgende Bleiweißprobe erhält man hierüber Gewißheit. Man löst 100 Gran des verdächtigen Bleiweißes in Salpetersäure auf. Das kohlensaure Bleioxyd des Bleiweißes wird hiedurch, unter Entwickelung von Kohlensäure, in salpetersaures Bleioxyd, die etwa vorhandene Kreide aber in salpetersauren Kalk verwandelt. Letzterer ist in Weingeist auflöslich, ersteres dagegen nicht. Man verdunstet daher die Auflösung bis zur Trockne, und schüttelt das trockne Salz mit Weingeist.

War das Bleiweiß rein, so hinterläßt der abfiltrirte und verdunstete Weingeist nichts als eine Spur von salpetersaurem Bleioxyd und das rückständige trockne Salz ist salpetersaures Bleioxyd. Enthielt es dagegen Kreide, so hinterläßt der Weingeist nach dem Abdampfen ein an der Luft feucht werdendes Salz, dessen wässerige Auflösung, mit der Auflösung von kohlensaurem Kali vermischt, einen weißen Niederschlag erzeugt. Dieser Niederschlag ist kohlensaurer Kalk oder Kreide, und sein Gewicht zeigt an, wie viel Kreide in dem der Prüfung unterworfenen Bleiweiß vorhanden war.

Zeigt sich bei der Auflösung des Bleiweißes in Salpetersäure ein unaufgelöst bleibender Rückstand, so ist dieß ein Beweis, daß demselben schwefelsaurer Baryt oder schwefelsaures Bleioxyd zugemischt ist. Denn beide sind in Salpetersäure unauflöslich, indeß reines Bleiweiß sich, ohne einen Rückstand zu lassen, darin auflöst.

Mit dem Schwefel verbindet sich das Blei ohne Schwierigkeit und unter einem Erglühen der Masse zu Schwefelblei. Es kommt in der Natur unter dem Namen Bleiglanz vor und besteht aus

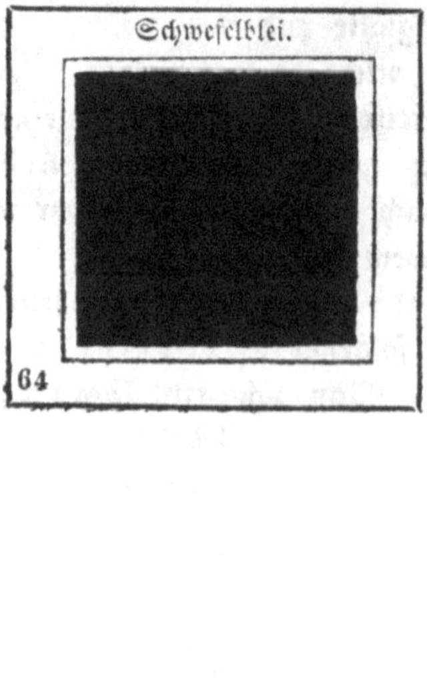

1 M. G. oder 104 Pfund Blei und
1 M. G oder 16 Pfund Schwefel,
hat also ein M. G. = 120.

Durch Erhitzen mit Eisen wird demselben der Schwefel entzogen und das Blei hergestellt. Hierauf beruht die Gewinnung des Bleies aus dem Bleiglanz im Großen.

Ein Gemisch von Schwefelblei mit Bleioxyd erhält man, wenn man in einem eisernen Gefäße

112 Pfund Bleiglätte mit
16 Pfund Schwefel

erhitzt. Ein Theil Schwefel bildet mit dem Sauerstoff eines Theils des Bleioxyds schweflige Säure und der andere Theil Schwefel geht nun mit dem dadurch hergestellten Blei zu Schwefelblei in Verbindung.

Wird dieses Gemisch mit Leinölfirniß abgerieben, so erhält man eine dunkle Bleifarbe, die sehr gut auf Eisen haftet und einen Anstrich giebt, der dasselbe vor dem Rosten schützt.

In wässerigen Schwefelsäuren, deren Eigenschweren nicht größer als 1,740 sind, löst sich das Blei nicht auf. Dieß ist ein höchst wichtiger Umstand, und es ist jetzt gar nicht mehr zu berechnen, was derselbe zum Aufschwung der chemischen Technik in der neueren Zeit beigetragen hat. Er macht nämlich die Anwendung der Bleikammern bei Bereitung und der Bleipfannen bei Abdampfung der Schwefelsäure möglich. Anfänglich bediente man sich hiezu gläserner Gefäße, und da kostete das Pfund Schwefelsäure in England 14 Pence (14 Sgr.). Als man später das Blei statt des Glases anwenden lernte, konnte man sie schon um 4 Pence ($3\frac{1}{2}$ Sgr.) das Pfund verkaufen, und jetzt ist sie noch viel wohlfeiler daselbst.

Beim Einkauf des Bleies, welches zu Bleikammern oder Bleikesseln für die Bereitung der Schwefelsäure bestimmt ist, hat man darauf zu sehen, daß es kein Zink enthalte, sonst läuft man Gefahr, eine Einrichtung, die vielleicht Tausende kostet, in wenigen Monaten zertrümmert zu sehen.

Die Bleiprobe auf Zink besteht im Folgenden. Man schabt von mehreren Platten, ohne Auswahl, etwas Blei mit dem Messer ab und löst z. B. 104 Gran dieser Bleispäne in einer hinlänglichen Menge Salpetersäure auf, verdünnt die Auflösung mit 2 mal so viel Wasser und setzt eine Auflösung von

87½ Gran schwefelsaurem Kali in
1000 Gran Wasser

hinzu. Es wird ein weißer Niederschlag von *schwefelsaurem Bleioxyd* entstehen, der, aufs Filter gebracht, ausgesüßt und getrocknet, 152 *Gran betragen muß, wenn das Blei rein war.* Beträgt er weniger, so läßt dieß fehlende auf Zink schließen, das, da es nicht durch schwefelsaures Kali gefällt wird, in der Auflösung zurückgeblieben ist. Es wird durch Zusatz von *kohlensaurem Kali* als weißes kohlensaures Zinkoxyd ausgeschieden.

Da nun 152 Gran schwefelsaures Bleioxyd aus

104	Gran Blei,
8	Gran Sauerstoff und
40	Gran Schwefelsäure bestehen,
also 152	Gran

desselben genau 104 Gran Blei anzeigen, so wird man aus dem Fehlenden des durch schwefelsaures Kali erhaltenen Niederschlags (der etwa 152 Gran betragen muß) sehr leicht die fremde Beimischung an Zink berechnen können.

Das *schwefelsaure Bleioxyd*, dessen Bestandtheile und M. G. (= 152) wir so eben kennen gelernt haben, erscheint als ein rein weißes Pulver und wird in Fabriken sehr häufig als Nebenerzeugniß, z. B. bei der Zersetzung des Alauns durch Bleizucker (S. 208), erhalten. Auf solche Weise kommt es so wohlfeil zu stehen, daß seiner Anwendung, z. B. als weiße Farbe, nichts im Wege stände, wenn es nur an sich brauchbar wäre.

Dieß ist aber trotz seiner schönen Weiße, z. B. zur Oelmalerei, nicht der Fall. Denn es wird, selbst mit dem weißesten Oelfirniß angemacht, bald schmutzig gelb.

Anwendbar ist es dagegen zu einer Töpferglasur, die wegen seiner Unauflöslichkeit in sauren und fetten Speisen durchaus unschädlich ist. Auch schmilzt es zu einer sehr glatten und haltbaren Glasur aus.

Der, welchem große Mengen dieses Salzes zu Gebote stehen, kann es auch auf Blei benutzen. Glüht man von einem Gemenge aus

152 Pfund schwefelsaurem Bleioxyd mit
27 Pfund Eisenfeile und
24 Pfund Kohlenpulver

etwas in einem Tiegel etwa $1\frac{1}{2}$ Stunde lang, so findet man nach dem Erkalten unter einer Schlacke von Schwefelblei das wieder hergestellte Blei.

Es kann natürlich im Großen von der Anwendung der Tiegel nicht die Rede sein. Auch läßt sich der Prozeß in dem sogenannten Krummofen sehr gut bewerkstelligen, in welchem Fall man etwas Kalkstein als Schmelzmittel zusetzt.

Die Salzsäure wirkt nur auflösend auf das Blei, wenn zugleich die Luft durch ihren Sauerstoff einwirkt, der sich mit dem Wasserstoff der Salzsäure zu Wasser vereinigt. Es entsteht dann Chlorblei. Dieselbe Verbindung wird erhalten, wenn Chlor längere Zeit auf Blei einwirkt, oder wenn man Salzsäure mit Bleioxyd zusammen bringt. Daher der frühere Name: salzsaures Bleioxyd, was es aber in Wahrheit nicht ist, da der Wasserstoff der Salzsäure und der Sauerstoff des Bleioxyds sich zu Wasser vereinigen und die beiden Stoffe, welche bei dieser Vereinigung übrig bleiben, Chlor und Blei, sich zu Chlorblei verbinden.

Das Chlorblei findet für sich keine Anwendung, es bildet aber, mit Bleioxyd verbunden, eine gelbe Farbe, welche unter dem Namen Casseler Gelb bekannt ist. Um sie darzustellen, glüht man

10 Pfund gelbes Bleioxyd mit
1 Pfund Salmiak

in einem bedeckten Tiegel. Die Salzsäure des Salmiaks bildet mit einem Theil des Bleioxyds Chlorblei, welches sich mit dem übrigen Bleioxyd zum Casseler Gelb vereinigt.

Wer diese Farbe im Großen bereitet, kann sich statt der Tiegel thönerner Retorten mit Vorlagen, welche Wasser enthalten, bedienen, um das zugleich sich entwickelnde Ammoniak aufzufangen und zu benutzen.

Das salpetersaure Bleioxyd, von dem schon öfter gehandelt worden, und dessen Bereitung bereits (S. 177) angegeben, besteht aus

1 M. G. oder 112 Pfund Bleioxyd und
1 M. G. oder 54 Pfund Salpeters., hat demnach
ein M. G. = 166

und muß stets in diesem Verhältniß angewendet werden,

wenn man mittelst desselben schwefelsaure oder chromsaure Salze zersetzen will.

Von seiner verschiedenen Anwendungsart ist schon öfter die Rede gewesen. Hier ist noch folgende zu erwähnen. Man bedient sich seiner zur Darstellung der Zündstäbe statt der gewöhnlichen Stricklunten. Aus Lindenholz, welches Jahre lang getrocknet hat, werden viereckige Stäbe geschnitten und einen Tag in einem Backofen einer Hitze von 30° R. ausgesetzt. Darauf kocht man sie 6 Stunden lang in einer Auflösung von salpetersaurem Bleioxyd, trocknet sie wieder vollkommen aus und erhitzt sie in Terpentinöl, bis es zu kochen anfängt, nimmt die fertigen Stäbe nun heraus und bewahrt sie zum Gebrauch.

Das Blei läßt sich durch Walzen oder Gießen in dünnes Blech verwandeln. Ehemals wurde dieses zum Einpacken von Taback, zum Auskleben der Schubkasten rc. angewandt. Man hat aber seine Schädlichkeit eingesehen und unterläßt es jetzt.

Da die Bleifolie keine Feuchtigkeit durchläßt und sehr wohlfeil zu stehen kommt, so kann sie dazu dienen, in Zimmern das Ausdünsten feuchter Wände zu verhindern. Die Wände werden mit der Bleifolie überzogen und hernach mit Papier überklebt. Zum Befestigen des Bleies dürfen aber nicht eiserne Nägel genommen werden, sondern kupferne, weil diese in Berührung mit Blei dem Roste viel länger widerstehen.

Bleierne Kessel schmelzen leicht aus, wenn die Flüssigkeit, welche sie enthielten, verdampft ist, oder wenn sich eine Salzmasse auf dem Boden fest angesetzt hat. Hat ein solcher Kessel ein Loch bekommen, so kann man ihn folgendermaßen wieder herstellen. Das Loch wird in viereckiger Form ausgeschnitten und ein anderes Stück Blei so vorgerichtet, daß es dieses Loch genau ausfüllt. Jetzt wird der Kessel auf Sand gestellt, eine Rinne von feuchtem Sande rings um die zu vereinigenden Kanten gemacht und diese mit geschmolzenem Blei ausgegossen. Nach dem Erkalten wird der erhabene Wulst an der inneren Seite des Kessels geebnet. Man wird nun die eingepaßte Bleiplatte mit den Rändern des Lochs vereinigt finden.

Das Blei erfordert eine größere Hitze zum Schmelzen, als das Zinn. Hierauf beruht das Verzinnen des Bleies. Man erwärmt eine Bleiplatte, die man verzinnen will, auf einem Ofen so stark, daß das geschmolzene Zinn darauf flüssig bleibt, dann wirft man etwas Harz auf die Platte und verreibt mittelst Werg das Zinn auf die ganze Fläche. Es ist begreiflich, daß hiezu ein geübter Arbeiter gehört, besonders zur Regierung des Feuers. Ob bleierne Wasserleitungsröhren auf diese Art gleichmäßig und dauerhaft verzinnt werden können, ist noch nicht entschieden.

Durch Arsenik erhält das Blei eine größere Härte. Schmelzt man

95 Pfund Blei mit
5 Pfund Arsenik

zusammen, so erhält man das sogenannte Schrotblei zum Schrotgießen.

Da das Bleischrot nur zur Jagd gebraucht wird, und jeder, der Wildpret aß, gewiß schon Schrotkörner, namentlich in der Nähe der Knochen, gefunden und auch wohl zuweilen mit hinuntergeschluckt hat, so wäre es wünschenswerth, eine minder giftige Beimischung zu haben, die das Blei so hart macht, wie der Arsenik. Sollten Antimon und Zink hier nicht anwendbar sein?

Wenn man Blei in schmelzendes Zink schüttet, so erfolgt die Vereinigung unter Feuerentwickelung, es ist also bei Darstellung eines solchen Gemisches Vorsicht nöthig.

Vom Eisen.

Mit dem Sauerstoff und dem Kohlenstoff geht das Eisen die nutzbarsten und merkwürdigsten Verbindungen ein. Es bildet mit dem Sauerstoff das schwarze und rothe Eisenoxyd,

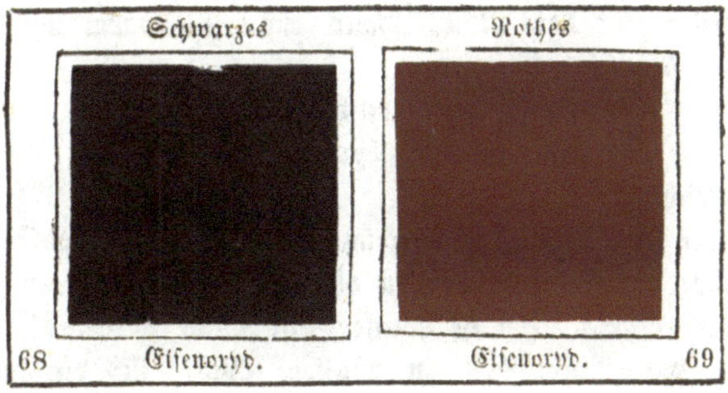

woraus die Eisensalze entstehen, und mit dem Kohlenstoff bildet es den Stahl und das Gußeisen.

Das schwarze Eisenoxyd, welches man gewöhnlich Eisenoxydul nennt, entsteht immer, wenn feuchtes Sauerstoffgas oder sauerstoffhaltiges Wasser mit Eisen in Berührung kommt. Es geht aber sehr rasch in Eisenoxyd über, daher sich denn bald der bekannte gelbe Ueberzug von Eisenrost zeigt.

Wirken dagegen trocknes Sauerstoffgas oder ein sauerstofffreies Wasser in verschlossenen Gefäßen auf das blanke Eisen ein, so verändert es sich gar nicht. Man sieht also, worauf es ankommt, wenn Eisen vor dem Rosten bewahrt werden soll: es müssen solche Körper angewendet werden, die entweder die Feuchtigkeit oder den Sauerstoff von demselben abzuhalten im Stande sind.

In verschiedenen Erdarten verhält sich das Eisen, in Bezug auf sein Rosten, verschieden. Am schnellsten rostet es unter der Erde in einem sandigen Boden. Es wird hier gleichsam wieder in Erz verwandelt und nimmt ein strahliges Gefüge, von seinem Mittelpunkt aus, an.

Im thonigen Boden geschieht das Rosten des Eisens dagegen langsamer und blättert sich blos ab.

Man bewahrt das Eisen, welches in die Erde kommt, am besten vor dem Rost, wenn man es warm mit einem heißen Gemisch von

30 Pfund Steinkohlentheer mit
10 Pfund Kalkpulver

überstreicht.

Ein vor dem Rosten schützender Eisenfirniß bei Stücken, die nicht mehr gefeilt werden dürfen, bildet sich, wenn man es, rothglühend, erst in Wasser und dann in Leinöl taucht. Durch das Eintauchen in Wasser schuppt sich die entstandene Oxydhaut des Eisens ab und die Hitze, die dann noch übrig bleibt, verwandelt das Leinöl in einen fest haftenden Firniß.

Eisenblechöfen, die besonders dem Rosten unterworfen sind, schützt man sehr gut dagegen durch einen heißen Anstrich von Leinöl, worin $\frac{1}{4}$ Pech aufgelöst worden.

Will man dem Eisen zugleich mit dem Schutzmittel, besonders gegen saure Dämpfe, eine Farbe mittheilen, so mischt man

1 Pfund Asphalt,
4 Pfund Steinkohlenöl,
1 Pfund Graphit und
1 Pfund schwefelsaures Blei,

und streicht es, wie gewöhnliche Malerfarbe, auf das gelinde erwärmte Eisen auf.

Die Rostbildung auf dem Eisen wird durch Säuren sehr befördert; denn das Eisen ist ebenso, wie das Zink (S. 347), nur dann in den Säuren auflöslich, wenn es sich zuvor in Sauerstoffeisen oder Eisenoxydul und Oxyd verwandelt hat. Wendet man daher nicht so viel Säure an, als erforderlich ist, um das durch ihre Einwirkung entstandene Oxydul oder Oxyd aufzulösen und zum Eisensalz zu machen, so haftet es fest an der Oberfläche und kittet zugleich andere, nahe liegende Theile fest zusammen.

Hierauf beruht die Darstellung eines sehr brauchbaren Steinkitts für Wasserbehälter. Es wird nämlich Eisenfeile mit Essig zu einem Brei angerührt, und hiemit werden die zu verschließenden Steinfugen verstrichen.

Zu Paris, wo dieser Kitt besonders zu den Trinkwasserfiltrirbehältern in großer Menge verbraucht wird, fand man, daß die Stelle des theuren Essigs auch mit Wasser verdünnte Schwefelsäure vertreten kann. Es werden

2 Pfund Schwefelsäure mit
70 Pfund Wasser

vermischt und mit dieser sauren Flüssigkeit feine Eisenfeile zu einem Brei angerührt. Dieser Kitt quillt ebenso, wie der mit Essig angemachte, und verschließt die Fugen, in die er eingestrichen ist, vollkommen.

Dampfkessel, welche aus Eisenplatten zusammen genietet sind, bedürfen zum Verschmieren der Fugen eines sehr festen, dampfhaltenden Kitts. Ein solcher, der sich gleichfalls auf die Bildung von Eisenrost gründet, wird aus

32 Pfund feiner Eisenfeile,
1 Pfund Salmiak und
1 Pfund Schwefelblumen,

mit Wasser zum Brei angerührt, dargestellt.

Seine Anwendung erfordert, besonders beim Verkitten des Innern der Dampfkessel, große Vorsicht, denn der Kitt entwickelt erstickendes brennbares Gas, und es sind

Fälle vorgekommen, daß Menschen dadurch erstickt worden sind, welche sich im Innern eines solchen verkitteten Dampfkessels befanden.

Auch Kalk und Sand, die gewöhnlichen Bestandtheile des Mörtels (S. 323), sollen durch einen Zusatz von Eisenfeile, indem diese rosten, fester und dauerhafter vereinigt werden. Man löscht mit der hinlänglichen Menge Wassers

10 Pfund Kalk und mischt
50 Pfund Eisenfeile und
20 Pfund Kiessand

darunter. Zweckmäßiger wäre es wohl, statt des gebrannten Kalks, der das Rosten hindert, ungebrannten oder Kalkstein anzuwenden, und sich, anstatt des Wassers, einer schwachen Salmiakauflösung zum Anfeuchten zu bedienen.

Da man die Eisenfeile nicht immer in hinlänglicher Menge haben kann, so hat man vorgeschlagen, statt ihrer Hammerschlag zu nehmen, der nach dem Glühen und Ablöschen sich leicht pulvern läßt. Allein er hat sich mir als völlig untauglich erwiesen, weil er nicht rostet, und auf dem Rosten doch diese ganze Kittbildung beruht.

Mit den Säuren bildet das Eisen die Eisensalze. Sie sind Auflösungen von Eisenoxydul oder Eisenoxyd in Säuren.

Ein sehr bekanntes und vielfältig brauchbares Eisensalz ist das schwefelsaure Eisenoxydul oder der Eisenvitriol. Es wird gebildet, wenn man Eisen mit verdünnter Schwefelsäure übergießt, das sich darin unter einem lebhaften Aufbrausen und Entwickeln von Wasserstoffgas auflöst. Aus dieser Auflösung scheiden sich nach einiger Zeit durchsichtige meergrüne Krystalle, die man krystallisirtes, schwefelsaures Eisenoxydul oder grünen Eisenvitriol nennt und die nach genauen Untersuchungen in 138 Pfund

1 M. G. oder 27 Pfund Eisen,
1 M. G. oder 8 Pfund Sauerstoff,
1 M. G. oder 40 Pfund Schwefelsäure und
7 M. G. oder 63 Pfund Wasser
Summa 138

enthalten.

Es ist nach allem Früheren klar, daß sich schon aus dieser Zusammensetzung das M. G. des Eisens oder die Zahl, in welcher es seine Verbindungen eingeht, ableiten läßt. Ein Zahlenverhältniß bedingt in der Chemie immer nothwendig ein anderes. Wenn daher 27 Pfund Eisen hinreichend sind, um mit 8 Pfund Sauerstoff (= 1 M. G.) und 40 Pfund wasserfreier Schwefelsäure (= 1 M. G.) eine selbstständige, krystallisirte Verbindung, wie es der Eisenvitriol ist, darzustellen, so kann sein eigenes M. G. nur 27 sein.

Das Eisen ist, wie schon die 8 Pfund Sauerstoff beweisen, im Eisenvitriol als Einfach-Sauerstoffeisen, was man Eisenoxydul nennt, enthalten, das demnach aus

1 M. G. oder 27 Pfund Eisen und
1 M. G. oder 8 Pfund Sauerstoff
35

besteht und daraus abgeschieden wird, wenn man die Auflösung von 1 M. G. Eisenvitriol mit einem M. G. Kalilauge so vermischt, daß die Luft gleichzeitig nicht einwirken kann. In diesem Fall erscheint das Eisenoxydul in Verbindung mit Wasser als ein weißer Niederschlag, den man daher auch Eisenoxydulhydrat nennt, der durch Erhitzen mit der Flüssigkeit eine schwarze Farbe annimmt, indem ihm dadurch das Wasser entzogen wird.

Setzt man das schwarze Eisenoxydul in Berührung mit Wasser der freien Einwirkung der Luft aus, so nimmt es begierig Sauerstoff aus der Luft auf und verändert seine schwarze Farbe in eine gelbbraue, die durch Trocknen und Glühen in eine rothe übergeht. Es hat sich in rothes Eisenoxyd verwandelt, S. 379 Nr. 69.

War das zu diesem Versuch verwandte schwarze Eisenoxydul aus 2 M. G. oder 276 Pfund krystallisirtem Eisenvitriol durch Fällen mit Aetzkalilauge dargestellt, betrug es also 2 M. G. oder 70 Pfund schwarzes Eisenoxydul, so wird man finden, daß das entstandene rothe Eisenoxyd nach dem Trocknen und Glühen 8 Pfund mehr wiegt, als das angewandte Eisenoxydul. Dieser Ueberschuß von 8 Pfund rührt von dem Sauerstoff her, welchen das schwarze Eisenoxydul während seines Aussetzens an die Luft aus derselben aufgenommen hat; so daß also das rothe Eisenoxyd aus

2 M. G. oder 70 Pfund Eisenoxydul und

1 M. G. oder 8 Pfund Sauerstoff besteht und

demnach selbst ein M. G. = 78 hat.

Darauf, daß das im Eisenvitriol enthaltene Eisenoxydul sehr leicht durch die Laugensalze abgeschieden und durch den Sauerstoff der Luft in rothes Eisenoxydul verwandelt wird, beruhen die meisten Anwendungsarten des Eisenvitriols.

Mit Kalkbrei vermischt giebt derselbe z. B. einen sehr haltbaren gelben Anstrich für Zimmerwände rc., dem man durch Zusatz von Kienruß eine grüne Farbe ertheilen kann. — Wird Kalk mit einer heißen Auflösung von Eisenvitriol gelöscht und der hiedurch entstandene eisenoxydulhaltige Kalkbrei mit hinlänglichem Sande zum Mörtel angerührt, so erhält man einen selbst zu Wasserbauten brauchbaren Mörtel, der auch der Winterkälte widersteht.

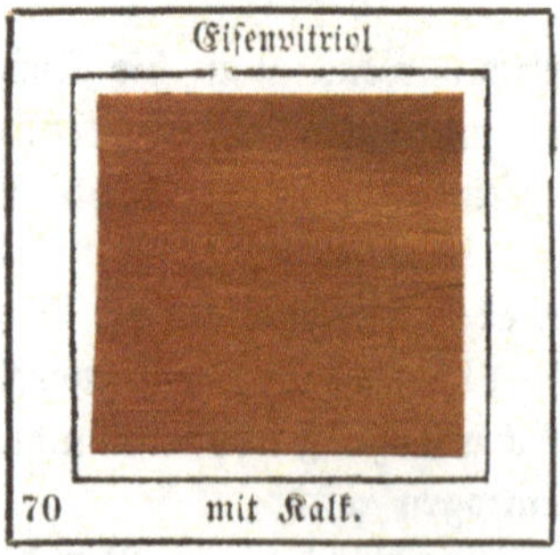

Das aus dem Eisenvitriol dargestellte Eisenoxyd ist das beste Mittel zum Poliren und Schärfen von Stahlinstrumenten. Unter den verschiedenen Vorschriften zur Darstellung scheint folgende die beste zu sein. Man mischt

4 Pfund Eisenvitriol mit
3 Pfund Kochsalz,

trocknet die Mischung gehörig und glüht sie dann in einem leicht bedeckten Tiegel roth. Der Rückstand im Tiegel wird nach dem Erkalten in Wasser aufgelöst und hinterläßt ein glimmerartiges Pulver, das nach dem Zerreiben noch hart genug ist, um, auf eine Lederfeile gestreut, den Stahl zu schärfen und zu poliren.

Auch als rothe Farbe ist das Eisenoxyd von Wichtigkeit, da es sich mit einer Menge anderer Farben sehr gut verträgt und mischen läßt. Es wird als ein Nebenerzeugniß bei der Destillation des Vitriolöls aus geröstetem Eisenvitriol (S. 81 Nr. 26) gewonnen und kommt unter verschiedenen Namen, z. B. Ocker, Englischroth 2c., in den Handel. Auch das sogenannte Juvelierroth ist ein Eisenoxyd, durch Fällen von Eisenvitriolauflösung mit Potaschenauflösung dargestellt und, nach dem Auswaschen mit Wasser, wohl gebrannt. Hiebei ist zu merken, daß je öfter und länger ein solches Eisenoxyd roth geglüht oder gebrannt wird, es um so schöner und röther von Farbe wird. Nur muß die Hitze nicht zu stark sein, sonst geht die Farbe ins Dunklere über.

In der Natur kommt ein Eisenoxyd vor, welches Blutstein heißt. Er besitzt die Farbe von Nr. 71 und färbt stark ab, dient daher zur Darstellung der rothen Kreide oder des Röthels. Man mischt

20 Loth Blutstein mit
1 Loth Gummi,

welches vorher in wenig Wasser vollkommen aufgelöst worden, und formt aus dem Teige die Röthelstifte. Mehr Gummi, als die angegebene Menge, macht die Stifte zu hart. Ein Zusatz von ½ Loth Seife macht die Schrift haltbarer, ertheilt ihr jedoch eine bräunliche Farbe.

Wird Eisenvitriol in verschlossenen Gefäßen (welche keine Luft zulassen) erhitzt, so verliert er sein Wasser und wird zu einem weißen Pulver. Geschah es aber im Gegentheil in einem offenen Gefäße, also beim freien Zutritt der Luft, so erhält man ein gelbes Pulver. Diese Farbe rührt, wie leicht einzusehen, von dem Sauerstoff der Luft her, welchen der Eisenvitriol während des Erhitzens an die Stelle des Wassers aufgenommen hat. Ein solcher Eisenvitriol heißt gerösteter oder calcinirter Eisenvitriol.

Der an der Luft geröstete Eisenvitriol enthält also wenigstens einen Theil seines Eisenoxyduls in einem höher oxydirten Zustande, nämlich als Eisenoxyd, und dient so zu manchen Zwecken, wozu der ungeröstete Eisenvitriol nicht anwendbar ist, z. B. als Beize für Wolle, indem die Wolle sich gleichmäßiger mit dem Eisenoxyd als mit dem Eisenoxydul verbindet.

Das Eisenoxyd erfordert jedoch mehr Säure zu seiner Auflösung, als das Eisenoxydul; daher muß man dem gerösteten Eisenvitriol noch Schwefelsäure zusetzen, um eine klare Auflösung in Wasser zu erhalten. Die Menge der zuzusetzenden Schwefelsäure ist verschieden, je nachdem der Eisenvitriol mehr oder weniger geröstet ist. Ist es so lange geschehen, daß alles Eisenoxydul in Oxyd übergegangen, so muß man auf

2 M. G. oder 276 Pfund Eisenvitriol
1 M. G. oder 49 Pfund Schwefelsäure

zusetzen, um das Eisenoxyd vollkommen aufzulösen.

Beim Rösten des Eisenvitriols hängt der Erfolg sehr von der Stärke des angewandten Feuers ab, indem ein zu starkes Feuer ihn ganz zerstören und die Schwefelsäure verjagen kann, so daß reines Eisenoxyd als Rückstand bleibt; man bereitet sich aus diesem Grunde die schwefelsaure Eisenoxydbeize für Wolle am zweckmäßigsten auf folgende Weise mit Hülfe des Sauerstoffs der Salpetersäure.

Man mischt

260 Pfund Wasser mit
65 Pfund Schwefelsäure und fügt dann
65 Pfund Salpetersäure

hinzu, erhitzt dieses Gemisch und bringt nach und nach

360 Pfund krystallisirten Eisenvitriol

hinein und fährt mit dem Erhitzen so lange fort, als sich noch rothe Dämpfe entwickeln, endlich läßt man das Ganze zum Kochen kommen und setzt nun noch

100 Pfund Wasser und
65 Pfund Schwefelsäure, worin
150 Pfund Weinstein

aufgelöst sind, hinzu. Die nun fertige Beize wird in hölzernen Gefäßen zum Gebrauch aufbewahrt. Sie trübt sich nicht beim Kochen mit der Wolle, wie die Eisenvitriolauflösung, man hat also kein Fleckigwerden zu befürchten.

Mit schwefelsaurem Eisenoxyd kann man dem Papier verschiedene, angenehme Rostfarben mittheilen. Man mengt z. B. das fertige Ganzzeug mit einer Auflösung des oben erwähnten gerösteten Eisenvitriols und setzt dann so lange klares Kalkwasser hinzu, bis die gelbe Farbe nicht mehr zunimmt. Hiebei ist zu merken, daß man an

753 Pfund Kalkwasser auf
2 Pfund gerösteten Eisenvitriol

nöthig hat, um diese vollständig in Gyps und Eisenoxyd zu zerlegen. Denn die genannte Menge Kalkwasser enthält (wie S. 282 angegeben) nur 1 Pfund Kalk aufgelöst.

Mit der weißen Gerbsäure der Galläpfel (welche man durch Schütteln von Galläpfelpulver mit Schwefeläther und Abdampfen der klaren ätherischen Auflösung erhält) bildet das Eisenoxyd eine schwarze Verbindung: die Grundlage unserer gewöhnlichen Schreibdinte. Durch die Länge der Zeit wird diese Verbindung zerstört, sie verbleicht und oft zeigen sich nur schwache Spuren einer früheren Schrift durch einen übrig gebliebenen gelblichen Schimmer. Dieser rührt von dem Eisenoxyd her, welches auf dem Papier zurückgeblieben ist und womit von neuem wieder Dinte gebildet und folglich die Schrift wieder hergestellt werden kann, wenn man sie wieder mit einer Auflösung der Gerbsäure der Galläpfel in Berührung bringt.

Diese Gerbsäure wird dadurch dargestellt, daß man Galläpfelpulver mit Aether schüttelt. Nach dem Verdunsten des Aethers bleibt dann die Gerbsäure zurück.

Soll dieselbe aber eine möglichst schnelle und sichere Wirkung hervorbringen, so muß sie, mit Essigsäure vermischt, angewendet werden, und zwar in dem Verhältniß von

1 Loth trockener Gerbsäure,
96 Loth destillirtem Essig und
100 Loth Wasser.

In diese Auflösung wird die wiederherzustellende Handschrift (wenn sie mit einer eisenhaltigen Dinte geschrieben war) gelegt, aber nicht, wie man es gewöhnlich in ähnlichen Fällen zu empfehlen pflegt, damit überstrichen. Denn meistens sind unleserlich gewordene Handschriften so voll Schmutz ꝛc., daß die Flüssigkeit längere Zeit einwirken muß, um gehörig einzudringen und ihre Wirkung zu thun. Ist die Schrift endlich leserlich geworden, so legt man die Handschriften in ein Gefäß mit reinem Wasser, um die überschüssige essigsaure Gerbsäure auszuwaschen und trocknet sie zwischen Fließpulver.

Handschriften von Papier müssen zertrennt, Blatt für

Blatt behandelt und wegen des leichten Zerreißens auf einer Glasplatte liegend in die Flüssigkeit und aus derselben gebracht werden.

Ueberhaupt erfordert diese Behandlungsart einige Uebung, die man sich leicht durch vorläufige Versuche mit einer werthlosen, künstlich mit Chlorkalk zerstörten oder mit bloßer Eisenvitriolauflösung geschriebenen Handschrift, verschaffen kann.

Der von Manchen statt der Galläpfelgerbsäure empfohlene Galläpfelabsud taugt wegen seiner dunklen Farbe nicht und die Gallussäure kommt zu theuer zu stehen, hat auch keine Vorzüge vor der weißen Gerbsäure.

Hundert Pfund krystallisirter Eisenvitriol lösen sich in 143 Pfund kaltem Wasser (von 12° R.) vollkommen auf, und bei einer Hitze von 80° R. reichen schon 30 Pfund Wasser hin, um 100 Pfund krystallisirten Eisenvitriol aufzulösen.

Der im Handel vorkommende Eisenvitriol ist oft mit Zink- und Kupfervitriol, so wie mit Alaun versetzt.

Ein alaunhaltiger Vitriol taugt nicht zum Schwarzfärben, denn er giebt mit Galläpfeln 2c. kein reines Kesselschwarz, sondern ein ins Graue und Braune spielendes. Die hier anzuwendende Eisenvitriolprobe besteht in der Ausmittelung seiner Wirkung beim Färben, besonders mit Krapp auf Baumwollenzeug.

Bereitet man nämlich eine essigsaure Eisenbeize aus

5 Pfund reinem kryst. Eisenvitriol,
20 Pfund warmem Wasser und
4 Pfund Bleizucker,

beizt mit der klaren Flüssigkeit etwas Kattun und färbt ihn nach dem gehörigen Reinigen mit Avignoner Krapp aus, so erhält man ein dunkles Violett. Enthielt dagegen der Eisenvitriol Alaun, so wird sich das Violett um so mehr dem Braunen und Rothen nähern, je reichhaltiger er an Alaun ist; denn die Thonerde giebt mit Krapp eine roth Verbindung.

Will man eine chemische Probe anstellen, so versetzt man die Auflösung des zu prüfenden Eisenvitriols mit einem Ueberschuß an Aetzkalilauge und erwärmt das Ganze längere Zeit unter öfterem Umschütteln. Mit dem durch Aetzkali niedergeschlagenen Eisenoxydul bildet das überschüssige Aetzkali keine Auflösung, wohl aber mit der Thonerde des gleichzeitig zersetzten Alauns (wenn derselbe im Eisenvitriol enthalten war). Sie kommt als weißer Niederschlag zum Vorschein, wenn man die abfiltrirte klare Flüssigkeit vorsichtig mit Essigsäure sättigt.

Ein Gehalt an Kupfervitriol wird durch ein blankes Eisen entdeckt, das sich, in die Auflösung eines solchen Vitriols gestellt, nach einiger Zeit verkupfert. Durch Kochenlassen seiner Auflösung über eisernen Nägeln 2c. wird das Kupfer abgeschieden.

Bringt man ein kohlensäurehaltiges Wasser mit Eisen und etwas Luft zusammen, so löst sich etwas Eisen in der Kohlensäure auf und es entsteht ein kohlensaures Eisenoxydul. Ein solches ist in den sogenannten Stahlwässern enthalten. Wirkt der Sauerstoff der Luft darauf ein, so wird das Eisenoxydul zu Eisenoxyd und die Verbindung trennt sich, weil die Kohlensäure das Eisenoxyd nicht in Auflösung zu erhalten vermag. Diese Zersetzung erfolgt selbst in wohlverpichten, ganz mit dem Eisenwasser gefüllten Flaschen. Man beugt ihr vor durch einen blanken eisernen Nagel, den man an der innern Seite des Korks befestigt und von solcher Länge wählt, daß er ins Wasser hineinragt. In diesem Fall findet die Kohlensäure stets wieder frisches Eisen zum Auflösen und der Eisengehalt des Wassers bleibt sich gleich; selbst nach 5 Jahren fand man ein solches Wasser noch vollkommen gut.

Eine dem Eisenvitriol gleichwirkende Verbindung bildet

die Salzsäure mit dem Eisen: das Chloreisen. Uebergießt man

27 Pfund eiserne Nägel mit

120 Pfund Salzsäure von 1,150 Eigenschwere,

so bildet sich, unter Entwickelung von Wasserstoffgas, eine blaßgrüne Auflösung, die

27 Pfund Eisen und

36 Pfund Chlor,

also 53 Pfund oder 1 M. G. Chloreisen enthält.

Es wird dieses Chloreisen, weil es auf 1 M. G. Eisen 1 M. G. Chlor enthält, Einfach-Chloreisen genannt. Es ist dem Einfach-Sauerstoffeisen oder Eisenoxydul, S. 379 Nr. 68, entsprechend. Es ist dasselbe Salz, welches früher salzsaures Eisenoxydul genannt wurde, weil es sich auch durch Auflösen von Eisenoxydul in Salzsäure bildet, wobei der Sauerstoff des Oxyduls sich mit dem Wasserstoff der Säure zu Wasser vereinigt, indem gleichzeitig Chlor und Eisen zu Chloreisen zusammentreten.

Vermischt man diese Auflösung von Einfach-Chloreisen mit 60 Pfund Salzsäure von 1,160 Eigenschwere, erhitzt sie bis zum Kochen und setzt ihr kleine Mengen Salpetersäure so lange nach und nach zu, als noch eine Entwickelung von Salpetergas erfolgt und die dunkelbraune Farbe der Auflösung in die hellbraune übergegangen ist, so erhält man eine Auflösung von einer anderen Art Chloreisen, welches man Anderthalb-Chloreisen nennt, indem es aus

2 M. G. oder 54 Pfund Eisen und

3 M. G. oder 108 Pfund Chlor

besteht. Es ist, wie man sieht, dem Anderthalb-Sauerstoffeisen oder rothen Eisenoxyd, S. 379 Nr. 69, entsprechend gebildet. Früher nannte man es salzsaures Eisenoxyd, weil es auch durch Auflösen von Eisenoxyd in Salzsäure gebildet wird, indem hier ein eben solcher Austausch der Bestandtheile stattfindet, wie beim Auflösen von Eisenoxydul in Salzsäure: der Sauerstoff wird durch eine entsprechende Menge Chlor ersetzt.

Die Wirkung der Salpetersäure bei der Bildung des Anderthalb-Chloreisens aus Einfach-Chloreisen beruht darauf, daß sie zerlegt wird und ein Theil ihres Sauerstoffs sich mit dem Wasserstoff der Salzsäure verbindet, wodurch dann eine entsprechende Menge Chlor frei und aus dem Einfach-Chloreisen Anderthalb-Chloreisen gebildet wird.

Das salpetersaure Eisenoxyd erfordert zu seiner Darstellung dieselbe Vorsicht, wie das salpetersaure Zinn (S. 186); man muß, wenn man eine starke Auflösung von salpetersaurem Eisenoxyd bereiten will, nicht die Säure aufs Eisen gießen, sondern umgekehrt das Eisen in kleinen Mengen, z. B. nagelweis, in die Salpetersäure bringen und damit so lange fortfahren, als sich noch Eisen auflöst. Beobachtet man dieß nicht, so erhitzt sich die Säure und es bildet sich statt einer Eisenauflösung ein dicker Brei von Eisenoxyd, der zwar durch einen neuen Zusatz von Salpetersäure wieder aufzulösen ist, aber mehr Säure zu seiner Auflösung erfordert, als ursprünglich nöthig war.

Ein reines Eisen, welches keinen Kohlenstoff oder nur sehr wenig enthält, bildet das gewöhnliche, geschmeidige Eisen, woraus Eisendraht, Nägel 2c. verfertigt werden. Es zeichnet sich dadurch aus, daß es, bis zum Rothglühen erhitzt und schnell in Wasser abgekühlt, nicht federt, sondern jede Gestalt annimmt, die man ihm giebt, wie man sich durch den Versuch mit einem Eisendraht leicht überzeugen kann. Setzt man aber

100 Pfund weiches Eisen mit

2 Pfund reiner Kohle oder Kienruß

unter einer Decke von Glaspulver einer sehr heftigen Hitze aus, so erhält man eine Verbindung von Eisen mit Kohle, welche zu Draht verarbeitet und wie oben, zum

Rothglühen erhitzt und dann schnell in Wasser abgekühlt, stark federt und immer wieder die frühere Gestalt annimmt, die es vor dem Biegen ꝛc. hatte, wie man sich durch den Versuch mit einer Uhrfeder sehr leicht überzeugen kann.

Man nennt ein solches Kohlenstoffeisen Stahl. Der Stahl entsteht immer, wenn Eisen mit Kohle oder kohlenstoffhaltigen Körpern einer sehr heftigen Hitze längere Zeit ausgesetzt wird. Dauert jedoch die Hitze zu lange, und ist zugleich eine hinlängliche Menge Kohle vorhanden, so nimmt das Eisen noch mehr Kohle auf, als es, um Stahl zu bilden, bedarf, und es entsteht ein zweites Kohlenstoffeisen mit anderen Eigenschaften, als der Stahl, nämlich das Gußeisen. Es schmilzt leichter als Stahl, ist viel spröder und läßt sich nicht zu Draht verarbeiten, wie dieser.

Hienach unterscheiden sich weiches Eisen, Stahl und Gußeisen im Wesentlichen nur durch einen verschiedenen Gehalt an Kohlenstoff und man kann

weiches Eisen als ein Eisen mit wenig Kohlenstoff,
Gußeisen als ein Eisen mit viel Kohlenstoff,
Stahl als ein Eisen mit etwas Kohlenstoff

betrachten und im allgemeinen sagen, der Stahl sei ein gekohltes Eisen, daß Gußeisen ein gekohlter Stahl, wiewohl letzteres sich noch durch eine Menge anderer Beimischungen vom weichen Eisen und Stahl unterscheidet.

Schmelzt man gleiche Theile

weiches Eisen mit
gutem Gußeisen

zusammen, so geht ein Theil Kohlenstoff des Gußeisens an das weiche Eisen über und bildet damit Stahl, indeß ein anderer, unzersetzt gebliebener Theil Gußeisen mit diesem gebildeten Stahl in Verbindung bleibt, doch so, daß sie durch eine langsame Abkühlung in innigst verschlungenen Schichten sich neben einander lagern. Taucht man ein solches Gemisch in eine mit Wasser verdünnte Säure, so zeigt sich die sogenannte Damascirung, indem di Theilchen des reinen Stahls schwarz, die des gekohlten Stahls (Gußeisens) weiß erscheinen. Die Schwärzung rührt von der Bloßlegung des Kohlenstoffs durch die Säuren her, was beim Stahl leichter als beim Gußeisen geschieht.

Der eben erwähnte Eisendamasc wird auch erhalten, wenn man Eisen mit mehr Kohle behandelt, als nöthig ist, um Stahl zu bilden. In diesem Fall wird ein Theil Stahl zu Gußeisen. Soll die Verbindung damasciren, so ist ein langsames Abkühlen des geschmolzenen Gemisches Hauptbedingung; denn nach einer schnellen Abkühlung erhält man eine kaum sichtbare Damascirung.

Packt man Stahl mit einer dicken Lage reiner Eisenfeile in einer eisernen Büchse mit gut passendem Deckel zusammen, läßt ihn 4 Stunden lang weißglühen und nachher den Ofen sehr langsam abkühlen, so geht ein Theil des Kohlenstoffs des Stahls in die Eisenfeile über und ersterer wird in weiches Eisen verwandelt. Man nennt dieß das Entkohlen des Stahls. Es kommt besonders bei Stahlplatten, die zum Stahlstich bestimmt sind, in Anwendung.

Wird ein so entkohlter Stahl von neuem wieder mit Kohle auf dieselbe Weise, wie oben mit Eisenfeile, behandelt, so nimmt er wieder Kohle auf und wird wieder zu Stahl. Man hat gefunden, daß Lederkohle hier die besten Dienste leistet.

Beim Stahlhärten werden allerlei Vorsichtsmaßregeln nöthig, die nach der Art des Stahls und nach der Beschaffenheit des daraus Gefertigten verschieden sind. Besonders kommt es darauf an, daß sich die Stücke nicht werfen. Man hat gefunden, daß Stahlplatten und längliche Stahlstücke, wenn sie behufs des Härtens in kaltes Wasser getaucht werden, sich, in senkrechter Lage oder nach der

Richtung ihrer Länge in dasselbe eingeführt, weniger werfen, als in jeder anderen.

Scharfschneidige Instrumente werden besser und zweckmäßiger durch einen schnellen, kalten Luftstrom gehärtet, als durch Eintauchen in Wasser. Bei dickeren Stücken zu härtenden Stahls ist dieß jedoch nicht anwendbar.

Dünner Stahldraht wirft sich beim Härten im Wasser am leichtesten. Man taucht ihn daher nicht ein, sondern legt die gehörig erhitzten Gegenstände aus Stahldraht auf einen Block von Gußeisen mit vollkommen ebener Oberfläche und walzt sie mit einer geraden Eisenplatte hin und her. Unter diesen Umständen bleiben sie gerade und werden hinlänglich hart.

Einen sehr großen Härtegrad ertheilt man kleinen Gegenständen, wenn man sie mit dem leichtflüssigen Metallgemisch in einen Flintenlauf thut, ihn mit einem eisernen Stöpsel verschließt, hierauf bis zum Weißglühen erhitzt und dann schnell in kaltes Wasser taucht. Durch kochendes Wasser trennt man nachher die Stahlwaaren von dem Metallgemisch.

Man setzt dem Wasser, welches zum Härten bestimmt ist, sehr zweckmäßig etwas Eiweiß zu. Dadurch behält der Stahl seinen Glanz und es findet keine solche Dampfentwickelung statt, wie bei bloßem Wasser, indem das Eiweiß gerinnt und sich an das Eisen anlegt.

Nach genau angestellten Versuchen ist ungehärteter Stahl bedeutend stärker als Eisen. Eine Stange Steyerisches Eisen von einem Quadratzoll Durchmesser zerriß durch 400 Zentner Gewicht. Eine Stange Stahl dagegen, aus demselben Eisen und von derselben Dicke, erst bei 749 Zentner!

Wendete man demnach gemeinen guten Stahl statt des Eisens zu Schienen für Kettenbrücken, zu Ketten für Ankertaue rc. an, so würde der Vortheil bedeutend sein, denn man kann bei gleicher Haltbarkeit die Sachen viel dünner machen. Auch ist Stahl dem Rosten viel weniger unterworfen als Eisen.

Das Gußeisen, auch Roheisen genannt, ist meistens ein noch mit Phosphor, Schwefel, Mangan, Chrom, Kupfer, Calcium ꝛc., verunreinigtes Kohlenstoffeisen von einem blättrigen oder körnigen Gefüge. Selten sind diese Beimischungen seiner vielfachen Anwendung hinderlich, wiewohl sein Gefüge, was mit derselben in Verbindung steht, bei manchen Anwendungsarten sehr in Betracht kommt und oft sonderbaren Veränderungen unterworfen ist.

So erhalten z. B. gußeiserne Gefäße durch wiederholtes Erhitzen eine bleibende Zunahme ihres Umfangs. Eine gußeiserne Retorte, die bei 21° R. 9,13 Kubikzoll Quecksilber faßte, nahm

nach dem ersten Erhitzen 9,64 Kubikzoll,
nach dem dritten Erhitzen 10,16 Kubikzoll

auf; hatte also bedeutend an Größe zugenommen, was besonders beim Einmauern großer gußeiserner Gefäße, die einer starken Hitze ausgesetzt werden, zu beachten ist.

Man unterscheidet ein schwarzes, ein graues und ein weißes Gußeisen. Das schwarze hat zu viel Kohlenstoff und taugt weniger als das graue. Das weiße Gußeisen, welches viel Schwefel und Mangan enthält, ist sehr hart und spröde und berstet leicht durch den Wechsel von Hitze und Kälte. Die beste Sorte ist das graue Gußeisen, es läßt sich feilen, drehen, bohren und ist selbst ein wenig hämmerbar.

Im rothglühenden Zustande ist das Gußeisen so weich, daß es sich mit einer gewöhnlichen Holzsäge zersägen läßt.

Man kann Eisen und Stahl mittelst einer kreisförmigen Scheibe weichen Eisenblechs, die man an einer Drehbank schnell umtreibt, durchschneiden, wenn man das zu Schneidende daran hält. Auf Gußeisen äußert dagegen die Scheibe keine Wirkung.

Einen ähnlichen auffallenden Unterschied im Verhalten von Eisen und Stahl und Gußeisen zeigt sich im Bezug auf den Schwefel. Es giebt nämlich ein altes Kunststück unter dem Namen: „Eisen zu schmelzen, daß es wie Butter fließt,“ und was darin besteht, daß man an eine weißglühende Eisenstange ein Stück Schwefel hält. Es bildet sich auf der Stelle Schwefeleisen, das in Tropfen herunter fließt. Stahl zeigt dieselbe Erscheinung, nicht aber Gußeisen; dieß verbindet sich nicht so leicht und schnell mit dem Schwefel.

Durch Eisen kann dem Gußeisen ein Theil Kohlenstoff entzogen werden. Packt man verarbeitetes weiches Eisen auf die oben (S. 394) angegebene Weise mit Gußeisendrehspänen zusammen und setzt es einer heftigen Hitze aus, so wird das Eisen in Stahl verwandelt. Dieß Verfahren ist da anwendbar, wo man kleine aus Eisendraht verfertigte Sachen in Stahl verwandeln will. Das graue Gußeisen paßt hiezu am besten.

Kehrt man den Versuch um, packt Gußeisenarbeit mit Eisenfeile zusammen und behandelt es auf dieselbe Weise, so verliert das Gußeisen mit seinem Kohlenstoff zugleich bedeutend von seiner Sprödigkeit und nähert sich dem Stahl. Auch die Eisenfeile ist theilweis durch die Aufnahme von Kohlenstoff in Stahl verwandelt.

Gußeisen ist viel schwieriger zu verzinnen als Eisen und Stahl. Um die Verzinnung dauerhaft zu bewerkstelligen, muß es erst verkupfert werden, indem man das blank gescheuerte Gußeisen mit einer Auflösung von Kupfervitriol überstreicht, wodurch sich Kupfer an das Eisen anlegt. Nach dem Abwaschen und Trocknen wird das verkupferte Gußeisen mit reinem Zinn und möglichst wenig Salmiak auf die gewöhnliche Weise verzinnt.

Man muß sich hüten, Eisen und Stahl sowohl, wie Gußeisen, mit anderen Metallen zusammen zu bringen, weil dieß fast immer das Rosten, also die Zerstörung des Eisens rc., beschleunigt. So bedient man sich oft des Bleies, um eiserne Wasserleitungsröhren zu vereinigen. Dieß befördert ihr Zerfressenwerden vom Rost. Daher ist es besser, sie mit dem (S. 289) angeführten Kitt aus Leinöl und Kalk, dem man etwas zerhacktes Werg zugesetzt hat, zu vereinigen.

Beim Zusammenschmelzen verhält es sich dagegen anders. Der Stahl gewinnt z. B. nicht nur an Härte und Schönheit, sondern auch an Dauerhaftigkeit, z. B. durch Chrom, Nickel, Kupfer, Silber, Gold und Platin. Der Stahl nimmt nicht viel von diesen Metallen auf, auch sind 2—4 Proc. hinreichend, ihm die gewünschten Eigenschaften zu ertheilen.

Vom Kobalt.

Es giebt eine blaue Farbe, welche man Schmalte nennt. Sie ist von glasartiger Beschaffenheit und wird in den sogenannten Blaufarbewerken durch Zusammenschmelzen der gerösteten Kobalterze mit Sand und Potasche dargestellt. Sie verdankt also ihre Farbe dem Kobalt.

Der Kobalt ist in dem Speiskobalt und im Kobaltglanz mit Arsenik, Nickel und anderen Metallen vermischt enthalten. Der Arsenik wird abgeschieden, wenn man

1 Pfund Speiskobalt mit
3 Pfund Potasche und
3 Pfund Schwefel

im Thontiegel bei einer gelinden Hitze glüht. Laugt man die Masse mit Wasser aus, so löst sich der Arsenik, in Verbindung mit Schwefel und Potasche, auf und Schwefelkobalt bleibt zurück.

Dieser Schwefelkobalt ist noch mit mehreren Metallen, namentlich mit Kupfer, Nickel ꝛc., verunreinigt. Man löst ihn in Salpetersäure auf, verdünnt die Auflösung mit Wasser und schlägt durch ein blankes Eisen das Kupfer nieder. Ist dieß geschehen, so setzt man der Auflösung so lange kohlensaure Kaliauflösung zu, als noch ein Niederschlag entsteht, wäscht denselben gut aus und schüttelt und erwärmt ihn so lange mit einer Auflösung von Oxal- oder Kleesäure, als diese noch von dem Niederschlag aufgenommen wird.

Hiedurch ist oxalsaures Kobalt- und oxalsaures Nickeloxyd entstanden, die man durch Ammoniakflüssigkeit trennt. Sie lösen sich nämlich beide auf, aber der Lufteinwirkung in einem flachen Gefäße ausgesetzt, wird das oxalsaure Nickeloxyd als grünes Pulver niedergeschlagen, das Kobaltsalz dagegen bleibt aufgelöst.

Wenn man das so erhaltene oxalsaure Kobaltoxyd heftig glüht, so erhält man das Kobaltmetall. Es wird nicht gebraucht, wohl aber seine Verbindung mit Sauerstoff, Kobaltoxyd. Dieses dient besonders den Glasmalern zur Darstellung der dunkelblauen Schmelzfarben, da die Schmalte, wegen ihrer glasartigen Beschaffenheit, sich nicht leicht gleichmäßig auf die glatte Glasfläche auftragen läßt.

Die Schmalte, welche nichts weiter ist als eine Auflösung von Kobaltoxyd in geschmolzenem Glase, wird nicht selten gebraucht, um dem weißen Papier eine bläuliche Farbe zu geben. Hierin thun aber die Papiermacher sehr unrecht, denn es ist so gut, als ob sie gepulvertes Glas unter die Papiermasse mischten. Auf einem solchen Papier werden die

Federn gleich stumpf, indem die Spitze durch das Schmaltepulver abgeschliffen wird. Man färbt das Papier viel zweckmäßiger mit essigsaurem Indig, der nicht theurer zu stehen kommt als Schmalte.

Da die Schmalte meistens noch Arsenik enthält, so verbreitet ein mit Schmalte gefärbtes Papier nach dem Anzünden einen knoblauchartigen Arsenikgeruch.

Das M. G. des Kobalts ist = 29,5, daher hat das Kobaltoxyd, welches aus

29,5 Pfund Kobalt und
8 Pfund Sauerstoff besteht,

ein M. G. = 37,5.

Vom Nickel.

Erst jetzt, wo man gefunden hat, daß dieses Metall in nicht geringer Menge in der sogenannten Kobaltspeise enthalten ist, welche auf den Blaufarbewerken nach dem Ausschmelzen der Schmalte zurückbleibt, hat man es mehr im Großen darzustellen und anzuwenden gesucht. Man mischt und schmelzt

1 Zentner Kobaltspeise,
2 Zentner Potasche und
2 Zentner Schwefel,

wodurch Schwefelkalium entsteht, das den Arsenik auflöst und der mit Wasser ausgewaschen wird. Schwefelnickel bleibt unaufgelöst zurück. Gewöhnlich enthält dieser noch Schwefelkobalt und man scheidet beide auf die bereits (S. 399) angegebene Weise. Aus dem oxalsauren Nickeloxyd, welches man hiebei als grünes Pulver erhält, kann man durch bloßes Glühen das Nickelmetall darstellen.

Nicht die Salze, welche dieses Metall bildet, sondern seine Verbindungen mit einigen anderen Metallen, namentlich mit dem Kupfer, sind in neuerer Zeit mit Nutzen angewendet worden. Das Suhler Weißkupfer besteht aus

3 Loth Nickel und
16 Loth Kupfer,

dem noch etwas Eisen und Antimon beigemischt ist.

Das Neusilber, welches häufig statt des Silbers zu Löffeln 2c. verarbeitet wird, erhält man durch Zusammenschmelzen von

3 Loth Nickel und
9 Loth Kupfer mit
3 Loth Zink,

indem man das Zink in vorher erhitzten Stücken erst dann hinzu thut, wenn Nickel und Kupfer bereits zusammengeschmolzen sind.

Das Nickel wird, wie das Eisen, vom Magnet angezogen. Diese Anziehung hört jedoch auf, sobald

10 Loth Nickel mit
20 Loth Kupfer

durch Zusammenschmelzen verbunden werden. Auf ein solches Gemisch hat weder der Magnet noch die Magnetnadel eine Wirkung, daher es sehr zweckmäßig statt des Messings zu Compaßgehäusen dient. Nur darf das Nickelkupfer kein Eisen enthalten, sonst leistet es nichts mehr als der Messing.

Vom Nickel läßt sich noch manche nützliche Anwendung erwarten, wenn es erst wird wohlfeiler zu haben sein, um so mehr, da es, wie Eisen und Kobalt, nur ein sehr kleines Mischungsgewicht hat, nämlich 29,5.

Vom Kupfer.

Sammelt man den Kupferhammerschlag, der beim Erhitzen von Kupferplatten und raschem Abkühlen im Wasser sich ablöst und auf dem Boden des Gefäßes lagert, mischt ihn mit Kohle und glüht das Gemisch in einem Tiegel, so erhält man metallisches Kupfer. Der Hammerschlag ist nämlich ein durchs Verbrennen des Kupfers entstandenes Sauerstoffkupfer oder Kupferoxyd, dem die Kohle in der Hitze den Sauerstoff wieder entzieht und das Kupfer herstellt.

Kupferhammerschlag.

72

Hieraus folgt, daß das Kupfer, wie viele andere Metalle, in der Hitze verbrennt und sich mit dem Sauerstoff zu Oxyd verbindet.

Sauerstoffkupfer oder Kupferoxyd entsteht auch, wenn man Kupfer in Salpetersäure auflöst, das Salz bis zur Trockne verdampft und in einem Tiegel glüht. Es erscheint hier als schwarzes Pulver und beträgt genau 40 Loth, wenn man 32 Loth Kupfer zum Auflösen in Salpetersäure verwandte. Der hieraus sich ergebende Zuwachs von 8 Loth kommt auf Rechnung des Sauerstoffs, welchen das Kupfer bei seinem Auflösen in Salpetersäure durch Zersetzung dieser Säure aufgenommen hat. Das Kupferoxyd enthält demnach auf

1 M. G. oder 8 Pfund Sauerstoff
1 M. G. oder 32 Pfund Kupfer,

woraus folgt, das 40 sein eigenes und die Zahl 32 das M. G. des Kupfers ist.

Wirklich enthalten auch alle Salzverbindungen, welche das Kupfer mit den Säuren giebt, dasselbe in dem Verhältniß von 32, so wie sein Oxyd in dem Verhältniß von 40.

Wenn man etwas von einem Gemenge aus

1 M. G. oder 32 Pfund Kupferpulver mit
1 M. G. oder 40 Pfund Kupferoxyd

in einem verschlossenen Gefäße einer schwachen Glühhitze aussetzt, so verbinden sie sich zu einer braunrothen Masse, die man Kupferoxydul nennt, weil sie noch einmal so viel Kupfer, also nur halb so viel Sauerstoff enthält, als das Kupferoxyd, denn es kommt auf

2 M. G. oder 64 Pfund Kupfer nur
1 M. G. oder 8 Pfund Sauerstoff, daher das M. G. des Kupferoxyduls = 72 ist.

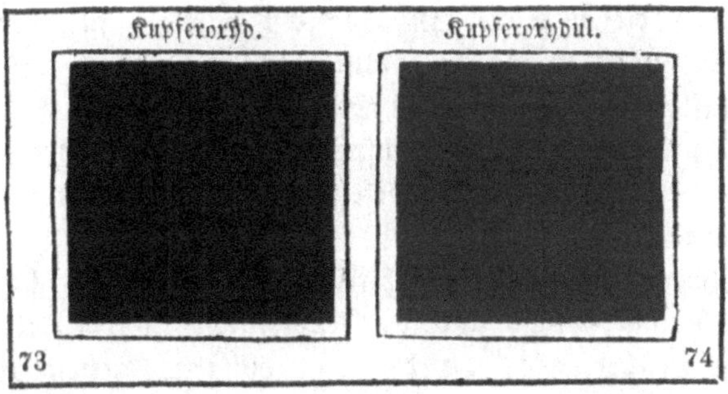

Nach diesem ist also das Kupferoxyd ein Einfach-Sauerstoffkupfer, das Kupferoxydul dagegen ein Halb-Sauerstoffkupfer.

Der oben erwähnte Kupferhammerschlag, Nr. 72, ist ein Gemenge von beiden. Daher färbt er sich, mit verdünnter Schwefelsäure übergossen, roth, indem die Schwefelsäure das Kupferoxyd auflöst, das Oxydul dagegen nicht. Bei längerer Einwirkung der Säure wird aber auch dieses zerlegt in Kupferoxyd, welches die Säure auflöst, und in Kupfer, welches zurückbleibt.

Aus diesem Verhalten der beiden Oxyde ergiebt sich, daß das Kupferoxyd es ist, welches mit den Säuren die bekannten und gebräuchlichen Kupfersalze bildet.

Unter diesen Kupfersalzen ist der Kupfervitriol oder das schwefelsaure Kupferoxyd das nützlichste und am meisten gebrauchte.

Der Kupfervitriol wird meistens aus dem Schwefelkupfer oder Kupferkies dargestellt, welches an der Luft erhitzt zu schwefelsaurem Kupferoxyd verbrennt.

In den Schwefelsäurefabriken stellt man ihn mit Kupfer und verdünnter Schwefelsäure dar. Da diese aber nicht auf das Kupfer wirkt, es sei denn zuvor in Sauerstoffkupfer oder Kupferoxyd verwandelt, so braucht man den Sauerstoff der Luft, um auf diesem Wege Kupfervitriol zu erzeugen. Um nun diesen Sauerstoff möglichst wirksam für den genannten Zweck zu machen, füllt man, wie es S. 363 bei der Auflösung des Zinns in Salzsäure angegeben, 5 Gefäße mit Kupferblechen oder Drehspänen an und verfährt gerade so mit der verdünnten Schwefelsäure, wie es dort von der Salzsäure angegeben.

Zweckmäßiger und wohlfeiler ist es jedoch, sich des Kupferhammerschlags und der Kupferasche aus den Kupferwerken zu bedienen, da beide zu billigen Preisen und in Menge zu haben sind. Sie werden mit verdünnter Schwefelsäure gekocht. Dabei scheidet sich dann unter Auflösen des Kupferoxyds metallisches Kupfer in Pulverform ab. Da auf dieses die Schwefelsäure ohne Wirkung ist, so wird es in einem Flammenofen so lange erhitzt, bis es in Kupferoxyd übergegangen, also wieder auflöslich in Schwefelsäure geworden ist.

Das schwefelsaure Kupfer, welches auf diesem Wege gewonnen wird, enthält gewöhnlich Eisen; es wird davon durch Kochen mit Kupferoxyd befreit. Man setzt nämlich einem kleinen Theil der Kupfervitriolauflösung etwas Kaliauflösung zu, wodurch Kupferoxyd niedergeschlagen wird, das man nun zu der übrigen Auflösung gießt und damit kocht. Die Säure, welche das Eisen aufgelöst enthält, löst nun das Kupferoxyd auf und läßt das Eisen fallen. Durch Abdampfen und Krystallisiren erhält man nun blaue Krystalle von schwefelsaurem Kupferoxyd, die daher auch den Namen des blauen Vitriols führen. Sie bestehen aus

1 M. G. oder 40 Pfund Kupferoxyd,
1 M. G. oder 40 Pfund Schwefelsäure,
5 M. G. oder 45 Pfund Wasser,

haben also ein M. G. von 125.

Man könnte sich von der Wichtigkeit dieser Zahl überzeugen, wenn man z. B.

125 Pfund Kupfervitriolkrystalle in
800 Pfund Wasser

auflöste und mit 1 M. G. Aetzkaliauflösung vermischte. Es würde diese Menge vollkommen hinreichend sein, um das M. G. Kupfervitriol zu zerlegen und alles Kupferoxyd niederzuschlagen, wenn nicht das Kupferoxyd ein großes Bestreben hätte, etwas Schwefelsäure fest an sich zu halten und damit niederzufallen. Um nun also diese Schwefelsäure noch abzuscheiden, gebraucht man etwas mehr als 1 M. G. Aetzkali, um 1 M. G. Kupfervitriol zu zerlegen.

Das oben (S. 403) erwähnte Kupferoxyd ist schwarz. Das dagegen, welches man hier durch Niederschlagen mit Aetzkali erhält, ist blau, verliert jedoch diese Farbe beim Erhitzen oder Kochen mit Wasser und geht in die schwarze über. Dieß hat seinen Grund darin, daß das Kupferoxyd, wie mehrere Kupfersalze, mit bloßem Wasser eine Verbindung eingeht, die eine blaue Farbe hat. Durch Kochen wird sie zerstört und daher auch die davon abhängige Farbe. —

Ein so gewässertes blaues Kupferoxyd nennt man Kupferoxydhydrat.

Wenn man Zink in eine Auflösung von Kupfervitriol bringt, so tritt das Zink an die Stelle des Kupfers und dieses an die Stelle des Zinks, d. h. das Zink löst sich in der Schwefelsäure des Vitriols auf, bildet Zinkvitriol und alles Kupfer scheidet sich als rothbraunes Pulver ab.

Da das Zink wohlfeil genug ist, um auf diese Weise Kupfer im Großen zu scheiden, so wird folgende Bemerkung hier nicht überflüssig sein. Man erhält nur dann reines Kupfer als Niederschlag durch das Zink, wenn die Kupfervitriolauflösung einen Ueberschuß an Schwefelsäure hat, oder so stark wie möglich ist, nämlich in 125 Pfund 25 Pfund Kupfervitriol enthält. Ist aber im Gegentheil die Auflösung verdünnt, enthält sie z. B. in 125 Pfund etwa nur 6 Pfund Kupfervitriol, und hat sie keine freie Säure, so schlägt sich ein Zinkkupfer nieder, das auf 4 Pfund Kupfer 1 Pfund Zink enthält.

Man kann das so entstandene Zinkkupfer vom Zink befreien, wenn man es mit einer Zinkstange und Wasser längere Zeit in Berührung läßt. Es entwickelt sich dann Wasserstoffgas, das Zink wird zu Zinkoxyd und das Kupfer bleibt allein zurück. Schneller und besser erreicht man seinen Zweck durch Erwärmen des Pulvers mit Salzsäure bei Ausschluß der Luft, z. B. in einer Retorte.

Man erhält auf diese Weise das Kupfer als ein feines Pulver, welches sich zu manchem Gebrauch anwenden läßt.

Eben so zersetzend wie das Zink wirkt das Eisen auf eine Kupfervitriolauflösung, nur mit dem Unterschiede, daß hier blos das Kupfer sich abscheidet und nie ein Eisenkupfer entsteht. Dafür bildet sich aber ein verkupfertes Eisen, wenn man es nur ganz kurze Zeit in eine etwas säuerliche Kupfervitriolauflösung tauchte. In diesem Fall haftet das Kupfer am Eisen.

Man hat hievon eine nützliche Anwendung beim Drahtziehen gemacht. Der Eisendraht wird nämlich in einem Wasser abgelöscht, welches etwas Kupfervitriol aufgelöst enthält. Der Kupferüberzug, welchen hiedurch der Eisendraht bekommt, schützt ihn vor dem Aufwetzen der Ziehplatte und macht ihn gleichsam schlüpfrig. Bei dem letzten Anlassen geht der dünne Kupferüberzug vollkommen wieder weg.

Hundert Pfund kaltes Wasser (von 15° R.) lösen 37 Pfund Kupfervitriol vollkommen auf. Beim Kochen nehmen dagegen 100 Pfund Wasser 209 Pfund auf und es zeigt dann die Auflösung eine Hitze von 83° R.

Das Kupfer verbrennt im Chlorgas und es bildet sich ein braunes Chlorkupfer, welches aus

1 M. G. oder 32 Pfund Kupfer und
1 M. G. oder 36 Pfund Chlor

besteht.

Dieses Chlorkupfer, welches, wie das Bestandtheilverhältniß ergiebt, ein Einfach-Chlorkupfer ist, und daher dem Einfach-Sauerstoffkupfer oder dem Kupferoxyd entspricht, bildet mit Wasser eine blaugrüne Verbindung. Es entsteht auch, wenn man Kupferoxyd in Salzsäure auflöst, daher man es denn auch in früheren Zeiten salzsaures Kupferoxyd nannte. Der Name Chlorkupfer ist aber richtiger, aus denselben Gründen, wie sie bereits beim Chlorzinn, S. 363, und Chlorblei, S. 376, angeführt sind.

Das Chlorkupfer wird auch dargestellt, wenn man

1 M. G. oder 125 Loth Kupfervitriol und
1 M. G. oder 59 Loth Kochsalz

pulvert, zusammenmischt und mit starkem Weingeist übergießt und schüttelt. Es löst sich Chlorkupfer in dem Weingeist auf, indeß das Natron des Kochsalzes mit der Schwefelsäure des Kupfervitriols als schwefelsaures Natron zurückbleibt.

Diese Auflösung des Chlorkupfers in Weingeist brennt mit schöner grüner Flamme. Man darf sich ihrer aber nur im Freien bedienen, denn in verschlossenen Zimmern abgebrannt, erregt sie Uebelkeit.

Wird Einfach-Chlorkupfer mit dünnem Kupferblech und Wasser bei Ausschluß der Luft in einer Retorte längere Zeit erwärmt, so nimmt es noch einmal so viel Kupfer auf, als es schon enthält, so daß nun auf

1 M. G. oder 36 Pfund Chlor
2 M. G. oder 64 Pfund Kupfer

kommen, daher es den Namen Halb-Chlorkupfer erhalten hat. Es entspricht dem Halb-Sauerstoffkupfer oder Kupferoxydul, und da es auch aus Kupferoxydul und Salzsäure dargestellt werden kann, so hieß es früher salzsaures Kupferoxydul.

Wird Einfach-Chlorkupfer, wie eben angegeben, mit dünnem Kupferblech gekocht, aber anstatt des Wassers Salzsäure angewendet, so ändert dieß in dem Ergebniß nichts ab; es erfolgt auch hier, wiewohl schneller, die Umwandlung in Halb-Chlorkupfer. Da sich hiebei nun genau eben so viel Kupfer auflöst, als in der angewendeten Menge Einfach-Chlorkupfer enthalten ist, so läßt sich dieß bei quantitativen Analysen zur Bestimmung des Kupfers benutzen. Es wird demnach das, nach bekannten Methoden abgeschiedene Kupferoxydhydrat in überschüssiger Salzsäure aufgelöst und mit einer gewogenen Menge Kupfers so lange gekocht, bis die braune Farbe der Flüssigkeit in die hellgelbe übergegangen ist und sich nicht mehr ändert. Der Gewichtverlust, den das Kupfer hierbei erleidet, zeigt nun genau die Menge Kupfers an, welche in der untersuchten Menge Oxyd enthalten ist. Man kann auch Kupfersalze, (salpetersaures Kupferoxyd ausgenommen) auf diese Weise untersuchen. So habe ich schwefelsaures Kupferoxyd in Salzsäure aufgelöst und mit Kupfer gekocht, und der Gewichtverlust des

Kupfers betrug genau so viel, als nach den bekannten Analysen Kupfer im Kupfervitriol enthalten ist. Da, wie schon S. 134 bei der Chlorkalkprobe angegeben, Anderthalb-Chloreisen sich dem Einfach-Chlorkupfer gleich verhält, so ist darauf zu sehen, daß das zu untersuchende Kupferoxyd kein Eisenoxyd enthalte. Eben so darf kein Manganoxyd gegenwärtig sein, dessen Einfluß jedoch dadurch, daß man die Auflösung in Salzsäure vorher so lange kocht, als sich noch Chlor entwickelt, zu beseitigen ist. Uebrigens ist die Gegenwart aller Alkalien und Erdarten und vieler Metalloxyde, wie sich von selbst versteht, ohne alle störende Wirkung. Auch hier kommt es auf Abhaltung der Luft an, daher eine langhalsige Retorte angewendet werden muß.

Man hat bei diesen Versuchen darauf zu sehen, daß die Salzsäure rein sei, denn nur in diesem Fall ist sie ohne Wirkung auf das Kupfer, besonders darf sie keine Salpetersäure und keine schweflige Säure enthalten. Um also sicher zu gehen, kocht man die anzuwendende Salzsäure vorher so lange mit Kupfer, bis man sieht, daß beide keine Wirkung mehr auf einander äußern, und dann stellt man mit dieser Säure die Versuche an.

Gegen die Salpetersäure verhält sich das Kupfer wie Zinn und Blei, es löst sich nur durch Zerstörung eines großen Theils von Salpetersäure auf. Denn auch das Kupfer muß erst Sauerstoff aufnehmen, ehe es von der Salpetersäure aufgenommen wird. Kann man daher Kupferhammerschlag bekommen, so ist es sehr vortheilhaft, diesen statt des Kupfers zur Darstellung des salpetersauren Kupferoxyds anzuwenden.

Mit Essigsäure bildet das Kupfer den Grünspan. Feuchtet man wollene Tücher mit reinem Essig an, ringt sie etwas aus und schichtet sie mit Kupferplatten auf einander, so findet man die Platten nach 48 Stunden mit einer Schicht Grünspan bedeckt, der abgekratzt, gewaschen und verpackt wird. Die Kupferplatten werden immer wieder von neuem angewandt, bis sie ganz zerfressen sind.

Die meisten Salzauflösungen bewirken eine Art Grünspanbildung, wenn sie längere Zeit mit dem Kupfer in Berührung sind. Hiebei ist besonders die Luft thätig, welche die Sauerstoffung des Kupfers bewirkt, vermöge welcher es sich dann in der Salzauflösung auflöst.

Es ist die allgemeine Meinung, daß dieß nur dann geschieht, wenn beide: Salzauflösung und Kupfer, kalt mit einander in Berührung kommen, und daß man z. B. die Auflösungen von schwefelsaurem und salpetersaurem Kali, von schwefelsaurem und phosphorsaurem Natron, von Kochsalz und Borax in kupfernen Kesseln einkochen könne, ohne daß sie Kupfer aufnähmen, nur müsse man sie nicht darin erkalten lassen; denn beim Erkalten finde die Auflösung des Kupfers statt, und zwar da, wo Kupfer, Salzauflösung und Luft zusammen kämen, also am Rande.

Diese Meinung ist aber, wie mir spätere, genaue Versuche gezeigt haben, durchaus falsch. Sie beruht auf Täuschung. Beim Kochen findet nämlich eine vollkommene Auflösung, also keine sogenannte Grünspanbildung, statt, und hieraus schloß man, die auflösende Einwirkung sei überhaupt nicht vorhanden. Jede vernünftige Hausfrau sollte daher alles Kupfergeschirr abschaffen und höchstens verzinntes anwenden. Besser noch ist es, sich des emaillirten Eisengeschirrs zu bedienen, das auch immer mehr Eingang findet.

Mengt man Kupfer- und Zinnspäne unter einander, übergießt sie mit Salzsäure und erhitzt sie, so wird nur das Zinn, nicht aber das Kupfer aufgelöst, ungeachtet der Sauerstoff der Luft freien Zutritt hat. Man kann daher Zinnsalz in einem kupfernen Kessel bereiten, ohne zu fürchten, daß es kupferhaltig werde.

Aus demselben Grunde kann man sich zum Scharlachfärben eines gewöhnlichen kupfernen Kessels statt des sonst gebräuchlichen zinnernen bedienen, wenn in demselben eine Zinnplatte eingelöthet wird, diese wirkt hier gerade so wie das Zink (vergl. S. 350) und macht das Kupfer unangreifbar durch die Salzsäure, welche beim Scharlachfärben gebraucht wird.

Auf Dampfschiffen sind die Kessel, welche mit Seewasser gespeist werden, gewöhnlich von Kupfer, weil eiserne zu leicht zerfressen werden. Aber auch die kupfernen leiden mit der Zeit bedeutend. Man kann dieß aus demselben Grunde durch eine angelöthete Zinnplatte verhindern. Da aber Zink und Eisen hier noch sicherer wirken und wohlfeiler sind, so kann man sich ihrer als Schutzmittel bedienen.

Kocht man Aetzkalilauge in einem kupfernen Kessel, so löst dieselbe Kupfer auf, was man daran gewahr wird, daß ein weißer kattunener Spitzbeutel, durch welchen man die Lauge filtrirt, eine blaue Farbe vom Kupferoxydhydrat annimmt.

Auch Kupferplatten, welche man mit Potaschen- oder Kalilauge bestreicht, laufen bald grün an von gebildetem Kupferoxyd. Dieß ist eine, sehr von Kupferdruckkern zu beachtende Thatsache. Der Grund, warum die Kupferplatten so leicht stumpf werden, liegt mit in der Anwendung von Lauge, welcher sich die Kupferdrucker zum Abwischen der Kupferplatten bedienen. Bleibt unvorsichtiger Weise etwas auf der Platte, so reicht die Dauer einer einzigen Nacht hin, den Stich auf der Platte zu verderben. Eben so nachtheilig, wie Laugensalze, wirkt Oel auf das Kupfer. Wenn man Eisen durch Bestreichen mit Oel vor dem Rosten bewahren kann, so wird dagegen das Rosten des Kupfers dadurch befördert und das sich bildende Kupferoxyd giebt mit dem Oel eine grüne Auflösung. Hierin liegt der Hauptgrund, daß Kupferplatten, die beim Abdrucken immerwährend mit frischer Oelfarbe in Berührung kommen, sich so schnell abnutzen und stumpfe Abdrücke geben, indeß

Eisenplatten unendlich viele Abdrücke mit derselben Schärfe liefern. Man muß daher Kupferplatten, die man nach dem Gebrauch aufbewahren will, sehr sorgfältig vom Oel durch Abwaschen mit Lauge reinigen, sie dann gut mit Wasser abspülen und endlich mit einer Auflösung von arabischem Gummi überziehen.

Mit Zink zusammengeschmolzen bildet das Kupfer den Messing. Das Kupfer wird unter einer Decke von Salz geschmolzen, dann stößt man das Zink unter die Oberfläche des Kupfers und vermeidet so den Verlust des Zinks durchs Verbrennen. Auf 3 Theile Kupfer nimmt man gewöhnlich 1 Theil Zink.

Wäscht man Messing mit Ammoniakflüssigkeit, so nimmt er eine weiße Farbe an, weil das Kupfer vom Ammoniak aufgelöst wird und so ein zinkreiches Messing auf der Oberfläche zurückbleibt. Salzsäure hingegen färbt den Messing roth, weil sie durch Auflösen des Zinks eine kupferreichere Oberfläche hinterläßt. Man kann also den Messing nach Belieben hell und dunkel färben.

Eine gute Messingprobe, um das Verhältniß seiner Bestandtheile zu erforschen, besteht darin, daß man eine genau gewogene Menge in Salpetersäure auflöst, aus der Auflösung durch ein blankes Eisen das Kupfer niederschlägt, es sammelt und wägt. Zieht man nun das Gewicht des Kupfers von dem Gewicht des aufgelösten Messings ab, so zeigt das Uebrigbleibende die Menge des Zinks an, welchen der Messing enthielt.

Zinkdämpfe durchdringen Kupferarbeiten, ohne ihre Form zu verändern, und färben sie goldgelb. Eine Thonbüchse, in deren Mitte sich ein Vorsprung befindet, worauf eine durchlöcherte Thonplatte liegt, wird in einen Windofen gesetzt. In den unteren Raum legt man Zink, in den oberen die Kupferarbeiten, und giebt 2 Stunden lang eine gelinde Rothglühhitze. Die Dämpfe des Zinks dringen in das glühende Kupfer, das nachher, mit Oel und Blutstein abgerieben, eine Goldfarbe zeigt.

Der feinste Kupferdraht kann auf solche Weise mit der feinsten falschen Vergoldung, die man gewöhnlich Lyoner Vergoldung nennt, versehen werden. Selbst Kupfermünzen verlieren dadurch nichts von der Schärfe ihres Gepräges.

Mit Zinn bildet das Kupfer ein sehr brauchbares Gemisch. Das sogenannte Kanonenmetall besteht aus

90 Pfund Kupfer und
10 Pfund Zinn

Das Kupfer wird unter einer Decke von Kohlenstaub geschmolzen und dann das geschmolzene Zinn hineingerührt. Diese Mischung ist auch zum Maschinenbau sehr empfehlungswerth und hat Vorzüge vor dem Messing, da sie im Schmelzen viel flüssiger ist als dieser. Sie läßt sich leicht drehen und feilen und die Zähigkeit, welche sie besitzt, so wie die schwache Reibung, welche sie verursacht, wird nur vom Stahl übertroffen.

Taucht man ein weißglühendes, vom Roste wohl gereinigtes Eisen in geschmolzenes Kupfer, so verbindet sich letzteres so innig mit dem Eisen, daß es vollkommen plattirt erscheint und nun durch Hämmern und Walzen verarbeitet werden kann, ohne daß sich das Kupfer ablöst.

Vom Quecksilber.

Ein reines Quecksilber, wie man es besonders zur Füllung der Barometer und Thermometer gebraucht, wird erhalten, wenn man das käufliche Quecksilber mit verdünnter

Salpetersäure oder starker Schwefelsäure übergießt, Tage lang in Berührung läßt und öfter umrührt. Bei Anwendung der Salpetersäure lösen sich die fremden Metalle auf, bei der Schwefelsäure sondern sie sich als Haut ab. Das zurückbleibende Quecksilber wird wohl gewaschen und durch Leder gepreßt.

Bei diesem Verfahren nimmt das Quecksilber jedoch Wasser und Luft auf. Man befreiet es davon durch ein längeres Erhitzen bis zum Kochen.

Hiebei muß man sich vor den sich entwickelnden unsichtbaren Quecksilberdämpfen in Acht nehmen, die sehr schädlich sind, und daher das Kochen in freier Luft oder im Luftzuge vornehmen.

Aber nicht blos beim Kochen, sondern schon bei der gewöhnlichen Zimmerwärme verdampft das Quecksilber und erfüllt den Raum, wo es sich befindet, mit giftigem Quecksilberdunst. Es ist daher nicht gleichgültig, wenn man vielleicht einmal Quecksilber in seiner Stube verschüttet hat.

Das Quecksilber ist mit Nutzen zum Härten von Feilen mit einem sehr feinen Hieb anzuwenden. Beim Ablöschen im Wasser bildet sich Oxyd und sie werden stumpf. Mit dem Quecksilber ist dieß nicht der Fall, die Feile bleibt rein, wird sehr hart und läuft nur lichtgrau an. Man hat auch hier sich vor den Dämpfen in Acht zu nehmen

Das Verhalten des Quecksilbers zum Sauerstoff ist bereits S. 14 so erörtert worden, daß daraus für das Quecksilber ein M. G. = 101 hervorgeht, denn

101 Pfund Quecksilber geben mit
8 Pfund Sauerstoff
109 Pfund rothes Quecksilberoxyd,

S. 14 Nr. 11, und mit noch einmal so viel oder mit

202 Pfund Quecksilber und
8 Pfund Sauerstoff

210 Pfund schwarzes Quecksilberoxyd

oder das Quecksilberoxydul, S. 14 Nr. 10, woraus folgt, daß

das Quecksilberoxyd ein M. G. = 109
das Quecksilberoxydul ein M. G. = 210

hat und sich in diesem Verhältniß mit den Säuren zu Quecksilbersalzen verbindet.

Bei den Quecksilberoxydulsalzen ist dieß genau der Fall, aber nicht immer so bei den Salzen des Quecksilberoxyds. Dieß verbindet sich nicht gern mit den Säuren, und man braucht daher meistens mehr als 1 M. G., um es aufzulösen.

Ein sehr bekanntes, aber auch sehr giftiges Salz bildet das Quecksilberoxyd mit der Salzsäure, es heißt Einfach-Chlorquecksilber. Hiebei vereinigt sich der Wasserstoff der Salzsäure mit dem Sauerstoff des Quecksilberoxyds zu Wasser, so daß nach dem Verdunsten desselben das Chlorquecksilber als weißes Salz zurückbleibt, das aus

1 M. G. oder 101 Pfund Quecksilber und
1 M. G. oder 36 Pfund Chlor

zusammengesetzt ist. Es heißt auch Sublimat.

Dieses Salz löst sich in Wasser, Weingeist und Aether auf und ist vermöge seiner Giftigkeit besonders zur Vertilgung von Schimmel in der Dinte, Schwämmen und Pilzen im Holze, Motten in Tuchen und Pelzwerken empfohlen, ja sogar angewendet worden. Ein rechtlicher Mann, dem das Leben und die Gesundheit seiner Mitmenschen lieb ist, wird aber hiezu nie seine Zuflucht nehmen; da es hundert andere, den Menschen nicht schädliche Mittel giebt, die dasselbe leisten.

Ein Engländer hat sogar eine wässerige Auflösung von

10 Pfund Quecksilbersublimat,
30 Pfund Bleizucker und
50 Pfund Alann

als Tunke für den Hanf empfohlen, woraus Taue gemacht werden sollen. Die Taue sollen dadurch stärker, biegsamer und dauerhafter werden, was jedoch sehr zu bezweifeln ist, da der Alaun die Pflanzenfaser so zerfrißt, daß sie bald mürbe wird. Auch stirbt der Seiler, der solchen Hanf verarbeiten würde, nothwendig an Quecksilbervergiftung.

Vermuthet man etwa dieses giftige Salz in einer Flüssigkeit, so umwickelt man einen goldenen Ring an einer Stelle mit etwas Zinnfolie (Stanniol) und hängt ihn, an einem Faden befestigt, in die verdächtige Flüssigkeit, der man einige Tropfen reine Salzsäure zugemischt hat. Das Gold wird sich verquicken, wenn die Flüssigkeit Quecksilbersublimat enthielt. Das Zinn dient, um die Salzsäure aufzunehmen.

Wirken Salpetersäure und Weingeist gleichzeitig auf das Quecksilber ein, so entsteht das Knallquecksilber, ein für die neuere Kriegskunst sehr wichtiges Salz. Es wird dargestellt, wenn man in einem geräumigen Gefäß

1 Loth Quecksilber mit
$7\frac{1}{2}$ Loth Salpetersäure von 1,380 Eigenschwere

bis zur Auflösung erwärmt und dann

10 Loth Weingeist von 0,85 Eigenschwere

hinzusetzt und mit einer gelinden Erwärmung fortfährt, bis ein Aufbrausen entsteht. Die hierauf sich ablagernden, grauweißen Krystalle sind das Knallquecksilber. Es wird ausgewaschen und am besten unter Wasser aufbewahrt, weil das trockne Salz sich schon durch Stoß, oft schon durch Reiben zwischen Papier entzündet und großes Unglück anrichten kann.

Gebraucht man aber die Vorsicht, es stets so feucht zu erhalten, daß etwa auf 100 Theile Knallquecksilber 30 Theile

Wasser kommen, so ist seine Handhabung gefahrlos, und es kann selbst auf einer Marmorplatte mit hölzerner Keule gerieben werden. Wenn bei diesem Reiben auch manchmal eine Verpuffung erfolgt, so ist sie bloß örtlich, verbreitet sich nicht durch die ganze Masse und bewirkt nur, daß der Reiber unter den Händen der Arbeiters etwas gehoben wird.

Dieser Umstand macht es möglich, dieses Salz als Zündmasse zur Füllung der Zündhütchen anzuwenden. Es werden

5 Loth Knallquecksilber mit
3 Loth Schießpulver und Wasser

zu einem Teige gemischt und in die Kupferhütchen gefüllt. Auch dieser Teig muß immer gehörig feucht gehalten werden.

Es ist nur eine sehr geringe Menge nöthig, um den Kupferhütchen die volle Wirkung bei den sogenannten Perkussionsgewehren zu ertheilen. Nach neueren, in Frankreich gemachten Erfahrungen reichen nämlich 2 Pfund Knallquecksilber zu 40,000 Kupferhütchen, also zu 40,000 Schüssen hin; dieß giebt für 200 Pfund Quecksilber 4 Millionen Schüsse, was hinreicht, um eine Armee von 100,000 Mann damit auszurüsten.

Der Vortheil, den diese Zündhütchen im Kriege gewähren, ist, daß sie nie versagen, also die Zuversicht des Kriegers erhöhen, der sich im Augenblick der Gefahr mit Sicherheit auf seine Waffe verlassen kann, was beim gewöhnlichen Schießpulver und den Schlössern mit Stahl und Stein nicht der Fall ist, wo im Allgemeinen unter 7 Schüssen einer versagt.

Dieses Versagen der Flinten rührt vorzugsweise von einem Verstopfen des Zündlochs her durch die Unreinigkeiten, welche das Pulver beim Abbrennen zurückläßt. Bei der Zündmasse aus Knallquecksilber geschieht aber dieses nicht, der Zündkanal bleibt immer rein.

Auch die mit chlorsaurem Kali bereitete Zündmasse

trifft der Vorwurf, daß sie manchmal versagt, indem das beim Abbrennen derselben sich bildende Chlorkalium das Eisen rosten macht und den Zündkanal verstopft. Der Zündkanal müßte in diesem Fall von Platin sein.

Ein Hauptgrund, der sich gegen die Zündmasse aus Knallquecksilber und für die aus chlorsaurem Kali anführen läßt, ist, daß es noch mancherlei unbekannte Umstämde giebt, die das Verplatzen der ersteren und folglich das Losgehen der Gewehre bewirken, was bei letzterer nur durch heftigen Stoß geschieht. Man hat also bei dieser mehr Sicherheit als bei jener.

Mit dem Schwefel bildet das Quecksilber den bekannten Zinnober. Er besteht aus

1 M. G. oder 101 Loth Quecksilber und
1 M. G. oder 16 Loth Schwefel,

und wird erhalten, wenn man beide in diesem Verhältniß in verschlossenen Gefäßen erhitzt, wobei der Zinnober in die Höhe steigt.

Auch erhält man ihn ohne Anwendung von Hitze, wenn man

4 Loth Quecksilber,
1 Loth Schwefel,
3 Loth Aetzkali und
6 Loth Wasser

in einer wohl verwahrten Flasche an das Gatter einer Sägemühle oder das Schwungrad einer Dampfmaschine bindet und so 24—36 Stunden schütteln läßt.

Hiebei muß aber der Einfluß des Lichts abgehalten werden; im Dunkeln fällt der Zinnober schöner aus.

Seite 208 ist der Auflösung des salpetersauren Quecksilberoxydul's gedacht worden als eines Mittels, das gasförmige Ammoniak zu entdecken. Es wird dargestellt, wenn man 1 Maaß starke Salpetersäure mit 3—4 Maaß Wasser verdünnt und es unter öfterem Umschütteln mehrere Wochen lang mit hinlänglichem Quecksilber in Berührung läßt.

Vom Silber.

Das Silber ist das weißeste Metall, löst sich vorzüglich leicht in Salpetersäure auf und bildet damit das salpetersaure Silberoxyd. Dasselbe besteht aus

108 Pfund Silber,
8 Pfund Sauerstoff und
54 Pfund Salpetersäure,

und wird erhalten, wenn man reines Silber in reiner Salpetersäure auflöst, die Auflösung etwas verdunstet und dann krystalliren läßt.

Werden Auflösungen von

170 Pfund salpetersauren Silbers,
$47\frac{2}{10}$ Pfund reinen Kalis

zusammengemischt, so verbindet sich das Kali mit der Salpetersäure und es schlägt sich ein weißes Pulver nieder, das nach dem Auswaschen und Trocknen 116 Pfund beträgt und aus

108 Pfund Silber und
8 Pfund Sauerstoff

besteht, folglich Silberoxyd ist. Hieraus ergiebt sich, daß

das M. G. des Silbers = 108,
das M. G. des Silberoxyds = 116 und
das M. G. des salpeters. Silbers = 170

ist, denn die Zahlen 8 (Sauerstoff), 54 (Salpetersäure) und 47,2 (Kali), mit welchen sich hier das Silber und sein Oxyd verbindet und durch welche sie geschieden werden, setzen dieß außer allen Zweifel.

Auch die Verbindung zwischen Chlor und Silber zeigt dasselbe Ergebniß. Mischt man Auflösungen von

170 Gran salpetersauren Silbers und

59 Gran Kochsalz

zusammen, so entsteht ein weißer Niederschlag von Chlorsilber, indem das Chlor des Kochsalzes, mit dem Silber vereinigt, niederfällt, indeß das Natrium des Kochsalzes mit dem Sauerstoff des Silberoxyds und der Salpetersäure in der Auflösung bleibt. Nach dem Auswaschen und Trocknen beträgt der Niederschlag 144 Gran, zieht man hievon nun die 36 Gran Chlor ab, die (nach S. 265) im Kochsalz enthalten sind, so bleiben 108 Gran für das Silber übrig, folglich ist die Zahl 108 das M. G. des Silbers. Es ist für den Techniker nicht gut, daß das M. G. des Silbers so groß ist; er kann daher nie an eine Anwendung desselben im Großen zu chemischen Zwecken denken. Schon (S. 274) beim Baryt ist darauf aufmerksam gemacht worden, welche Hindernisse große Mischungsgewichte dem Techniker in den Weg legen.

Die vollständige Fällbarkeit des Silbers aus seinen Auflösungen durch Chlor dient dazu, um sich reines Silber zu verschaffen. Mischt man z. B. eine kupferhaltige Silberauflösung mit einer Kochsalzauflösung, so fällt nur Chlorsilber nieder und das Kupfer bleibt aufgelöst. Wird nun dieses Chlorsilber, wohl ausgewaschen und im noch feuchten Zustande, unter Zusatz von etwas Salzsäure, mit eisernen Nägeln in Berührung gebracht, so bildet sich an die Stelle des Chlorsilbers Chloreisen und das Silber scheidet sich ab. Ist alles Silber hergestellt, so liest man die noch unaufgelösten Nägel heraus, erwärmt das Silber mit Salzsäure und wäscht es dann mit Wasser aus.

Auch wenn man Chlorsilber in einem wohlgetrockneten Zustande nach und nach in kohlensaures Kali trägt, welches in einem Tiegel in glühendem Fluß erhalten wird, erhält man reines Silber, indem das Chlor vom Kali aufgenommen wird. Hiebei ist darauf zu sehen, daß man nach jedesmaligem Eintragen des Chlorsilbers die Masse umrühre und nie zu viel auf einmal eintrage, sonst läuft man Gefahr, Chlorsilber zu verlieren, weil es leicht, unzersetzt den Tiegel berührend, hindurch fließt.

Rein wird das Silber nie verarbeitet, sondern meist in Verbindung mit Kupfer. Man drückt den Kupfergehalt durch das Wort löthig aus.

Ein Gemisch

aus 15 Loth Silber und 1 Loth Kupfer heißt 15löthiges Silber;

aus 14 Loth Silber und 2 Loth Kupfer heißt 14löthiges Silber;

aus 13 Loth Silber und 3 Loth Kupfer heißt 13löthiges Silber;

aus 12 Loth Silber und 4 Loth Kupfer heißt 12löthiges Silber.

Ein Silber mit noch mehr Kupfer pflegt man nicht zu verarbeiten.

Man kann Kupfer sehr lange mit verdünnter Schwefelsäure, Salzsäure oder Essig kochen, ehe sich etwas Bedeutendes auflöst, ist es dagegen gleichzeitig mit Silber in Berührung, so erfolgt die Auflösung viel schneller. Das Silber wird dagegen nicht angegriffen.

Ebenso verhält sich Kupfer, welches mit Silber zusammen geschmolzen ist. Das Kupfer, welches sich mit sammt dem Silber auf der Oberfläche 12löthiger Löffel befindet, wird daher von Säuren schnell hinweggenommen, das Silber aber bleibt, wodurch dann die Oberfläche silberreicher und dadurch weißer wird. Hierauf beruht das Weißsieden der Silbermünzen und des Silbergeräths. Ein gewöhnlicher silberner Löffel kann daher Speisen vergiften, ohne daß man es ihm ansieht. Läßt man ihn

z. B. über Nacht in einer sauren Speise, so zeigt er sich nach dem Herausnehmen blanker als zuvor, aber, was wohl zu merken, auch leichter, er hat Kupfer verloren, das in die Speisen übergegangen ist.

Seite 108 ist erwähnt worden, daß das Anlaufen des Silbers vom Schwefel, besonders vom Schwefelwasserstoff, herrührt. Man reinigt ein solches Silber durch Ueberstreichen mit starkem Weingeist und Kreide und Abreiben mit einer Bürste, wenn der Anstrich trocken ist. Oder auch durch Scheuern mit Ofenruß und Essig.

Das salpetersaure Silberoxyd, dessen Bestandtheile und Darstellungsweise oben (S. 419 und 420) gedacht worden, wirkt ätzend auf thierische Körper, Haut, Horn, Nägel rc. und färbt sie schwarz. Man nennt es daher auch Höllenstein. Es ist oft zum Wegbeizen der Warzen und Leichdörner empfohlen worden, erfordert aber eine sehr große Vorsicht bei der Anwendung, namentlich bei Leichdörnern. Kommt nämlich etwas salpetersaures Silber auf die Nägel, was besonders bei denen der Fußzehen, die nicht selten über einander liegen, leicht möglich ist, so ist der Nagel unwiederbringlich verloren, er löst sich ab und es dauert sehr lange, ehe er durch einen gesunden wieder ersetzt wird.

Die schwarze Farbe, welche dieses Salz den Pflanzen- und Thierstoffen mittheilt, wird besonders durch das Licht hervorgerufen, und ist die ächteste, die man kennt. Man wendet es daher zum Zeichnen der Wäsche an, indem man mit einer Auflösung von

2 Loth salpetersaurem Silber,
2 Loth Gummi in
7 Loth Wasser

auf die Wäsche schreibt oder zeichnet. Zuvor muß aber diese an der zu zeichnenden Stelle mit einer Auflösung von

4 Loth kryst. kohlensaurem Natron,
1 Loth Gummi in
16 Loth Wasser

getränkt und dann getrocknet und geglättet werden. Die Schrift wird im Sonnenlicht in kurzer Zeit schwarz und kann gewaschen werden, ohne sich zu ändern.

Durch dieses Schwarzwerden am Lichte ist man im Stande, noch die kleinsten Mengen pflanzlicher oder thierischer Stoffe aufzufinden, selbst in dem reinsten, destillirten Wasser. Löst man nämlich in letzterem etwas salpetersaures Silberoxyd auf und setzt die Auflösung ins Sonnenlicht, so färbt sie sich purpurroth oder braunschwarz. Gießt man nach einigen Tagen die wieder klar gewordene Auflösung ab und bringt sie von neuem ins Sonnenlicht, so bleibt sie farblos und unverändert. Gießt man aber wieder destillirtes Wasser hinzu, so geschieht die Färbung von neuem. Dieß kommt daher, daß die Stoffe, welche das Wasser enthält, sich mit dem Silberoxyd verbinden, welche Verbindung am Lichte schwarz wird, indem es ihr Sauerstoff entzieht.

Wie Kupfer durch Berührung mit Silber (S. 421), so wird Silber durch Berührung mit Platin auflöslicher in Schwefelsäure. Man zieht in Paris aus diesem Verhalten einen bedeutenden Nutzen und scheidet dadurch das Gold, welches im Silber enthalten ist, ab. Man erhitzt das Silber in Platingefäßen mit Schwefelsäure. Das Silber löst sich auf und das Gold bleibt als schwarzes Pulver zurück. Das Silber wird aus der schwefelsauren Auflösung durch Kupfer abgeschieden, wodurch man reines Silber und Kupfervitriol enthält. 1000 Mark Silber geben 1 Mark Gold.

Spätere Erfahrungen haben gezeigt, daß die Platingefäße durch Gußeisen ersetzt werden können, wodurch natürlich diese Goldscheidungsmethode sehr erleichtert wird.

Bei diesem Verfahren wird die Auflösung des Silbers dadurch bewirkt, das ein Theil Schwefelsäure zersetzt wird und den Sauerstoff hergiebt, der zur Bildung des Silberoxyds dient, das sich dann in einen andern Theil Säure auflöst. Daher entwickelt sich denn auch eine entsprechende Menge schwefliger Säure.

Nur bei Anwendung von concentrirter Schwefelsäure und Hitze geschieht die Auflösung des Silbers. Mit Wasser verdünnte Säure wirkt nicht eher darauf, als bis durch langes Sieden das Wasser verdunstet ist und die Säure stark geworden. Diese nimmt dann beim Sieden eine solche Hitze an, daß die beschriebene Einwirkung zwischen dem Silber und der Schwefelsäure erfolgt.

Enthält jedoch eine mit Wasser verdünnte Schwefelsäure Eisenoxyd aufgelöst, so erfolgt die Auflösung des Silbers sehr leicht, weil nun der Sauerstoff vom Eisenoxyd hergegeben wird, indem es sich in Eisenoxydul verwandelt. Dieß Verhalten kann sehr gut dazu benutzt werden, das Silber von mehreren unedlen Metallen zu trennen, ohne daß diese dabei angegriffen werden, namentlich von Blei und Kupfer. Sind diese Metalle mit Silber plattirt und werden mit verdünnter Schwefelsäure, welche Eisenoxyd enthält, erhitzt, so löst sich das Silber auf und Blei und Kupfer bleiben zurück. Das Silber kann nun aus der Auflösung durch Kochsalz als Chlorsilber gefällt werden.

Man muß sich sehr hüten, irgend ein Silbersalz oder Silberoxyd mit Ammoniakflüssigkeit zusammen zn bringen. Es bildet sich in diesem Fall ein sehr gefahrbringender Körper, nämlich das sogenannte Berthollet'sche Knallsilber, welches schon durch sehr geringe Veranlassungen, selbst im feuchten Zustande, unter heftiger Verpuffung sich zersetzt und Alles umher zerschmettert.

Vom Gold.

Das Gold ist das dehnbarste Metall, denn ein einziger Gran läßt sich zu einem Draht von 500 Fuß Länge ausziehen.

Dieß beweist, daß die Theilchen des Goldes fester an einander halten, als die irgend eines anderen Metalls, und um so merkwürdiger ist es, daß getrennte Goldtheilchen, z. B. Goldfeile, sich nicht mit eben der Kraft suchen und zu vereinigen streben, selbst wenn die Umstände günstig sind. Erhitzt man nämlich Goldfeile in einem Tiegel, so vereinigen sich doch nicht alle Theile zu einer Masse, wenn sie auch vollkommen flüssig sind; mehrere Theilchen bleiben immer einzelne, abgeschiedene Tropfen. Man ist in diesem Fall genöthigt, Borax hinzuzusetzen, der die Vereinigung schnell bewirkt.

Der Borax färbt, als Flußmittel des Goldes angewandt, dasselbe, wenn es auch noch so rein ist, blässer. Nicht immer ist eine solche Farbe dem Goldarbeiter erwünscht. Er beugt ihrer Entstehung vor, wenn dem Borax etwas Salpeter zugesetzt wird. Der Salpeter ertheilt nämlich dem Golde eine hochrothe Farbe, wirkt also der bleichenden Einwirkung des Borares entgegen.

Ist das Gold kupferhaltig und wird mit Borax geschmolzen, so verbrennt ein Theil Kupfer zur Schlacke und scheidet sich ab. Man beugt diesem durch Zusatz von Kohlenpulver vor.

Schmelzt man kupferhaltiges Gold mit Salpeter, so geschieht dasselbe, auch hier verbrennt das Kupfer, und zwar durch die Säure des Salpeters, und scheidet sich als Oxyd ab. Ein Zusatz von Kohle ist hier jedoch ohne alle Wirkung, so lange noch unzersetzter Salpeter vorhanden ist, dessen Säure die Kohle verbrennt und unwirksam macht.

Da die Goldschläger nur das feinste Gold verarbeiten können, denn ein versetztes Gold ist zu spröde, und es ihnen darauf ankommt, besonders fürs Vergolden hochfarbige Goldblättchen darzustellen, so färben sie ihr Gold durch Schmelzen mit Salpeter. Enthält in diesem Fall das Gold Kupfer, so wird es durch Schmelzen mit Salpeter davon gereinigt. Um auf diese Weise die Reinigung vollständig zu bewerkstelligen, ist mancherlei zu bemerken. Der Salpeter muß z. B. gerade dann auf das Gold geworfen werden, wenn dieses anfängt zu schmelzen, und das Metall muß sogleich ausgegossen werden, wenn es dünn zu fließen anfängt. Läßt man dagegen den Salpeter lange mit dem Golde im Fluß, so wird es wieder spröde, weil das aus dem Salpeter durch die Hitze entstandene Kali schon durch das Hinzukommen von etwas Kohle die entstandene Schlacke wieder zu Metall umwandelt und das Gold verunreinigt.

Statt des Salpeters wendet man wohl auch zu demselben Zweck den Quecksilbersublimat an (S. 415). Er wirkt viel sicherer, weil er kein Kali enthält, und wenn er seine Wirkung gethan hat, gänzlich verdampft. Man muß sich aber vor den giftigen Quecksilberdämpfen in Acht nehmen.

Gewöhnlich wird ein so gereinigtes Gold in eiserne Einguß-Modelle gegossen. Diese dürfen aber nicht kalt sein, sondern so weit erhitzt werden, daß der Talg, womit sie ausgestrichen sind, raucht, ohne jedoch Feuer zu fangen.

Ist das Gold silberhaltig, so wird es auf die bereits (S. 170 und 423) angegebene Weise mittelst Salpetersäure geschieden.

Wünscht man reines Gold zugleich als ein feines Pulver zu erhalten, so löst man es in Königswasser auf, verdünnt die Auflösung mit Wasser und mischt sie mit einer

Auflösung von schwefelsaurem Eisenoxydul oder Eisenvitriol. Das Gold fällt dann als ein braunes Pulver nieder, das durch Reiben Goldglanz annimmt.

Diese Wirkung des Eisenvitriols erklärt sich auf folgende Weise. Wenn Gold sich in einem Gemisch von Salpetersäure und Salzsäure oder dem Königswasser auflöst, so verwandelt es sich in Chlorgold. Weder die Salpetersäure allein, noch die Salzsäure allein vermögen das Gold aufzulösen, weil dazu eben das Chlor nöthig ist. Kommt nun mit dieser Chlorgoldauflösung eine Auflösung von schwefelsaurem Eisenoxydul zusammen, so entzieht das Eisenoxydul ihr das Chlor, und nun wird das Gold hergestellt zu Metall und fällt als braunes Pulver nieder.

Das Chlorgold entsteht auch, wenn man Blattgold in Chlorgas erhitzt und die hierdurch gebildete rothbraune Masse in Wasser auflöst. Sein Bestandtheilverhältniß ist auf

1 M. G. oder 36 Pfund Chlor
66 Pfund Gold,

woraus folgt, daß das M. G. des Goldes = 66 ist.

Die beim Silber (S. 424) empfohlene Vorsicht im Betreff des Zusammenbringens von Silbersalzen mit Ammoniak gilt auch hier von den Goldsalzen. Fügt man zu einer Goldauflösung Ammoniakflüssigkeit im Ueberschuß, so bildet sich ein sehr heftig wirkendes Knallgold in der Form eines gelbbraunen Pulvers, das in der Hand des Unerfahrenen großes Unheil anrichten kann.

Da das Ammoniak sehr flüchtig ist und sehr stark von Säuren und sauren Auflösungen angezogen wird (vergl. S. 207), so kann ein zufälliges Zusammenstellen zweier nicht fest verschlossenen Gläser, deren eines Goldauflösung enthält, indeß das andere mit Ammoniakflüssigkeit gefüllt ist, die zufällige Entstehungsursache von Knallgold sein. Zum Glück verpufft ein auf diese Weise entstandenes Knallgold nicht so heftig, wie das oben angeführte.

Es ist schon (S. 170 und 423) bemerkt, daß beim Auflösen eines goldhaltigen Silbers in Salpetersäure das Gold als ein schwarzes Pulver zurückbleibt. Ist jedoch ein solches Silber zugleich zinnhaltig, so kann es kommen, daß man gar kein Gold als Rückstand erhält, sondern eine, von einem sehr fein zertheilten Pulver purpurroth gefärbte Flüssigkeit. Dieses Pulver ist eine Verbindung von Gold mit Zinn und heißt Goldpurpur.

Man stellt den Goldpurpur dar, indem man klare Chlorgoldauflösung mit so viel Wasser verdünnt, daß sie nur schwach gelblich erscheint, und in dieselbe eine ebenfalls sehr verdünnte klare Auflösung von salzsaurem Zinnoxydul (S. 363) so lange gießt (unter fortwährendem Umrühren), bis eine gesättigt rothe Färbung entstanden ist. Man hält jetzt mit dem Zugießen inne. Der Goldpurpur sammelt sich durch Ruhe am Boden und wird nach dem Auswaschen getrocknet. Ein Loth Gold giebt 4 Loth Goldpurpur.

Der Goldpurpur dient hauptsächlich in der Porzellan- und Glasmalerei. Mischt man

2 Loth Goldpurpur mit
1 Loth Chlorsilber

noch feucht zusammen, so erhält man eine dunkelrosenrothe Farbe auf Glas.

Wird Gold mit Kupfer zusammengeschmolzen, so wird es röther, härter und leichter schmelzbar. Man nennt dieß Gemisch, die rothe Karatirung. Bei einem Verhältniß von

7 Loth Gold auf
1 Loth Kupfer

ist die Verbindung am härtesten.

Silber und Gold geben zusammen die weiße Karatirung. Auch Silber macht das Gold härter, klingender und leichter schmelzbar. Bei einem Verhältniß von

2 Loth Gold auf
1 Loth Silber
ist die Verbindung am härtesten. Das Silber nimmt dem Golde am wenigsten von seiner Geschmeidigkeit.

Vom Platin.

Erst seitdem man dieses Metall in so großer Menge entdeckt hat, daß es zu größern Gefäßen verarbeitet werden konnte, ist es für den Techniker sehr wichtig geworden; denn es vereinigt in seiner Härte, Zähigkeit, Unschmelzbarkeit in gewöhnlichem Feuer und Unauflöslichkeit in den gewöhnlichen Säuren Eigenschaften, die den anderen Metallen abgehen.

Vorzüglich dienen Platinretorten zum Entwässern der bereits in Bleigefäßen bis zu einer Eigenschwere von etwa 1,780 abgedampften Schwefelsäure. Denn selbst von sehr starker Schwefelsäure wird das Platin nicht angegriffen.

Man sollte kaum glauben, daß trotz der jetzigen Wohlfeilheit der Schwefelsäure das theure Platin mit Vortheil zu diesem Zweck anzuwenden sei. Aber gerade die Anwendung des Platins macht es möglich, die Schwefelsäure so wohlfeil herzustellen. Früher wendete man Glasretorten an, deren geringe Haltbarkeit die Schwefelsäure sehr vertheuerte, und deren vorsichtige Heizung eine Menge Feuermaterial erforderte. Auch konnte man nicht so im Großen arbeiten, wie es nöthig war und es mit einer Platinretorte möglich ist. Folgendes Beispiel mag dieß erläutern.

Ein Schwefelsäurefabrikant in Frankreich schaffte sich eine Platinretorte an, die 5000 Rthlr. kostete. Sie ist von der

Größe, daß er täglich 4 mal 300 Pfund, also 1200 Pfund Schwefelsäure fertig macht; dieß beträgt auf 100 Pfund Schwefelsäure noch nicht 2 Sgr. Zinsen!

In gewöhnlichen Tiegeln ist es schwer ein reines Glas, welches zu optischen Instrumenten dient, darzustellen, weil die schmelzende Glasmasse aus denselben etwas auflöst, und sie dadurch verunreinigt wird. Bedient man sich in diesem Fall der Platintiegel, so erhält man ein reines Glas.

Bei einer solchen Anwendung muß man aber sehr Acht haben, das Platin nicht mit solchen Stoffen zusammen zu bringen, welche es in der Hitze aufzulösen vermögen. Hieher gehören besonders Bleiglätte und Boraxsäure, beides Körper, die man wohl zur Darstellung optischer Gläser anwendet. Bleiglätte durchlöchert einen Platintiegel, wenn sie darin erhitzt wird; und Boraxsäure, die mittelst Schwefelsäure aus dem Borax dargestellt worden (vergl. S. 54), greift im Glühen das Platin sehr an und durchlöchert es. Eine solche Boraxsäure enthält nämlich noch Schwefelsäure, und beide zusammen haben die erwähnte nachtheilige Wirkung auf das Platin.

Ist dagegen die Boraxsäure rein von Schwefelsäure, in welchem Zustande man sie erhält, wenn man sich zu ihrer Abscheidung, statt der Schwefelsäure, der Salzsäure bedient, so wirkt sie nicht nachtheilig auf das Platin, nur muß man Sorge tragen, daß keine Kohle während des Glühens hinzukomme.

Das Platin ist, wie das Gold, weder in Salpetersäure, noch in Salzsäure, wohl aber in dem Gemisch von beiden, nämlich im Königswasser, auflöslich. Hat man viel Platin aufzulösen, so ist es am vortheilhaftesten, das Königswasser aus

1 Theil starker Salpetersäure und
2 Theilen starker Salzsäure

zusammen zu setzen, indem ein Königswasser aus schwächeren

Säuren, selbst in mehr als hinreichender Menge, verhältniß-mäßig nicht so viel auflöst, als eins aus starken Säuren.

Wird eine solche Platinauflösung so lange erhitzt, bis sich keine Dämpfe von Salpetersäure mehr entwickeln, so stellt sie ein braunes Salz: Chlorplatin, dar.

Das Chlorplatin enthält auf

1 M. G. oder 36 Pfund Chlor
48 Pfund Platin.

Das Platin hat diesem nach ein M. G. = 48, so wie das Chlorplatin = 84.

Mischt man Auflösungen von salzsaurem Ammoniak und salzsaurem Platinoxyd zusammen, so schlägt sich ein citronengelbes Pulver nieder, welches eine Verbindung beider Salze ist und gewöhnlich Platinsalmiak genannt wird. Wird derselbe bis zum Glühen erhitzt, so verfliegen Salzsäure und Salmiak und das Platin bleibt im reinen Zustande als eine lockere, schwammartige Masse zurück. Mann nennt sie gewöhnlich Platinschwamm, und sie zeigt das bereits (S. 26) beschriebene merkwürdige Verhalten gegen das Wasserstoffgas.

In unseren Oefen ist kein solcher Hitzgrad hervorzubringen, wodurch dieser Platinschwamm zum Korn zusammen zu schmelzen wäre. Die Platintheilchen haben aber die sehr gute Eigenschaft, daß sie sich in der Weißglühhitze, wie das Eisen, zusammen schweißen lassen. Hiedurch wird es möglich, das Platin zu Gefäßen zu verarbeiten, die der stärksten Hitze widerstehen, ehe sie schmelzen.

Der Platinsalmiak löst sich in Wasser auf. Tränkt man mit dieser Auflösung 3 mal hinter einander Löschpapier und verkohlt es nach dem Trocknen in einem Platintiegel, so erhält man ein Pulver, welches noch viel leichter als der oben erwähnte Platinschwamm das Wasserstoffgas entzündet, und diese Eigenschaft auch viel länger behält, also sehr bei den chemischen Platinfeuerzeugen gebraucht werden kann.

Das Platin läßt sich leicht mit anderen Metallen zusammenschmelzen. Wickelt man Platinblech mit den anderen Metallen in Blechform zusammen, so vereinigen sie sich meistens schon vor dem Löthrohr. Solche Verbindungen sind aber wenig in Gebrauch, weil sie das Platin immer verschlechtern und nicht selten selbst einige ihrer guten Eigenschaften einbüßen. So werden 30 Theile Silber schon durch 1 Theil Platin merklich dunkler von Farbe, und ein Gemisch aus 11 Theilen Gold und 1 Theil Platin sieht grauweiß aus, wie schmutzig gewordenes Silber.

In einem Schälchen aus dem Gemisch von 1 Theil Platin und 2 Theilen Kupfer kann man starke Schwefelsäure abdampfen, ohne daß es merklich angegriffen wird; läßt man es aber 12 Stunden lang in siedender Schwefelsäure, so löst sich das Kupfer auf und das Platin bleibt als schwarzes Pulver zurück.

Vielleicht wäre Nickelplatin ein brauchbares Gemisch. Es ist gelblich weiß, völlig dehnbar, sehr polirfähig und von der Schmelzbarkeit des Kupfers. Die Darstellung geschieht durch Zusammenschmelzen gleicher Theile.

Gedruckt bei C. Feister.

Register.

A.

G.

H.

J.

K.

L.

M.

T.

Z.

Druckfehler-Verzeichniß.

Seite	17	Zeile	7	v. o.	statt Haugteigenschaften lies Haupteigenschaften
—	17	—	6	v. u.	st. Melalle l. Metalle
—	48	—	14	v. u.	st. der l. des
—	190	—	3	v. u.	st. veunreinigt l. verunreinigt
—	229	—	1	v. o.	st. zu lies zur
—	249	—	12	v. o.	streiche „essigsaures Kali und"
—	270	—	12	v. o.	st. Fleich setze Fleisch
—	367	—	6	v. u.	st. silberweiße l. silberweiße
—	384	—	15	v. u.	st. Eisenoxydul l. Eisenoxyd.

Von demselben Verfasser sind nachstehende, allgemein verständliche Werke erschienen:

Runge, Farbenchemie. Die Kunst zu färben. 1. Bd. Mit 108 Probemustern. Berlin, 1834, bei Mittler.

— Farbenchemie. Die Kunst zu drucken. 2. Bd. Mit 116 Probemustern. Berlin, 1842, bei Mittler.

— Einleitung in die technische Chemie für Jedermann. Mit 150 Probemustern. Berlin, 1836, bei Sander. 4 Thlr. 15 Sgr.

— Technische Chemie der nützlichsten Metalle für Jedermann. 1. Abth. Mit 142 Probemustern. Berlin, 1838, bei Sander. 3 Thlr.

— Technische Chemie der nützlichsten Metalle für Jedermann. 2. Abth. Mit 108 Probemustern. Berlin, 1839, bei Sander. 3 Thlr.

Unterhaltungen über die Chemie von Mrs. Marcet, nach der 13ten englischen Auflage, von Runge. Berlin, 1840, bei Sander. 1 Thlr. 25 Sgr.

FSC
www.fsc.org
MIX
Papier | Fördert gute Waldnutzung
FSC® C083411

Kolibri 360 GmbH
Ferdinand-Jühlke-Straße 7
99095 Erfurt, Deutschland
produktsicherheit@kolibri360.de